LES GUIDES MAGNARD

W0376717

L. BARON

De la construction mathématique à sa représentation

EN GRANDE SECTION

MAGNARD

Conception couverture : KUBE
Photographie : © Stefan Meyer
Dessins : Thierry Laudrain
Achevé d'imprimer en France par Dupli-Print à Domont (95) en juin 2011
N° d'impression : 178904
Dépôt légal : août 2007
N° d'éditeur : 2011/647

Sommaire

Avant-propos

Les nouvelles instructions officielles précisent que la grande section *reste la dernière classe de l'école maternelle*, qu'*elle voit l'aboutissement des premiers apprentissages* et qu'elle doit *prendre en compte les objectifs du cycle des apprentissages fondamentaux*.

Cependant les compétences à acquérir dans le premier et le deuxième cycles représentent l'aboutissement d'une ou plusieurs études dans un domaine particulier. Pour atteindre ces compétences, il est donc nécessaire de proposer des situations-problèmes progressives, ayant leurs propres objectifs.

Afin d'aider l'enseignant à conduire l'enfant dans les différents apprentissages mathématiques, nous avons conçu le fichier Math-outil pour l'élève et ce guide pédagogique pour l'enseignant. À l'intérieur de ces ouvrages sont développés :

- **la numération,**
- **le classement,**
- **la sériation, le temps,**
- **la géométrie,**
- **la mesure,**
- **l'espace.**

Chaque chapitre de ce guide est le développement de chaque activité du fichier élève. Chaque chapitre est composé de quatre séances.

• **Une séance langage** au cours de laquelle une situation-problème est proposée. Elle invite les enfants à s'interroger sur le sens d'un texte, à reformuler les questions ou le problème exposés dans la comptine, à déterminer les données utiles à leur recherche et à envisager une démarche de résolution.

• **La mise en situation** conduit l'enfant, par une manipulation à son échelle, à tester sa démarche (ou celles des autres), à la modifier, à la transformer pour aboutir à une solution satisfaisante. La mise en situation aide l'enfant à construire sa pensée logique et à affiner son raisonnement mathématique.

• **La schématisation de la situation** transpose, dans une situation codifiée, les situations vécues lors de la mise en situation. Elle permet le réinvestissement des notions découvertes à travers des jeux et des exercices d'entraînement et de systématisation.

• **La dernière séance** renvoie à l'exercice du fichier Math-outil. Elle permet l'évaluation des notions.

À travers ces séances l'enfant passe, donc, de la construction mathématique à sa représentation. Aborder la totalité des activités proposées est possible, mais n'est pas non plus un but à atteindre. Il faut garder en mémoire que les apprentissages doivent permettre le développement de la pensée et de la logique mathématiques. Ces activités doivent être de *plus en plus structurées* mais *non systématiques* et il ne faut *ni mettre les enfants en difficulté ni freiner leur désir d'apprendre*.

Lignes ouvertes lignes fermées

La souris Timothée (p. 2)

Compétences et objectifs

Compétences disciplinaires

- Reconnaître quelques formes géométriques simples.
- Situer, repérer des objets par rapport à des repères fixes.

Compétences transversales

- Affirmer son autonomie dans l'espace par rapport aux objets et aux personnes.
- Commencer d'argumenter pour justifier un avis.

Objectifs

- Différencier, reconnaître les lignes ouvertes et les lignes fermées.
- Tracer des lignes ouvertes et des lignes fermées de formes différentes.
- Modifier une ligne ouverte pour la transformer en ligne fermée.

Langage

Objectifs par situation

SITUATIONS	OBJECTIFS
2	• Etre capable avec ses propres expressions de résumer une situation. • Montrer sa bonne compréhension de l'histoire.
3	• Emettre des hypothèses sur le sens d'un mot en trouvant dans son vocabulaire des mots de sens voisin ou des expressions construites à partir d'un des mots de l'histoire.
4	• Analyser des situations. • Trier des hypothèses vraisemblables de celles qui ne le sont pas.

Situation 1

Lire le texte en le présentant comme une lettre trouvée dans une bouteille (par exemple).

Prisonnière
D'un chat de gouttière,
La souris Timothée
Est en grand danger.
Pour retrouver sa liberté
Elle traverse un carrelage piégé :
Carreau à ligne ouverte
La souris est dans l'assiette ;
Carreau à ligne fermée,
A Timothée, la liberté.

Situation 2

Demander aux enfants de résumer la situation et de soulever le problème de la souris. Refaire au besoin une lecture plus lente du message, afin que les élèves trient, sélectionnent les données importantes de l'énigme.

A savoir : *Si je marche sur un carreau avec une ligne ouverte je finirai dans une assiette.*
Si je marche sur un carreau avec une ligne fermée ce sera pour moi la liberté.

Situation 3

Ces données étant déterminées, engager un débat sur le sens des mots employés en faisant des analogies :

carreau : carré – carrelage – carreau sur les murs, sur le sol – laver les carreaux (les vitres) – la dame de carreau...

ligne : trait – chemin – aller à la ligne – la pêche à la ligne – les lignes de la main – avoir la ligne – un pilote de ligne – la ligne de métro...

fermé/ouvert : une porte fermée/ouverte – une boîte – un tiroir – un magasin – un livre – la bouche – les mains – les yeux fermés/ouverts.

Situation 4

Trier les expressions et rechercher celles qui s'adaptent le mieux à l'histoire. Ce travail est facilité car ces notions ont déjà été abordées en petite et moyenne sections.

Les enfants ont des connaissances graphiques et ont déjà employé et entendu le terme de ligne. Ils possèdent aussi les images mentales de leurs productions de lignes ouvertes et fermées, même s'ils ne les décrivent pas en ces termes.

Par conséquent au regard de ces connaissances et des données du problème on en déduit que :

Les carreaux sont des dalles (ou des carrés) sur le sol. La souris dit :

« • *Je dois traverser un carrelage piégé.*
• *Si je marche sur un carreau...* »

Chaque carreau a une ligne ouverte ou fermée. Cette ligne peut être un trait, un dessin, ou des choses en forme de ligne qui sont collées ou posées dessus.

La discussion permet de formuler des hypothèses que le jeu corporel en situation affinera.

Mise en situation corporelle

Objectifs par situation

SITUATIONS	OBJECTIFS
1	• Montrer la bonne compréhension de la situation. • Manipuler les matériels, les comparer et les trier. • Faire des choix, les expliquer.
2	• Différencier les lignes ouvertes des lignes fermées. • Par la manipulation de cordes, laine etc. – créer des lignes ouvertes et fermées de formes différentes ; – transformer des lignes ouvertes en lignes fermées et vice versa
3	• Participer à une activité de groupe. • Accepter l'échec, contrôler ses émotions. • Ne pas être agressif. • Différencier rapidement les lignes ouvertes et les lignes fermées. • Mémoriser les emplacements des lignes fermées pour les atteindre plus vite. • Comparer des quantités de joueurs pour déterminer l'équipe gagnante.

Situation 1

• Proposer aux enfants de reconstituer l'histoire de la souris.
• Rappeler les données importantes du problème.
• Présenter alors un grand sac ou un grand carton dans lequel se trouvent :
– des grands carrés de papier de couleurs différentes (9 à 10) ;
– des cordes, des cerceaux, des pelotes de laine, des cure-pipes,
mais aussi des objets intrus qui ne pourront pas servir au jeu :
– ballons, cubes, foulards, sacs, boîtes...
• Demander aux enfants de trier les objets pour garder ceux utiles pour reproduire :
– les carreaux : carrés de papier ;
– les lignes : cordes, cerceaux, laine...
• Disperser sur le sol les carrés. Bien les espacer et les fixer avec du scotch ou de la pâte adhésive.

Situation 2

• Répartir les enfants en 2 groupes :
– l'un pour « poser » des lignes fermées sur les carrés,
– l'autre pour les lignes ouvertes.

- Faire observer les résultats :
  - chaque groupe a-t-il bien placé les lignes sur les carreaux ?
  - chaque groupe a-t-il respecté la consigne ?
  - à quoi reconnaît-on une ligne fermée d'une ligne ouverte ?
- Verbaliser les réponses et déduire de la manipulation et de l'observation qu'une ligne fermée n'a pas de bouts et qu'une ligne ouverte en a 2 « séparés ».

Pour une meilleure compréhension on peut recourir à la manipulation qui consiste à faire glisser une perle sur un fil. La perle tombe ; la ligne (c'est-à-dire le fil) est ouverte. Nouer le fil, la perle ne tombe pas ; la ligne est fermée.

Situation 3 : Le jeu du chat et des souris

But du jeu : Ne pas tomber dans le piège du chat et donc se réfugier sur des carreaux à lignes fermées. Sauver le plus de souris de la couleur de son équipe.

Terrain : Salle de jeu ou cour avec une zone maison des souris, une zone maison du chat, une zone d'évolution avec les carreaux collés (p. 9, *situation 2*).

Exemple :

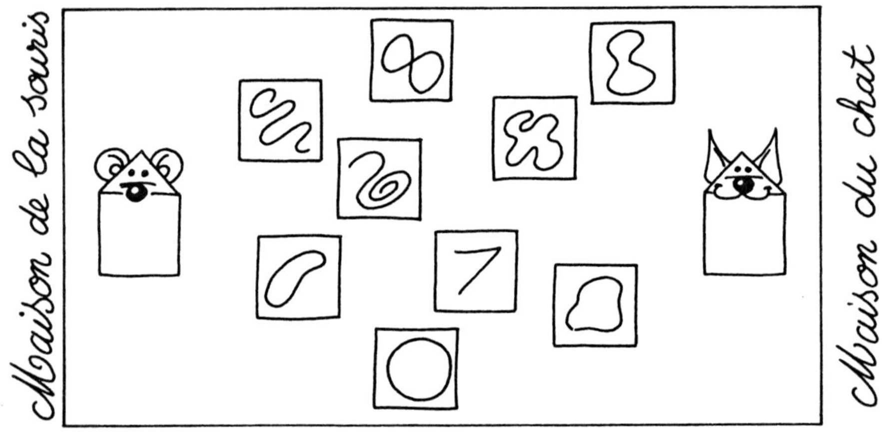

Matériel : Un tambourin et des foulards de 4 couleurs différentes.

Comment jouer ?

- 4 groupes de 9 à 10 joueurs. Chaque groupe a une couleur.
- Jouer groupe après groupe.
- Le groupe d'enfants se déplace au rythme du tambourin (soit un enseignant, soit un élève). Lorsque le rythme du tambourin s'arrête chaque enfant-souris se réfugie dans un carreau.
  – Si le carreau est un carreau *ligne ouverte* ou si l'enfant n'est pas sur un carreau, il se rend dans la maison du chat.
  – Si le carreau est un carreau *ligne fermée*, il est protégé. Il rejoint donc, la maison des souris.
- Après que chaque groupe ait joué, regrouper toutes les souris épargnées et les faire rejouer.
- L'équipe gagnante est celle qui a le plus de souris épargnées.

Schématisation de la situation

Objectifs par exercice

EXERCICES	OBJECTIFS
1	• Motricité fine ; coordination des deux mains. • Espace : respecter les formes et les orientations prises par le modèle. • Accepter de coopérer avec les autres pour affiner sa perception de la forme. • Produire par modelage du fil des lignes ouvertes et fermées.
2 et 3	• Créer des lignes ouvertes ou fermées en laissant la main se déplacer librement. • S'imprégner des formes graphiques obtenues pour mieux différencier par la suite les lignes ouvertes et fermées non créées par l'enfant. • Etre capable de relier deux points pour fermer une ligne.
3	• Décorer une ligne fermée. • Suivre sa trajectoire, s'imprégner de sa forme : les creux, les bosses...

Reproduction graphique des lignes

Exercice 1 : Sur le terrain de jeu et par groupes de 2 ou 3, faire reproduire les lignes fixées sur les carreaux du terrain de jeu. Pour cela donner aux élèves des cure-pipes qui ont l'avantage de se tordre facilement et de garder la forme donnée. Avant de coller le cure-pipe sur un carré cartonné, veiller à ce que les 2 ou 3 enfants du groupe soient d'accord sur la forme du cure-pipe. Pour les lignes fermées, fixer les 2 extrémités du cure-pipe avec de la pâte à modeler. Comparer les collages et les originaux collectivement.

De retour en classe, faire observer les carrés de papier sur lesquels auront été collés les cure-pipes. Les trier, les classer en 2 groupes : le groupe des lignes fermées, le groupe des lignes ouvertes.

Demander ensuite aux enfants de créer d'autres lignes ouvertes ou fermées avec des cure-pipes.

Exercice 2

• Tracer des lignes ouvertes et fermées de 2 couleurs différentes pour faire un fond à une peinture par exemple.

• Sur des carrés de papier, tracer des lignes ouvertes et fermées, une par feuille. Ces carrés seront réutilisés pour le *jeu de la souris Timothée* (p. 12).

Exercice 3 : Transformer des lignes ouvertes en lignes fermées puis décorer en suivant la ligne obtenue.

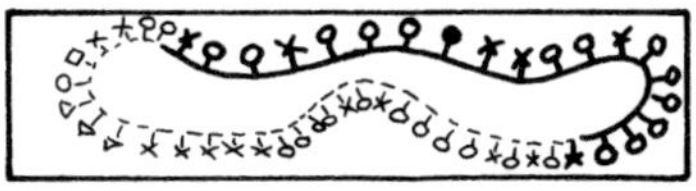

Objectifs par jeu

JEUX	OBJECTIFS
1	• Distinguer une ligne ouverte d'une ligne fermée même si elles ont des formes voisines. 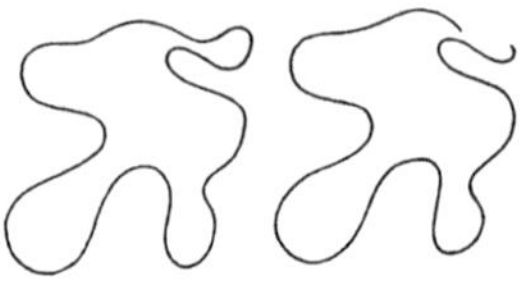 • Jouer chacun à son tour. • Mémoriser et respecter les règles du jeu. • Compter des collections de 1 à 6 jetons. • Comparer des collections de 0 à 6 jetons.
2	• Transformer une ligne ouverte en ligne fermée. • Orienter sa carte-jeu pour ne pas rompre le tracé.

Jeu de la souris Timothée

But du jeu : Sauver le plus de souris possible.

Matériel pour un jeu de 4 joueurs :

- 1 plaque représentant 2 maisons : celle des souris, celle du chat. Chacune des maisons est divisée en 4 cases portant chacune 6 empreintes de jetons de 4 couleurs différentes. Une couleur par joueur.
- 24 jetons de 4 couleurs différentes.
- des cartes fabriquées par les enfants sur lesquelles sont représentées des lignes ouvertes ou fermées (voir exercice 2 p. 11).

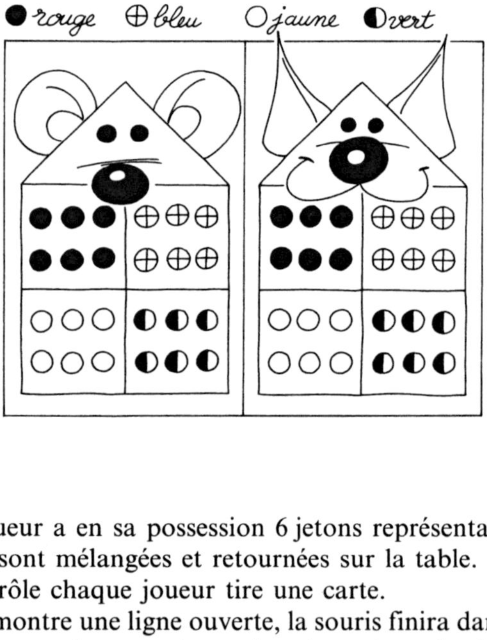

Comment jouer ?

- Chaque joueur a en sa possession 6 jetons représentant des souris.
- Les cartes sont mélangées et retournées sur la table.
- À tour de rôle chaque joueur tire une carte.
- Si la carte montre une ligne ouverte, la souris finira dans l'assiette du chat. Le joueur place son jeton dans la maison du chat.
- Si la carte montre une ligne fermée, c'est la liberté ! Le joueur place son jeton dans la maison de la souris.
- Le joueur qui a sauvé le plus de souris a gagné.

La course à la ligne

But du jeu : Faire une ligne fermée avec les cartes avant les autres joueurs.

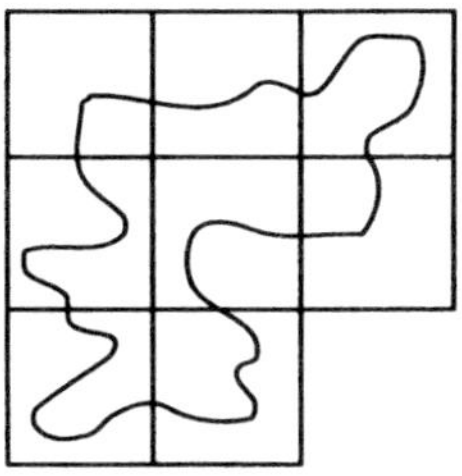

Matériel : Carte contenant des «bouts de lignes» partant toutes du milieu des côtés.

Comment jouer? Les joueurs tirent à tour de rôle une carte; si elle leur convient, ils la gardent. Sinon ils la reposent retournée dans la pioche.

La souris Timothée

• Faire observer la page 2 du fichier.
• Faire remarquer qu'il y a deux exercices. De la description du premier dessin, déduire la consigne, la confirmer ou la modifier par la lecture de la maîtresse.
• Procéder de même avec le deuxième exercice.
• Comparer les résultats des différents cahiers. En déduire les erreurs. Les faire expliquer et corriger par les enfants.

Intérieur extérieur

Le trésor de l'alligator (p. 3)

Compétences et objectifs

Compétences disciplinaires

- Reconnaître quelques formes géométriques simples.
- Situer, repérer des objets par rapport à des repères fixes.

Compétences transversales

- Se situer dans un espace familier.
- Se donner des repères et les coder.
- Émettre des suppositions.
- Faire des choix et les expliquer.

Objectifs

- Distinguer et situer les régions intérieure et extérieure à une ligne fermée.
- Repérer, placer des points à l'intérieur et à l'extérieur d'une ligne fermée.

Langage

Objectifs par situation

SITUATIONS	OBJECTIFS
1	• Montrer que l'on a compris un texte lu en le résumant avec des termes que l'on maîtrise mieux.
2	• Apprendre à repérer les données importantes d'une situation.
3	• Comprendre que deux mots, deux expressions peuvent vouloir dire la même chose.
4	• Mémoriser et employer les termes intérieur et extérieur.

Situation 1

Lire le texte et demander aux enfants de résumer avec leurs mots ou ceux de la comptine la situation présentée.

Gardien du trésor
Des nids aux œufs d'or,
L'alligator s'endort.
Pour prendre le trésor,
Lance un caillou gris
À l'intérieur du nid.
Si tu lances le caillou gris
À l'extérieur du nid,
L'alligator bondit
Et alors tu es pris.

Situation 2

Faire un tri des données pour ne garder que les mots-clés utiles :

– à prendre le trésor → Lance un caillou (gris) à l'intérieur du nid.
– à déterminer le danger → Lance un caillou (gris) à l'extérieur du nid, tu es pris.

Situation 3

- Demander aux élèves d'expliquer les termes : *intérieur* et *extérieur*.
- Faire ressortir que : *intérieur* signifie : dans, dedans
  extérieur : dehors (en dehors de).

Situation 4

Pour permettre l'acquisition de ce vocabulaire proposer le jeu des synonymes :

L'enseignant (puis quand le jeu sera bien maîtrisé, un enfant) dit une phrase comportant l'une des expressions : *dans*, *dedans*, *dehors*, *en dehors de*. Un enfant volontaire ou interrogé par un camarade répète la même phrase mais en employant les termes *à l'intérieur* (de), *à l'extérieur* (de). Puis inverser l'exercice.

Exemples de phrases : Je range mon pull (*dans le*) tiroir (*à l'intérieur du*). Je peux crier (*en dehors de*) l'école (*à l'extérieur de*).

Mise en situation corporelle

Basée sur le jeu de lancers, cette mise en situation peut être prolongée par deux variantes de ce jeu.

Objectifs

SITUATIONS	OBJECTIFS
1	• Participer à une activité de groupe. • Développer son adresse en variant la force du lancer en fonction de l'éloignement du but à atteindre. • Accepter l'échec et contrôler ses émotions. • Formuler des phrases complexes pour expliquer sa situation. (Ex. : *Je n'ai pas mis la balle à l'intérieur de la boîte, je suis éliminé...*) • Employer les termes *intérieur* et *extérieur*. • Savoir compter jusqu'à 10 et comparer des collections. • Opérer des échanges.
2	• Situer des objets dans le plan. • Différencier les zones intérieures et extérieures de lignes fermées de formes différentes.
3	• Différencier les zones intérieures et extérieures de deux lignes voisines.

Situation 1 : Jeu des lancers

Proposer aux enfants d'aller chercher les trésors de l'alligator en jouant au jeu des lancers. Faire rappeler les données du problème et en déduire la liste du matériel nécessaire. Cela permet de vérifier la compréhension de la situation exposée dans le récit. Il faut faire preuve d'esprit pratique et de méthode.

But du jeu : Gagner le plus de pièces d'or en lançant les cailloux, tout en perdant le moins de joueurs.

Matériel par équipe de joueurs

Les nids : 4 cartons ou caisses, barils.
Les cailloux : 5 balles en mousse faites avec de vieilles chaussettes bourrées de mousse (une par enfant).
Les trésors : 10 disques de papier jaune.

Comment jouer ?

• Répartir les enfants en équipe (selon le nombre d'enfants de la classe). Prévoir 5 ou 6 équipes de 5 joueurs.

• Le premier joueur de chaque équipe lance sa balle mousse en visant l'un des cinq cartons alignés devant lui.

- Si la balle tombe à l'intérieur de l'un des 5 cartons le joueur empoche pour son équipe le trésor se trouvant à l'intérieur.
- Si la balle tombe à l'extérieur des cartons le joueur est éliminé du jeu.

• Le deuxième joueur de chaque équipe lance à son tour le *caillou*. Si la balle se trouve à l'intérieur d'une caisse vide, l'équipe ne gagne pas de points mais le joueur n'est pas éliminé.

• Le jeu s'arrête lorsque toutes les balles ont été lancées.

• Durant le jeu demander à chacun de verbaliser sa situation.

Aire de jeu

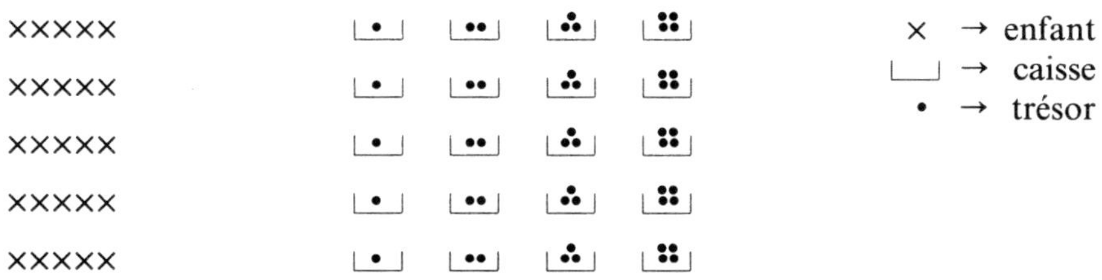

- Chaque équipe compte alors ses trésors et les joueurs restants.
- Analyser les situations rencontrées :
  - une équipe peut avoir perdu beaucoup de joueurs et gagné beaucoup de pièces.
  - une autre peut n'avoir gagné qu'une pièce mais n'avoir perdu aucun joueur.

Dans ces conditions, il est difficile de déterminer le gagnant. Si les enfants ne proposent pas de solution à ce problème leur suggérer d'échanger un joueur contre une pièce puis refaire le calcul des gains restants et déterminer l'équipe gagnante.

Situation 2 : première variante

- Proposer le même jeu en remplaçant les caisses par des cerceaux et des cordes formant des *lignes-arabesques* fermées et fixées au sol par du sparadrap.

Exemple : ×××××

- Faire verbaliser chaque situation. Dire pourquoi le lancer est plus facile ou plus difficile (éloignement et forme de l'objectif visé).

Situation 3 : deuxième variante

- Proposer le même jeu en modifiant les cibles de façon à ce qu'elles présentent des zones gagnantes et perdantes.

Exemple : ×××××

Le joueur remporte ses gains si la balle tombe dans la région où se trouvent les disques jaunes.

Schématisation de la situation

Objectifs par jeu

JEUX	OBJECTIFS
La course au trésor de l'alligator	• Jouer chacun son tour. • Déplacer un jeton case après case sur un parcours orienté du point de départ à l'arrivée. • Différencier les zones intérieures et extérieures à une ligne. • Mémoriser et respecter les règles du jeu.
Le loto des positions	• Différencier les cartes et affiner son observation en tenant compte : – des formes des lignes ; – de l'emplacement des lignes ; – de la situation du point par rapport aux lignes. • Commenter ses décisions. (Ex. : *Je remets ma carte dans la pioche parce que...*)
Le jeu des jumeaux	• Mêmes objectifs que le loto des positions. • Mémoriser l'emplacement de certaines cartes afin de reformer des paires.

La course au trésor de l'alligator

But du jeu : Le joueur qui arrive le premier a gagné.

Matériel :

• Une feuille cartonnée pour 4 joueurs divisée en 4 colonnes de couleurs différentes (une par joueur). Chaque colonne est partagée en 12 cases sur lesquelles sont collés 6 carrés blancs. Sur chaque carré blanc est représentée une ligne fermée et un point (le nid et le caillou).

• 1 jeton par joueur de la couleur de sa colonne-jeu.

• 1 dé avec 2 faces à 1 point, 2 faces à 2 points, 2 faces à 3 points.

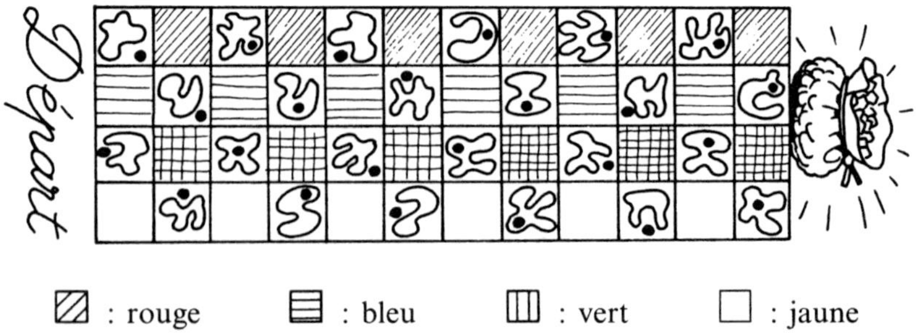

Comment jouer ? À tour de rôle, chaque joueur lance le dé et avance son pion d'autant de cases qu'il y a de points sur le dé.

• Si le pion tombe sur une case de couleur rien ne se passe.

• Si le pion tombe sur une case où le point (la pierre dans l'histoire) est à l'extérieur de la ligne fermée (le nid) le joueur recule son pion d'une case.

• Si le pion tombe sur une case où le point est à l'intérieur de la ligne fermée le joueur avance son pion d'une case.

• Le premier arrivé gagne le trésor de l'alligator.

Le loto des positions

But du jeu : Avoir rempli le premier sa planche.

Matériel (par joueur) :

• Une planche divisée en 9 cases. 4 cases blanches et 5 cases contenant deux lignes fermées de couleurs différentes et un point. Dans chaque case, changer la position des deux lignes fermées et du point.
• 5 cartes représentant les mêmes configurations que les cases de la planche correspondante. Les cartes doivent avoir la même dimension que les cases.
• Faire plusieurs planches avec leurs cartes correspondantes.

Comment jouer ?

• Distribuer une planche par joueur.
• Former une pioche avec les cartes.
• À tour de rôle, les joueurs tirent une carte de la pioche.
  – Si la carte tirée correspond à l'une des cases de la planche du joueur, celui-ci la pose sur la case.
  – Si la carte tirée ne correspond pas, le joueur la remet dans la pioche.
• Faire verbaliser certaines situations.

Exemple de planche avec deux cartes dont l'une ne correspond pas à la planche.

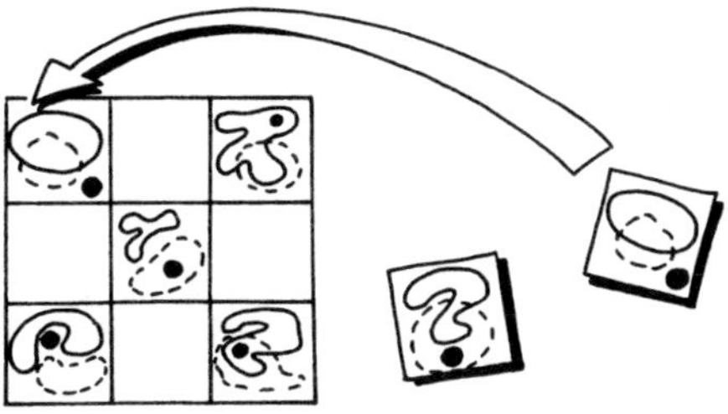

Jeu des jumeaux

But du jeu : Gagner le plus de paires de cartes possible.

Matériel : 10 paires de cartes sur lesquelles sont représentées de différentes manières deux lignes fermées avec un point à l'extérieur ou à l'intérieur de celles-ci (voir les cartes du jeu du loto).

Comment jouer ? Les cartes sont mélangées et posées face contre la table. À tour de rôle, les joueurs retournent deux cartes.
  – Si les cartes sont identiques, le joueur les a gagnées.
  – Si les cartes sont différentes, le joueur les remets au même endroit sur la table.

Objectifs par exercice graphique

EXERCICES	OBJECTIFS
1	• Différencier les zones intérieures, respecter les frontières. • Motricité fine : maîtrise du geste, contrôler les arrêts et les départs de tracé sans dépasser les frontières (lignes fermées).
2	• Utiliser à bon escient les termes intérieur/extérieur. • Formuler des phrases complètes et précises en n'omettant aucun paramètre descriptif : forme, couleur, situation spatiale...

Exercice 1 : divertissement graphique

Tracer des lignes fermées qui se croisent. Colorier ou décorer l'intérieur de chaque région de façon différente.

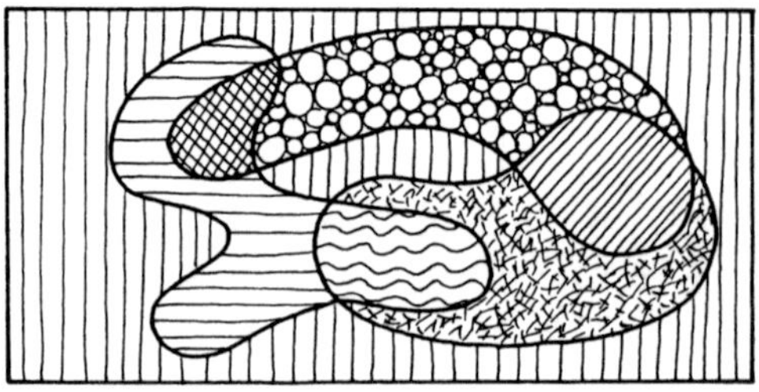

Exercice 2 : le coloriage dicté

Par groupe de 2, donner à chaque enfant deux coloriages identiques représentant des objets simples : maison ou bonhomme...

Le premier enfant colorie son dessin puis dicte au second, qui ne voit pas le modèle, ce qu'il doit faire pour que les deux dessins soient identiques. Veiller à ce que le terme intérieur soit employé.

Exemple : *colorie l'intérieur du toit en rouge.*

Le trésor de l'alligator

• Faire oberver la page 3 du fichier.
• Décrire les différents éléments du dessin : l'alligator, les nids, les cailloux, les herbes.
• Émettre des hypothèses concernant la consigne qui seront confirmées ou corrigées par la lecture de l'enseignant.
• Faire remarquer que les nids bizarres ont été obtenus par le tracé de lignes fermées orange, qu'ils sont séparés par des feuilles, des herbes qui ressemblent à des lignes ouvertes.
• Faire rechercher la meilleure façon de dessiner des pièces d'or (ronds jaunes par exemple).
• Faire comparer les résultats après l'exercice pour favoriser l'autocorrection du travail.

Organisation de l'espace

Les poissons (p. 4)

En grande section, les exercices concernant les positions, les orientations et autres activités d'ordre topologique, visent à provoquer et à développer chez l'enfant, la faculté de lecture et de construction de l'espace représentatif. Or cette représentation des situations nécessite une bonne connaissance de son propre schéma corporel et une maîtrise graphique et verbale des expressions employées.

Les prépositions qui sont le sujet d'étude de cette activité ont été perçues dans leur globalité, dès les premiers jours d'existence de l'enfant et ce, grâce aux différents rapports qui se sont exercés entre lui et son espace environnant. L'enfant les a d'abord perçues dans leur opposition (sur/sous, haut/bas...) avant d'en comprendre le sens réel. Il a pu affiner leur perception en liaison avec son propre développement du langage (compréhension puis emploi des termes) et ce toujours par rapport à lui-même.

Dans cette activité, il s'agit de vérifier la bonne maîtrise structurelle et langagière de ces notions. Pour cela, l'enfant doit agir dans un espace aménagé et affiner sa perception des objets par la verbalisation :

– par rapport à lui-même,

– par rapport aux autres.

Par la suite, la représentation de la situation sous forme de maquette puis de plan lui permettra de construire l'espace représentatif de n'importe quelle situation vécue.

Compétences et objectifs

Compétences disciplinaires

• Situer, repérer des objets par rapport à des repères fixes.

Compétences transversales

• Se situer dans un espace familier.
• Parcourir un itinéraire simple.
• Réaliser des représentations simples d'un espace éloigné et s'y situer.

Objectifs

• Situer des objets par rapport à soi dans l'espace.
• Situer des objets par rapport à d'autres que soi dans l'espace et le plan.
• Comprendre, employer et différencier les prépositions *sur, sous, au-dessus, au-dessous, devant, derrière, à côté, entre, au milieu.*

Langage

Objectifs par situation

SITUATIONS	OBJECTIFS
1	• Écouter attentivement un texte descriptif. • Être capable d'en faire une synthèse et de dire quel est le problème. • Pouvoir donner de mémoire le plus de données possibles : les couleurs, les endroits. • Pouvoir faire abstraction des données inutiles. (Ex. : *je bouge, je nage...*)
2	• Apprendre à structurer son travail et à utiliser des codes écrits pour garder en mémoire les données.
3	• Rechercher dans son passé les situations où les prépositions citées ont été employées. • Contrôler leur niveau de compréhension.

Situation 1

Lire le texte et demander aux enfants de résumer l'histoire.

Les poissons
Entre les algues, je nage,
Je suis orange.
Derrière la sirène, je bouge,
Je suis tout rouge.
Devant la sirène, je suis heureux,
Je suis tout bleu.
Sur le sable jaune,
Je suis tout jaune.
Sous le plongeoir,
Je suis noir.
Au-dessus des crabes ronds,
Je suis marron.
A côté de l'étoile de mer,
Je suis tout vert.

De la discussion faire ressortir le problème: il s'agit d'associer un lieu à une couleur (de poisson).

De mémoire demander aux enfants de rappeler les données du problème. Puis par une nouvelle lecture plus lente du texte compléter celles qui manqueraient éventuellement.

Situation 2

• Faire une liste représentative des poissons colorés.
Exemple : *poisson rouge, dessiner un poisson rouge.*
• Faire ensuite une liste des personnages ou des objets auxquels on fait référence pour situer les poissons. **Exemple** : *algues, dessiner des algues.*
Par découpage ou par liaison au moyen de flèches relier chaque poisson à la deuxième liste de mots codés.

Situation 3

• Pendant la situation 2, les enfants ont réemployé les prépositions *sur*, *sous*, *entre*, *au-dessus*, *devant*, *derrière*.
• Leur demander d'expliquer chacune d'elles et de rappeler des situations où on a été amené à les employer.

Exemple : *se ranger les uns derrière les autres.*
se ranger devant la maîtresse.
passer entre les tables.

Mise en situation corporelle

Objectifs par jeu

JEUX	OBJECTIFS
Relais sur parcours	**• 1re situation** – S'approprier l'espace en évoluant librement. Satisfaire ainsi le besoin de mouvements. – Provoquer des réponses motrices auxquelles on n'aurait pas pensé. – Structurer l'espace par rapport à soi. – Favoriser l'acceptation de consignes directives ultérieures. – Etre capable d'expliquer clairement ce qui a été fait en employant des verbes d'actions et les prépositions introduisant le lieu de ses actions, les orientations. – Réinvestir ses connaissances en prévoyant un mode de déplacement possible. – Structuration de l'espace/temps (*je fais... j'ai fait*). **• 2e situation** Mêmes objectifs qu'en situation 1 : – Structurer l'espace par rapport à soi et par rapport aux autres en décrivant la position et/ou les déplacements des enfants de son équipe.
Le filet du pêcheur	• Évoluer dans un espace dont les points de repères sont : une ronde d'enfants, des murs de la classe. • Déterminer sa position par rapport à un espace mais aussi par rapport aux autres et au rôle de chacun. • Expliquer ce que l'on fait après et avant l'action en utilisant les prépositions adéquates. • Se situer dans un groupe constitué par rapport à un autre groupe. Coopérer et chercher à atteindre le même but. • Prendre des initiatives et des risques.
Le roi des poissons	• Situer des objets par rapport à soi. • Situer des objets entre eux. • Situer ses camarades. • Employer un vocabulaire spatial et formuler correctement des questions. • Affiner sa perception des positions par la verbalisation des impressions reçues.

Relais sur parcours

Matériel : 1 banc ou 1 poutre ; 1 table ; 4 coussins ou palets par équipe.

1re situation

• Disposer dans la salle le matériel et demander aux enfants de le parcourir librement dans le sens désiré de chacun.

Exemple de situation :

• Au cours du travail, demander aux enfants de verbaliser leurs actions au moment où ils les produisent.

Exemples: *Je marche sur la poutre, je glisse sous la table, je cours entre les palets...*

• Après un temps de découverte de l'espace aménagé et des possibilités d'actions qu'il occasionne, demander aux enfants d'énumérer des modes de déplacement trouvés ainsi que leurs orientations (ex. : *marcher en avant ou en arrière ou sur le côté, sur la poutre*).

• Enfin leur demander de prévoir un déplacement en étant le plus précis possible.

2e situation : Le relais – même disposition du matériel

• Partager la classe en 4 équipes ou en autant d'équipes qu'il y a de parcours. Chaque équipe se trouve face à un parcours. Les joueurs sont rangés les uns derrière les autres.

• Décider avant le jeu d'un mode de déplacement possible par obstacle : ex. : *marcher sur la poutre en arrière, ramper à plat ventre sous la table, sauter à pieds joints entre les palets.*

• Au signal de départ, le joueur qui est derrière tous les autres, tape sur l'épaule de celui qui est devant qui tape sur l'épaule de celui qui est devant et ainsi jusqu'au premier de la file qui alors prend le départ. Le parcours terminé ce dernier se précipite en queue d'équipe et tape l'épaule de celui qui est devant, etc.

Profiter des erreurs faites par un enfant pour demander à ceux qui le regardent de décrire ce qui a été fait ou ce qui n'a pas été exécuté correctement. On permet ainsi aux enfants de structurer l'espace dans lequel ils évoluent par rapport à un élément autre qu'eux-mêmes.
Exemple: Il marche sur la poutre en avant au lieu de marcher en arrière. Il saute sur les coussins au lieu de sauter entre les coussins, etc.

Le filet de pêcheur

Ce jeu très connu permet aux enfants de vivre puis de décrire des situations où les prépositions *au-dessus*, *devant*, *derrière*, *entre*, *au milieu*, *à côté*, sont employées.

Comment jouer ?

• Répartir les enfants en 2 groupes : 1/4 représentant les pêcheurs ; les autres les poissons.

• Les pêcheurs forment une ronde en se tenant par la main, bras *au-dessus* de la tête. Ils récitent une comptine numérique et s'arrêtent au nombre décidé au départ à l'insu des poissons et baissent à ce signal les bras. Les poissons, pendant la récitation, passent entre les pêcheurs, sous les bras levés formant des ponts.

• Ils traversent ainsi le filet des pêcheurs, se retrouvant *à l'intérieur* et donc, *devant* les pêcheurs, puis *à l'extérieur*, donc *derrière* les pêcheurs.

• A la fin de la récitation les poissons se retrouvant *au milieu* de la ronde, deviennent des pêcheurs et vont se placer *à côté* de leurs camarades, dans la ronde. Les poissons se retrouvant *à l'extérieur* restent poissons, et le jeu continue jusqu'au dernier poisson.

Le roi des poissons

Matériel :

– 2 bâtons plantés dans des blocs de mousse ou algues en carton tenant verticalement.

– 1 banc pour le plongeoir ;

– 1 enfant pour jouer la sirène ou 1 sirène de carton (carton plié pour maintenir la sirène debout) ;

– 1 tapis pour le sable ;

– des ballons pour les crabes ;

– 1 étoile de mer en carton ;

– des masques de poissons de couleur (1 orange, 1 rouge, 1 vert, 1 bleu, 1 jaune, 1 noir, 1 marron).

Comment jouer ?

• Présenter le matériel et le disposer dans la salle de jeu. Demander aux enfants de situer chaque élément, les uns par rapport aux autres. (*Le banc est à côté du tapis, les ballons sont derrière l'étoile de mer.*)

Pour chaque formulation, demander aux enfants d'affiner leurs explications. (*Les ballons sont derrière l'étoile de mer parce qu'ils sont plus loin de nous.*)

• Répartir les enfants en 2 groupes ; 1 groupe de 7 enfants pour représenter les poissons et 1 groupe de spectateurs. Les poissons en secret désignent leur roi puis vont se placer là où se trouvent les éléments du décor (1 poisson par élément).

A tour de rôle chacun se présente et se situe. (*Je suis le poisson rouge, je suis derrière la sirène.*)

• La présentation terminée, les spectateurs doivent poser des questions aux poissons pour déterminer lequel d'entre eux est le roi (Exemple : *Est-ce que le roi est sur le tapis ?*).

• Recommencer ensuite avec une autre équipe de poissons.

Schématisation de l'activité

Objectifs par jeu

JEUX	OBJECTIFS
Le roi des poissons	• Situer les éléments en ne tenant compte que de la position de l'élément par rapport à un autre (ne plus faire référence à la couleur). • Variante du jeu : situer selon 3 dimensions des éléments représentés sur un support à 2 dimensions. Déterminer les positions en fonction de ce qui est perçu par le regard.
Le dessin-dictée	• Décrire le plus précisément possible une composition pour la faire reproduire par un camarade ne la voyant pas. Tenir compte de 3 paramètres : couleurs, lieu, position.

Le roi des poissons

But du jeu : Reproduire le jeu précédent sur une feuille de carton et ce, en 3 dimensions.

Matériel :
- 1 plaque de carton par groupe de joueurs.
- 2 bâtonnets plantés dans la pâte à modeler.
- 1 petite sirène de carton.
- 2 boules de cotillon pour les crabes.
- 1 étoile de mer en carton.
- Du sable collé.
- 1 bande de carton plié pour le plongeoir.
- Des petits poissons de couleurs identiques.

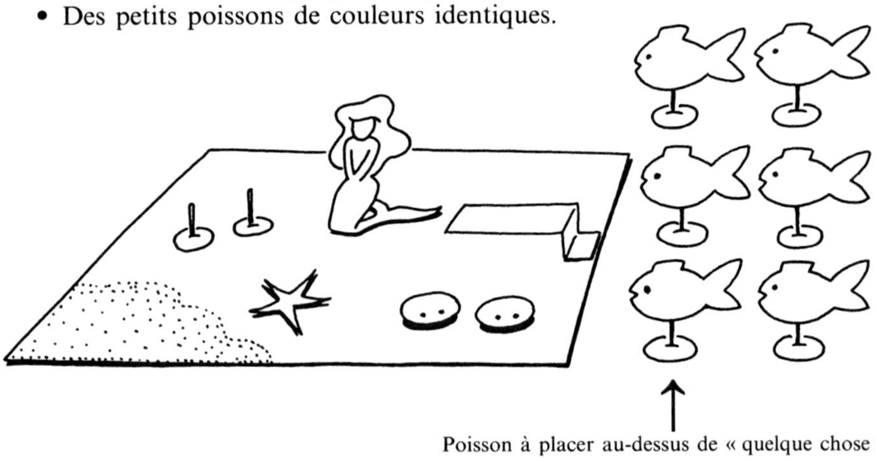

Poisson à placer au-dessus de « quelque chose ».

Comment jouer ? Par groupe de 4 à 5, les enfants placent les poissons sur le jeu et verbalisent les positions. Un enfant sort, les autres poissons désignent le poisson Roi. De retour l'enfant pose des questions pour le retrouver.

Variante : Retrouver le poisson sur une planche où le jeu est représenté en 2 dimensions. Dans cette version les poissons sont dessinés aussi et ne peuvent donc être déplacés. Mais on peut prévoir plusieurs planches différentes.

Exemples :

Le dessin-dictée

But du jeu : Faire reproduire à un camarade un dessin fait par un autre sans qu'il le voit.

Matériel : Deux plaques aménagées comme pour le jeu précédent et des poissons de couleurs différentes (rouge, vert, bleu, jaune, etc.). 1 lot par joueur.

Comment jouer ? Le 1er joueur place ses poissons sur sa plaque dissimulée par un cache vertical à côté de lui. Il dicte à son voisin ce qu'il doit faire pour le reproduire (*prends un poisson rouge, mets-le devant la sirène*). Comparer les plaques, puis échanger les rôles.

Autre activité : les photos

Objectifs

Employer un vocabulaire spatial respectant les différentes orientations des personnages servant de référence.

Déroulement

- Prendre des photos des enfants durant une activité.
- Leur faire décrire les photos. Situer les éléments quelle que soit leur position : personnage de profil, de face, de dos. Ainsi réemployer *devant*, *derrière* (par exemple) en faisant référence à un personnage de profil ou de dos.
- Leur demander ensuite de se replacer dans les mêmes positions que sur la photo pour la reconstituer en un tableau vivant.

Les poissons

Le travail consiste à colorier les poissons en fonction des positions données dans le problème. Faire observer et décrire l'exercice avant d'en donner les consignes. Pour l'enseignant, il s'agit de dicter ces consignes au fur et à mesure du coloriage.

Cependant il sera possible de le faire faire en atelier autonome. Pour cela, il faut que les enfants aient parfaitement mémorisé la comptine-problèm

Formation d'ensembles

Les fauves en cage (p. 5)

Compétences et objectifs

Compétences disciplinaires

- Trier, classer des objets. Savoir choisir un critère de classement.

Compétences transversales

- Se situer dans un espace familier.
- Se donner des repères et les coder.
- Faire des choix, les expliquer.
- Restituer et réorganiser les informations réunies.

Objectifs

- Comparer des objets. Reconnaître leurs propriétés.
- Comprendre et utiliser la symbolisation pour coder une propriété.
- Trier des objets.
- Classer des objets selon un critère.

Langage

Objectifs par situation

SITUATIONS	OBJECTIFS
2	• Comparer des objets. • Reconnaître leurs propriétés. • Trier des objets. • Comprendre qu'un symbole désigne quelque chose ou un ensemble de choses. • Sentir la nécessité d'utiliser des symboles. • Décoder un symbole.
3	• Classer des objets selon un critère : la couleur.

Situation 1

Lire le texte et demander aux enfants de résumer l'histoire.

Les gardiens ont des problèmes.
Dans les allées, les fauves se promènent
En toute liberté.
Avec beaucoup de difficultés,
Les gardiens essaient de regrouper
Selon leur famille :
Les lions jaunes,
Les panthères noires,
Les léopards tachetés,
Les tigres rayés.

Faire ressortir dans la discussion le problème des gardiens de zoo :
– retrouver les fauves ;
– les remettre dans leur cage respective par famille.

Afin de permettre aux enfants de bien comprendre le problème des gardiens ainsi que les situations qu'ils vont vivre, leur proposer des lectures d'images représentant des animaux du zoo qui ne sont pas uniquement des fauves.

Situation 2

Lecture d'images représentant des animaux

Matériel : Images d'animaux que l'on rencontre au zoo, deux boîtes non transparentes identiques pouvant contenir ces images.

• Faire observer et décrire les images. Nommer et dire quelles sont les propriétés de ces animaux : *les grands, les petits, ceux qui volent, ceux qui nagent, ceux qui marchent, ceux qui mangent de la viande.*
• De cette lecture faire ressortir les caractéristiques des fauves : *Ils ressemblent à de gros chats, ils ont des crocs, ils mangent de la viande, ils sont féroces.*
• Demander aux enfants de trier les fauves parmi tous les autres animaux et de les ranger dans deux boîtes : la boîte des fauves, la boîte des non-fauves.
• Fermer les boîtes et demander aux enfants de dire ce que chacune d'elles contient. Les deux boîtes étant parfaitement identiques, il est impossible d'être sûr de leur contenu.
• Demander aux enfants de trouver une solution à cette situation. Ils ne manqueront pas de proposer de coller sur les boîtes une étiquette. Il faut déterminer ensemble quel code sera le plus approprié. On peut faire référence aux propriétés dégagées ci-dessus et arriver aux codages suivants, par exemple :

fauves  non-fauves 

Situation 3

Le problème des gardiens

Matériel : Autant de boîtes identiques qu'il y a de familles d'animaux.

• Demander aux enfants de rappeler ce que les gardiens doivent faire :
– retrouver les fauves : c'est fait, ils sont dans la boîte étiquetée fauves ;
– les remettre dans leur cage respective selon leur fourrure, selon leur famille.

• Procéder alors à une lecture plus fine des fauves.
Ils ressemblent à de gros chats mais certains sont tachetés, d'autres rayés, d'autres sont d'une seule couleur, ou jaune ou noire. Certains sont plus grands que d'autres. Les différences entre les fauves étant déterminées, choisir un critère de classement : la couleur du pelage plutôt que la taille, car le gardien du zoo ne va pas séparer les petits de leurs parents.

• Procéder alors au classement des images dans les boîtes. Les fermer. Et comme précédemment, faire deviner leur contenu. La nécessité d'utiliser un étiquetage des boîtes étant admise, on fera rechercher des symboles.

Exemples généralement proposés :

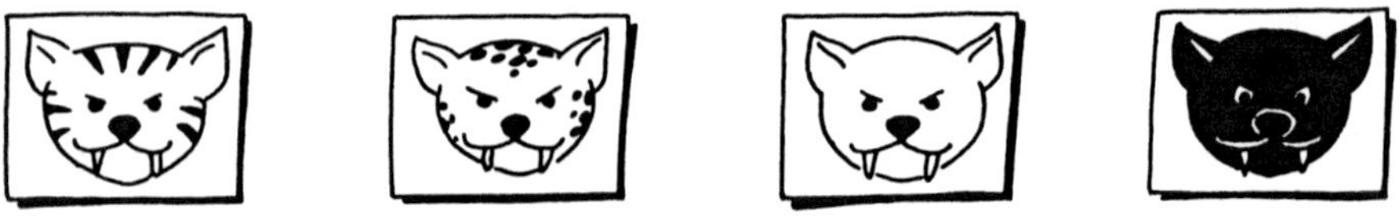

Mise en situation corporelle

En proposant aux enfants de reconstituer l'histoire par un jeu, c'est développer leur esprit d'initiative et leur permettre d'analyser une situation partant de données d'un problème et de concrétiser cette situation par un jeu de faire-semblant.

Le jeu

• Les fauves sont dans le zoo, les gardiens les pourchassent. Demander aux enfants de se répartir en plusieurs groupes : les gardiens, les fauves rayés, les fauves tachetés, etc.

• Les gardiens remettent les fauves en cage par famille. Structurer l'espace jeu en 5 zones : le terrain de chasse, les quatre cages.

Objectifs par situation

SITUATIONS	OBJECTIFS
1	• Se situer dans un groupe constitué. • Coopérer et chercher à atteindre un but commun. • S'opposer dans le jeu. • Analyser une situation conflictuelle, trouver des solutions pour résoudre les tensions.
2	• Comprendre et reproduire des signes abstraits symbolisant un personnage. • Effectuer des classements. • Compléter des ensembles et établir des relations d'appartenance à un ensemble. • Comprendre, accepter et participer à l'élaboration de règles. • Respecter des espaces de jeu. • Utiliser le plaisir et la jubilation créés par le jeu pour former des classements et faire comprendre une situation mathématique.

Situation 1

Au signal de départ du jeu les gardiens pourchassent les fauves et les conduisent dans leur cage.

Très vite, le jeu sera interrompu en raison de l'impossibilité pour les joueurs de se différencier ou de se reconnaître par groupe de famille.

Faire analyser la situation et leur demander de rechercher les solutions possibles comme, par exemple, le port de médaillons et l'étiquetage des cages.

Situation 2

Matériel :
- Une cordelette par enfant sur laquelle on place un gros médaillon de carton.
- Des feutres.
- 4 pancartes de carton pour les cages.

Préparation du matériel :
- Engager la discussion sur le problème de représenter des familles d'animaux.
- Dessiner la tête d'un fauve est difficile, voire impossible pour certains. Chercher un codage simplifié des animaux.

Exemple :

– des rayures  – des points 
etc.

- Faire de même pour les pancartes des cages.

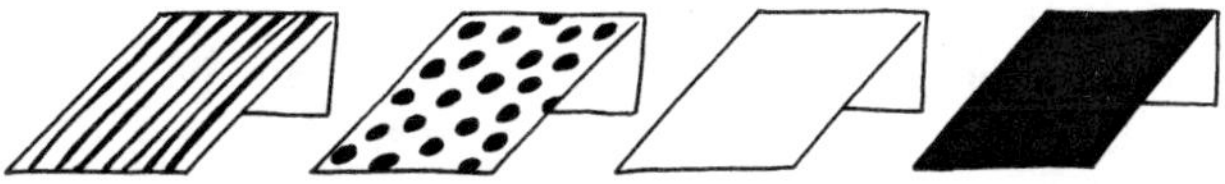

- Comme lors de la 1re situation au signal, les gardiens pourchassent les fauves et les conduisent dans les cages. Le jeu s'arrête lorsque tous les fauves sont en cage. Echanger les rôles et nommer une autre équipe de gardiens.
- Pour rendre la situation plus motivante, d'autres règles peuvent être apportées :
  – possibilité de libérer ses compagnons de jeu ;
  – possibilité pour les fauves d'attaquer les gardiens sous certaines conditions à déterminer, etc.

Schématisation de la situation

Jeu : Les fauves en cage

Objectifs :
- Compléter des ensembles en établissant une relation d'appartenance des éléments-jetons à un espace délimité formant l'ensemble.
- Lire les informations données par deux dés et trouver le nombre et la qualité des jetons correspondants.
- Jouer chacun son tour et respecter les règles du jeu.
- Anticiper le résultat souhaité du jet de dés en sachant ce qu'il manque pour compléter la plaque.
- En déduire le code souhaité et sa quantité.

But du jeu : Etre le premier à compléter sa plaque.

Matériel :

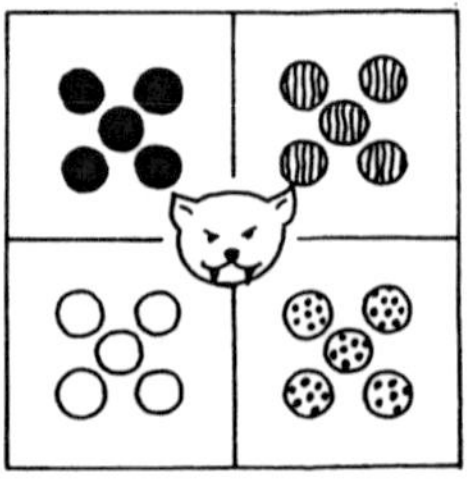

• Une plaque par joueur divisée en 4 zones à l'intérieur desquelles 5 empreintes de jetons auront été représentées.
• Par plaque :
– 5 jetons noirs représentant les fauves noirs ;
– 5 jetons jaunes pour les fauves jaunes ;
– 5 jetons rayés pour les fauves rayés ;
– 5 jetons à pois pour les fauves tachetés.
• 2 dés à 6 faces :
– 1 dé avec 2 faces à 1 point, 2 faces à 2 points, 2 faces à 3 points ;
– 1 dé avec 1 face noire, 1 face jaune, 1 face à pois, 1 face rayée, 1 face rouge, 1 face bleue.

Comment jouer ? À tour de rôle les joueurs lancent les deux dés et tiennent compte des indications données par les deux dés : en prenant autant de jetons que le dé des points l'indique dans la famille des fauves affichée sur le dé « couleur ».

Exemple :

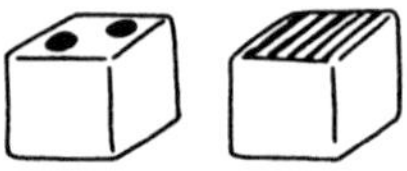

Le joueur ayant effectué ce jet de dés, prendra 2 jetons rayés dans la pioche et les placera sur sa place de jeu.

Si la couleur rouge apparaît, le joueur complète la cage de son choix.

Si la couleur bleue apparaît, le joueur passe son tour.

Objectifs par exercice

EXERCICES	OBJECTIFS
1	• Former des ensembles en répartissant des éléments de même qualité dans l'espace-feuille.
2	• Le déplacement des éléments à chasser n'étant pas possible, trouver le moyen de coder la classification.
3	• Visualiser les éléments d'un même ensemble. • Structurer l'espace en fonction des limites de la feuille, des éléments de même nature ou étrangers et des blancs les séparant. • Former des régions. • Coder les ensembles formés par un signe représentant la propriété choisie pour le classement.

Exercice 1

Matériel : 1 feuille par enfant ; des gros feutres.

Consigne : Plier sa feuille en 4. La déplier. Repasser les plis au gros feutre. Dessiner dans chacune des cases ainsi formées les jetons de la plaque de jeu représentant les fauves.

Exercice 2 : Formation d'ensemble par marquage

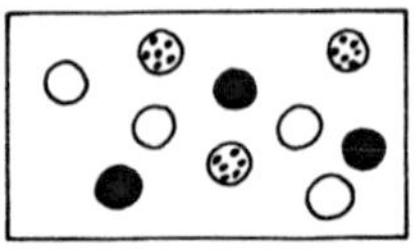

Matériel : 1 feuille par enfant sur laquelle sont représentés des jetons dispersés et mélangés ; 4 feutres de couleurs différentes (rouge, bleu, vert, orange).

Consigne : Marque d'une croix rouge chacun des jetons rayés, d'une croix bleue les jetons noirs, d'une croix verte les jetons jaunes, d'une croix orange les jetons à pois.

Exercice 3 : Formation d'ensemble par marquage et diagramme de Venn.

Matériel : 1 feuille par enfant sur laquelle sont représentés des jetons rassemblés par « famille ».

Exemple :

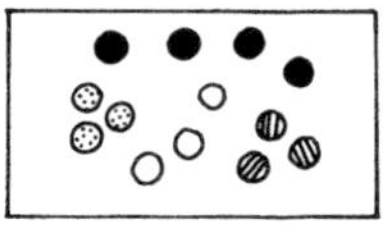

Consigne : Trouve une façon de mettre ensemble les jetons noirs, les jetons jaunes, les jetons rayés, les jetons à pois (exemple : liaison des jetons entre eux par 1 trait, codage par une croix comme ci-dessus, etc.) Puis dessine une cage autour de chaque famille de jetons et accroche une pancarte pour dire ce qu'elle contient.

Exemple :

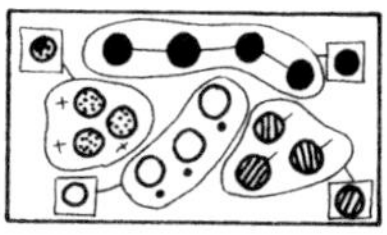

On peut, dans un premier temps, s'aider d'une ficelle pour entourer les éléments. Faire le tracé avec le doigt avant de former l'ensemble définitivement au crayon.

Autres situations de classement

- Tri et classement des jeux de la classe, des crayons, de papier de couleurs.
  Tri et classement de blocs logiques.
  Tri et classement de trésors trouvés dans la nature (caillou, feuille, graines...).
- Pour chacune des situations où l'on sera amené à comparer des éléments, à les trier, à les classer, on recherchera le moyen de coder par des étiquettes les boîtes utilisées aux différents ensembles ainsi formés.

Dans la mesure du possible, rechercher une façon de représenter ces différentes situations en employant les mêmes codages que ceux utilisés lors des manipulations qui les ont précédées.

Les fauves en cage

- Faire observer la page 5 du fichier.
- Demander aux enfants de la décrire et d'en déduire les consignes.
- Lire le texte pour confirmer ou compléter, voire modifier les hypothèses émises par les enfants.

Comparaison d'ensembles

Les fourmis égarées (p. 6)

Compétences et objectifs

Compétences disciplinaires

- Trier, classer des objets.
- Comparer des collections.

Compétences transversales

- Se situer dans un espace familier.
- Se donner des repères et les coder.
- Faire des choix, les expliquer.
- Restituer et réorganiser les informations réunies.

Objectifs

- Comparer des ensembles.
- Comparer les éléments appartenant à un même ensemble.
- Désigner des éléments en fonction de plusieurs critères : le critère de l'ensemble auquel ils appartiennent et le critère qui leur est propre et qui les différencie des autres.

Langage

Objectifs

- Écouter attentivement une lecture.
- La résumer en montrant sa bonne compréhension de la situation.
- Retrouver dans un texte dit les éléments identiques. En déduire les différences.

Cinq fourmis noires.
Cinq fourmis égarées.
Deux fourmis à foulard.
Une fourmi à médaillon.
Une fourmi à ceinturon.
Une fourmi à chapeau.
Cinq fourmis perdues.
Cinq fourmis noires.

Lire le texte aux enfants et leur demander de résumer la situation avec leurs propres mots. Faire ainsi ressortir de la discussion que les fourmis sont toutes noires (point commun). Elles sont différentes parce qu'elles ne portent pas les mêmes attributs vestimentaires (deux ont un foulard). Grâce à leurs différences on retrouve leurs parents. On peut donc émettre l'hypothèse que les parents de la fourmi au médaillon portent aussi un médaillon, que ceux de la fourmi au ceinturon portent un ceinturon, etc.

Mise en situation corporelle

Objectifs par jeu

JEUX	OBJECTIFS
Jeu d'observation	• Apprendre à observer les autres, à parler d'eux. • Affiner sa perception des différents éléments qui composent un visage, un corps. • Prendre en compte plusieurs paramètres.
Les fourmis	• Manipuler les matériels, les comparer, les classer. • Faire des choix et les expliquer. • Structurer l'espace en fonction de ses limites et des autres. • Se rechercher, se reconnaître grâce à un signe distinctif. • Comprendre la nécessité d'aménager l'espace, de le structurer. • Sentir la nécessité d'utiliser des symboles pour mieux se situer et se diriger dans l'espace. • Classer des éléments selon un critère. • Établir une relation d'appartenance à un ensemble.
La fourmi perdue	• Comparer des ensembles. En déduire leur particularité et trouver le ou les éléments intrus ne correspondant pas au critère de classement. • Remettre les éléments intrus dans les ensembles auxquels ils appartiennent.
La fourmi reine	• Comparer les éléments d'un même ensemble. En déduire ce qui les unit et ce qui les différencie. • Poser des questions en tenant compte des critères formes et couleurs.
La fourmi muette	• Décoder trois symboles. • Mettre en relation les 3 données pour déterminer l'élément désigné.

Jeu d'observation

Demander aux enfants de s'observer et de dire ce qui les différencie les uns des autres (couleur des yeux, couleur des chéveux, forme du visage, taille, etc.). Leur faire rechercher le moyen d'être tous identiques. Plusieurs solutions pourront être proposées : le maquillage, mais il n'efface pas les traits propres à chacun ou le masque...

Jeu des fourmis

Leur proposer alors de jouer au jeu des fourmis en mimant l'histoire.

Donner à chacun un masque noir assez grand pour dissimuler les cheveux. Leur faire rappeler ce qui différenciait les fourmis perdues et leur proposer de choisir parmi le matériel les éléments qui pourraient remplacer : les foulards, les médaillons, les chapeaux, les ceinturons.

But du jeu : Au signal, être les premiers à reconstituer sa famille.

Matériels possibles : Chapeaux de carton de plusieurs couleurs ; foulards de plusieurs couleurs ; cordes de plusieurs couleurs (pour les ceinturons) ; disques sur cordelettes de plusieurs couleurs (pour les médaillons).
Demander à chacun de prendre un élément du matériel proposé.

Comment jouer ? Les fourmis se déplacent librement dans la salle sur une musique. Au signal (arrêt de la musique ou frappé de mains), les fourmis se regroupent en famille et s'assoient dès que celle-ci est complète.

Analyse de la situation : Dès le début, les enfants éprouveront des difficultés à se retrouver parce que les masques les gêneront et parce que le lieu de regroupement n'aura pas été déterminé au départ.

Par ailleurs il se peut que certains se regroupent par couleur d'élément et non par la nature des éléments, entraînant ainsi une perte de temps fatale à l'équipe.

Se servir de ses constatations pour faire évoluer le jeu et en formulant des règles prenant en compte :
- les espaces de regroupement propre à chaque famille et qui pourront être codés.

Exemples :

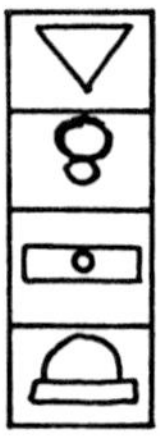

pour la famille des fourmis aux foulards.

pour la famille des fourmis aux médaillons.

pour la famille des fourmis aux ceinturons.

pour la famille des fourmis aux chapeaux.

- l'espace d'évolution.

Recommencer alors le jeu.

La fourmi perdue

But du jeu : Replacer les fourmis, égarées dans les autres groupes, à leur place.

Matériel : Le même que pour le jeu des fourmis.

Comment jouer ? Les enfants fourmis sont placés par famille. Un joueur sort. Pendant ce temps quelques fourmis vont se cacher dans une famille qui n'est pas la leur. Le joueur, de retour dans la salle, doit les retrouver et les remettre dans leur groupe d'appartenance tout en justifiant ses actions.

La fourmi reine

But du jeu : Retrouver la reine des fourmis en posant des questions.

Comment jouer ? Comme précédemment les fourmis sont placées, sans erreur, par famille. Un joueur sort. Un enfant est désigné pour jouer le rôle de la reine des fourmis. De retour en classe, le joueur pose des questions pour retrouver la reine des fourmis.

La fourmi muette

But du jeu : Se reconnaître dans le décodage successif des cartes.

Matériel :

1 carte masque noir.
1 carte foulard.
1 carte ceinturon.
1 carte chapeau.
1 carte médaillon.
1 carte jaune.
1 carte rouge.
1 carte bleue.
1 carte verte.
etc. (les couleurs des éléments utilisés).

Comment jouer : L'enseignant, puis un enfant, appellent un autre joueur en montrant successivement : la carte-masque puis une carte-élément vestimentaire, puis une carte-couleur. L'enfant qui se reconnaît se présente.

Variante du jeu : Proposer les mêmes situations avec des fourmis d'autres couleurs (blanches, rouges...).

Schématisation de la situation

Objectifs par jeu

JEUX	OBJECTIFS
Les fourmis	• Comparer des objets ; les classer selon un critère. • Observer que l'on peut classer des objets de 2 façons différentes. • Comparer des ensembles, voir leurs différences, leur ressemblances.
La fourmi perdue	• Comparer les éléments d'un même ensemble. • Trouver l'intrus. • Établir une relation d'appartenance.
Les familles de fourmis	• Former des ensembles d'objets. • Comprendre que des éléments différents peuvent appartenir à un même ensemble.
La fourmi muette	• Coder, décoder des symboles. • Retrouver l'élément demandé en associant les 3 données par le codage. • Différencier les codes de 2 grands groupes de fourmis, des codes des familles et des codes spécifiques à chaque élément (couleurs). • Reconstituer ainsi des ensembles. Les comparer.

Jeu des fourmis

Matériel : Un jeu de 20 cartes représentant les cinq membres des quatre familles fourmis. Pour chaque famille, faire une carte verte, jaune, orange, rouge, bleue.
Exemple :

Comment jouer ? Mélanger les cartes puis demander aux enfants de les classer par famille. Leur demander, ensuite, de trouver un autre critère de classement. Le seul possible après l'attribut vestimentaire est la couleur. Comparer les ensembles formés et faire observer qu'ils ont autant d'éléments et que si :

- le critère nature de l'attribut a été choisi pour le classement, alors chaque ensemble a le même éventail de couleur ;
- le critère couleur des attributs a été choisi. Chaque ensemble a autant d'éléments différents. Et ces mêmes éléments se retrouvent dans chacun d'eux.

La fourmi perdue

Adapter ce jeu à celui proposé dans la mise en situation corporelle p. 36.

Les familles de fourmis

But du jeu : Reconstituer le plus de familles possible.

Matériel : Prévoir un jeu de cartes fourmis pour 2 à 3 joueurs.

Comment jouer ? Distribuer 4 cartes à chacun des joueurs ; les autres cartes constituent la pioche. À tour de rôle les joueurs demandent au partenaire de leur choix une carte afin de reconstituer une famille. Si le joueur interrogé a cette carte, il la donne au demandeur. Dans le cas contraire, ce dernier prend une carte dans la pioche.

La fourmi muette

But du jeu : Reconstituer le plus de familles possible.

Matériel : Reprendre le matériel du *jeu de la fourmi* de la mise en situation corporelle (p. 35) et le compléter avec un jeu de fourmis blanches ayant les mêmes attributs.

Comment jouer ? C'est le même que pour le jeu des familles de fourmis. Mais au lieu de demander verbalement la carte souhaitée le joueur pose devant un joueur 3 cartes codes.

Exemple :

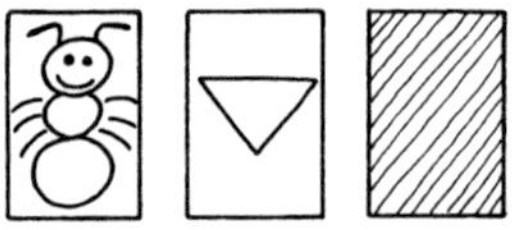

Ce qui veut dire :
« je veux une fourmi blanche au foulard vert ».

Les fourmis égarées

- Faire observer et décrire la page 6 du fichier.
- Présenter les codes et demander aux enfants ce qu'ils veulent dire.
- Lire les consignes. Procéder par étape.
  1 – Recherche des intrus.
  2 – Codage des ensembles.
  3 – Compléter les ensembles par liaison de l'élément au moyen d'un trait. (Faire suivre le chemin au doigt avant d'effectuer le tracé.)

Organisation de l'espace

Le facteur perdu (p. 7)

Compétences et objectifs

Compétences disciplinaires

• Situer, repérer des objets par rapport à des repères fixes.

Compétences transversales

• Se situer dans un espace familier.
• Se donner des repères et les coder.
• Réaliser des représentations simples de l'espace familier et s'y situer.
• Restituer et réorganiser les informations réunies.

Objectifs

• Situer des objets les uns par rapport aux autres en comprenant et en employant des prépositions d'ordre spatial.
• Mémoriser des enchaînements pour situer plus précisément un objet parmi d'autres.

Langage

Objectifs par situation

SITUATIONS	OBJECTIFS
1	• Écouter attentivement un texte descriptif. • Pouvoir répéter de mémoire toutes ou une partie des données formulées. • Formuler la question posée par le problème et montrer ainsi sa bonne compréhension de la situation.
2	• Décrire la position d'un personnage le plus précisément possible et montrer ainsi sa bonne compréhension et le bon emploi des prépositions d'ordre spatial. • Formuler des phrases complètes.

Situation 1

Perdu dans la rue
Des maisons qui se ressemblent,
Le facteur cherche une maison
A deux cheminées
Sur un toit plat.
A côté de la maison, un garage.
Devant le garage, un arbre.
Derrière la maison, un immeuble.

Lire le texte aux enfants. Leur demander quel est le problème du facteur et ce qu'ils ont retenu de la description de la maison :

a – le facteur cherche une maison.
b – son toit est plat.
c – elle a deux cheminées sur le toit.
d – elle a un garage sur le côté.
e – un grand immeuble est derrière.
f – un arbre est devant le garage.

Situation 2

Les prépositions d'ordre spatial ont été employées et en principe comprises (se reporter à la fiche des poissons). Il est cependant souhaitable de leur faire décrire des images en employant ces prépositions.
Exemple : *donner la position du chat.*

le chat est sur le toit de la maison

le chat est entre les arbres

le chat est devant la maison

le chat est à côté de la fleur.

le chat blanc est derrière le chat noir (on ne le voit pas entièrement)

le chat noir est devant le chat blanc (on le voit entièrement).

Mise en situation corporelle

Objectifs par jeux

JEUX	OBJECTIFS
Visite du quartier	• Décrire des positions en situation de visite sur les lieux où se trouvent les objets (tenir compte de plusieurs paramètres pour que la description soit précise). • Représenter des objets et réinvestir les notions abordées lors de l'activité sur les poissons (p. 21 à 27). • Reproduire les formulations employées lors de la visite dans la description des photos et des dessins. • Comparer les positions d'éléments disposés sur deux supports différents.
Construction d'un quartier	• Comprendre et accepter l'aspect symbolique des boîtes pour représenter les éléments du problème. • Assembler les éléments en tenant compte des positions et du nombre d'éléments cités. • Procéder par étape, agir avec méthode.
La chasse au trésor	• Situer le plus précisément possible un élément par rapport à plusieurs autres en utilisant les prépositions qui conviennent.
Construction libre	• Retrouver une construction en tenant compte des positions de plusieurs éléments. • Savoir poser une question. • Procéder par étape et par élimination des constructions ne répondant pas favorablement aux positions exprimées dans les questions.

Visite du quartier

Matériel : Appareil photographique, feuilles, crayons.

Organiser une sortie dans le quartier autour de l'école. Demander aux enfants de décrire le plus précisément possible les maisons, les jardins, les immeubles, les maisons entre elles (leur situation les unes par rapport aux autres, leurs différences). Selon les besoins, prendre quelques photos et demander aux enfants de dessiner une maison avec les différents éléments qui se trouvent face à elle ou sur le côté.

De retour en classe et une fois les photos développées, demander aux élèves de décrire ces maisons à partir des photos mais aussi d'observer les dessins et de les associer aux photos auxquelles ils correspondent. Faire justifier les réponses en veillant à la bonne maîtrise verbale des prépositions (*sur*, *sous*, *devant*, etc.) accompagnées des éléments servant de référence.

Construction d'un quartier

Matériel par groupe :

- Carton ;
- 2 boîtes à chaussures adulte (grande taille) ;
- 1 boîte à chaussures enfant ;
- 2 petits pots (petits suisses) ;
- 1 rouleau de sopalin.

Présenter le matériel aux enfants et leur dire qu'il servira à la reconstitution de la maison du facteur.

Faire rappeler les données du problème et, au fur et à mesure, choisir le matériel destiné à concrétiser ces données.

Exemples :

→ La maison a deux cheminées sur un toit plat.
• Prendre les deux grandes boîtes de chaussures, les empiler.
• Placer sur la boîte du dessus les 2 petits pots (cheminées).

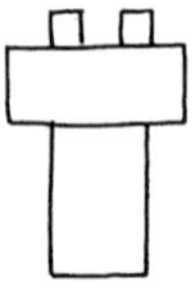

→ Le garage est sur le côté de la maison.
• Prendre la petite boîte de chaussures et la placer à côté du précédent montage.

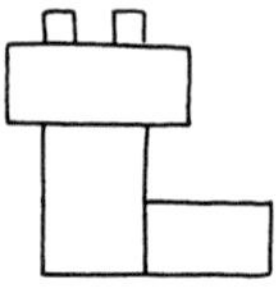

ou

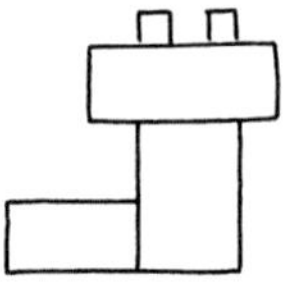

→ Un grand immeuble est derrière la maison.
• Prendre le carton; le placer derrière.

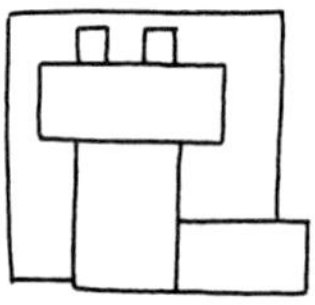

ou

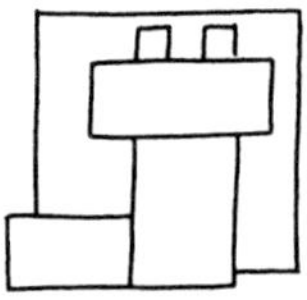

→ Un arbre est devant le garage.
• Prendre le rouleau de sopalin ; le placer devant la boîte de chaussures pour enfants.

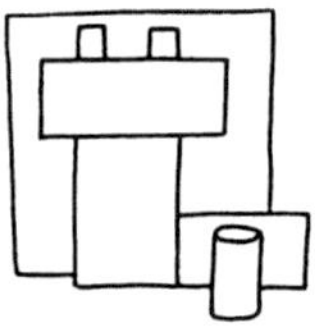

ou

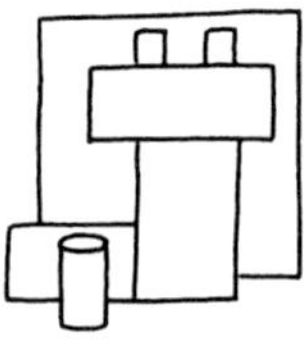

• Comparer les constructions des différents groupes.
• Justifier, voire corriger les erreurs.
• Faire comprendre qu'il y a 2 côtés possibles, le droit et le gauche. La notion droite/gauche étant difficile en cette période de l'année, on pourra faire référence à d'autres points de repère de salle (fenêtre, porte, etc.).

La chasse au trésor

Matériel : Une des constructions ; un bouton.

Comment jouer ? Un enfant sort. Les autres cachent un bouton dans ou sous l'un des éléments. L'enfant revient et pose des questions pour déterminer la boîte où est caché le bouton.
Exemple : *La boîte où est caché le bouton est-elle sur le toit ?*

Construction libre

Avec le même matériel, demander à chaque groupe de faire sa propre construction. Faire observer les différentes compositions et les faire décrire.

Jeu du facteur
Comment jouer ? Un groupe d'enfant sort. Les autres désignent la construction à trouver. Les autres enfants reviennent et posent des questions pour déterminer la construction qui doit recevoir la visite du facteur.

Exemple :

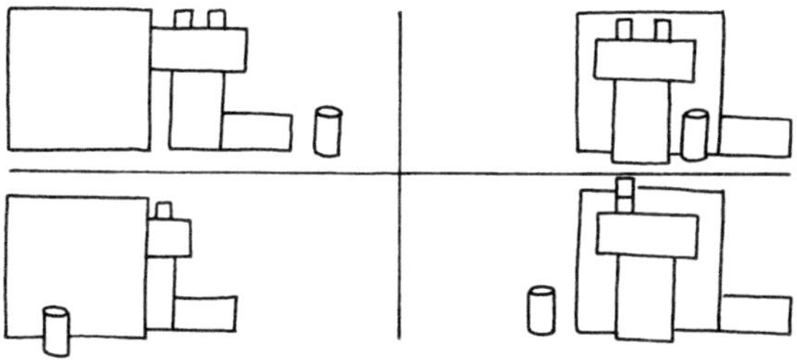

Questions possibles auxquelles il faut répondre par oui ou par non (maison choisie marquée d'une étoile) :

- La maison est-elle à côté de l'immeuble ? Non.
- La maison est-elle devant l'immeuble ? Oui.
- L'arbre est-il à côté de l'immeuble ? Non.
- L'arbre est-il devant l'immeuble ? Oui.

Ces deux données suffisent à trouver la maison. D'autres questions pourront être posées pour confirmer le choix.

Schématisation de l'activité

Objectifs par exercice

EXERCICES	OBJECTIFS
1	• Réinvestir sur un plan en 2 dimensions les notions acquises jusqu'à présent.
2	• Reproduire un collage, donc respecter le nombre, l'agencement, les positions et les orientations des modèles.
3-4	• Situer les éléments les uns par rapport aux autres pour faire reproduire une structure spatiale. N'omettre aucun des paramètres : formes, couleurs, positions des uns par rapport aux autres. • Procéder par étapes.

Matériel par enfant :

- 1 grand rectangle de papier blanc (pour l'immeuble)
- 1 carré rose plus petit pour la maison
- 1 petit rectangle rouge pour le toit
- 2 carrés jaunes pour les cheminées
- 1 carré vert pour le garage
- 1 rectangle noir pour l'arbre.

Situation 1

- Demander à chacun de coller ces différents papiers pour reconstituer une maison.
- Faire comparer et décrire les différentes propositions.

Situation 2

Distribuer le même matériel et demander aux enfants de reproduire le collage d'un camarade.

Situation 3

Même matériel ; activité à deux.
Un des joueurs place ses pièces en les dissimulant à son concurrent.
Il décrit le montage que l'autre doit reproduire.

Situation 4

Jeu du facteur identique à celui proposé dans l'énoncé du problème (dans la comptine) mais avec des constructions sur plan et non en volume.

Le facteur perdu

Objectifs

Faire observer la page 7 du fichier et demander aux enfants de décrire le plus précisément possible chacun des dessins. Veiller à la bonne discrimination des toits : pointus et « plats ».

Faire rappeler les données du problème : les premiers exercices de cette fiche devraient avoir favorisé leur mémorisation. Puis faire l'exercice.

Si les enfants n'ont pas mémorisé la consigne, procéder par étapes en lisant chaque phrase et leur demander de barrer au fur et à mesure les dessins ne convenant pas.

Formes géométriques de l'espace

Les tentes indiennes (p. 8)

Compétences et objectifs

Compétences disciplinaires

- Reconnaître et décrire des solides simples.
- Trier, classer des objets.

Compétences transversales

- Observer, interroger, s'exprimer et manifester par la parole.
- Discerner des analogies, des différences.
- Émettre des suppositions.
- Faire des choix, les expliquer.

Objectifs

- Manipuler des formes dans un espace à trois dimensions.
- Observer, décrire, reconnaître, trier et classer les formes de l'espace que sont les sphères, les cônes, les cylindres, les cubes, les tétraèdres, les prismes et les pavés.

Langage

Objectifs de la situation

- Écouter et comprendre la comptine.
- Expliquer avec ses propres mots la signification de la comptine.
- Apprendre à trier des informations pour ne garder que l'essentiel.

Situation

Les tentes indiennes
Sont bien ternes.
Il faut peindre
chaque tente
Dans sa couleur,
Selon sa forme
et sans erreur.

Lire la comptine

• Demander aux enfants de raconter l'histoire de la comptine, avec leurs propres mots.
• De la discussion faire ressortir le problème des Indiens, qui est : repeindre de la même couleur, les tentes qui ont la même forme.
• Proposer aux enfants des gravures présentant des tentes de formes différentes et leur demander de les décrire : forme, couleurs, position au sol.

Mise en situation

Objectifs par exercice et par jeu

EXERCICES	OBJECTIFS
1	• Manipuler des formes géométriques dans l'espace. • Prendre conscience par la verbalisation de leurs spécificités. • Distinguer les sphères des objets non-sphériques et opérer un tri d'objets. • Par la manipulation, être sensibilisé aux notions de surfaces planes, courbes, etc.
2	• Par le coloriage, prendre conscience que les formes diffèrent parce qu'elles n'ont pas le même nombre de faces et de sommets. • Classer les formes en fonction de leur nombre de faces et de sommets. • Prendre conscience qu'à l'intérieur d'un même ensemble, des objets peuvent avoir le même nombre de faces mais pas la même forme (cubes et pavés).
3	• Réinvestir les notions dégagées dans la situation 2. • Apprendre à tenir compte de plusieurs critères pour décrire un objet. • Retrouver un objet décrit. Donc écouter, comprendre et mémoriser tous les critères donnés dans la description. • Poser des questions. • Sélectionner les questions pour être sûr de retrouver le bon objet (questions sur le nombre de couleurs, de faces, de sommets).
4	• Écouter une consigne et l'appliquer en étant capable de faire abstraction d'une situation voisine. • Classer des formes. • Par le coloriage, marquer l'appartenance de ces formes à un ensemble déterminé.

Situation 1 : Manipulation et tri de solides

Matériel : Des balles, des ballons, des boules de cotillons, des formes fermées récupérées ou fabriquées, blanches ou de couleurs claires : des cylindres, des cônes, des cubes, des tétraèdres, des prismes, des pavés.

En atelier, faire observer les objets éparpillés. Demander aux élèves de trouver toutes les façons de les faire tenir sur la table, puis de les déplacer en tous sens. Lors de la manipulation, faire verbaliser les problèmes.

Exemples : *Je ne peux pas faire tenir la balle, elle roule.*
Je ne peux pas faire tenir la boîte sur la pointe.
Elle (ne) tient que là où c'est plat, etc.

Proposer alors aux enfants, de trier les objets pour ne garder que ceux qui peuvent tenir sans bouger sur la table. Pour chaque élimination d'objet, en faire expliciter la raison. Un débat pourra s'engager entre les enfants qui seront partisans de l'élimination des cylindres et des cônes, et ceux qui pensent qu'au contraire il faut les garder parce qu'ils ont un côté plat qui ne roule pas.

Lorsque tous les enfants auront participé à cet atelier, mettre en commun les résultats des différents tris et conclure en présentant les deux ensembles formés (l'ensemble des « boules » (sphères) et l'ensemble des « non-boules »).

Situation 2 : Classement des formes non sphériques

Matériel : Même matériel que la situation 1 ; peinture bleue, rouge, jaune, verte, orange, violette.

Lors d'une autre séance, présenter les objets non-sphériques, gardés lors de la première manipulation. Demander aux enfants de peindre de couleurs différentes (pour un même solide) les faces qui peuvent tenir sur la table sans bouger. Observer ensuite les objets peints en éliminant, après explication, les solides dont le coloriage ne respecte pas la consigne (exemple : 2 faces de la même couleur).

Puis demander aux enfants de trier les solides en fonction du nombre de couleurs utilisées et classer ainsi les objets :

- 1 couleur + 1 face blanche : les cônes (leurs faces arrondies sont restées blanches, car elles ne tenaient pas sur la table sans bouger).
- 2 couleurs + 1 face blanche : les cylindres.
- 4 couleurs : les tétraèdres.
- 5 couleurs : les prismes.
- 6 couleurs : les cubes et les pavés. Faire comparer et différencier les cubes et les pavés.

Situation 3 : Reconnaissance des formes

But du jeu : Retrouver une forme d'après sa description.

Matériel : Les formes peintes de la situation 2.

Comment jouer ? Un enfant sort. Les autres choisissent un solide. Au retour de l'enfant, ils le décrivent et celui-ci doit le retrouver.

Exemple : L'objet a 4 couleurs (énumération des couleurs) ; il a 4 « pointes » (angles). L'enfant doit alors montrer le tétraèdre dont les couleurs sont celles qui auront été énumérées, lors de la description.

Variante : Un joueur sort. Les autres choisissent un solide. Le joueur pose des questions sur le nombre de pointes (angles) de couleurs (faces), etc., pour trouver l'objet choisi.

Situation 4 : Les tentes indiennes

Matériel : Des formes identiques à celles observées en situation 2, mais non-peintes. Peinture : 6 couleurs (une par ensemble : cônes, cylindres, tétraèdres, prismes, cubes, pavés).

Lire à nouveau la comptine des tentes indiennes. Faire rappeler le problème. Présenter alors les formes en expliquant aux enfants que les tentes de la comptine sont comme ces objets. Les faire décrire et demander aux enfants de dire ce qu'il faut faire pour leur redonner des couleurs. Certains suggéreront de les peindre, comme précédemment, en changeant de couleurs à chaque face.

Rappeler alors la consigne de coloriage de la comptine (même forme, même couleur).

Après un rappel rapide de la signification de ces termes, classer les objets par formes en faisant verbaliser les choix. Puis compter le nombre d'ensembles obtenus. En faire déduire le nombre de couleurs nécessaires au coloriage. Puis demander aux enfants de choisir une couleur pour chacun des ensembles et faire peindre les « tentes ».

Schématisation de la situation

Objectifs de la situation

- Reconnaître sur les photos les formes manipulées lors de la mise en situation.
- Apprendre à passer du volume à la représentation du volume sur un plan.
- Classer des objets selon leurs formes.
- Différencier :
  - les tétraèdres et les prismes à la forme de leurs faces, au nombre de leurs sommets visibles ;
  - les cubes et les pavés à la longueur de leurs faces.

Situation 1

Prendre des photos des formes peintes et non-peintes isolées ou assemblées.

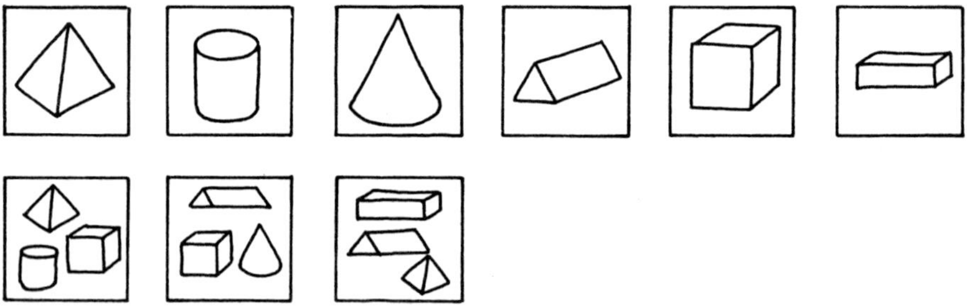

etc.

Présenter les photos des formes peintes et non-peintes (une forme par photo). Demander aux enfants de les décrire et de les classer par formes. Obtenir ainsi 6 ensembles :

- l'ensemble des cônes peints et non-peints.
- l'ensemble des cylindres peints et non-peints.
- l'ensemble des tétraèdres peints et non-peints.
- l'ensemble des prismes peints et non-peints.
- l'ensemble des cubes peints et non-peints.
- l'ensemble des pavés peints et non-peints.

Objectifs par jeu

JEUX	OBJECTIFS
Reconnaissance de formes (jeu n° 1)	Reconnaître dans l'espace les formes représentées sur le plan quelles que soient leurs positions, leurs orientations.
Jeu n° 2	• Voir l'objectif des jeux 1 et 2. • Respecter les positions des objets les uns par rapport aux autres. Réinvestir les notions acquises lors de l'étude de la fiche sur l'espace (p. 7 du fichier élève).
Les formes dessinées (jeu n° 3)	• Mêmes objectifs que les jeux 1, 2, 3. • Apprendre à reconnaître et différencier des volumes en perspective sur le plan.

Reconnaissance des formes

But du jeu : Retrouver le plus possible de formes correspondant aux photos.

Matériel :

- Formes peintes et non-peintes ;
- photos des formes peintes et non-peintes (1 forme par photo).

Comment jouer ? Les joueurs à tour de rôle tirent une photo et montrent parmi les objets celui qui est sur la photo. Si la réponse est juste, le joueur gagne la photo. Celui qui en a le plus a gagné.

Variante : Refaire le même jeu, mais avec plusieurs objets sur une photo.

Jeu 2

But du jeu : Placer les formes comme sur les photos.

Matériel :

- Formes peintes et non-peintes ;
- photos montrant plusieurs de ces formes.

Comment jouer ? Par deux ou trois, les enfants placent les formes de chaque photo à côté de chacune d'elles en respectant les mêmes positions.

Les formes dessinées

Proposer les mêmes jeux à partir de cartes présentant des formes en trois dimensions (en perspective) et non plus des photos.

Les tentes indiennes

- Faire observer la page 8 du fichier.
- Demander aux élèves d'en déduire les consignes. Pour vérification, lire la consigne. Puis demander aux enfants d'observer les codes, de les décrire et de rappeler les différences qu'ils ont pu observer entre :
  - les tétraèdres et les prismes ;
  - les cubes et les pavés.

Autres situations de construction dans l'espace

Ces activités permettent aux enfants de construire des objets dans l'espace. Et ils sont confrontés par manipulation aux problèmes d'équilibre, d'orthogonalité, de parallélisme, etc., des constructions effectuées librement ou reproduites.

Matériel :

- Légos, Duplo, clips, polydrons, mécanos...
- Construction de structures avec des pailles et des boules de pâte à modeler.

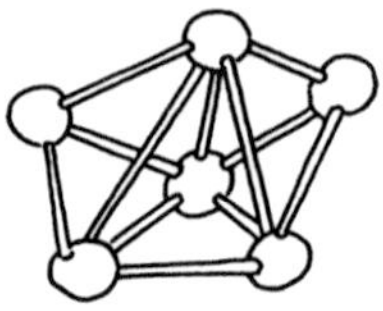

- Avec du papier, faire des pliages ou rouler les feuilles pour obtenir des cylindres, des cônes.
- Modelage.

Comment jouer ? Pour chaque jeu on adoptera la démarche suivante :

- jeu libre puis observation et description des constructions ;
- reproduction de la construction d'un ou plusieurs enfants ;
- reproduction des constructions de la maîtresse.

Formes géométriques du plan

Un étrange tableau (p. 9)

Compétences et objectifs

Compétences disciplinaires

- Reconnaître, décrire et reproduire quelques figures simples.
- Situer, repérer des objets par rapport à des repères fixes.
- Trier, classer des objets.

Compétences transversales

- Développer son sens de l'esthétique et manifester son besoin de créer.
- Observer, interroger, s'exprimer par la parole.
- Exprimer ses préférences.
- Discerner des analogies, des différences.

Langage

Objectifs par situation

SITUATIONS	OBJECTIFS
1	Écouter attentivement la lecture ou la récitation d'un texte court.
2	• Faire référence à son passé, à son environnement pour montrer son niveau de compréhension : d'une situation ou d'un vocabulaire particulier. • Comprendre et employer les mots : rond, carré, triangle, rectangle.

Situation 1

Lire la comptine

Sur la feuille blanche,
Ronds et carrés
Rectangles et triangles,
Ensemble ou séparés,
Forment un tableau
Étrange et beau.

Situation 2

Demander aux enfants de résumer ce qui est dit dans le texte.

Les élèves ne devraient pas avoir de mal à énumérer les mots (ronds, carrés et triangles). Le terme de rectangle est parfois méconnu ou confondu avec triangle, en raison des sons voisins qui les composent.

La description des formes ou la recherche dans leur environnement proche des formes qui se ressemblent ne posent généralement pas de problème. En effet, dès l'entrée à l'école maternelle et parfois avant, ils ont appris à les reconnaître grâce aux jeux d'encastrement, d'emboîtement, d'empilement.

Après la présentation de la comptine, vérifier le niveau de connaissance des élèves quant à la reconnaissance des formes et la maîtrise du vocabulaire correspondant (sens et prononciation). Pour cela leur demander de rechercher autour d'eux, les objets qui ont la forme :

– du rond : pendule, couvercle, boîtes, etc. ;
– du carré : dessus de chaise, de boîte, etc. ;
– du rectangle : banc, table, feuilles, tableaux, livres, etc. ;
– du triangle : triangle musical, toit de maison, etc.

Leur présenter également les volumes manipulés et peints (voir *les tentes indiennes* p. 45 à 50) et leur demander de décrire la forme des faces du tétraèdre (4 triangles), du cube (6 carrés), du pavé (6 rectangles ou 2 carrés + 4 rectangles), du prisme (3 rectangles, 2 triangles), du cylindre (2 ronds), du cône (1 rond).

Manipulation

Objectifs par situation

SITUATIONS	OBJECTIFS
1	• Par la prise d'empreintes, passer du volume au plan. • Comparer des formes géométriques du plan, les trier, les classer en fonction du nombre de leurs côtés, du nombre de leurs angles et de la longueur des côtés. • Comparer les éléments d'un même ensemble. Reconnaître en chacun la qualité qui a permis d'effectuer le classement. Et prendre conscience aussi des différences à l'intérieur d'un même ensemble (couleurs, tailles, ouverture des angles, etc.).
2	• Manipuler des formes géométriques du plan. Les orienter, les assembler, les superposer. Etre ainsi sensibilisé aux notions de convexité, d'orthogonalité et de parallélisme. • Par le pavage obtenu, comparer des surfaces et des formes. • Reproduire un pavage, donc respecter les positions des formes les unes par rapport aux autres, mais aussi leurs orientations. • Reconnaître les formes même si elles n'apparaissent pas en entier.

Situation 1 : Observation et description des formes géométriques du plan

Prise d'empreintes

Matériel : Les volumes (*les tentes indiennes* p. 45 à 50).
Peinture, feuilles.

Demander aux enfants de prendre des empreintes de toutes les faces des volumes et de décrire les résultats obtenus.

sphère → •

cône et cylindre → ● ▬

cube → ■ ■ ■ ■ ■ ■

etc.

On obtient ainsi des ronds, des carrés, des triangles, des rectangles de tailles différentes. Découper les formes obtenues et demander aux enfants de les classer. Leur demander de verbaliser les critères des classements (formes et/ou tailles). Si le critère forme n'a pas été choisi pour le classement, l'imposer lors d'une autre manipulation.

Puis demander aux enfants de donner le nom de chacun des ensembles obtenus et de décrire tous les éléments qui les composent.

Exemple : *Ici c'est l'ensemble (ou la boîte) des triangles. Il y en a des rouges, des verts... des grands, des petits. Ils ont tous 3 côtés, 3 « pointes » (ou angles).*

Situation 2 : Tableaux géométriques Manipulation des formes géométriques

Proposer aux enfants de faire des tableaux avec des formes géométriques.

Matériel par enfant et par tableau :

1 grand et 1 petit ronds jaunes.
1 grand et 1 petit triangles rouges.
1 grand et 1 petit rectangles verts.
1 grand et 1 petit carrés bleus.
1 grande feuille blanche.

1er tableau : Demander aux enfants de faire un joli tableau en collant les 8 formes proposées. Faire observer et décrire les résultats.

2e tableau : Demander à chacun de choisir le tableau d'un camarade et de reproduire son collage.

Après le travail, présenter les tableaux obtenus, les originaux et les copies, faire observer les différences.

Autres tableaux : Proposer d'autres assemblages que les enfants doivent tenter de reproduire.

Exemples :

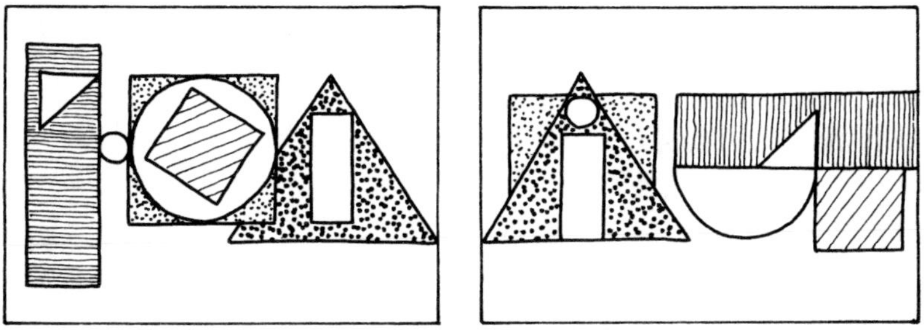

D'autres tableaux pourront être réalisés à la peinture en utilisant la technique du pochoir ou en utilisant des gabarits de formes différentes pour les tracés.

Jeux de reconnaissance des formes

Objectifs par jeu

JEUX	OBJECTIFS
Poursuite de formes	• Reconnaître les formes ○ , □ , △ , ▭ . • Les nommer et les différencier.
Reconnaissance des formes	• Reconnaître une forme à sa description. • Décrire une forme, prendre conscience de ces particularités géométriques. • Tenir compte de plusieurs critères pour décrire un objet. • Mémoriser les critères donnés dans la description d'un objet, puis trier les éléments pour retrouver l'objet.
Les dominos	• Reconnaître une forme en partie cachée et la nommer. **Variante 1 :** Tenir compte de deux critères (forme et couleur) pour associer deux éléments. **Variante 2 :** Tenir compte de trois critères (forme, couleur, position) pour associer deux éléments.
Jeu de cartes	**Reconstitution des feuilles** • Nommer les quatre formes géométriques du plan, mémoriser leurs nombres et leurs noms. • Analyser les cartes et en déduire (à l'aide de la mémoire) celle(s) qui manque(nt). **Jeu des 8 feuilles** • Dans la description de la carte souhaitée, nommer la forme, la couleur et la position des éléments. Ex. : *Je voudrais la carte du petit rond rouge à l'intérieur du grand triangle foncé.*

Poursuite des formes

Jeu à faire dans la salle de jeu.

But du jeu : Se reconnaître comme poursuivant et attraper le plus de formes nommées possible.

Matériel : Autant de médaillons que de joueurs, ayant chacun 1 forme ○ , □ , △ , ▭ (varier les dimensions, les couleurs et l'ouverture des angles pour les triangles).

Comment jouer ? Les enfants répartis dans la salle de jeu se déplacent librement jusqu'à ce que l'enseignant invite un groupe à poursuivre un autre groupe.

Exemple : *Les triangles chassent les ronds.*

Reconnaissance des formes

But du jeu : Retrouver une forme d'après sa description.

Matériel : Des formes cartonnées de tailles et de couleurs différentes.

Comment jouer ? Un enfant sort. Les autres choisissent une forme. Au retour de l'enfant ils la décrivent sans la nommer. Celui-ci doit la retrouver et la nommer d'après sa description.

Exemple : *La forme est grande, elle est rouge, elle a 3 angles et 3 côtés.*
Réponse du joueur : c'est le grand triangle rouge.

Variante : Reconnaître une forme en partie cachée derrière un carton.

Les dominos

Les jeux présentés se jouent comme le jeu véritable. Les points sont simplement remplacés par des formes géométriques de quatre couleurs différentes.
Variante 1 : Dominos simples : sur chaque moitié de dominos, une seule forme est représentée (on peut faire varier les tailles).

Variante 2 : Dominos avec deux formes représentées sur chaque moitié.

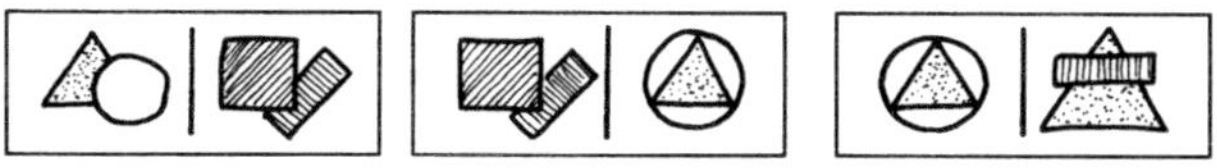

Jeu de cartes

Matériel :

4 cartes famille grand rond avec chacune des 4 formes représentées à l'intérieur du grand rond.

4 cartes grand triangle.

4 cartes grand carré.

4 cartes grand rectangle.

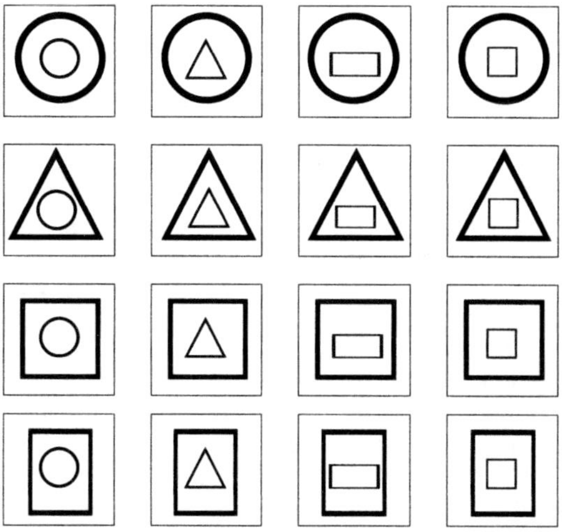

Reconstitution des familles : 4 joueurs.
But du jeu : Etre le premier à avoir 4 cartes de la même famille.
Comment jouer ? Au début du jeu chaque joueur choisit une famille : grand rond ou grand triangle ou grand carré ou grand rectangle. À tour de rôle chacun tire une carte, si elle lui convient il la garde sinon il la remet dans la pioche.

Jeu des 8 familles

Prendre les mêmes cartes que le jeu précédent en les doublant et en variant les tons des couleurs des grandes formes. On obtient ainsi la famille des grands ronds rouges, des grands ronds roses, des grands triangles bleu clair, des grands triangles bleu foncé, etc.
But du jeu : Reconstituer le plus de familles possible. Appliquer la règle du jeu des Sept familles.

Un étrange tableau

Observer la page 9 du fichier. Demander aux enfants d'en déduire la consigne. La lire pour vérification. Avant de commencer le travail, faire nommer et situer les formes. Insister alors sur le fait que certaines sont à l'intérieur des autres (ou se superposent et qu'il faudra lors du coloriage, ne pas dépasser les limites des lignes fermées de ces formes).

Classement dans un tableau à double-entrée

Les chapeaux rangés (p. 10)

Compétences et objectifs

Compétences disciplinaires

- Trier, classer des objets.
- Comparer des collections.
- Mettre en œuvre des stratégies de tâtonnement pour trouver des solutions aux problèmes.
- Situer, repérer, déplacer des objets par rapport à des repères fixes.

Compétences transversales

Se situer dans un espace familier.

- Se donner des repères et les coder.
- Discerner des analogies, des différences.
- Restituer et réorganiser les informations réunies.

Objectifs

- Classer des objets dans un tableau en tenant compte d'un critère de classement.
- Classer des objets dans un tableau en tenant compte de deux critères de classement. Combiner ainsi deux lectures du tableau, l'une verticale et l'autre horizontale, pour déterminer l'emplacement d'un élément.
- Compléter des ensembles construits à l'intérieur d'un tableau à double entrée.
- Retrouver, par l'observation des cases d'un tableau à double entrée, les deux critères de classement choisis.

Langage

Objectifs par situation

SITUATIONS	OBJECTIFS
1	• Écouter attentivement. • Émettre des hypothèses sur le sens des phrases. • Trouver et comprendre les mots-clés et reconstruire les phrases.
2	• Trier les informations pour ne garder que l'essentiel.

Situation 1

Lire le texte et demander aux enfants d'expliquer le problème des deux personnages.

Zorme et Zimeur
Rangent les chapeaux.
« Plaçons-les par forme,
Propose Zorme.
– Non, par couleur,
Suggère Zimeur. »
Forme ou couleur,
Zorme et Zimeur
Ne sont pas d'accord
Et se disputent encore.

Classement dans un tableau à une entrée

Objectifs par jeu

JEUX	OBJECTIFS
Jeu de reconnaissance	• Comparer des éléments. • Décrire les éléments en tenant compte des deux critères (forme et couleur). • Mémoriser la forme et la couleur de son chapeau afin de répondre à son appel sans le voir.
Les familles de chapeaux	• Choisir un critère de classement. • Classer des éléments en respectant le critère de classement choisi. • Construire un autre mode de représentation des ensembles (tableau). • Aligner sur une même ligne ou une même colonne tous les éléments d'un même ensemble. • Utiliser des symboles pour désigner les critères choisis. Coder, décoder ces symboles.
Les familles de chapeaux Variantes	• Analyser une situation, mettre en relation les données déjà placées sur le tableau pour émettre des hypothèses sur le critère de classement choisi. • Par le jeu, habituer les enfants à lire, compléter et utiliser les tableaux à une entrée.

Jeu de reconnaissance

Matériel (pour un atelier de 9 enfants) :

- 3 chapeaux triangulaires de 3 couleurs (un rouge, un vert, un jaune).
- 3 chapeaux ronds de 3 couleurs différentes (rouge, vert, jaune).
- 3 chapeaux carrés de 3 couleurs différentes (rouge, vert, jaune).

Fabrication des chapeaux : Découper des formes dans des feuilles de bristol de couleurs. Les fixer sur un cercle de carton dont le diamètre correspond à celui du tour de tête des enfants.

Comment jouer ? Faire décrire les chapeaux. Donner un chapeau par enfant. Les enfants forment une ronde. L'un d'eux au milieu appelle un autre enfant en faisant référence à son chapeau.

Exemple : *J'appelle le chapeau-triangle vert.* L'enfant désigné vient prendre la place de l'autre au milieu et appelle à son tour un autre camarade.

Les familles de chapeaux

Même matériel que le jeu de reconnaissance. Demander aux enfants de prendre leurs chapeaux et de trouver un moyen de les ranger comme Zorme et Zimeur. Les laisser se déterminer pour l'un ou l'autre des 2 critères de classement. S'ils n'arrivent pas à se mettre d'accord, imposer l'un des deux critères. Les enfants formeront ainsi des ensembles de chapeaux classés par forme ou par couleur.

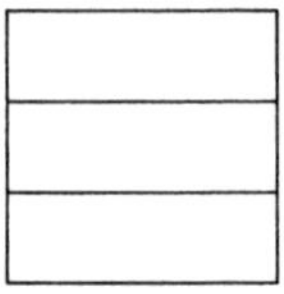

Leur présenter alors une grande feuille 1 m x 1 m divisée en 3 zones.

Leur demander de placer les chapeaux par forme ou par couleur sur les « étagères » tracées. Leur proposer alors des étiquettes-codes forme ou couleur à placer en bout de lignes.

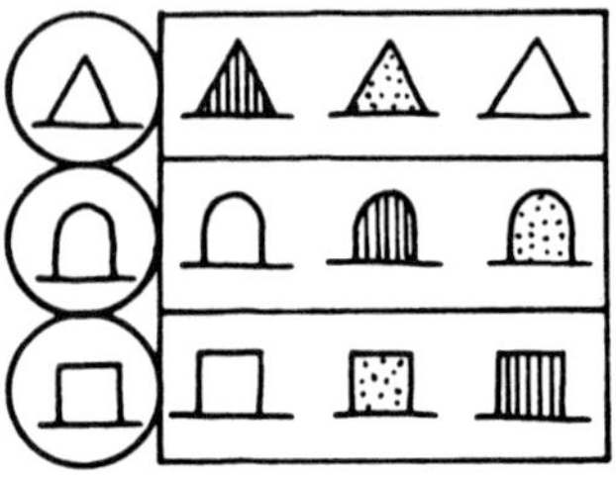

Classement par forme

Classement par couleur

Faire recommencer le classement en inversant le sens du tableau afin d'obtenir un classement en colonne.

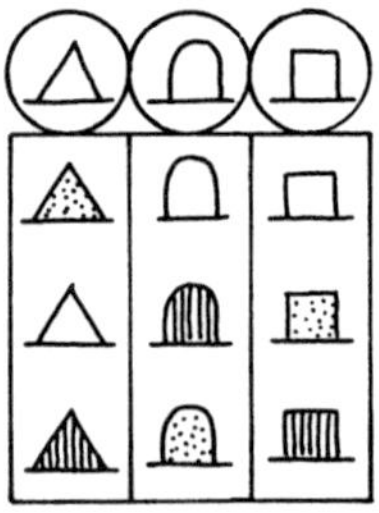

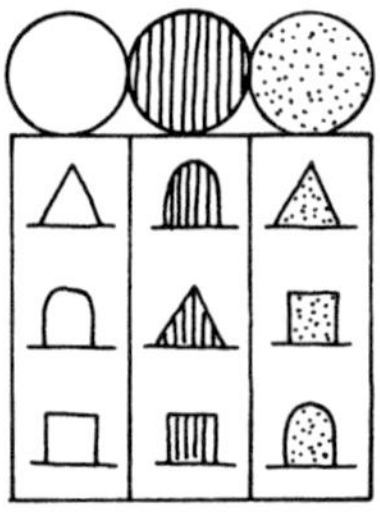

Recommencer en variant le critère de classement.

Variante 1 :

But du jeu : Placer tous les chapeaux sur la feuille. Utiliser le même matériel.
Comment jouer ? Les enfants ont chacun un chapeau et sont placés autour de la feuille. Les colonnes ne sont donc pas orientées de la même façon pour tous. Le premier joueur place son chapeau sans indiquer son critère de classement. Le deuxième joueur procède de même et ainsi de suite. La règle de classement apparaît au cours du jeu dès le placement de la troisième carte (a) (b).

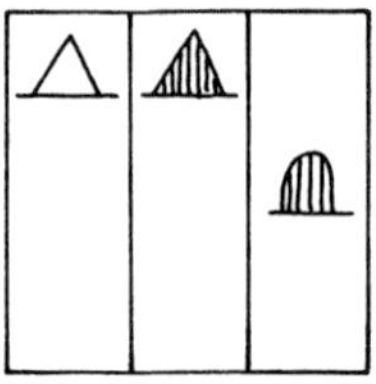

(a)

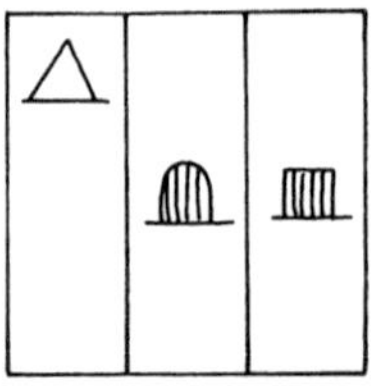

(b) couleur

Variante 2 : Jeu des erreurs
Même matériel avec les étiquettes-codes.
Les tableaux sont complétés par l'enseignant avec des erreurs que les enfants doivent repérer et corriger.
Exemples :

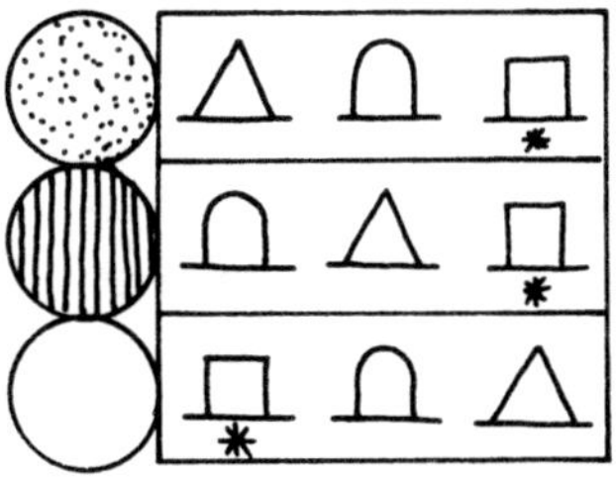

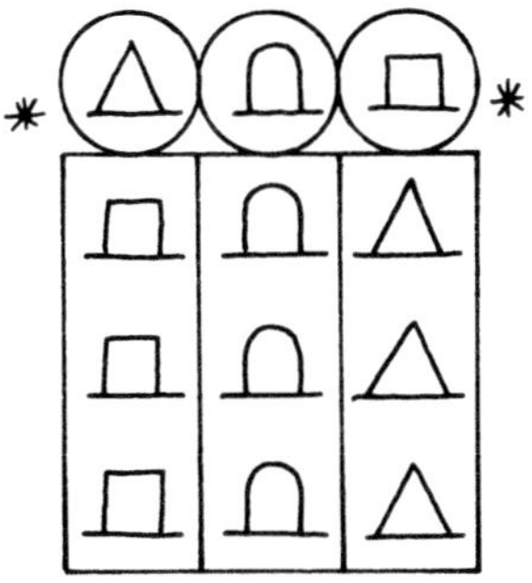

Classement dans un tableau à double entrée

Objectifs

- Par la manipulation, comprendre comment se construit un tableau à double entrée.
- Comprendre que ce marquage permet le classement d'éléments selon deux critères (forme et couleur).
- Coordonner la lecture verticale et horizontale du tableau afin de repérer les cases.

Situation

Lors des manipulations précédentes, les enfants ont peut-être trouvé d'eux-mêmes le moyen de classer les chapeaux par forme et par couleur. Si tel n'était pas le cas, leur proposer de les classer à présent par forme et par couleur.

Les laisser tâtonner. Faire remarquer au besoin que pour chaque forme il y a les 3 mêmes couleurs et que pour chaque couleur il y a les 3 mêmes formes.

Par la manipulation, arriver à la construction suivante :

Faire placer alors les étiquettes-codes et tracer d'autres lignes pour former des cases.

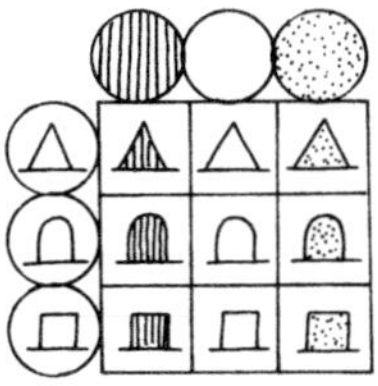

Procéder alors à d'autres manipulations en variant l'orientation des cases formes et couleurs.
Exercice 1 : Distribuer tous les chapeaux et les faire placer dans le tableau en tenant compte des étiquettes-codes.
Exercice 2 : Jeu des erreurs (voir *les familles de chapeaux* p. 58).

Exercice 3 :
Compléter un tableau sans étiquettes mais avec quelques cases remplies.

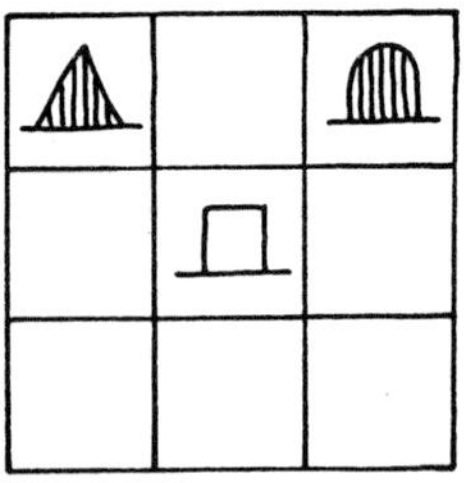

Schématisation de la situation Jeux des chapeliers

Objectifs

- Réinvestir les notions acquises dans des jeux à échelle réduite.
- Par le jeu, développer la maîtrise et la rapidité d'utilisation du tableau.
- Repérer rapidement les colonnes, les lignes, las cases. Habituer l'œil à se diriger dans les deux directions, verticale et horizontale.

Situation 1

But du jeu : Compléter ensemble le tableau à double entrée.
Matériel (de 3 à 9 joueurs) :

- 1 quadrillage divisé en 4 colonnes et 4 rangées.
- 3 cartes chapeaux ronds de 3 couleurs différentes (rouge, vert, jaune).
- 3 cartes chapeaux carrés de 3 couleurs différentes (les mêmes).
- 3 cartes chapeaux triangles de 3 couleurs différentes.
- 3 cartes formes.
- 3 cartes couleurs.
- 2 dés : 1 dé avec deux faces chapeau rond, 2 faces chapeau carré, 2 faces chapeau triangle ; 1 dé avec 2 faces rouges, deux faces vertes, 2 faces jaunes.

Comment jouer ? Les cartes codes formes et couleurs sont placées sur le tableau. Les autres cartes sont étalées sur la table. A tour de rôle les joueurs lancent les 2 dés, lisent les indications données par les 2 dés, et cherchent la carte correspondante pour la placer sur la bonne case du tableau.

Situation 2

Même jeu que la situation 1. Utiliser un quadrillage plus grand (7 colonnes, 7 rangées). Jouer avec 3 à 6 joueurs.

- 6 cartes formes – 1 par face de dé.
- 6 carte couleurs – 1 par face de dé.

Exemples de formes :

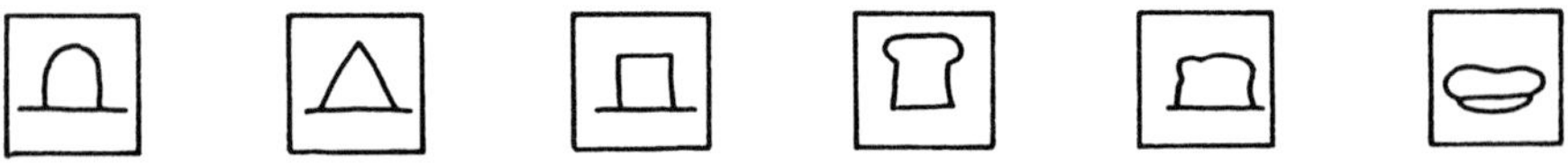

Situation 3

But du jeu : Gagner le plus de chapeaux possible.
Utiliser le même matériel que la situation 2.

Comment jouer ? Le tableau est construit par l'ensemble des joueurs. Puis à tour de rôle, chacun lance les 2 dés et gagne la carte désignée par le jet des 2 dés. Si la carte a déjà été prise, le joueur passe son tour.

Proposer d'autres jeux avec des cartes différentes qui peuvent être fabriquées par les enfants. Ces jeux permettent aux enfants :

- par la construction, de comprendre et de maîtriser les notions abordées ;
- de décider ensemble d'un projet ;
- de mener à son terme un travail ;
- de déduire le nombre et la nature des cartes manquantes en utilisant le tableau ;
- de traiter des informations pour répondre aux besoins, faire des choix et les expliquer ;
- de contrôler ses réponses par rapport au projet initial.

Exemple 1 : Faire rechercher tous les chapeaux que l'on peut faire avec une forme et trois couleurs par chapeau.

Décider ensemble de la forme choisie pour les chapeaux, puis du nombre des couleurs à utiliser (rouge, vert, jaune).

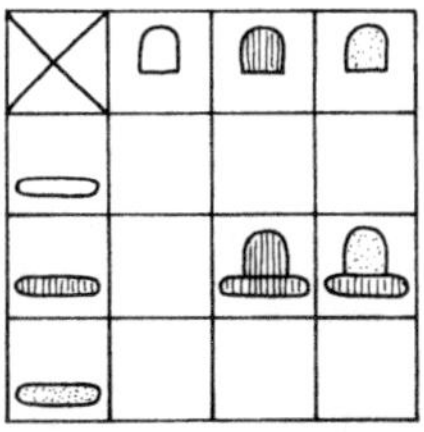

Vérifier par la construction du tableau à double entrée que toutes les possibilités ont été trouvées sinon, faire rechercher, par la lecture du tableau, celle(s) qui manque(nt).

Exemple 2 : Faire rechercher tous les chapeaux que l'on peut faire avec 3 formes, une couleur et 3 décorations possibles : fleur, bandeau, papillon.

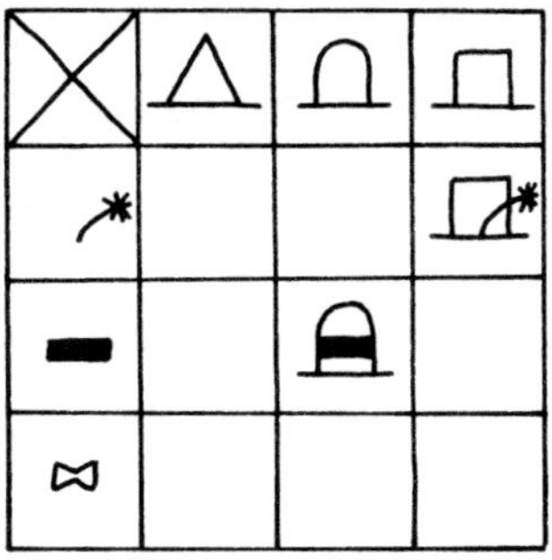

Les chapeaux rangés

Observer et décrire la page 10 du fichier. En faire déduire les consignes. Les lire pour vérification.

Avant de faire ce travail, vérifier que les enfants sont capables de représenter des triangles, des carrés et des demi-cercles à l'intérieur de petites feuilles carrées. Dans le cas contraire, faire des exercices de maîtrise graphique de ces formes sur des feuilles grand format puis de formats de plus en plus petits avant de passer au cahier.

Lire un tableau à double-entrée

Les chapeaux décorés (p. 11)

Compétences et objectifs

Compétences disciplinaires

- Coder une quantité.
- Connaître la suite des nombres.
- Situer, repérer, déplacer des objets par rapport à des repères fixes.

Compétences transversales

- Restituer et réorganiser les informations réunies.
- Faire des choix et les expliquer.
- Contrôler ses réponses par rapport à un projet initial.

Objectifs

- Lire un tableau à double-entrée.
- Décoder les indications transmises dans le tableau.
- Tenir compte de trois critères pour représenter un élément désigné dans le tableau.
- Représenter des collections de 1 à 3 éléments.

Langage

Objectifs par situation

SITUATIONS	OBJECTIFS
1	• Écouter et résumer une situation avec ses propres mots.
2	• Émettre et expliquer des hypothèses en tenant compte de plusieurs éléments. Apprendre ainsi à rechercher des éléments dans deux énoncés complémentaires. • Restituer et réorganiser les informations réunies. • Coder, décoder des symboles et des nombres. • Lire un tableau à double entrée en coordonnant une lecture verticale et horizontale. • Tenir compte de trois paramètres pour décrire un élément (forme, décoration, nombre).

Situation 1

Trois chapeaux
A décorer
De ronds,
De plumes
Et de bandeaux.
Trois chapeaux
A orner
Pour les rendre beaux.

Lire le texte et présenter sur une grande feuille un tableau identique à celui-ci.

☒	•	🪶	▭
△	3	1	2
∩	2	3	1
⊓	1	2	3

Situation 2

Laisser les enfants émettre leurs propres hypothèses. La présence du tableau accapare leur attention au point qu'ils en oublient certainement les données du texte. On obtient ainsi des réponses telles que : *Il faut faire 3 chapeaux pointus avec des points, 1 avec des plumes, 2 avec des bandeaux etc.*

Lire alors le texte une seconde fois. Leur demander de le résumer puis poser les questions suivantes :

– *Combien les chapeliers doivent-ils décorer de chapeaux ? Combien de chapeaux voit-on dans le tableau ?*
– *Quelles décorations doivent-ils mettre sur chacun des trois chapeaux ? Où voit-on ces décorations dans le tableau ?*
– *Que représentent les nombres écrits dans chaque case du tableau ?*

Puisque ces nombres ne correspondent pas au nombre de chapeaux, ils indiquent donc la quantité de chaque élément décoratif à coller.

Mise en situation
La fabrication des chapeaux

Objectifs par situation

SITUATIONS	OBJECTIFS
A chacun son chapeau	• **1re étape** – Représenter des collections de 1 à 3 éléments. – Traiter les informations données dans un tableau dans un but précis. Apprendre à structurer son travail en coopération avec les autres. – Maîtriser progressivement la lecture de ce type de tableau en n'observant que l'une des lignes. – Situer, repérer, déplacer des objets. • **2e étape** – Comparer des compositions, prendre conscience de leurs différences et de leurs points communs. – Par l'observation et la vérification des consignes données dans le tableau, en maîtriser et en affiner la lecture.
Travail à la chaîne	• Réinvestir les notions abordées dans *à chacun son chapeau* dans une situation similaire.

À chacun son chapeau

Matériel (par groupe de 3 élèves) :

- 1 chapeau triangulaire, 1 chapeau carré, 1 chapeau rond (voir la fiche 10, pour la fabrication des chapeaux).
- 10 ronds de papier
- 10 plumes (véritables ou en papier)
- 10 bandeaux de papier
- le tableau à double-entrée de la comptine.

• **1re étape :** Proposer aux enfants de décorer un chapeau chacun en respectant, par la lecture du tableau, la quantité de décorations à coller. Avant le travail leur demander de situer sur le tableau la ligne correspondant à leur chapeau.

Lorsque tous les enfants de la classe ont décoré leur chapeau, leur demander de les classer par forme. Puis leur faire décrire et comparer les résultats en faisant référence au tableau des quantités.

Exemples :

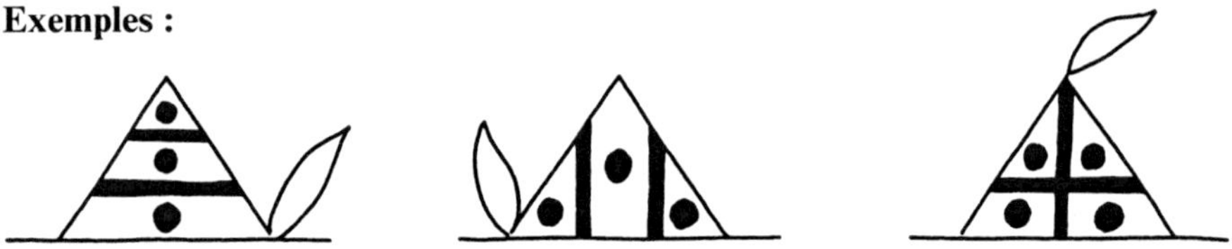

• **2e étape** : Faire remarquer les différentes compositions adoptées. Et comparer le nombre d'éléments collés, pour chaque décoration. En cas de problème, se référer au tableau. Dans l'exemple (c) le nombre de points est supérieur à celui indiqué dans le tableau. Demander alors au propriétaire du chapeau de montrer dans le tableau la case indiquant le nombre de points à coller sur un chapeau de cette forme.

Travail à la chaîne

Pour fabriquer des chapeaux aux élèves d'une autre classe, proposer aux enfants de se répartir le travail (toujours par groupes de 3) en choisissant de coller chacun l'un des éléments décoratifs.

L'un, par exemple, colle tous les ronds sur les 3 chapeaux. Un autre colle toutes les plumes. Un autre encore tous les bandeaux. Avant de faire l'exercice chacun devra indiquer la colonne du tableau qu'il lira pour exécuter son travail.

Comme précédemment on fera comparer les résultats obtenus. Ils seront différents car ils auront des compositions d'éléments décoratifs autres. Mais ils devront respecter les quantités indiquées dans le tableau.

Exemples :

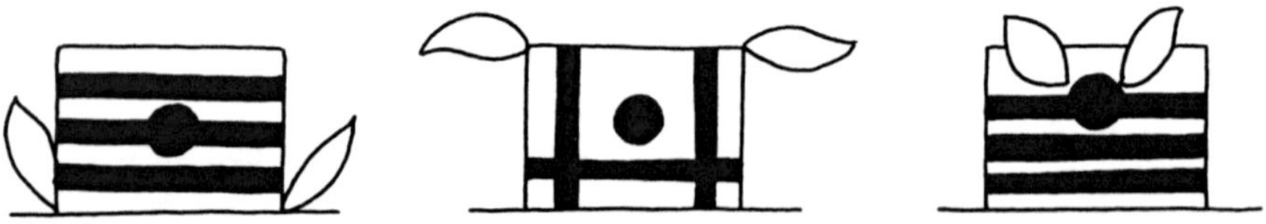

Schématisation de la situation

Objectifs par jeu

Reprendre les objectifs vus lors de la mise en situation.

JEUX	OBJECTIFS
Décorons les chapeaux	• Lire un tableau à double entrée : – Repérer dans le tableau les données transmises par le jet des deux dés. – Repérer la case-nombre correspondant au croisement de la ligne et de la colonne des deux données. Tenir compte ainsi, d'un troisième critère de représentation d'un élément. **Variante :** mêmes objectifs mais dans une autre lecture de tableau. • Maîtriser la lecture du tableau en procédant méthodiquement au décodage des indices (localisation de la ligne forme, repérage de la case quantité...).
La chasse aux chapeaux	• Mêmes objectifs que le jeu précédent mais en inversant le sens de lecture. • Comprendre que plusieurs chapeaux de compositions différentes répondent aux mêmes critères de décorations. **Variante :** Vérifier grâce au tableau que le choix de la carte répond bien à tous les critères décoratifs souhaités. Éliminer les intrus.

Décorons les chapeaux

But du jeu : Être le premier à avoir terminé la décoration des 3 chapeaux.
Matériel : 1 tableau
2 dés : 1 dé avec 2 faces chapeau pointu, 2 faces chapeau rond, 2 faces chapeau carré ; 1 dé avec 2 faces pastille, 2 faces plume, 2 faces bandeau.
Par joueur : 3 chapeaux de carton (pointu, rond, carré).
7 pastilles rondes.
7 plumes.
7 bandeaux.
Comment jouer ? Chaque joueur à tour de rôle lance les 2 dés. Il lit le résultat du jet et recherche dans le tableau la case qui est le croisement de la ligne et de la colonne des symboles du dé. Il trouve la quantité de décoration à coller.

Exemple :
Les faces obtenues après le jet sont

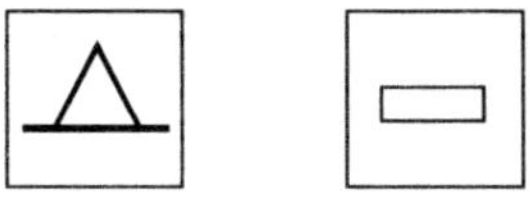

Le joueur doit décorer le chapeau pointu avec des bandeaux. La lecture du tableau lui permet de connaître le nombre de bandeaux à coller.

Ce joueur prendra donc 2 bandeaux qu'il collera sur le chapeau pointu.

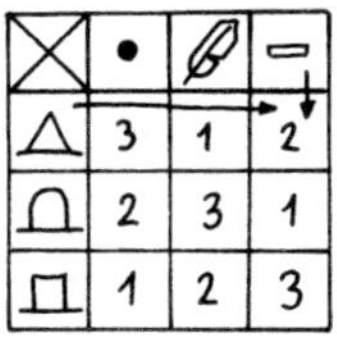

Un joueur qui ne peut pas jouer passe son tour.

Variante

Jeu d'entraînement permettant à chacun de se repérer progressivement dans le tableau.

But du jeu : Etre le premier à avoir terminé la décoration des 3 chapeaux.

Matériel : – 1 tableau des quantités.
– 2 dés : 1 dé nombre avec deux faces à 1 point, 2 faces à 2 points, 2 faces à 3 points ; 1 dé avec 2 faces chapeau pointu, 2 faces chapeau rond, 2 faces chapeau carré.

Par joueur : – 3 chapeaux de carton : 1 pointu, 1 rond, 1 carré.
– 7 pastilles rondes, 7 bandeaux et 7 plumes pouvant se poser sur les chapeaux.

Comment jouer ? Chaque joueur à tour de rôle lance les deux dés et décore le chapeau indiqué par le dé forme des chapeaux. Pour cela, il lit les constellations du deuxième dé et recherche dans le tableau à quelle décoration correspond le nombre désigné. Le joueur prend alors le nombre d'éléments décoratifs correspondant et les place sur le chapeau.
Exemple : Les faces des dés jetés sont

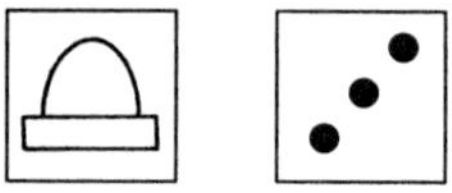

Le joueur va décorer le chapeau rond. Pour cela il recherche dans le tableau, à la ligne du chapeau rond, le nombre 3. Ce nombre correspond au nombre de plumes.

La chasse aux chapeaux

But du jeu : Retrouver le plus de chapeaux possible.

Matériel : – 1 tableau des quantités.
– 2 dés : 1 dé constellations comme au jeu 1 ; 1 dé avec 2 faces avec une pastille ronde, 2 faces avec une plume, 2 faces avec un bandeau.
– Des cartes chapeaux décorés.
– 4 cartes chapeaux pointus, 4 cartes chapeaux ronds, 4 cartes chapeaux carrés. Les chapeaux ont des motifs différents à chaque fois.
Exemple de cartes chapeaux pointus.

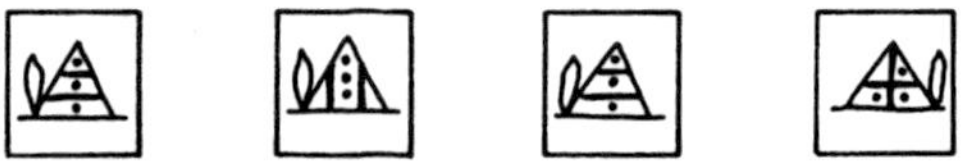

Comment jouer ? Chaque joueur à tour de rôle lance les 2 dés et choisit une des cartes correspondant à la désignation du jet des dés.
Exemple :

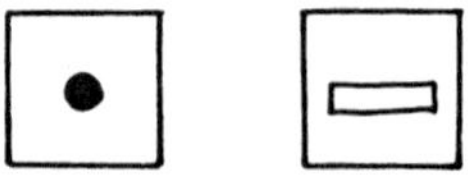

Le joueur ayant obtenu ce résultat, cherche dans le tableau et dans la colonne du bandeau, le nombre 1. Par une lecture horizontale, il en déduit la forme du chapeau. Il choisit alors dans les cartes éparpillées, un des chapeaux correspondants.

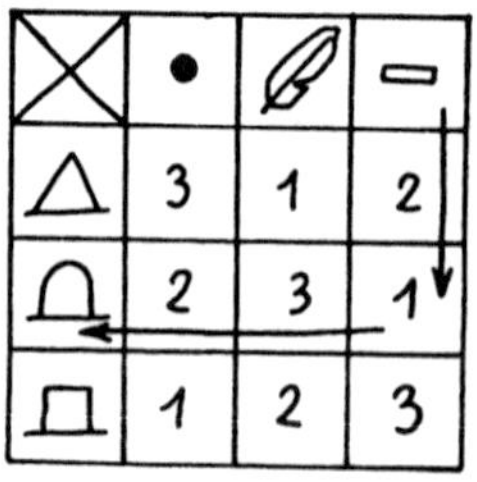

Variante : Parmi les cartes placer des intrus, c'est-à-dire des cartes ne respectant pas les données du tableau.

Autres jeux : Proposer des tableaux différents par joueur et reprendre les jeux 1 et 2.

Les chapeaux décorés

Observer et décrire la page 11 du fichier. Demander aux enfants de formuler une consigne puis leur lire celle du fichier.

Leur faire remarquer que le tableau est différent de celui présenté dans la comptine et qu'il est donc indispensable de le lire pour décorer les chapeaux sans se tromper.

Insister sur le bon respect des couleurs des éléments à tracer. Ceci facilite la correction et ne pénalise pas les enfants au graphisme maladroit. En effet il y a peu de différence entre la forme du bandeau et celle de la plume. Les couleurs de ces éléments permettent à l'enseignant de bien les distinguer et donc de bien évaluer le travail des enfants.

Comptine numérique compter et bande numérique

Jérémy l'étourdi (p. 12)

Compétences et objectifs

Compétences disciplinaires

- Comparer des collections.
- Étendre et utiliser la suite des nombres connus.

Compétences transversales

- Adapter son comportement aux activités proposées.
- Accepter des activités contraignantes pour acquérir des savoirs nouveaux.
- Faire des choix. Les expliquer.
- Identifier, analyser et corriger ses erreurs avec l'aide de l'adulte.

Objectifs

- Connaître la comptine numérique jusqu'à n (n est fonction du niveau de chacun).
- Réciter la comptine s'arrêtant à un nombre déterminé au préalable.
- Compter des collections, c'est-à-dire réciter la comptine en pointant chaque élément de la collection pour lui faire correspondre un nombre. Savoir que le dernier mot prononcé est le nombre cardinal de la collection.
- Utiliser une bande numérique linéaire pour connaître l'écriture chiffrée d'un nombre ou pour le lire.

Langage : dire et décrire les nombres

Objectifs par situation

SITUATIONS	OBJECTIFS
La comptine numérique	• Connaître parfaitement la comptine numérique. La réciter sans répétition, ni omission jusqu'à n (n étant variable selon les enfants). • Mémoriser la comptine au moins jusqu'à 12. • Compter à l'envers à partir de 10. Mémoriser la comptine à l'endroit et à l'envers.
Compter des éléments	• Compter les éléments d'une collection en faisant correspondre le geste qui pointe l'objet compté et la récitation de la comptine numérique. • Compter en s'arrêtant à un nombre et mémoriser ce nombre.
Écriture chiffrée des nombres	• Comprendre que les nombres écrits dans les cases de la bande numérique sont les codes des mots prononcés. • Compter en s'arrêtant à un nombre pour le lire et l'écrire. • Compter en prononçant le nom des éléments comptés.

Situation 1

Jérémy doit rapporter dans son panier:
– 3 ananas,
– 8 pommes,
– 12 œufs,
– 6 poires,
– 10 citrons.
Mais il a tout oublié.

Dire le texte aux enfants et leur demander de résumer la situation. Les élèves n'ont aucun mal à expliquer le problème de Jérémy et éprouvent comme lui des difficultés à se rappeler des quantités de produits à ramener.

Faire alors rechercher un moyen d'éviter l'oubli de la consigne. Les propositions peuvent être :
- la représentation des collections (ananas, pommes) ;
- l'écriture chiffrée des collections accompagnée d'un code représentatif de chacun des produits (1 pomme pour l'ensemble des pommes).

Exemple : 8 + le code pomme

Ces deux propositions posent trois problèmes :
- celui de la connaissance de la comptine numérique au moins jusqu'à 12 ;
- celui du comptage du nombre d'éléments d'une collection ;
- celui de l'écriture chiffrée du cardinal de chaque collection.

Connaissance de la comptine numérique

Le nombre est d'abord perçu par l'enfant comme un mot. Il s'agit pour nous de lui faire mémoriser une suite de mots les uns à la suite des autres. Pour faciliter cette mémorisation (mots et enchaînement des mots), il est indispensable de multiplier les occasions de les réciter. Les comptines sont d'un grand secours.

Comptines

1, 2, 3
Une petite oie
4, 5, 6
s'en va à Nice
7, 8, 9
elle pond un œuf
10, 11, 12
sur la pelouse

Monsieur mille-pattes
a mal aux pattes.
Pour mieux marcher
veut des souliers.
Il en veut (n). 1, 2, 3, 4, 5
6... (n).

Comptines pour compter à l'envers

1 il mange du pain,
2 il mange des œufs,
3 il mange des noix,
4 il mange des pâtes,
5 ça le requinque ! Mais...
4, a mal au ventre
3, a mal au foie
2, a mal aux yeux
1, a mal aux reins.

Compter à rebours pour donner le signal d'une course.
Attention, préparez-vous, à terre, posez le genoux.
10, 9, 8, 7... 0 !

Compter des éléments

Compter le nombre d'éléments d'une collection, c'est réciter la comptine numérique tout en lui faisant correspondre un à un chacun des éléments. C'est aussi savoir que le dernier mot prononcé donne le cardinal de la collection.

Tous les jours en classe, compter :
- les étiquettes noms des enfants présents qui mangent à la cantine ;
- le nombre d'enfants présents à chaque atelier.

Écriture chiffrée des nombres

Pour communiquer au personnel de la restauration scolaire le nombre d'enfants qui mangent à la cantine, il est indispensable d'avoir recours à l'écriture chiffrée. Il est donc nécessaire d'avoir en permanence dans sa classe, une bande numérique linéaire divisée en cases à l'intérieur desquelles les chiffres de 1 à 31 sont écrits.

Cette bande numérique permet également la lecture ou l'écriture du numéro du jour lorsque l'on complète la date ou le calendrier.

Par ailleurs, pour la préparation de la collation du matin, des commandes pourront être passées : chaque élève prévoit qu'il boira 1 verre de lait (ou d'eau, ou de jus d'orange...) et qu'il mangera un gâteau (une tartine beurrée ou une tartine avec de la confiture).

Un groupe est alors chargé de faire le bilan des commandes et donc de compter le nombre de verres de lait, de verres d'eau, de jus d'orange à préparer, etc., et d'écrire les totaux en s'aidant de la bande numérique pour ne pas les oublier. Ces totaux sont ensuite décodés pour permettre la préparation de la collation.

Ainsi donc, par des mises en situation rituelles et quotidiennes, les enfants mémorisent la comptine numérique, comptent des collections en pointant les éléments un à un et se familiarisent avec la lecture et l'écriture des nombres grâce à l'utilisation d'une bande numérique.

Mise en situation corporelle

Objectifs par jeu

JEUX	OBJECTIFS
Jeu de la marchande	En s'aidant d'une bande numérique : • Trouver l'écriture chiffrée d'un nombre. • Lire un nombre. • Coder une commande selon deux critères : quantité et qualité.
Les enfants nombres	• Étendre sa connaissance de la comptine numérique jusqu'au nombre d'enfants de la classe. • Reconstituer l'ordre des nombres. • Mémoriser l'écriture et la lecture de quelques nombres.
Des familles de nombres	• Reconstituer la bande numérique jusqu'à 10. • Classer des nombres identiques. • Compter des collections, y associer : un nombre cardinal puis une écriture chiffrée du nombre cardinal de la collection. • Favoriser, par le jeu, la mémorisation de la lecture et l'écriture des nombres jusqu'à 10.

Jeu de la marchande

But du jeu : Rapporter au joueur qui passe la commande, le ou les marchandises commandées.

Matériel :

- Une bande numérique (par joueur).
- Des cartes-nombres (1 à 12).
- Des cartes-produits (carte pomme, poire...).
- Faire modeler par les enfants (pâte à sel) des fruits et légumes (12 par produit) pour faire l'étalage.
- Des enveloppes pour les commandes.

Comment jouer ! Un joueur ou l'enseignant passe verbalement une commande à un autre joueur. Celui-ci est muet, il communique la commande à l'aide des cartes-nombres et des cartes-produits. Il peut s'aider de la bande numérique pour retrouver le nombre correspondant à la quantité. La commande doit être mise sous enveloppe. Le vendeur décode la commande à l'aide de la banque numérique et la donne à l'acheteur. Recommencer en changeant les rôles.

Plusieurs marchandises peuvent être commandées. Le joueur muet devra veiller alors à mettre par enveloppe la commande d'un seul produit et éviter les mélanges possibles entre les quantités et la nature de la marchandise.

Les enfants nombres

But du jeu : Retrouver sa place dans une suite de nombres.

Matériel :

- Une bande numérique par enfant.
- Un médaillon par enfant.
- Un tambourin.

Comment jouer ? Les enfants se placent en file indienne et se comptent un à un (le premier dit 1, etc.). Donner à chaque enfant un médaillon sur lequel est indiqué le nombre correspondant à sa place. Les enfants se déplacent librement dans la salle au rythme du tambourin. À l'arrêt du tambourin, les élèves doivent se remettre en file dans le bon ordre et annoncer leur nombre.

Des familles de nombres

But du jeu : Selon le signal donné, se ranger en ordre par couleur ou par classe de nombres.

Matériel :

- 1 bande numérique par enfant.
- 10 médaillons bleus numérotés de 1 à 10.
- 10 verts (1 à 10).
- 10 rouges (1 à 10).

(Si la classe a un effectif supérieur à 30, augmenter d'autant la suite des nombres d'une ou plusieurs équipes [**exemple :** 11 médaillons bleus, 12 verts, etc.]. Si l'effectif est inférieur à 30, procéder de même en diminuant le nombre de médaillons par couleur.)

- 1 pancarte avec 1 point, 2 points... jusqu'à 10 points.

Comment jouer ? Les enfants se déplacent dans la salle. L'enseignant crie : *couleurs*. Chaque enfant se range dans l'ordre de la comptine numérique, par couleur.

Lorsque l'enseignant crie un nombre, tous les enfants portant un médaillon ayant ce nombre, se rangent devant la « pancarte-collection » du nombre.

Exemple : *Si la maîtresse crie 5 tous les cinq (1 rouge, 1 vert, 1 bleu) se placent devant la pancarte*

Avant de commencer le jeu, demander à chacun de repérer sa pancarte-collection. Puis au cours du jeu, déplacer les pancartes afin qu'elles ne soient pas associées trop longtemps à un emplacement de l'espace de jeu.

Variante du jeu : Appeler les classes de nombres en frappant sur un tambourin ou dans les mains.

Exemple : *La maîtresse frappe 6 coups, tous les enfants portant un médaillon 6 vont la rejoindre ou rejoindre leur pancarte.*

Schématisation de la situation

Objectifs par jeu

JEUX	OBJECTIFS
Le loto de la marchande	• Compter et ordonner les collections. • Prendre conscience par le jeu, que plus le nombre est éloigné sur la bande numérique, plus le nombre d'éléments est grand. • Avoir une stratégie de jeu : mémoriser l'emplacement des cartes pour pouvoir retrouver plus vite celle souhaitée. • Favoriser la mémorisation de la lecture, de l'écriture et de l'ordre des nombres jusqu'à 12.
La file des nombres et jeu des familles	• Reconstituer la bande numérique jusqu'à 12. • Mémoriser l'ordre de ces nombres sur la bande numérique.
Jeu des dominos	• Compter les collections de 1 à 12 éléments. • Associer une collection à l'écriture chiffrée de son nombre cardinal. • Favoriser, par le jeu, la mémorisation de la lecture et de l'écriture des nombres de 1 à 12.

Le loto de la marchande

But du jeu :
- Compléter les cases de la deuxième ligne.
- Compléter dans l'ordre de la bande numérique les cases de la deuxième ligne.

Matériel :
- 1 bande numérique.
- 1 plaque divisée en 2 lignes, elles-mêmes partagées en 12 cases (suffisamment grandes pour pouvoir contenir des cartes à 12 éléments).
- 12 cartes fruits et légumes : 1 carte à 1 élément (pomme par exemple), 1 carte à 2 éléments (poires), etc., jusqu'à la carte à 12 éléments.

Comment jouer ?

• Le joueur étale les cartes devant lui face cachée. Il en tire une, compte les éléments et place la carte sous le nombre correspondant à la quantité (cardinal de la collection) en s'aidant, si besoin est, de la bande numérique.

• Le joueur procède de même mais il doit compléter les cartes dans l'ordre de la bande numérique. Il commence donc par la carte à un élément, puis à deux, etc. Dans un premier temps, il peut jouer en étalant les cartes de façon à voir les dessins et choisir celle qui convient. Puis il retourne les cartes. Une carte non désirée est remise dans la pioche ou là où elle a été prise.

La file des nombres

But du jeu : Être le premier à remettre les cartes en ordre (de 1 à 12) dans sa couleur.

Matériel :

- Une bande numérique de 1 à 12 par enfant.
- 12 cartes bleues numérotées de 1 à 12, 12 rouges, 12 vertes, 12 jaunes, 12 oranges, etc., en fonction du nombre de joueurs.

Comment jouer ? Chaque joueur choisit une couleur. À tour de rôle, chacun tire une carte dans la pioche ; si elle lui convient, il la garde, sinon il la remet dans la pioche sous le paquet. Le premier à avoir placé toutes ses cartes en ordre a gagné.

Des familles de cartes

But du jeu : Selon le nombre de familles de cartes et le nombre de joueurs :

- (avec peu de familles) être le premier à compléter une famille ;
- (avec plus de familles de cartes que de joueurs) avoir complété plus de familles que les autres joueurs.

Matériel : Prendre les cartes du jeu *La file des nombre.*

Comment jouer ? Appliquer la règle du jeu des *Sept familles.*

Le domino des nombres

Matériel : Domino, constellations et nombres (de 1 à 12).

Comment jouer ? Appliquer la règle du jeu de dominos, mais en associant nombres et quantités.

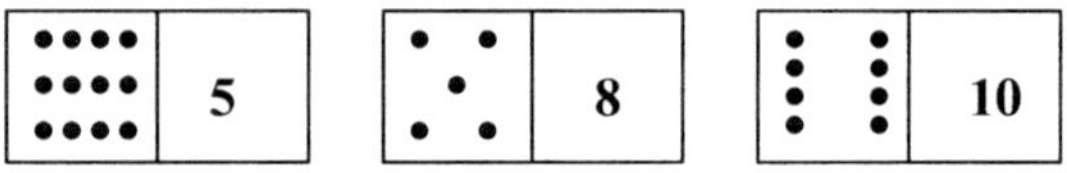

etc.

Jérémy l'étourdi

Présenter l'exercice (p. 12 du fichier) sans lire les nombres.

Faire observer que pour chaque marchandise, Jérémy a le choix entre 2 sacs et qu'un seul est bon.

Veiller à ce que les élèves procèdent par ordre :

- décodage par étape de la liste des courses ;
- dénombrement des collections correspondant au codage ;
- choix fléché de la collection correspondant au codage.

Comparaison d'ensembles (autant que)

Les paquets de la pie (p. 13)

Compétences et objectifs

Compétences disciplinaires

• Comparer des collections.
• Réaliser une collection ayant le même nombre d'objets qu'une autre collection.

Compétences transversales

• Rechercher des informations pertinentes à l'oral et aussi dans certains écrits.
• Restituer et réorganiser les informations réunies.
• Discerner des analogies, des différences.

Objectifs

• Vérifier que des collections ont autant d'éléments : par dénombrement, par perception globale, par correspondance terme à terme manipulée et représentée.
• Réaliser des collections ayant le même nombre d'éléments qu'une autre.
• Compléter des collections pour qu'elles aient le même nombre d'éléments qu'une autre.

Langage

Objectifs par situation

SITUATIONS	OBJECTIFS
1	• Écouter et résumer une comptine avec ses propres mots. • Sélectionner dans un texte les données qui permettent de faire le travail demandé.
2	• Comprendre et employer les termes *autant... que* et *pas autant... que*. • Comprendre qu'il s'agit de comparer deux collections.

Situation 1 : lire le texte

Sophie la pie
A de gentils petits.
Pour les récompenser,
À chacun, elle veut donner
Autant de bonbons que de sucettes
Et 3 galettes.
Aidons-la sans tarder
À faire ses paquets.

Situation 2

Inviter les enfants à résumer l'histoire pour montrer qu'ils l'ont bien comprise. Leur demander ce que la pie met dans les paquets de ses petits (des bonbons, des sucettes, des galettes).

Pour déterminer les quantités nécessaires, relire la comptine et leur faire expliquer ou « deviner » ce que veut dire « autant ».

Certains enfants confondent l'expression *autant que* avec *presque*, *pareil que*, ou *plus que*, voire *moins que*. Expliquer alors que *autant que* veut dire *pareil que*. Ils en déduisent alors que la pie met 3 galettes dans le paquet et qu'il y a le même nombre de bonbons que de sucettes, sans savoir lequel.

Cependant il faut vérifier que l'expression de la comptine soit bien comprise et utilisée, en multipliant les occasions de l'employer.

Exemple : Comparaison du nombre d'enfants par atelier.

Par ailleurs, au cours des travaux précédents, les enfants ont eu l'occasion de comparer des collections et ont donc travaillé intuitivement ces notions (*correspondance des constellations des dés et nombre d'éléments gagnés.*)

Mise en situation

Objectifs par situation

JEUX	OBJECTIFS
Les paquets de bonbons	• Procéder avec méthode. • Coopérer avec les autres pour décider du nombre d'éléments à coller. • Comparer des collections et des surfaces pour disposer sur la feuille tous les éléments choisis. • Respecter les consignes tout au long de l'exercice. • Prendre conscience des erreurs commises et des stratégies adoptées (reconnaissance globale, dénombrement...) par la comparaison des résultats et la verbalisation. • Prendre conscience, par la comparaison des résultats, que plusieurs collections de structures spatiales différentes peuvent avoir le même nombre d'éléments.
Les paquets de la maîtresse	• Réaliser que le nombre cardinal de chaque collection est indépendant de la taille et des dispositions des éléments. • Vérifier et admettre que deux collections très différentes par la taille de leurs éléments peuvent avoir le même nombre cardinal et ont donc autant d'éléments l'une que l'autre.

Les paquets de bonbons

Matériel par groupe de 4 enfants :

- 1 feuille découpée en forme de sac ;
- 10 bonbons, 10 sucettes, 10 galettes de papier.

Par groupes les enfants collent sur la feuille en forme de sac les sucreries que l'un des petits de la pie reçoit. Rappeler les données du problème : *Elle veut donner autant de bonbons que de sucettes et 3 petites galettes.*

Après la manipulation et le collage des éléments sur la feuille en forme de sac, accrocher les résultats obtenus et les faire observer et comparer. Vérifier dans un premier temps que chaque sac a 3 galettes de papier collées.

Puis vérifier que chaque collection possède autant de bonbons que de sucettes. Pour cela procéder de plusieurs façons :

- **le dénombrement :** Il y a 5 sucettes. Il y a 5 bonbons.
- **la perception globale :** les enfants sont capables de percevoir globalement des collections de 1 à 3 éléments (plus pour certains).

Exemple :

Je vois qu'il y a autant de sucettes que de bonbons.

- **la reconnaissance de la correspondance terme à terme utilisé.**

Exemples :

Je vois qu'il y a autant de bonbons que de sucettes car à côté de chaque bonbon il y a une sucette.

Il ne faut pas garder ce sac car il n'y a pas autant de bonbons que de sucettes. Je ne vois pas de bonbon à côté d'une sucette.

Comparer ensuite les sacs répondant à la consigne. Comparer par le dénombrement leurs collections et les classer en fonction des résultats obtenus. Mettre ainsi ensemble tous les sacs qui ont autant de sucettes. Faire verbaliser la manipulation.

Les paquets de la maîtresse

Observer des sacs sur lesquels l'enseignant a collé des éléments de tailles différentes, dans différentes positions :

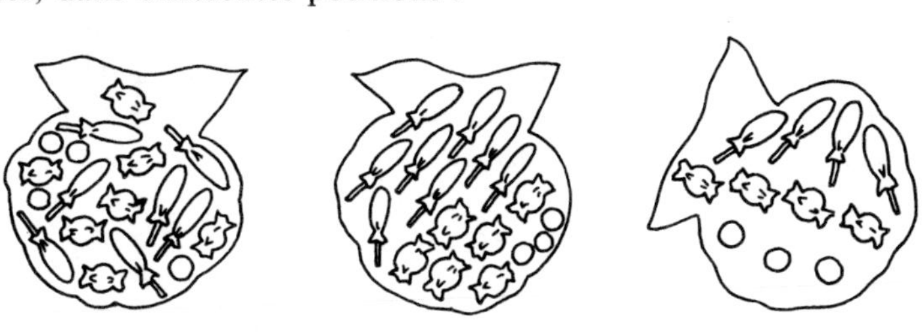

(a) (b) (c)

Observer les réactions des enfants. Certains peuvent se tromper et se fier à l'impression donnée par le regard. Leur demander alors de justifier et de vérifier leurs réponses par le dénombrement (b) et (c) ou par la correspondance terme à terme quand le dénombrement est difficile (a).

Utiliser la correspondance terme à terme par liaison des éléments au moyen d'un trait. Chaque fois que les enfants ne trouvent pas le même nombre d'éléments comptés pour une même collection, c'est le cas pour les collections de constellations désordonnées ou pour les collections de cardinal élevé.

Schématisation de la situation

Objectifs par jeu

JEUX	OBJECTIFS
Les jumeaux des quantités	• Comparer des collections de 1 à 10 éléments. • Associer des collections ayant autant d'éléments quelles que soient la taille, la disposition et la nature des éléments. • Lors des retournements de carte, prendre des indices (nombre d'éléments, emplacements des cartes), les mémoriser et affiner sa stratégie du jeu.
Les paquets de bonbons de la pie	• Compter des collections de 1 à 10 éléments. Y associer un nombre. • Compléter des classes d'ensembles avec des collections ayant autant d'éléments. • Trier les cartes en fonction des constellations souhaitées.
Les bonbons à gagner	Mêmes objectifs que le jeu : *Les paquets de bonbons de la pie.* • Comprendre et respecter les règles du jeu. Anticiper le résultat d'un jet de dé en prévoyant la ou les constellations qu'il faudrait obtenir pour gagner.
La chenille	• Compléter les collections afin d'avoir le même nombre d'éléments. • Comparer des collections par des correspondances terme à terme (alignement des jetons). • Prévoir un résultat et espérer un jet de dé déterminé pour gagner.

Les jumeaux des quantités (1 à 4 joueurs)

But du jeu : Associer le plus de cartes ayant autant d'éléments possibles. Gagner le plus de jumeaux.
Matériel : 10 cartes sur lesquelles sont représentées des collections de 1 à 10 bonbons et 10 cartes avec des collections de 1 à 10 sucettes.
Comment jouer ? Les cartes sont mélangées et alignées sur 4 rangées, faces retournées. À tour de rôle, chacun des joueurs retourne deux cartes. Si elles n'ont pas le même nombre d'éléments, le joueur les repose, faces retournées, aux mêmes endroits. Si elles ont le même nombre d'éléments, le joueur les garde.

Les paquets de bonbons de la pie (2 à 5 joueurs)

But du jeu : Être le premier à avoir rempli ses sacs.
Matériel : • Les cartes du jeu précédent ;
• 10 feuilles cartonnées en forme de sac numérotées de 1 à 10.
Comment jouer ? Les joueurs se partagent les sacs. Puis à tour de rôle, chacun tire une carte dans la pioche ; si elle lui convient, il la place sur le sac correspondant. Dans le cas contraire, il la repose dans la pioche. À la fin du jeu, vérifier que le sac 1 contient 1 bonbon et 1 sucette, etc.

Jeu de dé : les bonbons à gagner

But du jeu : Être le premier à avoir rempli son sac.
Matériel :
- un dé ;
- des jetons en forme de galettes (n joueurs × 3 galettes) ;
- des jetons en forme de sucettes (6 × n joueurs) ;
- des jetons en forme de bonbons (6 × n joueurs) ;
- 1 feuille en forme de sac par joueur.

Comment jouer ? À tour de rôle, les joueurs lancent le dé. Le premier jet pour chacun d'eux indique le nombre de bonbons gagnés.
Si la constellation est  le joueur prendra 5 jetons bonbons et les placera sur son sac.

Pour remplir son sac, chaque joueur devra alors, lorsque ce sera son tour de jouer, obtenir la même constellation du dé pour gagner les sucettes. Il faut qu'il y ait autant de sucettes que de bonbons. Dans notre exemple, le joueur devra attendre un jet de 5 points pour placer 5 sucettes.

Si le jet est de 3 points, le joueur pourra placer les 3 galettes sur son sac.

Le jeu s'arrête lorsque l'un des joueurs a complété son sac avec 3 galettes, x bonbons, x sucettes (x étant compris entre 1 et 6).

La chenille (2 à 4 joueurs)

But du jeu : Être le premier à avoir décoré sa chenille.
Matériel :
- des jetons ronds de 4 couleurs : 12 rouges, 12 bleus, 12 verts, 12 jaunes ;
- 1 dé.

Comment jouer ?
- Comparer les chenilles de la plaque.
- À tour de rôle, chaque joueur lance le dé et prend autant de jetons de sa couleur qu'il y a de points sur le dé. Il les aligne sur sa chenille. Ses adversaires font de même et alignent leurs jetons. Le jeu s'arrête lorsqu'un joueur a placé tous ses jetons.

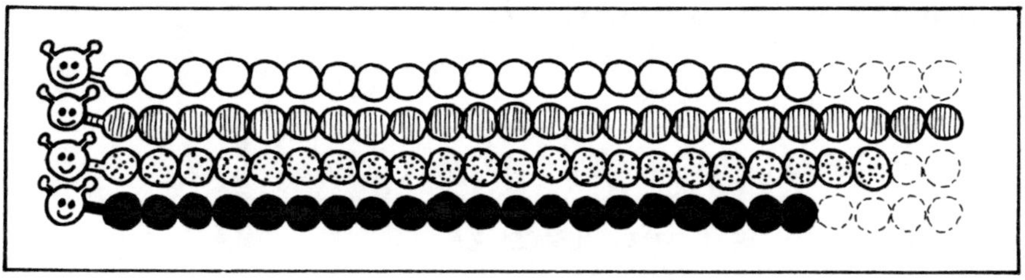

Les paquets de la pie

Observer et décrire la page 13 du fichier. Lire la comptine. Demander aux enfants de rappeler les données du problème. Puis leur demander de procéder par étape.

Barrer les galettes en trop. Dessiner les bonbons au chocolat.

Pour cela, insister sur le fait qu'il doit y avoir autant de bonbons que de sucettes, et que la pie ne s'est pas trompée en distribuant les sucettes mais en distribuant les bonbons. Faire alors observer les bonbons représentés sur la feuille d'exercice et demander aux enfants comment ils pourraient en faire d'autres. Puis faire l'exercice.

Comparaison de collections

Messieurs Plus et Moins (p. 14)

Au cours des activités précédentes ou à diverses occasions de la vie de la classe, les enfants ont eu l'occasion de comparer des collections :

• pour déterminer le gain d'un jeu : il s'agit le plus souvent de désigner celui qui a fait le gain de points le plus élevé (jeu de cartes, des jumeaux, etc.) ;

• pour vérifier si le voisin a bien eu la même quantité de sucreries (collation, goûter d'anniversaire, etc.).

Généralement les enfants acceptent mieux les situations où il leur faut choisir ou gagner plus d'éléments qu'un autre, que celles, plus frustrantes, où il leur faut recevoir moins d'éléments.

Il s'agit, dans cette activité, de vérifier que les expressions **plus que** *et* **moins que** *soient bien comprises et ne soient pas confondues avec* **beaucoup** *et* **un**. *Il faut leur proposer également des situations qui leur permettront d'affiner leur démarche et de déterminer parmi plusieurs solutions les meilleures.*

Compétences et objectifs

Compétences disciplinaires

- Comparer des collections.
- Étendre et utiliser la suite des nombres connus.
- Ranger des nombres en ordre croissant et décroissant.

Compétences transversales

- Observer, interroger, s'exprimer par la parole.
- Faire des choix, les expliquer.
- Discerner des analogies, des différences.

Objectifs

- Comparer deux ou plusieurs collections par perception globale des quantités, quand c'est possible ; par correspondance terme à terme, ou par dénombrement.
- Être capable de formuler correctement ses phrases pour dire si deux collections ont autant d'éléments. Dans le cas contraire, pouvoir dire laquelle en a le plus, laquelle en a le moins.
- Trier des collections en les comparant à une autre.

Langage

Objectifs par situation

SITUATIONS	OBJECTIFS
1	• Écouter attentivement un texte court. • Pouvoir répéter ce qu'il raconte. • Répondre à des questions, et donner des renseignements.
2	• Évaluer le niveau de compréhension des expressions *plus* et *moins*. • Réinvestir ce que l'on sait des nombres pour prévoir ou proposer un résultat.

Situation 1

Lire la comptine.

Monsieur Plus et monsieur Moins
Sont très copains.
Chacun a ce qu'il veut
Sans rendre l'autre malheureux.
Quelqu'un passe avec trois chiens ?
Monsieur Moins en voudra, moins !
Monsieur Plus en voudra, plus.

Situation 2

Demander aux enfants de résumer la comptine avec leurs mots et de dire ce qui caractérise chacun des deux personnages : Monsieur Plus et Monsieur Moins.

Faire en sorte que les phrases soient bien formulées ; au besoin les faire répéter.

Exemple : *Monsieur Moins veut moins de trois chiens.* Ou : *Il en veut moins que trois.*

Demander aux enfants combien Monsieur Plus et Monsieur Moins peuvent prendre de chiens.

Mise en situation
Comparaison de deux collections

Objectifs par jeu

JEUX	OBJECTIFS
Les balles brûlantes et La course au trésor	**Le jeu** • Se situer dans un groupe constitué par rapport à un autre groupe. • Coopérer pour atteindre un but commun. • Lancer le plus loin possible sans viser. **Les résultats** • Comparer deux collections en les comptant : – étendre sa connaissance de la comptine numérique ; – s'entraîner à dénombrer des collections ; – comparer des nombres en faisant des correspondances terme à terme. – établir une relation un/un entre deux éléments ; – analyser la manipulation pour en déduire laquelle des deux collections a le plus d'éléments, et celle qui en a le moins. • Comprendre et accepter que la collection la moins importante détermine le choix du vainqueur (pour le jeu des balles brûlantes).
La course au trésor	**Le jeu** • Se repérer dans un espace défini, orienté. • Courir le plus rapidement possible. • Respecter les règles du jeu.

Le jeu de Monsieur Moins : Les balles brûlantes

But du jeu : Avoir le moins de balles possible sur son terrain, à la fin du jeu.
Matériel : 1 balle en mousse par enfant.
Comment jouer ? Diviser la salle de jeu en deux terrains opposés. Répartir également les enfants sur les deux terrains. Donner à chacun une balle. Au signal de départ du jeu, les joueurs se débarrassent de leurs balles brûlantes en les envoyant dans le camp adverse. Ils récupèrent les balles tombées sur leur terrain et les renvoient à leur tour. Au bout de quelques minutes de jeu, donner le signal d'arrêt de jeu. Demander aux joueurs de rassembler leurs balles pour déterminer l'équipe qui en a le moins.

La première réaction des enfants est de dénombrer leurs balles pour comparer le nombre cardinal obtenu avec celui du camp adverse. Ce procédé suppose :

• qu'ils connaissent bien la comptine numérique de 1 à 39 ;
• qu'ils comptent en pointant les balles une à une, sans se tromper ;
• qu'ils mémorisent le dernier nombre prononcé pour le comparer avec celui du camp adverse ;
• qu'ils soient capables de comparer des grands nombres avec ou sans bande numérique.

Pour prouver leur résultat, leur demander de comparer les collections sans les compter.

Deux possibilités :

• les collections sont très différentes et l'on peut déterminer à l'œil nu celle qui en a le moins ;

• les collections sont de quantités voisines et il faut avoir recours à la correspondance terme à terme en alignant les balles sur 2 rangées, une rangée par équipe.

Faire ensuite verbaliser les résultats :

• il y en a autant : chaque balle d'un camp et à côté d'une balle de l'autre camp ;

• il n'y a pas autant de balles. Un camp en a plus car il y a des balles toutes seules ; l'autre camp en a moins, il a gagné.

Le jeu de Monsieur Plus : la course au trésor

But du jeu : Rapporter le plus d'objets possible.
Matériel : Balles en mousse, anneaux, foulards, etc.
Comment jouer ? Diviser la salle de jeu en 2 terrains parallèles.

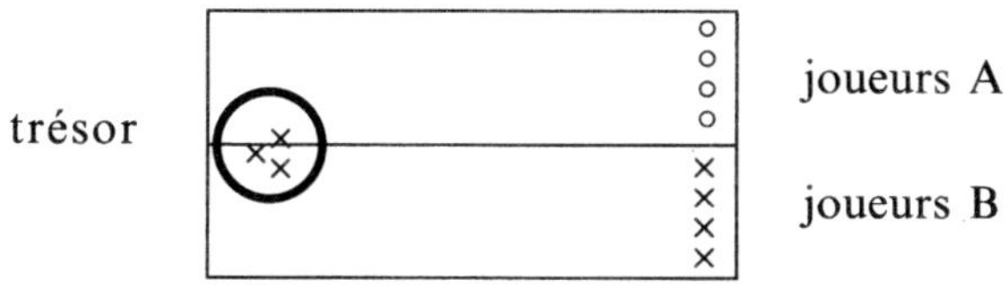

Répartir les enfants en deux équipes qui se placent chacune dans son propre camp à l'une des extrémités du terrain. Placer les trésors à l'autre bout de la salle. Au signal de départ, tous les joueurs courent chercher un objet du trésor et le ramènent dans leur camp avant de répartir pour en chercher un autre. Le jeu s'arrête quand il n'y a plus d'objets à rapporter. Demander aux joueurs de rassembler leurs objets pour déterminer l'équipe qui en a le plus. Comme dans le premier jeu, procéder par dénombrement et par correspondance, terme à terme.

Comparaison de plusieurs collections

Proposer les mêmes jeux en répartissant les élèves en 4 équipes.

Objectifs

• Réinvestir les objectifs de la situation A dans des comparaisons de plusieurs collections.

• Comprendre et admettre que pour le *jeu des balles brûlantes*, l'équipe gagnante est celle qui a le moins de balles brûlantes que les 3 autres équipes. Accepter d'avoir perdu même si on reconnaît avoir moins de balles que ceux qui en ont le plus.

• Comprendre ainsi qu'il y a un groupe gagnant et trois perdants même si leurs collections sont différentes.

• Comprendre et admettre que pour le *jeu de la course au trésor*, il peut y avoir un gagnant et trois perdants pouvant avoir des collections de nombres cardinaux différents.

Jeu de Monsieur Moins : Les balles brûlantes

Même situation-jeu sur un terrain divisé en 4 camps. Pour se débarrasser de leurs balles, les joueurs les renvoient dans le camp qui est plus proche d'eux.

Jeu de Monsieur Plus : La course au trésor

Même situation-jeu sur un terrain divisé en 4 camps. Le trésor se trouve au centre et les équipes aux 4 coins du terrain.

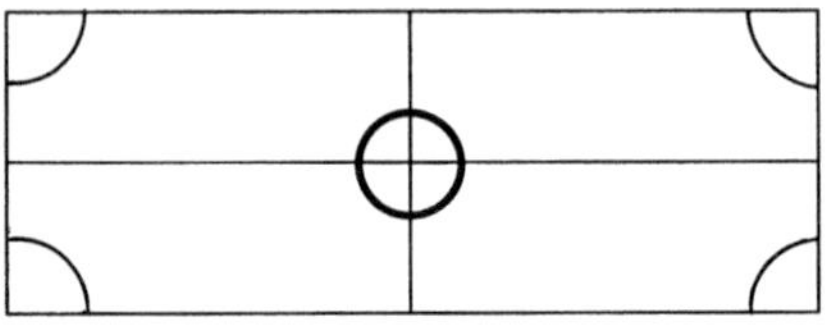

Dans les deux cas, pour déterminer quelle est l'équipe gagnante, on compare les 4 collections par dénombrement et correspondance terme à terme pour prouver les résultats.

Schématisation de la situation

Objectifs par jeu

JEUX	OBJECTIFS
Les balles brûlantes et La course au trésor	• Accepter les règles du jeu. Les respecter. • Réinvestir dans ce jeu les notions abordées lors de la comparaison de plusieurs collections. • Maîtriser parfaitement les termes *autant que*, *plus que*, *moins que*. Les comprendre, les utiliser pour expliquer un résultat, construire une règle.
Les cartes de Monsieur Moins et Les cartes de Monsieur Plus	• Comprendre et respecter la règle du jeu. • Comparer des collections représentées de composition spatiale différente. • Comprendre que plusieurs collections peuvent avoir moins d'éléments qu'une autre et répondre à la consigne. • Compter des collections pour comparer leurs quantités, comparer les nombres ou utiliser la correspondance terme à terme en utilisant un objet intermédiaire (le jeton).

Jeu de Monsieur Moins : Les balles brûlantes

(2 à 4 joueurs)
But du jeu : Avoir le moins de jetons possible dans sa maison.
Matériel : 1 dé, 10 jetons par joueur, 4 maisons de papier.
Comment jouer ? Chaque joueur place 10 jetons sur sa maison. À tour de rôle, chacun lance le dé, prend autant de jetons qu'il y a de points sur le dé et les place dans la maison de l'un de ses adversaires. Le jeu s'arrête au bout de 5 tours. Le gagnant est celui qui a moins de jetons que les autres joueurs.

La comparaison des collections peut se faire par dénombrement ou par correspondance terme à terme. Les deux moyens peuvent être utilisés en cas de désaccord. Penser à faire verbaliser les résultats et noter les réflexions qui seront jugées pertinentes.

Exemple : *Il a gagné, il a moins de jetons que nous, mais j'ai failli gagner car j'en ai 1 de plus que lui...*

Pour permettre aux enfants de structurer leur pensée logique et pour contrôler leur niveau de compréhension, leur faire construire, sous forme de dictée à l'adulte, une règle de ce jeu.

Jeu de Monsieur Plus : La course au trésor

(2 à 4 joueurs)
But du jeu : À la fin avoir plus de jetons que tous les autres joueurs.
Matériel : 1 dé, 120 jetons, 1 boîte par joueur.
Comment jouer ? À tour de rôle, chaque joueur lance le dé et prend autant de jetons dans la pioche qu'il y a de points sur le dé. Le jeu s'arrête au bout de 5 jets (ou tours). Pour la comparaison des résultats, faire comme dans le jeu précédent.

Les cartes de Monsieur Moins (2 à 4 joueurs)

But du jeu : Avoir moins de points sur ses cartes après deux tours.
Matériel : 1 dé, 11 cartes : 1 carte blanche, 1 carte à 1 point, 1 carte à 2 points... 1 carte avec 10 points.
Comment jouer ? À tour de rôle, les joueurs lancent le dé et prennent une carte qui a moins de points que le dé. Après deux tours le jeu s'arrête. Chacun compte les points de toutes les cartes gagnées. Le gagnant est celui qui a moins de points que les autres. Pour comparer les collections, donner aux enfants des jetons ou des tickets de papier qu'ils placent sur chacun des points des cartes gagnées. Ceci revient à faire une correspondance terme à terme : autant de jetons que de points sur les cartes.

Faire compter ensuite les jetons ou procéder à des correspondances terme à terme avec les jetons des autres joueurs pour déterminer le gagnant.

Exemple : A a obtenu ○ ○|○ ○ ○
B a obtenu ○ ○ ○ ○ ○ ○ ○
C a obtenu ○ ○ ○
D a obtenu ○ ○ ○ ○
Donc C a gagné.

Il est intéressant au cours du jeu de demander aux enfants d'expliquer leur choix.

A, par exemple a lancé le dé et a obtenu le jet  . A a choisi la carte à 2 points et a donc gagné 2 jetons, alors qu'il aurait pu prendre une carte vierge ou une carte à 1 point. Par la verbalisation et le rappel du but du jeu, on l'amènera progressivement à choisir parmi toutes les cartes qui répondent à la consigne celle qui lui donnera le plus de chances de gagner.

Les cartes de Monsieur Plus (2 à 4 joueurs)

But du jeu : Avoir plus de points sur ses cartes après deux tours.
Matériel : Le même que les cartes de *Monsieur Moins*.
Comment jouer ? À tour de rôle les joueurs lancent le dé et prennent une carte qui a plus de points que le dé.

Après deux tours le jeu s'arrête. Chacun compte les points des 2 cartes gagnées. Le gagnant est celui qui en a plus que tous les autres.

Pour la comparaison des collections, faire comme au jeu des cartes de *Monsieur Moins*.

Comparaison de collections

• Donner à chacun une feuille sur laquelle sont représentées deux collections. Faire entourer en rouge celle qu'aurait choisi Monsieur Plus, c'est-à-dire celle qui a le plus d'éléments. Faire entourer en vert celle qu'aurait choisi Monsieur Moins, c'est-à-dire celle qui a moins d'éléments que l'autre.

Exemples :

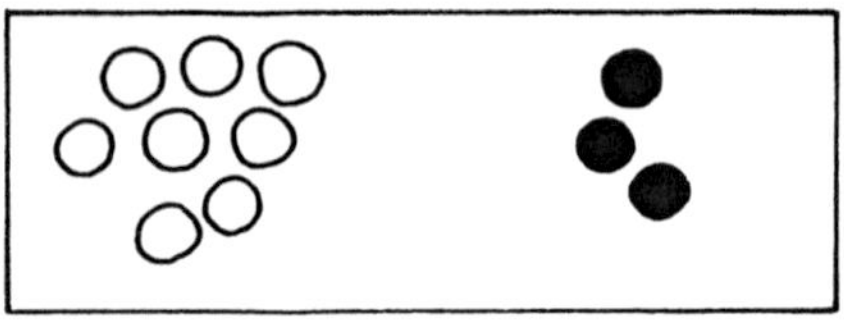

Comparaison à l'œil nu.

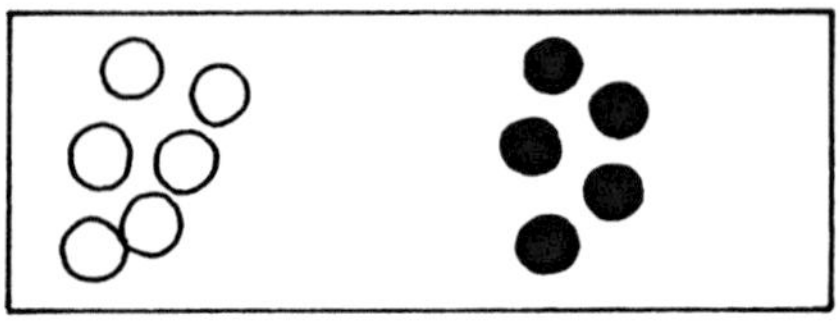

Comparaison par dénombrement ou correspondance terme à terme.

• Procéder de même avec des feuilles sur lesquelles sont représentées 3 collections.

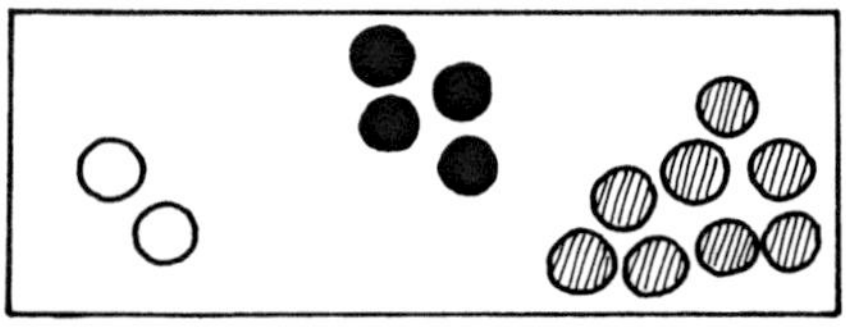

Comparaison à l'œil nu.

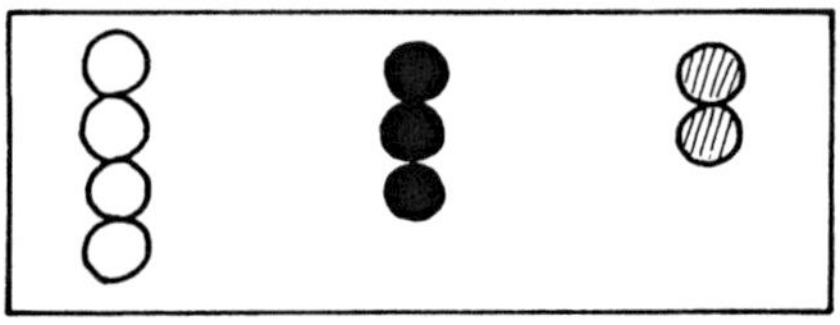

Comparaison par dénombrement ou correspondance terme à terme.

Représentation de collection

• Demander aux enfants de coller des gommettes sur une feuille où est représentée une autre collection afin qu'il y ait plus (ou moins) de gommettes que d'éléments représentés.
• Faire de même avec 2 collections représentées.

Messieurs Plus et Moins

Observer la page 14 du fichier. Lire la consigne. Faire situer toutes les cases de la première rangée puis faire l'exercice. Procéder de même pour les rangées suivantes.

Les enfants peuvent comparer les collections par dénombrement ou par correspondance terme à terme quand les collections sont plus difficiles à dénombrer. C'est le cas dans la dernière rangée pour déterminer laquelle des deux premières cases a le plus d'objets.

Observer et reproduire un algorithme

La fête au village (p. 15)

Un algorithme est un élément ou un ensemble d'éléments que l'on reproduit. Ainsi : ○ ◍ ● ○ ◍ ● ○ ◍ ● *, est un rythme ou une suite algorithmique dont* ○ ◍ ● *est l'algorithme.*

*Il existe deux types de suite algorithmique : les suites répétitives qui se répètent indéfiniment, telle celle représentée ci-dessus ; et les suites algorithmiques récurrentes dont chaque élément se définit en fonction de celui qui le précède (***exemple :** I II III IIII*).*

On comprend donc, que l'étude des suites algorithmiques prépare à toutes les activités numériques (écriture, ordre des nombres, opérations) mais favorise aussi une bonne structuration de l'espace (haut, bas, à côté, entre, au milieu...) et du temps (avant, après, pendant...) indispensables aux apprentissages de l'écriture et de la lecture.

Cette première fiche ne concerne que les rythmes répétitifs. Son objectif est de rendre l'élève capable de reconnaître, de mémoriser et de reproduire un algorithme.

Compétences et objectifs

Compétences disciplinaires

- Ordonner des objets.
- Situer, repérer, déplacer des objets dans l'espace et le temps.
- Reproduire, décrire quelques figures simples.

Compétences transversales

- Discerner des analogies, des différences.
- Retenir des enchaînements.
- Contrôler ses réponses par rapport au projet et aux données initiales.

Objectifs

- Reconnaître un algorithme et le reproduire.
- Coder un rythme.
- Comparer des algorithmes.
- Respecter l'ordre des éléments constituant un algorithme dans l'espace (gauche, droite, haut, bas, à côté, entre, au milieu...) et dans le temps (avant, après).

Langage : Construire un projet

Objectifs

• Élaborer un projet et le mener à terme. Prévoir les tâches, les outils, les techniques, les matériaux.
• Développer son sens esthétique et manipuler son besoin de créer.

Situation 1 : Lire le texte

C'est la fête au village,
Décorons rues et allées,
Avec des guirlandes et
Des banderoles.
Puis dansons
Au son des instruments.

Situation 2

Demander aux enfants de résumer le texte et de construire un projet pour préparer une fête. Pour cela, faire ressortir du texte les éléments qui caractérisent la notion de fête (la décoration, la musique, la danse).

Puis pour chacun d'eux, établir une liste de « choses » à faire avec le matériel nécessaire à leur réalisation.

Exemple : *La décoration :* faire des banderoles, des guirlandes avec du papier, des boules de cotillon, des grosses perles, etc.
La musique : utiliser les instruments de l'école ou en fabriquer (triangles, claves, tambourins, maracas, casseroles, cuillères, boîtes de conserve, etc.)
La danse : danse à deux, à trois, en ligne, en ronde avec des foulards, des cerceaux, des ballons de baudruche, etc.

Mise en situation

Objectifs par situation

SITUATIONS	OBJECTIFS
Création musicale	**Création libre** • Développer le goût et le plaisir musical par des activités instrumentales et rythmiques. • Respecter les codes gestuels et représentés. En comprendre la symbolique. • Découvrir, reconnaître et reproduire des rythmes auditifs et des rythmes représentés. **Création organisée** • Développer la créativité musicale. • Permettre aux enfants de coder leurs créations, de les structurer, de les organiser auditivement et musicalement et dans l'écriture de leur codage. • Structurer le jeu musical : – dans le temps (jouer avant, après...) ; – dans l'espace grâce au codage (respecter avant, après...).
Danses	• Donner l'envie et le goût du mouvement. Enrichir le patrimoine gestuel de l'enfant par l'adaptation des mouvements aux rythmes de la musique. • Faire des choix de mouvements pour construire une danse. Les expliquer, les organiser, les mémoriser et les reproduire. • Coder, décoder un son, un mouvement, une organisation spatiale. • Organiser ses codes en rythme pour respecter celui des mouvements de la danse créée.
Décorations de banderoles	**Décorations libres** • Décorer librement les banderoles pour mieux accepter les contraintes des exercices à venir. **Décorations structurées** • Structurer son travail, rechercher par la manipulation une règle. La mémoriser et la respecter. • Comparer des frises rythmiques construites, faire ressortir l'algorithme. • Classer des frises en fonction des règles algorithmiques employées. • Reproduire et respecter une règle algorithmique inventée par un autre. • Par la multiplication des situations entraîner les enfants : – à conduire et à lire des frises, – à émettre des hypothèses sur la règle de la reproduction, – à vérifier leurs hypothèses, – à respecter les ordres de reproduction dans l'espace et le temps.

Création musicale

Matériel : 1 instrument par enfant (claves, tambourins, triangles, cloches, guiros, etc.).

• ***Création libre***
– Laisser les enfants jouer librement de leur instrument. Donner des consignes gestuelles pour faire commencer ou arrêter le jeu musical (**ex :** mains ouvertes il faut jouer, mains fermées il faut faire taire son instrument).
– Recommencer en faisant varier l'intensité du jeu musical (**ex :** bras levés, il faut jouer fort, bras baissés, il faut jouer doucement).

• ***Création organisée***
– Faire observer les instruments et demander aux enfants de les regrouper par famille. On obtient ainsi la famille des triangles, la famille des claves, etc.
– Demander aux enfants de trouver une façon de représenter ces instruments par codage (triangle △).
– Demander alors aux enfants de jouer uniquement lorsque l'enseignant montre le code représentant leur instrument (△, tous les triangles jouent).

Au cours du jeu, faire apparaître successivement et plusieurs fois les deux mêmes codes et attendre la réaction des enfants. Leur demander d'exprimer puis de représenter sur une bande de papier, à l'aide de plusieurs codes identiques, ce qui a été joué.

Exemple : ○ △ ○ △ ○ △

Continuer la frise avec d'autres codes et faire rejouer la musique. Recommencer alors avec deux autres instruments puis avec trois. Varier l'algorithme en veillant, pour chacun des cas, à faire jouer les enfants avant de coder la musique. Prolonger l'écriture codée, en jouant à nouveau en décodant la frise.

Exemple :

○ △ △ ○ △ △ ○ △ △
○ △ -○ ○ △ -○ ○ △ -○
○ -○ ○ -○ ○ -○ △ △ △

-○ maracas

– Demander, ensuite, aux enfants et par groupe, d'inventer d'autres musiques et de les coder avant de faire jouer les autres groupes.

Danse

Proposer aux enfants de se déplacer librement en respectant le rythme de la musique. Proposer des musiques (musique africaine, musique classique, rapp, etc.) ou des musiques créées par les enfants et que l'on a enregistrées. Choisir des extraits présentant des sons longs, des sons courts, des pulsations alternées, rapprochées et espacées.

Pour chacun des cas, observer, décrire et reproduire les déplacements créés. Puis amener les enfants à structurer leur danse en s'organisant en groupe, en file, en ronde, en couple, etc.

Aménager l'espace avec des cerceaux ou donner aux danseurs un élément à manipuler (foulards, bâton, etc.). À chaque étape de la construction de la danse, faire verbaliser et représenter les propositions de la danse.

Exemple : *codage des sons longs et courts*

— • — • — •

— • • — • • — • •

codage des déplacements

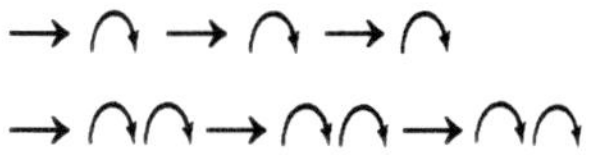

(→ avancer)

( sauter)

codage des organisations

( garçon)

( fille)

Décorations banderoles

Matériel : bandes de papier, fanions de papier de plusieurs couleurs et de formes différentes.

Décorations libres : Dans un premier temps, laisser les enfants coller comme ils le veulent les fanions sur leurs bandes de papier. Faire observer et décrire les résultats.

Décorations structurées : Leur demander de choisir des fanions d'une même forme mais de deux couleurs différentes pour décorer leurs banderoles. Observer et décrire les résultats obtenus pour déterminer la règle de collage choisie. Classer les résultats selon les règles employées.

Exemples

avec règles

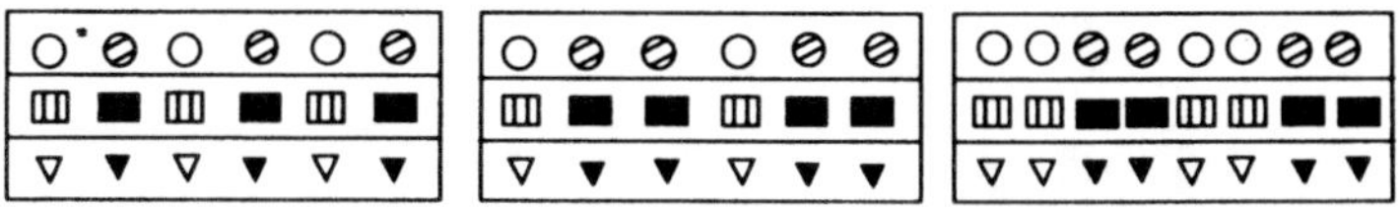

sans règle

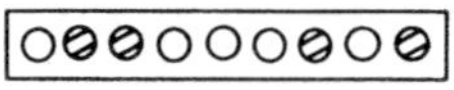

• Distribuer ensuite les banderoles décrites ci-dessus et demander aux enfants de les prolonger en collant d'autres éléments de façon à respecter les règles algorithmiques. Observer, comparer et souligner les erreurs remarquées.
• Faire ensuite des guirlandes avec d'autres éléments (perles, boules de cotillons). Proposer aux enfants de construire d'autres règles à partir d'éléments de :
- deux formes une couleur ;
- une forme trois couleurs ;
- deux formes deux couleurs ;
- deux formes, deux positions ;
- etc.

Suivre la même progression, à savoir :
- construction par manipulation des éléments ;
- observation et recherche de la règle ;
- classification ;
- reproduction des rythmes décrits et classés ;
- observations et corrections éventuelles.

Autres exercices possibles

• **En musique**, certains chants et comptines s'enchaînent dans un ordre précis avec répétition des vers précédents :
- *Un âne a bien mal à la tête*
- *Alouette je te plumerai*
- *Jean petit.*

• **En graphisme :** reproduire, créer des graphismes : lele, mumu. 

Schématisation de la situation

Objectifs

Les objectifs de la course aux jetons et les colliers sont les mêmes que ceux visés dans la mise en situation (p. 89 à 91). Il faut varier les exercices, les règles algorithmiques et les constructions spatiales des frises. Adapter les exercices en fonction des possibilités des enfants.

La course aux jetons (2 à 4 joueurs)

But du jeu : Être le premier à avoir complété sa frise.

Matériel :
- 1 dé avec 2 faces rouges, 2 faces jaunes, 2 faces bleues ;
- des jetons rouges, jaunes, bleus (40 de chaque) ;
- des bandes frises différentes (1 par joueur) qui pourront être créées par les élèves.

Exemples :

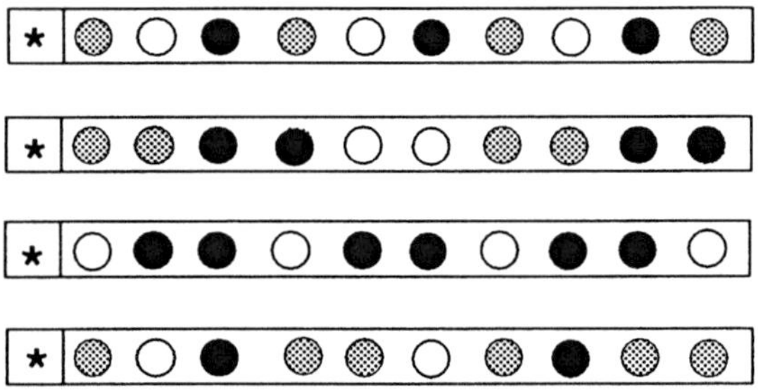

Comment jouer ? Faire observer et décrire les frises pour en déterminer la règle algorithmique. Puis à tour de rôle, chaque joueur lance le dé. Si le jet obtenu donne la couleur du premier élément de sa frise (celui de gauche, côté de l'étoile), le joueur prend un jeton correspondant à la couleur et le place sur sa frise. Si le jet obtenu ne correspond pas à la couleur du jeton désiré, le joueur passe son tour.

Variante du jeu : Le même jeu pourra être repris avec des bandes à compléter, mais les mêmes pour les 4 joueurs.

Exemples :

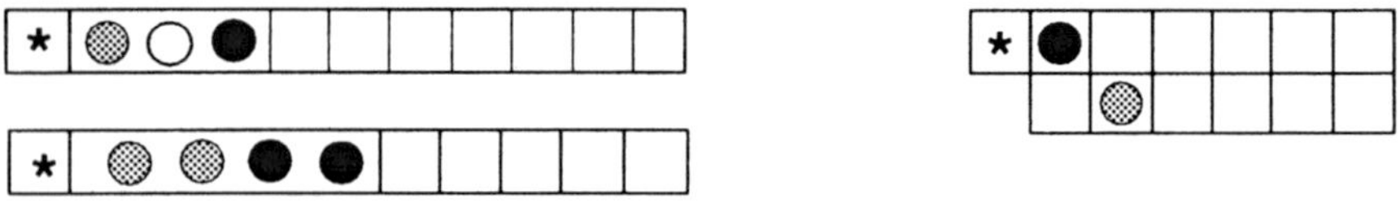

Les colliers

But du jeu : Être le premier à avoir reproduit son collier.

Matériel : Des perles, des fils, des dessins de collier (1 par joueur).

Exemples :

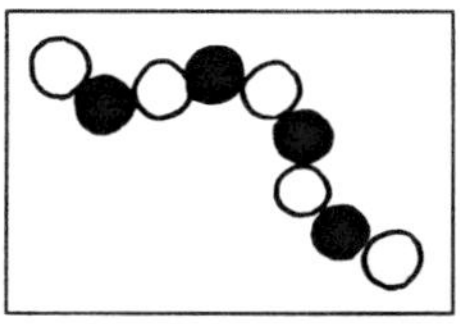
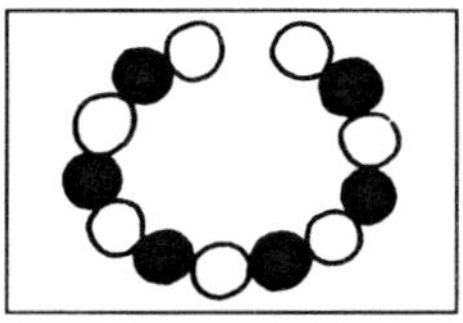
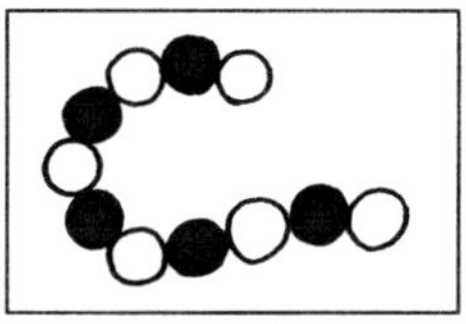

Comment jouer ? Au signal de départ, chacun doit reproduire le collier représenté :
- avec le modèle sous les yeux ;
- sans le modèle, après l'observation et la mémorisation de la règle algorithmique.

La fête au village

- Observer et décrire la page 15 du fichier. Lire la consigne et faire situer les 5 guirlandes. Procéder guirlande par guirlande.

-  règle : 2 formes 2 couleurs, 1 couleur par forme.
- 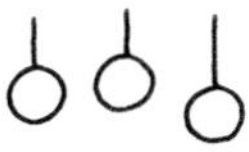 règle : 1 forme 2 couleurs.
- 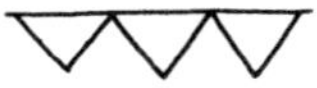 règle : 1 forme 3 couleurs alternées.
-  règle : 1 forme 4 couleurs alternées, 2 positions.

Corriger les erreurs d'un rythme

Les erreurs du décorateur (p. 16)

Compétences et objectifs

Compétences disciplinaires

- Ordonner des objets.
- Situer, repérer, déplacer des objets dans l'espace et le temps.
- Compléter des collections.

Compétences transversales

- Retenir des enchaînements.
- Discerner des analogies, des différences.
- Contrôler ses réponses par rapport au projet et aux données initiales.

Objectifs

- Reconnaître un algorithme, le continuer.
- Comparer des rythmes.
- Relever les erreurs d'un rythme, les corriger en respectant le nombre, les formes, l'alternance, les positions, les couleurs, les orientations des éléments constituant l'algorithme.

Langage

Objectifs

- Écouter un texte court.
- Donner des renseignements précis.
- Réinvestir les notions vues dans la fiche *La Fête au village* pour élaborer des hypothèses sur les problèmes.

Situation 1

Lire la comptine.

Le décorateur
Avec trois couleurs
Trace de belles frises.
Mais le pauvre décorateur
Commet des erreurs
Et quelques bêtises.

Situation 2

Demander aux enfants de raconter l'histoire de la comptine. Vérifier leur bonne compréhension des termes : *frises, bordures, décorateur*. Leur faire formuler le problème du décorateur : *Il fait des bêtises, il faut corriger ses erreurs.*

Demander alors aux enfants d'imaginer ce que peuvent être les erreurs du décorateur. Pour cela leur faire rappeler le nombre de couleurs utilisées par le personnage et présenter des guirlandes de *La Fête au village* présentant ou pas des erreurs de rythmes (erreurs dans l'ordre, le choix des couleurs, des formes, etc.).

Mise en situation

Objectifs par situation

SITUATIONS	OBJECTIFS
1	• Observer des frises, en déduire l'algorithme. • Vérifier l'application de la règle sur toute la frise pour avoir confirmation de son identification. • Reconnaître l'intrus.
2	• Corriger les erreurs en plaçant à l'endroit qui convient le ou les éléments respectant la règle algorithmique. • Faire des choix, les expliquer et les appliquer. • Dans les collages, respecter les formes, les couleurs, les orientations des éléments choisis.
3	• Inventer une règle et la faire respecter. • Choisir une case et en transformer les éléments pour rompre le rythme créé.

Situation 1

Répartir les élèves en groupes de 3 ou 4. Donner à chaque équipe une grande feuille sur laquelle ont été collées des frises présentant des erreurs de reproduction algorithmique. Laisser les enfants observer leur feuille, en déduire les règles de reproduction des algorithmes et leur demander de relever les erreurs rencontrées. Demander ensuite à chaque groupe de présenter aux autres les résultats de leur analyse.

Exemples de frises proposées aux enfants. Le choix des erreurs doit permettre une correction facile et ne doit pas engendrer une reconstruction complète de la frise :

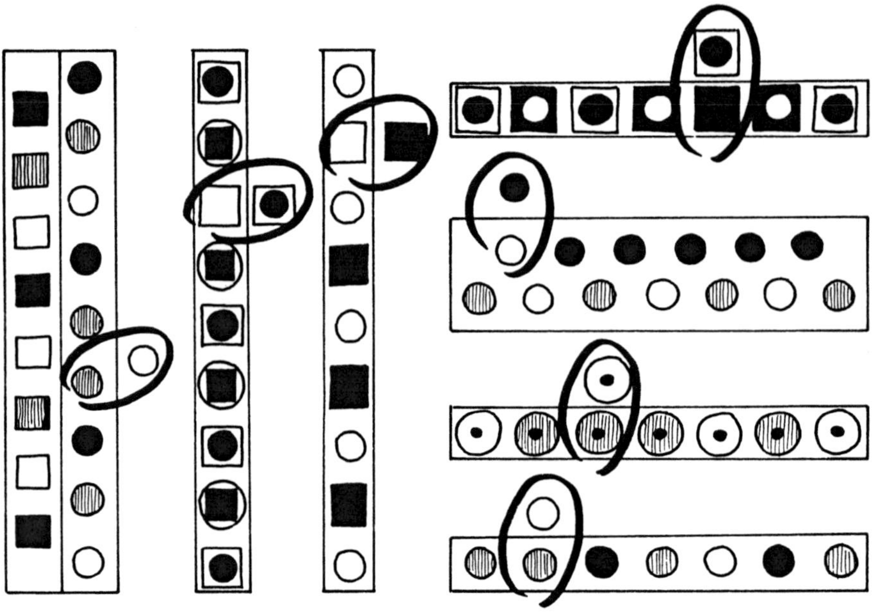

Situation 2

Redonner ensuite les frises décrites et demander aux enfants de corriger les erreurs en collant sur les compositions incomplètes l'élément manquant (voir d, f) ou en collant sur les bêtises les éléments qui auraient dû s'y trouver (voir a, b, c, e, g). Vérification des corrections par l'ensemble de la classe.

Situation 3

Proposer ensuite aux groupes de construire par collage d'éléments une frise en y glissant une ou plusieurs erreurs à faire corriger par un autre groupe.

Schématisation de l'activité

Objectifs par jeu

Pour ces jeux et exercices, les objectifs visés sont les mêmes que ceux de la mise en situation (p. 95).

JEUX	OBJECTIFS
Jeu de l'oie	Reconnaître les erreurs commises dans un rythme quelles que soient les trajectoires et les orientations des frises.
Loto des frises	Parmi plusieurs possibilités, choisir celle correspondant à la règle algorithmique.
Exercices graphiques	• Situer le ou les erreurs du rythme. • Respecter dans le tracé les formes, les couleurs, les positions, l'alternance des éléments.

Jeu de l'oie (2 à 4 joueurs)

But du jeu : Être le premier à avoir fait le tour du « mur ».

Matériel :

- Une planche 40 cm×40 cm ;
- 2 frises de 40 cm×5 cm avec des erreurs algorithmiques ;
- 2 frises de 30 cm×5 cm avec des erreurs algorithmiques ;
- 1 dé ;
- 1 jeton par joueur.

Comment jouer ? Disposer sur les bords de la planche 4 frises. À tour de rôle, chaque joueur lance le dé et avance son jeton d'autant de cases qu'il y a de points sur le dé. Si le joueur arrive sur une case erreur, il recule son jeton à la première case de la frise. Les joueurs choisissent leur frise de départ.

En multipliant les frises qui peuvent être construites par les enfants, on multipliera le nombre de jeux possibles.

Exemple de jeu :

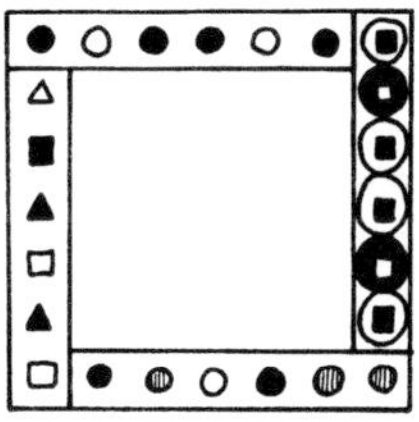

Loto des frises

But du jeu : Être le premier à avoir corrigé ses 3 frises.
Matériel :

- des frises (3 par joueur) de règles algorithmiques différentes ;
- des cartes correspondant aux cases des frises sur lesquelles les erreurs auront été corrigées.

Comment jouer ? Chaque joueur prend 3 frises. Les cartes corrections sont placées faces retournées dans la pioche. À tour de rôle, chaque joueur prend une carte, la place sur l'une des frises si elle lui convient ou la remet dans la pioche dans le cas contraire.

Exercices graphiques

Faire corriger les oublis graphiques de frises pouvant servir de cadres à des peintures, par exemple :

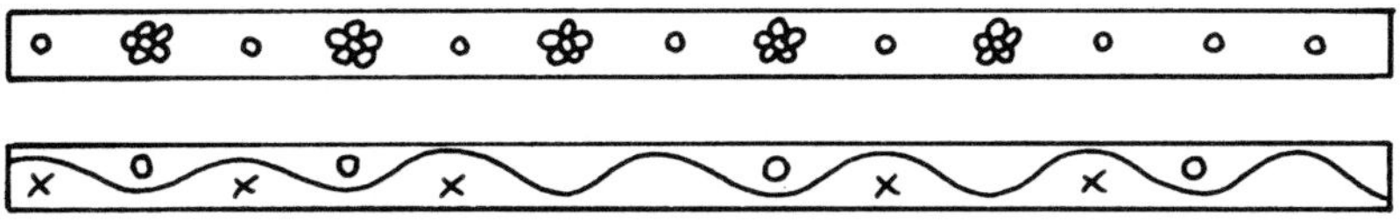

Etc.

Les erreurs du décorateur

Observer et décrire la page 16 du fichier. Demander aux enfants de situer les 8 frises et faire remarquer qu'elles sont identiques deux à deux.

Sur le mur jaune, il n'y a qu'une erreur (par omission) par frise, sur le mur orange, il y a 2 erreurs par frise.

Lire la consigne, procéder frise par frise après une nouvelle description des couleurs de la frise à compléter.

Traitement des informations Tableau d'appartenance

Le repas au zoo (p. 17)

Compétences et objectifs

Compétence disciplinaire

• Classer les objets.

Compétences transversales

• Rechercher des informations pertinentes à l'oral et dans certains écrits.
• Restituer et réorganiser les informations réunies.
• Discerner des analogies, des différences.

Objectifs

• Classer des objets en deux ensembles.
• Établir une relation entre ces deux ensembles.
• Coder et décoder cette relation à l'aide de diagrammes saggitaux et de tableaux.

Langage

Objectifs

• S'exprimer de manière compréhensible pour résumer un texte.
• Identifier des supports écrits pour rechercher des réponses à des questions.
• Écouter et comprendre un texte documentaire. Donner des renseignements sur le texte.
• Formuler correctement des questions ou des réponses.

Situation 1

Lire la comptine.

De la viande rouge
Ou de la salade ?
Que doit donner à manger
Le gardien de zoo ?

Au lion et au tigre rayé ?
Au gros ours et au kangourou ?
Au sanglier brun et au loup ?
Aide-le, ce malheureux !

Situation 2

Demander aux enfants de résumer la situation et de formuler le problème du personnage de l'histoire. Les interroger ensuite sur ce qu'ils feraient à la place du gardien. Laissez-les émettre leurs suppositions et leurs connaissances quant à la façon de nourrir les animaux cités.

Puis leur demander de trouver un moyen de prouver leur dire :

- visite au zoo et enquête auprès des gardiens ;
- recherche de documents dans la bibliothèque (wapiti, wakou, faune, animaux sauvages...) ;
- interroger le vétérinaire du quartier, etc.

Puis procéder à la recherche.

Traitement de l'information

Objectifs par situation

SITUATIONS	OBJECTIFS
1	• Faire des phrases simples et complètes. • Utiliser l'écrit comme moyen de mémorisation des informations et pour les communiquer. • Lire une phrase codée. Montrer une phrase lue. • Repérer dans l'écrit les similitudes et les différences. • Prendre conscience qu'un même code peut être en plusieurs exemplaires. Entrevoir la possibilité d'établir une relation entre deux exemples.
2	• Classer des éléments en deux ensembles. • Établir une relation entre deux ensembles après avoir déterminé l'ensemble de départ, l'ensemble d'arrivée et le code de la relation. • Restituer d'une manière différente les informations données en situation 1.
3	• Utiliser un tableau à double entrée pour coder une relation entre deux ensembles. • Combiner la lecture verticale et la lecture horizontale du tableau pour localiser les cases où est codée la relation. • Vérifier la construction du tableau en comparant le nombre de croix tracées avec le nombre de flèches du diagramme saggital.

Situation

Les réponses aux questions posées par le gardien du zoo ayant été apportées (par l'étude effectuée à l'issue d'une visite, d'une enquête ou d'une lecture d'ouvrage), demander aux enfants de trouver un moyen de mémoriser ces informations pour pouvoir les transmettre au gardien ignorant.

Les enfants, généralement, proposent d'écrire ces réponses et de les dessiner. Leur demander alors sous forme de dictée à l'adulte de construire le texte à mémoriser, accompagné des dessins permettant de le lire.

Exemples :

Le lion mange de la viande.

Le tigre mange de la viande.

Le gros ours mange de la viande et de la salade.

Procéder alors à des exercices permettant de vérifier la bonne lecture des phrases construites. Faire remarquer les mots identiques, les entourer à l'aide de couleurs différentes (mange en rouge, viande en bleu, salade en vert).

Découper ensuite dans le texte, les noms des animaux accompagnés des dessins et demander aux enfants de replacer chaque nom codé à sa place dans le texte. Par la manipulation et si cela n'a pas été remarqué avant, les enfants s'aperçoivent que plusieurs animaux mangent de la viande, de la salade, de la viande et de la salade.

Situation 2

Donner des cartes-code animaux et des cartes-code nourriture, demander aux enfants de trier les cartes et de les coller.

Exemple de cartes :

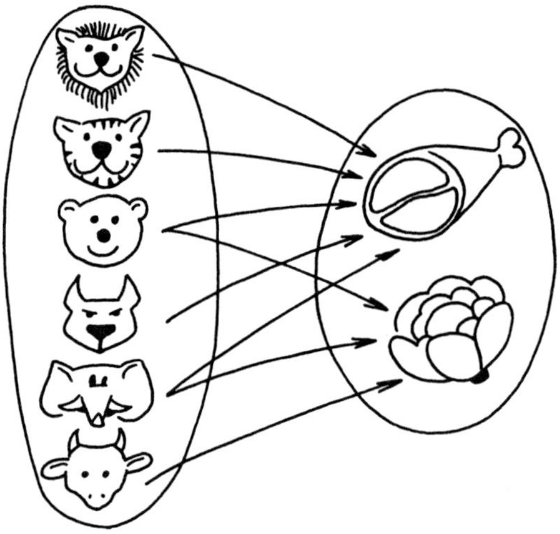

Obtenir ainsi deux ensembles : l'ensemble des animaux et l'ensemble de la nourriture. Leur demander de trouver un moyen pour indiquer ce que chaque animal mange. Les étiquettes étant collées, la viande et la salade n'étant représentées qu'une fois chacune, la seule possibilité est la liaison des éléments du premier ensemble au second au moyen de traits ou de flèches voulant dire *mange*.

Situation 3

Faire remarquer aux enfants que la lecture fléchée est difficile à cause du nombre et des croisements de traits tracés. Leur proposer alors, par groupes, de placer les étiquettes dans un tableau vierge ainsi construit :

et/ou

Faire observer les résultats : • étiquettes placées en abcisse et en ordonnée ;
• étiquettes placées n'importe où.

En déduire la bonne solution.

Faire trouver ensuite un moyen permettant d'indiquer ce que chaque animal mange. Les enfants ayant déjà travaillé sur les tableaux à double entrée, n'auront aucun problème pour se repérer dans le tableau et situer la ou les cases correspondant à chaque animal.

	X	
	X	
	X	X
	X	
	X	X
		X

Le moyen utilisé pour le codage de la relation *mange* pourra être le coloriage ou le marquage (point ou croix comme sur l'exemple ci-dessus).

Faire observer les deux représentations (diagramme saggital et tableau) : comparer le nombre de flèches de l'un et de croix de l'autre (ou de cases coloriées ou de points).

Jeux d'entraînement

Objectifs par jeu

JEUX	OBJECTIFS
Le déjeuner des animaux	• Compléter un tableau d'appartenance. • Tenir compte des critères donnés par les dés. • Associer à ces deux critères la carte correspondante. • Par une lecture verticale et horizontale du tableau, localiser la case sur laquelle la carte doit être posée.
Les portraits-robots	• Lire un tableau d'appartenance pour reconstituer deux visages.
Dessins codés	• Travailler en coopération. • Construire un tableau d'appartenance. • Comparer deux productions. Comprendre qu'elles peuvent répondre aux mêmes critères d'appartenance à un ensemble et être différentes par la disposition spatiale des éléments qui composent ces productions.

Le déjeuner des animaux (2 joueurs)

But du jeu : Avoir placé le premier ses cartes dans le tableau.
Matériel :

- un tableau identique à celui de la mise en situation (p. 101) ;
- 8 cartes aux dimensions des cases du tableau :
  - 1 carte lion + viande
  - 1 carte tigre + viande
  - 1 carte ours + viande
  - 1 carte ours + salade
  - 1 carte loup + viande
  - 1 carte sanglier + viande
  - 1 carte sanglier + salade
  - 1 carte kangourou + salade.
- 1 dé avec sur chacune des faces le code d'un des animaux (lion, tigre...) ;
- 1 dé avec 3 faces viande, 3 faces salade.

Comment jouer ? Les deux joueurs se partagent les 8 cartes. À tour de rôle, ils lancent les 2 dés. Si le jet correspond à l'une des cartes que possède le joueur, celui-ci place cette dernière à sa place dans le tableau. Dans le cas contraire, il passe son tour.

Jeu des portraits-robots (2 joueurs)

But du jeu : Reconstituer deux portraits d'après la lecture du tableau.
Matériel :

- 2 visages blancs de carton avec cheveux ;
- 4 bandes de carton pour les yeux :
  - 2 paires d'yeux bleus,
  - 2 paires d'yeux noirs ;
- 4 bandes de carton pour le nez :
  - 2 bandes nez rond,
  - 2 bandes nez pointu ;
- 4 bandes de carton pour la bouche :
  - 2 bouches tristes,
  - 2 bouches qui sourient ;
- un tableau (voir ci-dessous) recouvert de vénilia transparent ;
- 1 feutre velleda effaçable.

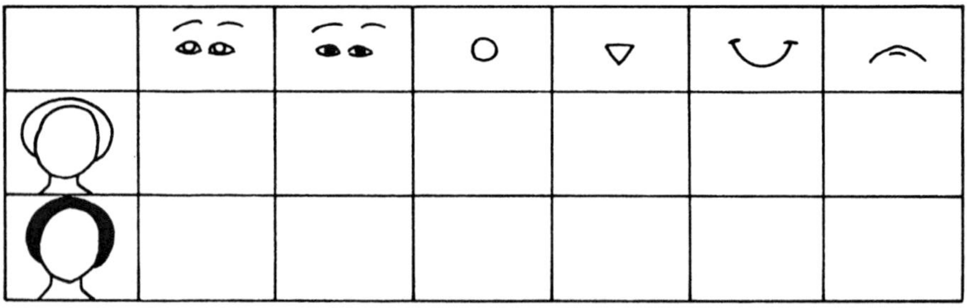

Comment jouer ? Le premier joueur trace au feutre effaçable les croix permettant de décrire les deux visages. Le second joueur reconstitue les deux portraits en se référant au tableau. Puis recommencer le jeu en échangeant les rôles.

Variante : Chaque joueur code une ligne, s'attribue un visage et le recompose le plus vite possible en décodant la ligne codée par son adversaire.

Dessins codés

But du jeu : Faire le dessin commandé par un camarade.
Matériel :

- 1 feuille par joueur ;
- des gros feutres ;
- des tableaux construits par les enfants avec 3 éléments formes (△, ○, □) et 3 couleurs.

Comment jouer ? Les enfants font un dessin avec les 3 formes et les 3 couleurs. Puis chacun code son dessin dans le tableau à envoyer à son camarade.

Exemple :

	∘ ∘ ∘ ∘ ∘		||||
△	+		
○		×	×
□		×	

• Les enfants échangent leurs tableaux et dessinent ce qui est inscrit.
Exemple obtenu avec le tableau ci-dessus :

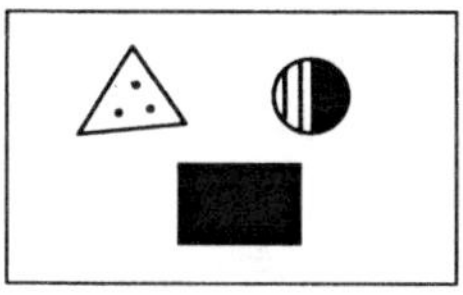

• L'enfant, qui a passé commande, vérifie le travail du camarade en le comparant avec son dessin construit avant le codage.

Exemple :

1er dessin décrit et codé.

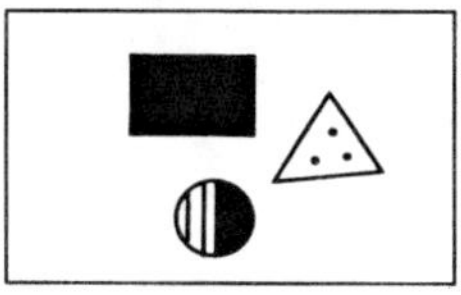

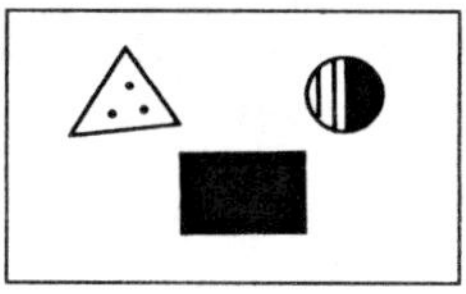

2e dessin obtenu après décodage du tableau.

De cette comparaison, faire sentir que le décodage est juste mais que les dessins sont différents parce que les compositions spatiales sont différentes.

Repas au zoo

Procéder exercice par exercice (p. 17 du fichier).

• Faire observer et décrire le premier dessin. Demander aux enfants d'en déduire la consigne. Faire compter la quantité de nourriture distribuée ; en déduire le nombre de croix qu'il y aura dans le tableau. Faire l'exercice.

• Procéder de même mais compter le nombre de croix du tableau et en déduire le nombre de traits à tracer.

Classement des longueurs

Les livres de l'instituteur (p. 18)

Compétences et objectifs

Compétences disciplinaires

- Comparer des grandeurs continues.
- Utiliser une mesure référence.

Compétences transversales

- Émettre des suppositions.
- Faire des choix et les expliquer.
- Discerner des analogies, des différences.

Objectifs

- Comparer et classer des objets suivant leur longueur :
  - par déplacement des objets,
  - en utilisant des mesures de référence fixes ou mobiles.
- Tracer des lignes de même longueur.

Langage

Objectifs

- Être capable avec ses propres expressions de résumer un texte court et montrer ainsi sa bonne compréhension du problème.
- Formuler correctement des questions pour manifester son incompréhension (sens de mots inconnus).
- Rechercher des informations dans le texte pour déterminer un mode procédure.
- Élaborer un projet, prévoir les étapes, les matériaux.

Situation 1

Lire la comptine.

Par hauteur, l'instituteur
Recouvre de couleurs,
Les livres abîmés,
Usés et déchirés.
Fais comme lui,
Les livres seront très jolis.

Situation 2

Demander aux enfants de raconter ce qui est dit dans le texte.

Demander alors aux enfants ce que veut dire *par hauteur*.

Proposer alors aux enfants d'aller dans le coin bibliothèque de la classe et leur demander ce qu'il faudrait faire pour recouvrir les livres. Construire ainsi un projet :

- classer les livres ;
- les recouvrir avec du papier de couleur ;
- décorer les couvertures pour les rendre plus jolies ;
- Écrire les titres, les noms des auteurs.

Mise en situation

Objectifs par situation

SITUATIONS	OBJECTIFS
Classement des livres et comparaison d'ensembles	• Comparer deux livres. Pouvoir dire lequel est le plus grand, lequel est le plus petit. • Comprendre que deux livres sont de la même hauteur, si placés sur le même support à la même latitude l'un à côté de l'autre ou l'un sur l'autre, leurs bords opposés se superposent parfaitement. • Classer des livres, comparer la hauteur de plusieurs livres. • Comprendre, par la manipulation, que si un livre A a la même hauteur qu'un livre B, et le livre B la même hauteur qu'un livre C, alors le livre A a la même hauteur que le livre C.
Comparaison d'ensemble	• Par la verbalisation et la manipulation, admettre l'invariance de la hauteur des livres d'une même classe. • Contrôler le bon respect des classements lors du déplacement des ensembles de livres. Admettre que le classement ne change pas avec la position des livres.
Mesures de référence	• Comprendre la nécessité d'utiliser un objet servant de référant. Comprendre qu'il est la mémoire du classement. • Comparer des objets de nature différente en ne se référent qu'à leur hauteur.
Reliure	• Reprendre les mêmes objectifs que précédemment. • Coder les ensembles de hauteur par des couleurs.

Classement des livres

Rassembler tous les livres de la classe. Les faire classer par groupes d'enfants, ou en ateliers sur plusieurs séances. Observer durant la manipulation des enfants leurs procédures :

– comparaison à l'œil nu pour des livres de hauteurs très différentes ;
– comparaison rapprochée pour les livres de hauteurs voisines.

Faire verbaliser les décisions prises :

Exemple : *Je les mets l'un à côté de l'autre, celui-là est plus grand.*

Au moment de la manipulation, constater que les comparaisons de longueur se font à partir de repères communs aux deux livres :

- *bord inférieur contre bord inférieur*

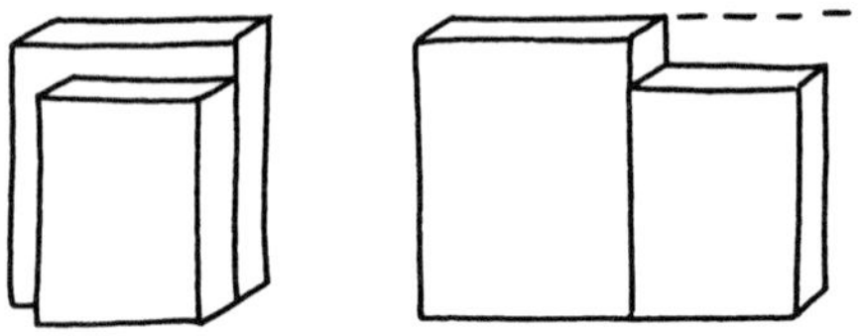

- *bord supérieur contre bord supérieur*

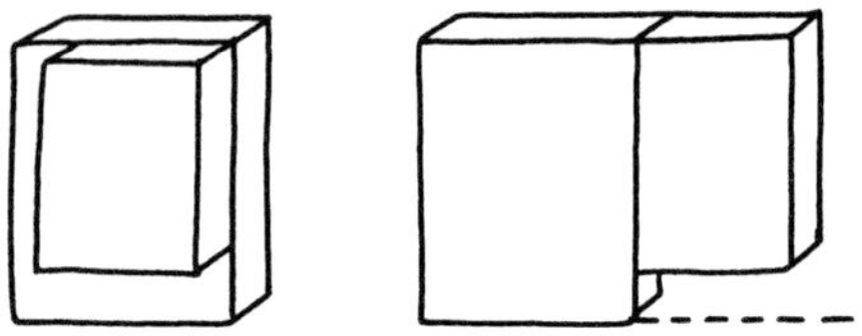

Les livres peuvent être posés à plat ou placés en position verticale.

Certains livres sont plus larges que hauts. Il faut alors préciser que la position retenue est celle où le bord relié du livre est placé verticalement.

Faire observer les classements obtenus. Remarquer que les livres de même hauteur et largeur sont souvent des livres issus d'une même collection. Faire compter les ensembles obtenus pour en déduire le nombre de couvertures différentes.

Comparaison des classements

Faire comparer les classements opérés par les autres groupes.

- Comparaison du nombre d'ensembles ;
- comparaison du nombre de livres par ensemble ; cette comparaison par empilement des livres permet de voir sans les compter la pile qui a le plus de livres (s'ils sont à peu près d'épaisseur identiques) ;
- Mise en commun des ensembles et groupes différents. Refonte des ensembles identiques, c'est-à-dire des piles issues de groupes différents mais qui ont la même hauteur de livres.

Observer la procédure engagée par les enfants :

- comparaison de deux livres issus chacun d'une pile ;
- comparaison de plusieurs livres issus des deux mêmes piles.

Faire verbaliser les actions et les constats.

Exemple : *Le livre de cette pile a la même hauteur que le livre de cette pile-là. Je recommence avec deux autres livres ; celui-là aussi a la même hauteur que celui-là ;* etc.

Faire placer par classe les livres, dans la bibliothèque, en position verticale. Faire observer que les livres sont bien tous classés.

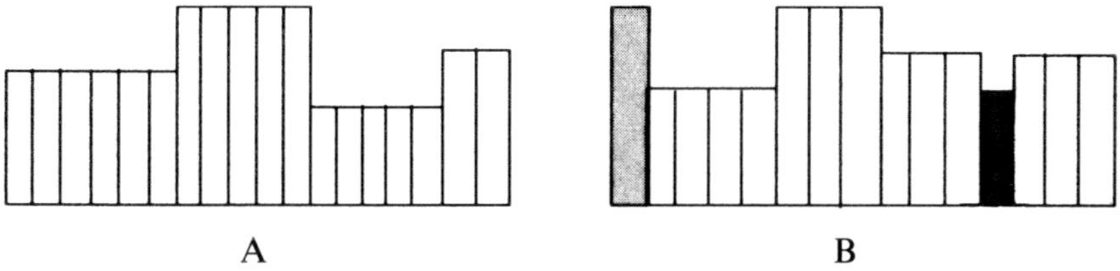

A : Ils sont bien classés.
B : Deux livres ne sont pas à leur place, il faut les déplacer.

Mesures de référence

À présent les livres sont classés mais pas reliés. Faire leurs couvertures prend du temps. Il serait fâcheux de défaire les classements et tout aussi fâcheux de ne pouvoir aller à la bibliothèque pour regarder les livres. Demander aux enfants ce qu'il faut faire pour pouvoir prendre les livres tout en sachant comment et où les remettre après utilisation :

- fabrication d'un faux livre pour chaque hauteur (intercalaire) ;
- fixer sur les étagères des baguettes (bois ou carton) de même hauteur que les livres ;
- faire des serre-livres.

En fonction du choix retenu, proposer aux enfants des baguettes ou des intercalaires à disposer dans la bibliothèque.

Reliures

En atelier :

- Faire compter le nombre de couvertures différentes ; en déduire le nombre de papiers différents.
- Donner aux enfants des feuilles de canson de couleurs de même hauteur que les livres. Les faire classer par couleur. Les comparer avec les classes de livres puis s'en servir pour recouvrir les livres par pliage des bords de la feuille.

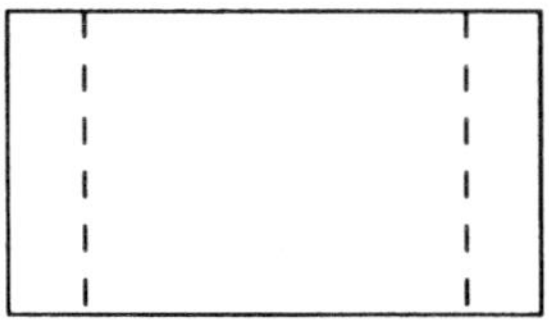

Travailler en lecture et en écriture la décoration et les titres, etc., à placer sur la couverture des livres.

Faire ensuite des activités de classement sous formes de jeu (déplacer les livres, les remettre en place, trouver l'intrus, etc.) avec ou sans couvertures sur les livres.

Schématisation de la situation

Objectifs par jeu

JEUX	OBJECTIFS
Jeu des livres	• Comparer des longueurs. • Les classer. • Estimer une longueur (celle de la carte) par rapport à une autre (l'étalon), à l'œil nu. • Vérifier la correspondance de leur longueur par superposition bord à bord des deux éléments ; carte et bande-étalon.
Le loto des livres	• Comparer les hauteurs de 2 éléments différents : empreintes et cartes, 1 élément fixe et 1 élément mobile. • Associer deux à deux les éléments de même hauteur (l'élément mobile : carte sur l'élément fixe : l'empreinte).
Les livres rangés	• Tenir compte de 2 critères : – nombre de bandes de papier ; – hauteur des bandes de papier. • Trier les bandes de papier selon le critère petite ou moyenne ou grande hauteur (longueur). • Associer la longueur des bandes de papier gagnées à une feuille dont l'une des dimensions est identique à celle des bandes de papier.
Variante du jeu Les livres rangés	• Repérer les bandes qui paraissent de même longueur. • Comparer des bandes de papier en les collant ou en les superposant. • Les classer par hauteur sur des feuilles rayées.

Jeu des livres (4 joueurs)

But du jeu : Avoir retrouvé le premier ses 10 cartes-livres.
Matériel :
- 4 bandes cartonnées de hauteurs différentes : 9, 10, 11 et 12 cm sur 2 cm de large.
- Des cartes-livres aux mêmes dimensions. 10 de 9 cm de hauteur sur 7 cm de large, 10 de 10 cm, 10 de 11 cm, 10 de 12 cm.
  Elles pourront être décorées par les élèves.

Exemple de cartes :

Comment jouer ?
- Faire décrire et comparer les cartes-livres. Les classer par hauteur.
- Donner les 4 bandes et les placer sur les cartes correspondant à leur hauteur.
- Le jeu : les cartes sont mélangées et étalées en tous sens sur la table, faces retournées. Chaque joueur prend une bande-étalon. À tour de rôle, chacun prend une carte ; si cette carte ne l'intéresse pas, il la remet dans la pioche. Dans le cas contraire, il la compare à son étalon : si elle est de la même longueur il la garde, sinon il la remet dans la pioche.

Le loto des livres (4 joueurs)

But du jeu : Être le premier à avoir complété sa carte.

Matériel :

- une plaque par joueur avec des empreintes de livres de dimensions différentes d'une plaque à l'autre.
- des cartes-livres correspondant aux empreintes.

Exemple pour une plaque
4 empreintes, 4 cartes

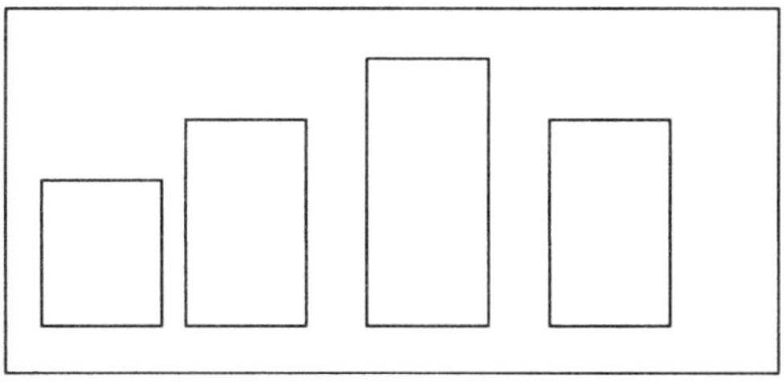

Comment jouer ? Chaque joueur prend une plaque de jeu. Les cartes sont empilées sur la table et à tour de rôle, chaque joueur prend la carte qui se trouve sur le dessus du paquet. Il la compare avec ses empreintes, la pose sur celle qui lui correspond ou la remet dans la pioche sous le paquet de cartes.

Les livres rangés (2 joueurs)

But du jeu : Avoir le premier rangé ses livres dans la bibliothèque.
Matériel par joueur : • 3 feuilles cartonnées divisées en 6 colonnes de 1,5 cm chacune.

Exemple :

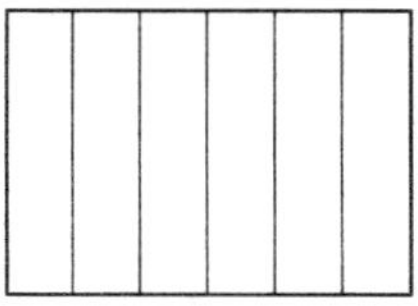

- 1 feuille de 10 cm sur 9 cm (6×1,5).
- 1 feuille de 9 cm sur 9 cm (6×1,5).
- 1 feuille de 8 cm sur 9 cm (6×1,5).

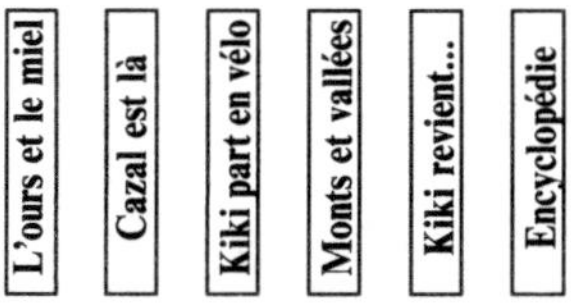

- 6 bandes de papier représentant les tranches reliées des livres par feuille cartonnée.
  - 6 bandes de 10 cm sur 1,5 cm.
  - 6 bandes de 9 cm sur 1,5 cm.
  - 6 bandes de 8 cm sur 1,5 cm.

Pour les deux joueurs :

- 1 dé, points de 1 à 6 points.
- 1 dé longueur :
  - 2 faces petite longueur
  - 2 faces longueur moyenne
  - 2 faces grande longueur.

Comment jouer ? Trier, classer les bandes de papier, décrire les ensembles de bandes de papier, puis les mélanger. À tour de rôle, chaque joueur lance les 2 dés et prend autant de bandes papier qu'il y a de points sur le dé, et ce en cherchant les bandes correspondant à la hauteur indiquée par le deuxième dé.

Variante du jeu : La course aux livres

But du jeu : Être le premier à avoir classé les bandes de papier sur sa feuille.
Matériel : Le même sans les dés.
Comment jouer ? Les bandes de papier des deux joueurs sont mélangées, rien ne les distingue. Au signal de départ, les joueurs reconstituent le plus rapidement possible les ensembles de livres (bandes de papier) sur les feuilles qui leur correspondent.

Objectifs de la représentation graphique

- Tracer des lignes droites de longueurs identiques.
- Par le tracé, réinvestir les notions acquises, à savoir notamment que 2 objets ont la même longueur si leurs extrémités placées l'une sur l'autre ou l'une à côté de l'autre (ici) ne se dépassent pas.

Représentation graphique

Exercice 1 : En atelier, donner à chaque enfant du groupe une feuille sur laquelle auront été tracées 3 lignes horizontales. Dire que ces lignes sont les étagères de la bibliothèque et demander aux enfants de tracer les tranches reliées des livres en pensant à utiliser la même couleur pour les livres de même hauteur.

Exemple :

Faire observer les résultats et faire décrire les réalisations :
– Les livres de même hauteur sont-ils de la même couleur ?
– Tous les livres sont-ils identiques sur toutes les étagères ?
– Comment voit-on que des livres ne sont pas de même hauteur ?
Etc.

Exercice 2 : En atelier et par groupe de 2. Donner à chaque enfant une feuille et leur demander de tracer une ligne en partant d'un des bords de la feuille. Les enfants échangent leurs feuilles et tracent une autre ligne de même longueur à côté du modèle.

Recommencer avec d'autres lignes de longueurs différentes. Faire décrire les résultats.

Exemple :

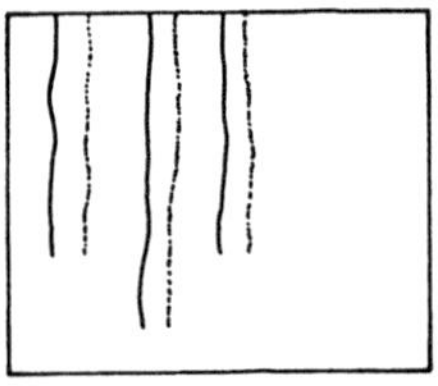

______ lignes tracées par le 1er enfant
— — lignes tracées par le 2e enfant

Les livres de l'instituteur

Faire observer la page 18 du fichier. La faire décrire. En déduire la consigne. La lire.

Puis procéder étagère par étagère. Pour chaque ligne, faire dénombrer les couleurs, en déduire le nombre de hauteurs différentes.

- 1ere étagère : classement en 2 ensembles.
- 2e étagère : classement en 3 ensembles : les éléments d'un même ensemble sont regroupés.
- 3e étagère : classement en 3 ensembles : les éléments d'un même ensemble sont dispersés.
- 4e étagère : classement en 4 ensembles : les éléments d'un même ensemble sont dispersés.

Ordre des longueurs

La famille Raton (p. 19)

Compétences et objectifs

Compétences disciplinaires

- Comparer des grandeurs continues.
- Ordonner des objets.

Compétences transversales

- Faire des choix, les expliquer.
- Discerner des analogies, des différences.
- Restituer et réorganiser les informations réunies.
- Rechercher des informations pertinentes à l'oral et aussi dans certains écrits.

Objectifs

- Comparer et ordonner des bandes suivant leur longueur.
- Tracer des lignes plus grandes ou plus courtes qu'une ou plusieurs autres en respectant l'ordre croissant ou décroissant du rangement.

Langage

Objectifs

- Donner des renseignements sur un texte lu. Montrer ainsi la bonne compréhension ou son incompréhension de la situation.
- Élaborer un projet. Prévoir les procédures à employer pour sa réalisation. Pour cela réinvestir ses acquis antérieurs.

Situation 1

Lire la comptine.

Du plus petit au plus grand
Cinq ratons charmants.

Un chat leur a volé leur queue
Aussi grande qu'eux.

Situation 2

Demander aux enfants de dire ce qu'ils ont retenu de l'histoire. Puis les interroger sur : le nombre de ratons, leur façon de se déplacer, ce qu'il s'est passé, la longueur des queues, ce qu'il faudrait faire.

Situation 3

Proposer aux enfants d'imaginer qu'ils sont des ratons. Leur demander ce qu'il faut faire pour être comme eux.

Les élèves proposeront vraisemblablement la fabrication de masques mais aussi de queues. Leur rappeler leur façon de se déplacer pour qu'ils suggèrent de se ranger par groupe de 5 et en ordre du plus grand au plus petit. Leur demander alors de trouver un moyen de se placer du plus grand au plus petit par groupe de 5. Le mesurage sur toise est souvent la réponse donnée quand les différences de tailles ne se voient pas.

Mise en situation

Objectifs par jeu

JEUX	OBJECTIFS
La mesure des enfants	• Réinvestir les notions vues lors de l'activité : les livres de l'instituteur (p. 104 à 110) sur le classement des longueurs. Savoir que deux longueurs sont égales si elles se superposent bord à bord parfaitement. • Comparer les hauteurs. • Ordonner des objets ou des enfants par taille croissante en faisant référence aux traits tracés. Savoir lire son prénom et ceux des autres pour se situer dans le rang. S'aider des couleurs utilisées.
Les queues des souris	• Tracer deux lignes verticales partant d'un trait jusqu'au bord inférieur de la feuille. • Tracer des traits horizontaux sans dépasser les limites des deux lignes verticales. • Savoir que le graphisme obtenu est de la même longueur que soi. • Comparer des longueurs en superposant ou en juxtaposant leurs extrémités : – superposition : comprendre que si l'une des longueurs n'apparaît pas, c'est qu'elle est soit plus petite, soit de la même taille ; – juxtaposition : comprendre que les longueurs sont bien ordonnées si elles forment des *marches d'escalier*.
Les familles de ratons et Jeu des ratons et des queues	• Ordonner des queues par taille. • Modifier des longueurs.
Jeu des ratons et des queues et Jeu des chats et des rations	• Coopérer avec les autres. • Se situer dans un groupe constitué. • Structurer l'espace en fonction des différentes zones (zones où se trouvent les queues, celle des équipes...).
Jeu des chats et des ratons	• Poursuivre, s'échapper, esquiver, faire semblant.

Mesurer les enfants

Matériel :

- Une grande feuille (150 cm) fixée au mur (utiliser une feuille par groupe) ;
- une règle plate ;
- des crayons de couleur ;
- une chaise.

Comment jouer ? Répartir les enfants par groupe. Chaque groupe vient se mesurer. Le premier enfant se colle contre la feuille, un autre enfant monte sur une chaise et à l'aide d'une règle mesure son camarade. Il fait un trait de couleur correspondant à la hauteur de son camarade. Celui qui a été mesuré monte, à son tour, sur la chaise et écrit son nom. Puis recommencer avec chaque enfant de chaque groupe. Faire observer au groupe les hauteurs des traits, puis en déduire le plus grand et le plus petit du groupe. Demander ensuite au groupe de se ranger par taille (du plus petit au plus grand). Ceux qui ont la même taille se mettent à côté.

Les queues des souris

Fabrication des queues – Matériel : Brosses larges, peinture, ciseaux, journaux pour protéger le sol.

Répartir les enfants par groupe de couleurs. Faire rappeler aux enfants la particularité des queues des ratons de l'histoire (*elles sont de la même taille que les ratons*).

Leur présenter le matériel et devant leur feuille de mesures leur demander de tracer chacun leur queue pour qu'elle soit de la même longueur que chacun d'eux. Une fois sèche, demander à chacun de découper sa queue et d'écrire son nom dessus. Puis les faire ranger par ordre de taille de la plus grande à la plus petite.

Observer la procédure employée :

- superposition des bandes (queues) ;
- juxtaposition des bandes (queues).

Dans l'un ou l'autre des deux cas, arriver à la constatation ou à la prise de conscience suivante : pour comparer des longueurs, il est nécessaire de faire correspondre l'une de leurs extrémités.

Rangement des queues de tous les ratons

Le travail ayant été fait par l'ensemble des groupes, demander aux enfants de ranger toutes les queues en les plaçant de la plus grande à la plus petite, les unes à côté des autres.

Les familles de ratons

Les queues étant ordonnées, proposer aux enfants de regrouper les queues par 5 de façon à ce qu'elles soient toutes de taille différente. Pour le cas où toutes les queues ne sont pas de taille différente, dans tous les groupes, faire rechercher un moyen de les rendre différentes. La solution est d'en couper des morceaux ou d'en allonger certaines par collage d'autres bandes.

Le jeu des ratons et des queues (Jeu collectif)

But du jeu : Être la première équipe de ratons à avoir réuni en ordre de taille 5 queues.

Matériel : Les queues fabriquées.

Comment jouer ? Les queues sont rassemblées et mélangées au milieu de la pièce. Les ratons répartis en équipes de 5, partent au signal donné chercher chacun une queue. De retour au camp, ils tentent de les ordonner par taille. S'ils se retrouvent avec des queues de même taille, ils peuvent essayer de faire des échanges avec les autres groupes.

Le jeu des chats et des ratons

But du jeu : Être la première équipe de chats à avoir dérobé 5 queues aux ratons et à les avoir placées en ordre de taille.
Matériel : Des rubans de 5 couleurs différentes, une par taille.
Comment jouer ? Répartir les enfants en 2 groupes : 1 groupe de souris, 1 groupe de chats, eux-mêmes répartis en familles de 2 ou 3.

Faire observer et comparer les rubans et arriver à la constatation que tous les rubans de même taille sont de la même couleur ; que pour gagner, il en faut un de chaque couleur, et qu'il faut les ranger par taille. Les ratons glissent chacun un ruban à leur ceinture. Au signal, les chats les poursuivent et tentent de leur arracher leur queue.

Schématisation de la situation

Objectifs par situation

SITUATIONS	OBJECTIFS
Représentation des ratons	• Comparer des objets, les ordonner par taille dans l'ordre décroissant. • Les coller sur la même ligne. • Mesurer les bandes de papier en les plaçant sur les ovales. Les couper de façon à faire correspondre les 2 extrémités des 2 éléments (ovale et bande). • Classer les bandes en les associant aux ovales et les ordonner ainsi de la plus grande à la plus petite.
Jeu d'ordre	• Comparer des longueurs et les ordonner. • Intercaler des longueurs pour respecter l'ordre du rangement. • Compter des bandes de papier. Mémoriser son nombre cardinal. Le comparer à ceux des autres enfants ou procéder par correspondance terme à terme pour déterminer le vainqueur.
Graphisme	• Tracer des lignes verticales, horizontales, obliques. • Partir d'un point déterminé. Pouvoir stopper le mouvement graphique pour arrêter le tracé à un point déterminé par le regard et qui est en fonction des tracés précédents et de la consigne à appliquer.

Représentation des ratons

Matériel par enfant :

- 5 ovales de papier de hauteurs différentes (3 cm, 5 cm, 7 cm, 9 cm, 11 cm) ;
- 5 bandes de papier de 1 cm sur 12 cm ;

• des petits ronds (2×5) pour les oreilles ;
• ciseaux, colle, feutres ;
• 1 grande feuille d'ordinateur.

Demander aux enfants de rappeler ce qu'ils savent sur les ratons de l'histoire.

Leur donner les ovales, leur dire qu'ils représentent les ratons. Les faire coller en position verticale du plus grand au plus petit sur le pli de la feuille préalablement pliée en deux puis dépliée.

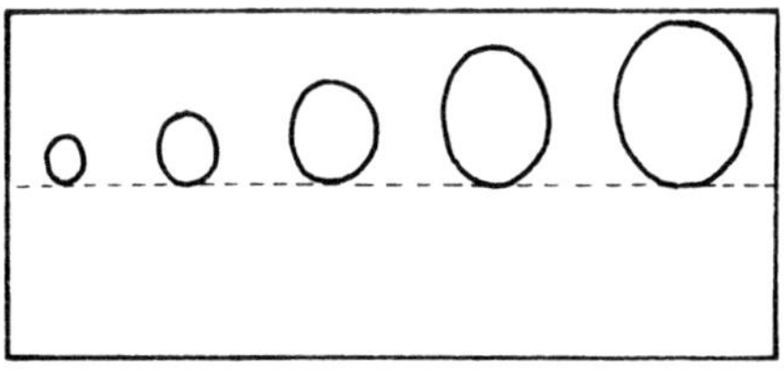

Leur demander de prendre 5 bandes de papier représentant les queues et de les couper pour qu'elles soient de même taille que les ratons. Les faire coller. Puis demander aux enfants de dessiner des yeux, des moustaches, de coller les oreilles sur les ratons.

Faire observer et décrire les résultats obtenus.

Jeu d'ordre (4 joueurs)

But du jeu : Avoir gagné plus de bandes de papier que les autres et les avoir bien ordonnées (ordre croissant ou décroissant à déterminer au départ).

Matériel :

• 20 bandes de papier de même largeur et de longueurs différentes ;
• 1 dé : 2 faces à 1 point, 2 faces à 2 points, 2 faces à 3 points.

Comment jouer ? Les bandes sont placées au centre de la table. À tour de rôle, chaque joueur lance le dé et prend autant de bandes de papier qu'il y a de points sur le dé, et les ordonne par taille. Le jeu s'arrête quand il n'y a plus de bandes de papier dans la pioche.

Exemple de gains en fin de partie :

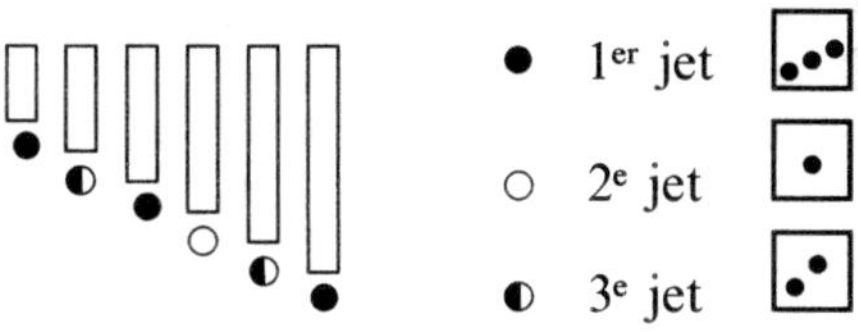

Graphisme

Exercice 1 : Faire tracer à partir de l'un des bords d'une feuille des lignes de plus en plus longues (courtes). Varier l'orientation des tracés : lignes verticales ou horizontales.

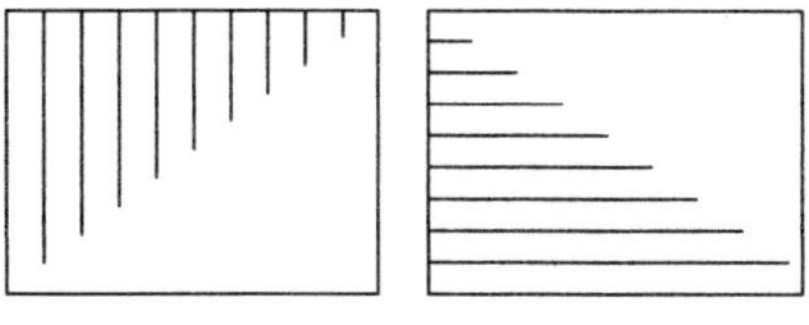

Exercice 2 : Dessiner un sapin avec des grandes branches obliques de plus en plus longues.

Exercice 3 : Par groupe de 2, chaque enfant trace une ligne sur une feuille. Les enfants échangent leur feuille et trace à côté une ligne plus longue (ou plus courte) ; ils échangent à nouveau leur feuille et continuent, etc.

Exemple :

Trait de départ.

La famille Raton

Observer et décrire la page 19 du fichier. Demander aux enfants ce qu'il convient de faire puis lire la consigne et procéder à l'exercice.

Mesurer avec un étalon

Le charpentier des chenilles (p. 20)

Compétences et objectifs

Compétences disciplinaires

- Comparer des grandeurs continues.
- Utiliser une mesure de référence.

Compétences transversales

- Faire des choix, les expliquer.
- Discerner des analogies, des différences.
- Restituer et réorganiser les informations réunies.

Objectifs

- Comparer des longueurs à l'aide de plusieurs longueurs identiques plus petites (étalons).
- Utiliser le nombre d'étalons pour mémoriser, transmettre, comparer les mesures.
- Comparer des longueurs à l'aide d'un seul étalon reporté plusieurs fois sur les longueurs à comparer.

Langage

Objectifs

- Donner des renseignements sur un texte lu. Répondre à des questions.
- Utiliser les renseignements pris au cours de l'étude collective du texte pour construire des hypothèses sur le sens d'un message.
- S'aider de son vécu.
- Faire des choix, les expliquer.

Situation 1

Lire la comptine.

Au pays des chenilles
Le charpentier coupe des brindilles
bien droites, bien mesurées.
Il doit vite livrer
4 brindilles de 3 sucres.

Situation 2

Faire résumer l'histoire et expliquer les mots :
chenilles – charpentier – mesurer – livrer.
Poser les questions suivantes :

- Dans quel pays vit le charpentier ?
- Que fait-il ?
- Comment fait-on pour mesurer ?
- Que doit livrer le charpentier ?
- Que nous demande-t-il ?
- À quoi sert le sucre ?

(*Les enfants auront du mal à répondre à cette question, n'ayant pas l'habitude de voir prendre des mesures avec des morceaux de sucre.*)

Leur montrer alors du sucre en morceaux n° 4 et du sucre en poudre et leur demander lequel des deux le charpentier utilise et pourquoi.

Mise en situation

Objectifs par situation

SITUATIONS	OBJECTIFS
Mesure avec plusieurs unités de mesure nécessaires	• Comprendre l'utilité de décider au départ d'un sens à donner à la position des unités de mesure. • Par tâtonnement, apprendre à les placer bord à bord sur ou à côté de l'objet à mesurer. • Trier des longueurs selon un critère. • Classer des longueurs en faisant référence au nombre de morceaux de sucre utilisés. Utiliser ce nombre pour comparer et garder en mémoire la mesure.
Mesure avec une unité de mesure	• Mesurer des bandes de papier à l'aide d'un étalon sucre. • Comprendre que les espaces entre les bords et les traits représentent les morceaux de sucre. • En déduire que le dénombrement de ces espaces donne la mesure de la longueur. • Utiliser ce nombre pour échanger, comparer et garder en mémoire des résultats.
Couper les bandes de papier à la bonne mesure	• Réinvestir les notions abordées dans les situations 1 et 2. • Classer les bandes de papier par taille en manipulant et en utilisant la mesure de sucre. Comparer et vérifier la bonne exécution du travail.

Mesure avec plusieurs unités de mesure

Matériel : 1 boîte de sucre en morceaux n° 4, des baguettes ou des pailles coupées en quatre, chacune des mesures suivantes : 5,4 cm (2 sucres), 8,1 cm (3 sucres), 10,8 cm (4 sucres), 13,5 cm (5 sucres), 16,2 cm (6 sucres), 18,9 cm (7 sucres).

En atelier dirigé, présenter le matériel et demander aux enfants de rechercher un moyen de retrouver les quatre brins de 3 sucres dont a besoin le charpentier de l'histoire.

Observer et faire comparer les procédures employées.

- **Première procédure**
  1 : Alignement de sucres sur la longueur des morceaux sur ou à côté de chaque baguette ou paille.
  2 : Alignement de sucres sur la largeur des morceaux sur ou à côté de chaque baguette ou paille.

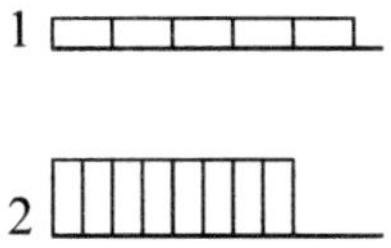

Dans le cas 1, il y a 5 sucres « couchés ». Dans le cas 2, il y a 8 sucres debout. Faire comparer alors par manipulation les 2 baguettes pour en déduire qu'elles ont la même longueur. Décider alors que pour mesurer on « couchera » les morceaux de sucre car il en faut moins.

- **Deuxième procédure**

Les enfants alignent 3 sucres en position debout ou couchée et comparent la longueur obtenue avec celles des bandes se trouvant sur la table. Il s'agit de trier selon le critère *« est de la même longueur ».*

Si les sucres sont debout, aucune des baguettes n'est de cette longueur. Celles de 5,4 cm dépassent légèrement.

Si les sucres sont couchés, on retrouve les quatre baguettes de 8,1 cm.

Dans la première procédure, on mesure toutes les baguettes en comptant le nombre de sucres qui ont servi à les recouvrir et on ne garde que celles qui ont 3 sucres. Dans la deuxième, on construit 1 étalon avec 3 sucres et on trie les baguettes en éliminant celles qui sont plus grandes ou plus petites.

Proposer ensuite aux enfants de classer dans des boîtes les baguettes en fonction de leurs mesures en sucre. On obtient alors l'ensemble des baguettes mesurant 2 sucres, 3 sucres, 4 sucres, 5 sucres, 6 sucres, 7 sucres.

Leur demander de trouver un moyen d'indiquer sur les boîtes leur mesure.

Mesure avec 1 unité de mesure

Matériel par enfant de l'atelier :

- 1 feuille sur laquelle sont collées en tous sens 4 bandes de papier de 5,4 cm, 8,1 cm, 10,8 cm et 13,5 cm ;
- 1 sucre ;
- 1 crayon.

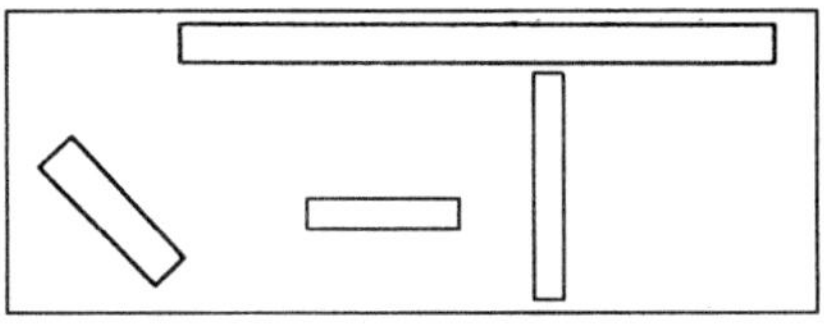

Demander aux enfants de rechercher un moyen de mesurer les 4 bandes de papier avec 1 seul sucre et un crayon. Le seul moyen est de dessiner les sucres en se servant du modèle et en le reportant bord contre trait.

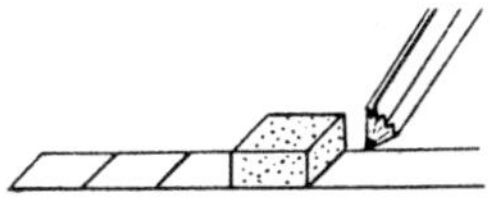

La difficulté ensuite est de compter les espaces entre 2 traits et entre bords du papier et traits car certains enfants ont tendance à ne compter que les lignes tracées.

Faire échanger les résultats obtenus de manière à vérifier l'exactitude des mesures et à faire prendre conscience de l'utilité du nombre, comme mémoire de cette mesure.

Couper des bandes de papier à la bonne mesure

Matériel par enfant de l'atelier :
- 3 bandes de papier de 20 cm×2 cm ;
- 1 sucre ;
- 1 crayon ;
- 1 paire de ciseaux.

Demander aux enfants de couper des bandes de papier de 3 sucres, de 5 sucres et de 7 sucres.

Comparer les résultats avec ceux des camarades en classant par longueur les bandes obtenues.

Jeux d'entraînement

Objectifs par jeu

JEUX	OBJECTIFS
Le jeu du charpentier	• Comparer une grande longueur avec plusieurs petites longueurs identiques. • Utiliser le nombre pour donner la mesure d'une longueur.
Jeu des tours	• Utiliser un autre étalon pour mesurer des longueurs. • Comparer les résultats en utilisant le nombre. Effectuer des classements et des ordres de longueurs de tours.
Jeu des familles de mesure	• Compter le nombre d'étalons pour donner une mesure de longueur. Penser à accorder au nombre la nature de l'étalon (ex : *3 ronds*). • Ordonner des nombres et des quantités de 2 à 6 étalons. Associer à cet ordre un ordre de longueurs de bandes représentées.

Jeu du charpentier (4 joueurs)

But du jeu : Être le premier à avoir pavé de sucre les bandes cartonnées, et à avoir donné la mesure en sucre de la dernière bande pavée.

Matériel :
- 1 boîte de sucre ;
- 4 bandes cartonnées de 5,4 cm×3 cm ;
- 4 de 8,1 cm×3 cm ;
- 4 de 10,8 cm×3 cm ;
- 4 de 13,5 cm×3 cm ;
- 1 dé.

Comment jouer ? À tour de rôle, chaque joueur lance le dé et prend autant de sucres qu'il y a de points sur le dé pour paver ses bandes cartonnées. Quand un joueur a complété une bande, il doit en donner la mesure en sucre avant que les autres joueurs ne lui dérobent ses sucres pour les remettre dans la pioche.

Jeu des tours (4 joueurs)

But du jeu : Après 3 tours, avoir la tour la plus haute.

Matériel :
- des cubes ou des légos tous de dimensions identiques ;
- 1 dé.

Comment jouer ? À tour de rôle, chaque joueur lance le dé et empile autant de cubes qu'il y a de points sur le dé. Après trois tours correspondant à 3 jets de dé pour chacun des joueurs, le jeu s'arrête. Le gagnant est celui dont la tour est la plus haute.

Faire cependant dénombrer le nombre de cubes par tour et noter les résultats afin de pouvoir les comparer avec ceux des autres groupes de jeu. Faire alors déterminer les enfants qui ont obtenu des tours de même hauteur, ceux ou celui qui a fait la tour la plus haute, la tour la plus petite.

Jeu des familles de mesure (4 joueurs)

But du jeu : Être le premier à avoir reconstitué et ordonné les cartes de sa famille étalon.

Matériel :
- 5 cartes représentant chacune des bandes divisées en 2, 3, 4, 5 et 6 carrés.

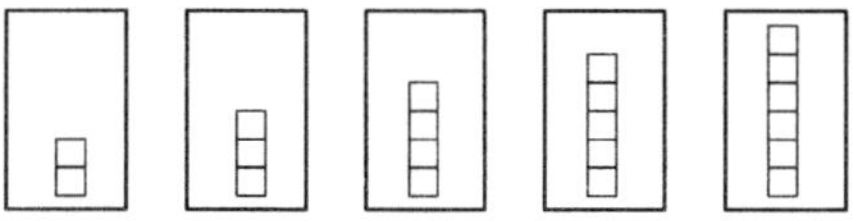

- 5 cartes représentant chacune des bandes divisées en 2, 3, 4, 5, 6 ronds ;
- 5 cartes représentant chacune des bandes divisées en 2, 3, 4, 5, 6 triangles ;
- 5 cartes représentant chacune des bandes divisées en 2, 3, 4, 5, 6 étoiles.

Comment jouer ? Chaque joueur choisit une famille de cartes. 3 cartes sont distribuées à chacun des joueurs, les autres cartes constituent la pioche. À tour de rôle, chaque joueur demande une carte au camarade de son choix. Si cette carte est en sa possession, le camarade la donne au demandeur. Dans le cas contraire, ce dernier pioche une carte.

Exemple : *Je voudrais la carte qui a une bande de 5 ronds.*

Le charpentier des chenilles

Observer et décrire la page 20 du fichier. En déduire les consignes. Les lire. Selon le cas, on pourra mesurer les bandes :
- en alignant plusieurs sucres sur les brindilles dessinées ;
- en reportant un sucre plusieurs fois sur chaque brindille.

Invariance des longueurs

Les petites baguettes (p. 21)

Compétences et objectifs

Compétences disciplinaires

- Comparer des grandeurs continues.
- Utiliser une mesure référence.

Compétences transversales

- Élaborer un projet et le mener à son terme.
- Identifier, analyser, corriger ses erreurs avec l'aide de l'adulte.
- Faire des choix et les expliquer.
- Restituer et réorganiser les informations réunies.

Objectifs

- Comparer et classer des objets selon leur longueur.
- Utiliser un étalon pour mesurer.
- Utiliser les nombres pour comparer des longueurs.
- Comprendre que la longueur d'un objet ne varie pas avec la déformation.
- Vérifier cette invariance par le dénombrement des segments qui composent une bande.

Langage

Objectifs

- Donner des renseignements sur un texte lu. Formuler des réponses claires aux questions posées.
- Distinguer, dans le texte, la description d'une situation et le problème posé.
- Se donner les moyens de le résoudre. Prévoir les étapes de sa résolution par une mise en situation.

Situation 1

Lire la comptine.

3, 4, 5, 6 ou 7
Baguettes
Mises bout à bout
Font de jolis chemins.

Mais comment savoir
Si ces chemins
Sont tous
Aussi longs.

Situation 2

Faire dire aux enfants ce que raconte le problème. Poser des questions pour vérifier leur niveau de compréhension de la situation ou pour au contraire apporter des éclaircissements.

- Combien utilise-t-on de baguettes ?
- Que fait-on avec ?
- Comment fait-on ?
- Que se demande-t-on à la fin ?

Situation 3

Proposer aux enfants de chercher un moyen pour répondre à ce problème. Pour le résoudre, il faut se placer dans la situation décrite.

Il est donc nécessaire d'avoir des baguettes ; il en faut 4 et les coller bout à bout. Recommencer avec 5, 6 et 7 baguettes.

Mise en situation

Objectifs par situation

SITUATIONS	OBJECTIFS
Comparaison des longueurs	• Respecter la consigne. • Décrire les formes observées en employant un vocabulaire spatial et directionnel précis. • Comparer des longueurs à l'aide d'un élément intermédiaire. Réinvestir les notions acquises sur les classements et comparaison de longueurs au moyen d'un élément de référence. • Comprendre que des éléments de formes différentes peuvent avoir le même nombre de segments et être de la même longueur. Appréhender l'invariance des longueurs quelle que soit la déformation des objets. • Ordonner des classes de longueurs.
Déformations d'un segment	• Prendre conscience par la manipulation de l'invariance de la longueur d'une bande divisée en plusieurs segments. **Jeux :** • Choisir une bande en fonction du nombre de segments qui la composent. • Reproduire les formes données aux bandes en respectant le nombre de segments et leurs orientations.

Comparaison de longueurs

Répartir la classe en 4 groupes.

Matériel :

- 1er groupe : 4 baguettes de même longueur par enfant ou par équipe de 2 enfants. (On peut également utiliser des pailles ou des bandes de papier.)
- 2e groupe : 5 baguettes de même longueur que les baguettes données au groupe précédent, par enfant (ou groupe de 2).
- 3e groupe : 6 baguettes de même longueur que celles des autres groupes, par enfant (ou groupe de 2).
- 4e groupe : 7 baguettes de même longueur que celles des autres groupes, par enfant (ou groupe de 2).
- 1 grande feuille par groupe.
- De la colle.

Faire rappeler la façon de disposer les baguettes. Demander aux enfants de ne pas coller leurs baguettes tout de suite mais de rechercher les dessins qui leur conviennent le mieux.

Structurer l'espace-feuille en fonction des groupes d'enfants qui y travaillent, des limites de l'espace et des formes obtenues avec les baguettes.

Exemples de réalisations :

Avec 4 baguettes

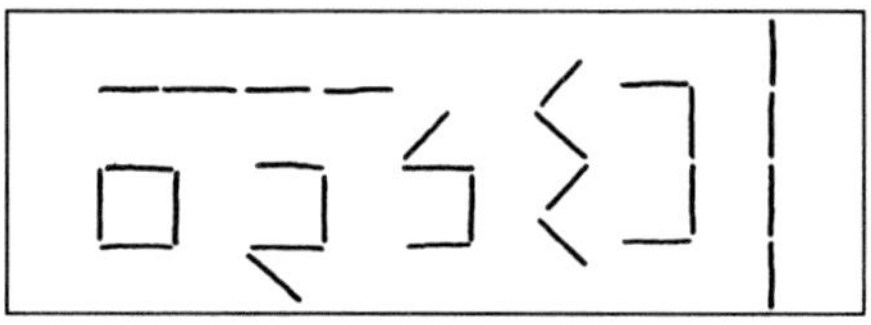

Avec 5 baguettes

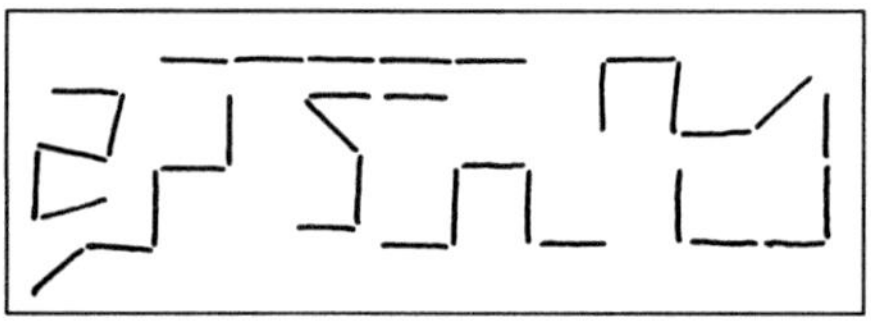

Avec 6 baguettes

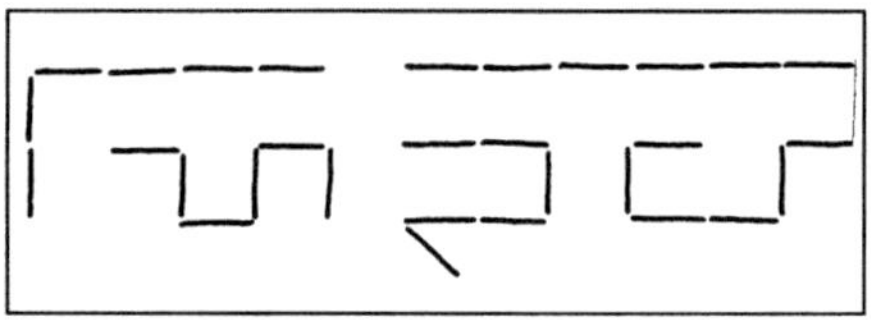

Avec 7 baguettes

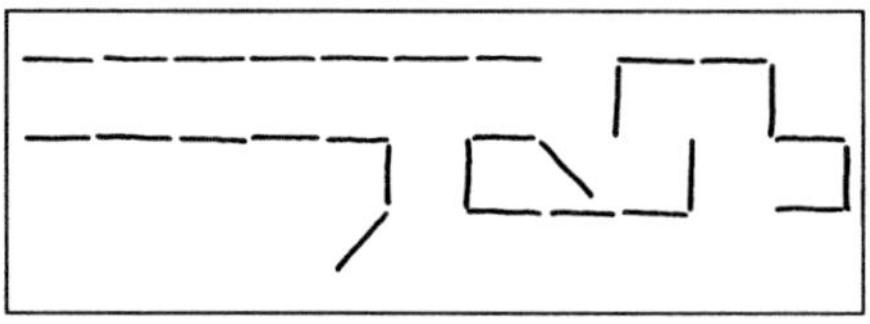

Le travail étant terminé, demander aux enfants de chacun des groupes de comparer leurs résultats et de dire ce qu'ils pensent des longueurs des dessins.

Les formes ramassées, pliées, sont toujours considérées comme des longueurs plus petites que celles qui sont rectilignes ([a] sur les exemples).

Faire alors compter le nombre de baguettes utilisées pour chaque dessin. On constate que chaque dessin est composé sur une même feuille, de 4, 5, 6 ou 7 baguettes. Mais cela ne suffit pas à convaincre tous les enfants de l'égalité de leur longueur. Proposer alors de couvrir les bâtonnets avec un fil, et de le couper à la longueur du dessin : c'est-à-dire d'une extrémité de la forme à l'autre.

Exemple :  - - - - baguettes
_____ fil

Lorsque tous les enfants ont ainsi « mesuré » leurs dessins, faire comparer la longueur des fils. En déduire ainsi, par la verbalisation, que les baguettes d'une même feuille sont toutes de la même longueur, qu'elles ont toutes 4 (5, 6 ou 7) baguettes, même si elles font des dessins différents. Chaque groupe peut présenter aux autres le résultat de ces manipulations.

Comparer aussi les longueurs des dessins des différents groupes en s'aidant des fils découpés. Pour en déduire que :

– les fils les plus longs sont les fils des dessins faits avec 7 baguettes ;

– les enfants de ce groupe avaient plus de baguettes que les autres.

On peut également ordonner les classes de dessins par ordre de grandeur de baguettes.

Ainsi en ordre croissant, on obtient la feuille (la classe) des dessins à 4 baguettes, puis la feuille (la classe) des dessins à 5 baguettes, puis la feuille (la classe) des dessins à 6 baguettes, et la feuille (la classe) des dessins à 7 baguettes, correspondant aux fils :

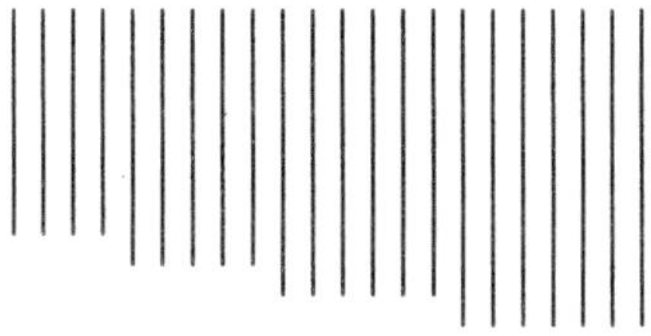

Déformations d'un segment

Matériel : 44 bandes de papier de même longueur ; 36 attaches parisiennes. Relier 4, 5, 6 et 7 bandes de papier à l'aide d'attaches parisiennes. On obtient ainsi 2 bandes articulées de 4 petites bandes, 2 de 5, 2 de 6, 2 de 7.

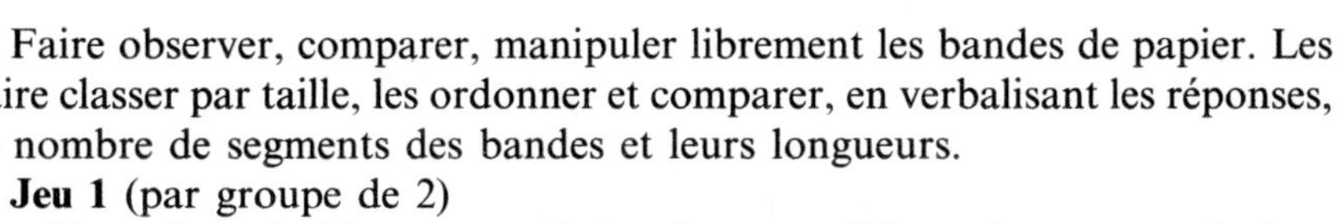

2× (4 bandes, 3 attaches) 2× (5 bandes, 4 attaches) 2× (6 bandes, 5 attaches) 2× (7 bandes, 6 attaches)

• Faire observer, comparer, manipuler librement les bandes de papier. Les faire classer par taille, les ordonner et comparer, en verbalisant les réponses, le nombre de segments des bandes et leurs longueurs.

• **Jeu 1** (par groupe de 2)

Un enfant choisit une grande bande, et modifie sa forme en articulant les segments qui la composent. L'autre enfant, qui n'a pas assisté au choix de la bande, et au pliage, doit choisir une bande et reproduire le dessin. Faire verbaliser les choix.

• **Jeu 2** (par groupe de 2 ou 4)

À l'insu de leurs camarades, 1 ou 2 enfants plient 4 bandes de longueurs différentes. Les enfants qui n'ont pas assisté au pliage des bandes doivent reproduire les « dessins » des camarades et les placer à côté des modèles correspondants.

• **Jeu 3 :** Même démarche qu'au jeu 2. Les enfants n'ayant pas assisté au pliage doivent indiquer sans la plier, quelle bande doit être associée à tel pliage.

Exemples :

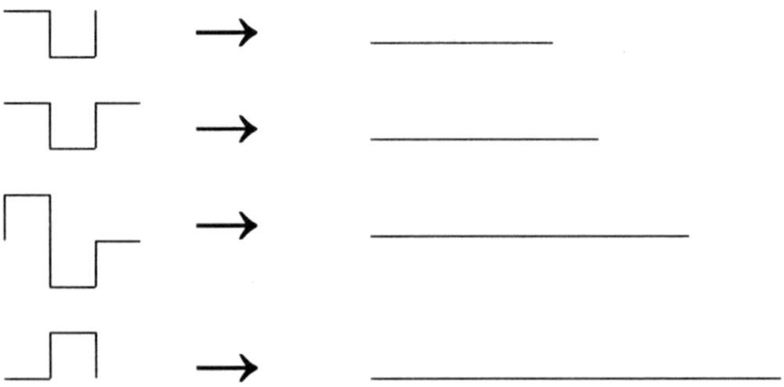

Schématisation de la situation

Objectifs

• Comparer des longueurs en dénombrant le nombre de leurs segments.
• Classer des bandes de même longueur.
• Comprendre l'invariance des longueurs et remarquer que la déformation de la longueur n'a pas d'incidence sur la mesure.

Dominos des longueurs

But du jeu : Être le premier à avoir placé tous ses dominos en associant des bandes de même longueur.
Matériel : Des plaques dominos sur lesquelles sont tracées des bandes divisées en segments.
Comment jouer ? Se joue comme un jeu de dominos.

Exemple :

Jeu de cartes des longueurs (4 joueurs)

But du jeu : Avoir le premier retrouvé toutes les cartes de sa famille.
Matériel : Cartes pouvant être fabriquées par les enfants.

- 5 cartes présentant des longueurs de 4 segments ;
- 5 cartes de 5 segments ;
- 5 cartes de 6 segments ;
- 5 cartes de 7 segments.

Exemple :

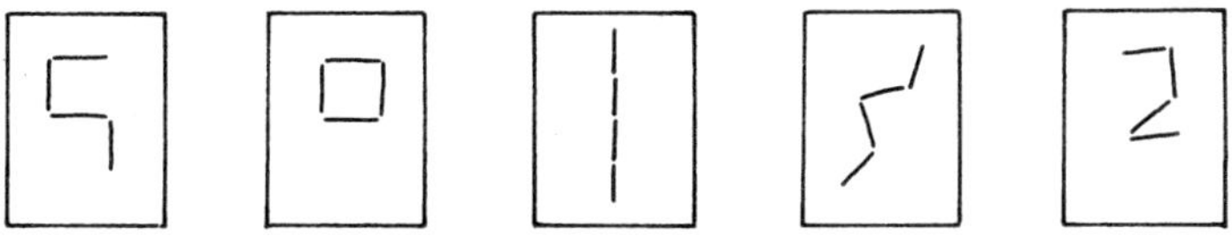

Comment jouer ? Dans un premier temps, faire observer, décrire, classer les cartes en fonction des longueurs et donc du nombre de segments des bandes. Ordonner, également, les classes (ensembles) de cartes en fonction des longueurs.

Puis chaque joueur choisit une famille. Les cartes observées seront reprises, mélangées, et étalées faces retournées sur la table. À tour de rôle, chacun choisira une carte. Si elle est de sa famille, le joueur la gardera. Dans le cas contraire, il la reposera dans la pioche.

Les petites baguettes

Observer et décrire la page 21 du fichier, et demander aux enfants d'en déduire la consigne. La lire et faire faire l'exercice.

Ordre des nombres de 1 à 10

La sorcière Numérine (p. 22)

Compétences et objectifs

Compétences disciplinaires

- Ordonner des objets.
- Situer, repérer des objets par rapport à des repères fixes.
- Connaître la suite des nombres.
- Ranger des nombres en ordre croissant.

Compétences transversales

- Restituer et réorganiser les informations réunies.
- Parcourir un itinéraire simple.
- Se donner des points de repères.
- Réaliser des représentations simples de l'espace et s'y situer.

Objectifs

- Lire les nombres de 1 à 10.
- Les ordonner en suite croissante ou décroissante non linéaire.
- Désigner le nombre qui précède ou qui suit un nombre.
- Placer un nombre dans une suite numérique à trous.

Langage

Objectifs

- S'interroger sur le sens d'un texte énigmatique dont les mots seuls peuvent permettre la construction d'hypothèses.
- Répondre aux questions posées. Rester dans le sujet.
- Observer l'écriture et l'ordre des nombre prononcés dans la comptine.
- Classer les nombres en observant leurs écritures. Y associer une lecture en faisant référence à la bande numérique.
- Ordonner les nombres par repérage visuel sur la bande numérique.
- Vérifier le niveau de connaissances de chacun.

Situation 1

Lire la comptine.

Avec son balai,
La sorcière Numérine a tout effacé.
Après son passage,
Ne reste que les nombres :
1, 2, 3, 4, 5, 6, 7, 8, 9, 10,
Formant un message.
Avec un crayon,
Si rien n'est oublié
Tout sera réparé.

Situation 2

Demander aux enfants de résumer la situation. Leur poser ensuite quelques questions pour remettre en ordre chronologique et pour clarifier tout ce que les élèves ont pu dire.

- Qui est Numérine ?
- Qu'a-t-elle fait ?
- Qu'est-ce que ça veut dire : *Elle a tout effacé ?*
- Qu'y a-t-il à la place ?
- Que faut-il faire pour réparer sa bêtise ?
- Que se passera-t-il alors ?

Demander aux enfants de situer sur la bande numérique de la classe (se reporter à *Jérémy l'étourdi* p. 68), les nombres de la comptine. Les faire lire par dénombrement des cases jusqu'à 10.

Donner à chacun une étiquette-nombre (de 1 à 10). Faire classer les nombres en demandant aux enfants qui ont la même étiquette de se regrouper. Faire ensuite placer les groupes dans l'ordre de la comptine. Puis demander aux enfants de lire leurs étiquettes, mais en n'interrogeant pas successivement les enfants d'un même groupe et en ne respectant pas l'ordre numéraire.

Mise en situation corporelle

Objectifs par exercice

EXERCICES	OBJECTIFS
1	• Structurer l'espace en fonction de ses limites et des éléments du parcours. • Répondre au besoin de mouvement. • Par la verbalisation, prendre conscience des différentes possibilités motrices et des ordres de passage. • Structurer son langage (emploi de vocabulaire précis).
2	• Relier les points de repères selon un ordre déterminé au départ et qui est l'ordre numérique. S'aider au besoin de la bande numérique. • Par différents passages, mémoriser l'ordre d'écriture des nombres de 1 à 10.
3	• Réaliser que le tracé reliant les nombres selon un ordre précis peut représenter une forme reconnue et que la non-reconnaissance est la prise de conscience d'un non-respect de l'ordre.

Dans la salle de jeu en atelier de gymnastique.

Matériel :

- 10 plots ou bouteilles en plastique lestées ;
- 10 cartes numérotées de 1 à 10 ;
- 1 grande bande numérique fixée sur un mur.
- Craie ou pelotes de laine.

Disposer les plots et les étiquettes-nombres comme sur le dessin. Les enfants devant aller d'un point à l'autre pour suivre un parcours, espacer suffisamment le matériel.

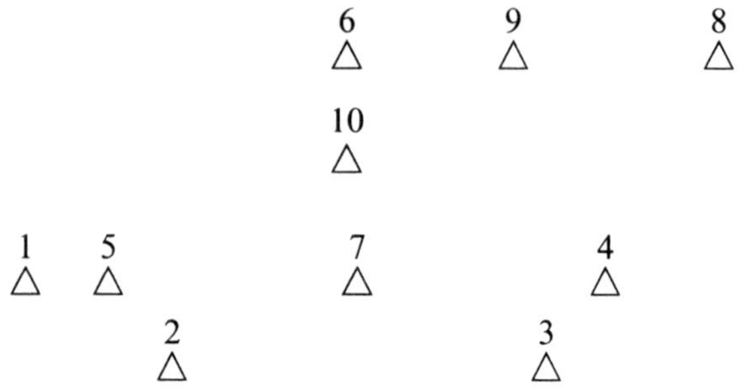

Exercice 1

Proposer aux enfants d'aller d'un plot à l'autre du parcours librement. Après un ou deux passages, faire verbaliser les différents modes de déplacement et l'ordre de passage aux différents plots.

- Déplacements : course, sauts, reptation, marche, etc.
- Ordre : ordre numérique de 1 à 10, ordre numérique de 10 à 1, en désordre mais en tournant : 1, 6, 8, 9, 4, 3, 2, 5, 10, 7 ; en zigzag : 2, 3, 1, 7, 5, 4, 6, 10, 8, 9, etc.

Exercice 2

Proposer le même exercice en demandant aux enfants de respecter l'ordre numérique de la bande numérique accrochée. Faire parcourir l'espace plusieurs fois en variant les modes de déplacements.

Exercice 3

Présenter ensuite le parcours comme un dessin, que Numérine aurait effacé. Demander aux enfants d'imaginer ce qu'il pourrait représenter. Puis leur demander de trouver un moyen de faire apparaître le dessin. Faire, si besoin est, référence à la comptine pour que les enfants proposent de relier, par un trait les plots dans l'ordre numérique. Selon le revêtement de sol de la salle en utilisera la craie ou le fil de laine.

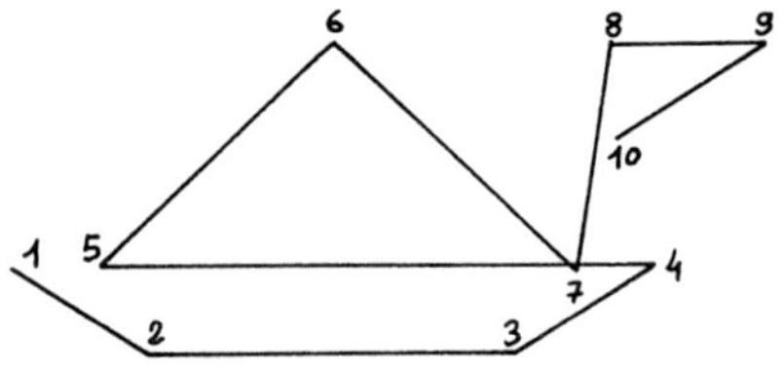

Demander alors aux enfants, de nommer et de décrire le bateau ainsi formé.

Schématisation de la situation

Objectifs par jeu

JEUX	OBJECTIFS
La course au dessin et les dessins puzzles	• Par le jeu, mémoriser l'ordre des nombres de 1 à 10. Situer les nombres les uns par rapport aux autres, savoir quel nombre précède ou suit un autre. • Prévoir quelle carte, il serait souhaitable de tirer de la pioche. • Mémoriser les emplacements de carte déjà tirées et non souhaitées pour pouvoir le moment venu, les retrouver. • Ordonner les nombres en ordre croissant et décroissant.
Les dessins puzzles	• Lire les nombres. • Ordonner des nombres de gauche à droite, aller à la ligne à gauche.

La course au dessin (4 joueurs)

But du jeu : Être le premier à avoir terminé son dessin en reliant les gommettes en ordre numérique (croissant ou décroissant).

Matériel :

- 4 plaques recouvertes de feuilles Velleda sur lesquelles sont placées des gommettes numérotées de 1 à 10.

Plaque 1 : le bateau

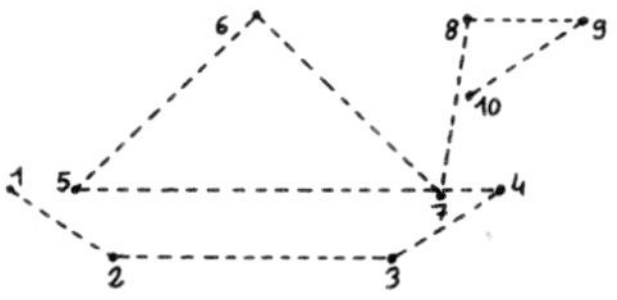

Plaque 2 : la maison

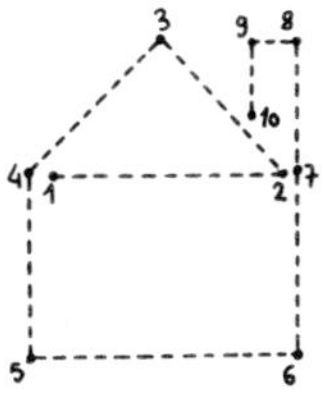

Plaque 3 : la tour Eiffel

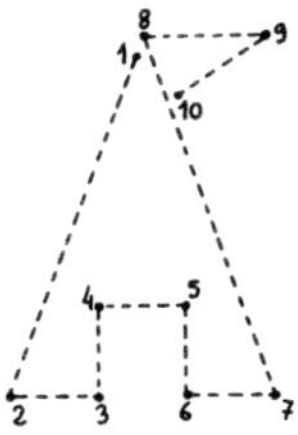

Plaque 4 : le poisson

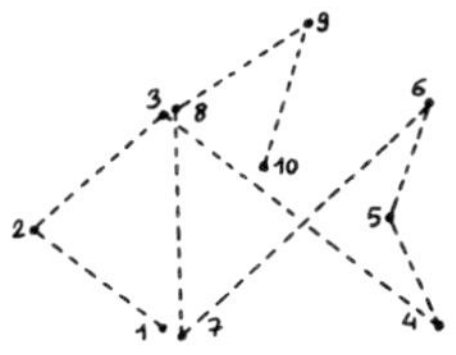

- 1 bande numérique ;
- Cartes numérotées de 1 à 10 ;
- 4 feutres Velleda.

Comment jouer ? Chaque joueur choisit une plaque. Les cartes sont placées en désordre sur la table faces retournées. Les joueurs, à tour de rôle, tirent une carte. Si elle correspond au nombre souhaité par le joueur, celui-ci relie sur le dessin ce nombre et le précédent.

Exemples : *Le joueur tire la carte numéro 1 ; il n'y a pas de nombre précédent le 1 mais le joueur place son feutre sur la gommette 1.*

Le joueur qui a déjà tiré la carte 1 tire la carte 2. Il relie alors au moyen d'un trait les gommettes 1 et 2.

Chaque carte tirée doit être ensuite replacée au même endroit dans la pioche. Si un joueur tire une carte, alors qu'il a déjà tracé le trait correspondant, ou, si la carte ne suit pas le nombre précédemment relié, alors le joueur replace la carte dans le jeu et attend le prochain tour.

On peut recommencer le jeu en inversant l'ordre des nombres (croissant ou décroissant).

Les dessins puzzles (4 joueurs)

But du jeu : Être le premier à reconstituer son dessin dans l'ordre numérique.
Matériel : 4 dessins réalisés par les enfants, découpés en 10 morceaux et numérotés de 1 à 10.

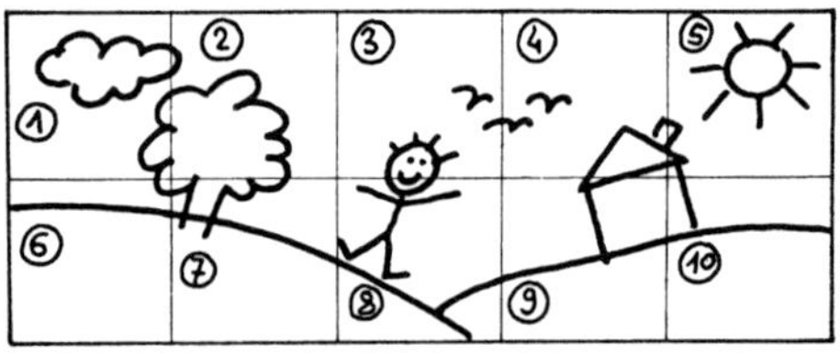

Comment jouer ? Les joueurs choisissent un dessin (le leur, ou celui d'un camarade). Ils l'observent bien. Puis chacun place devant lui ses cartes mélangées et faces retournées.

À tour de rôle, les joueurs tirent une carte, lisent le nombre se trouvant sur le morceau du dessin et la posent devant eux, si la carte correspond au nombre souhaité. Dans le cas contraire, ils reposent la carte dans leur propre pioche.

Le jeu peut être repris en inversant l'ordre de la bande numérique (ordre croissant puis ordre décroissant).

Objectifs par activité manuelle

ACTIVITÉS MANUELLES	OBJECTIFS
La planche cloutée	**Mêmes objectifs mathématiques.** • Coordination motrice des deux mains pour relier au moyen d'un fil un clou à un autre clou. • Reproduire, graphiquement, les figures en respectant les lignes droites, leur nombre, leur trajectoire et leurs croisements.
Couture sur carton	**Mêmes objectifs mathématiques.** • Rythmer le passage du fil (dessus, dessous). • Adapter le geste à l'absence de vision du fil lorsqu'il est sous la carte.

Planche cloutée

Recouvrir une planche d'une feuille Velleda. Y planter des clous.

Numéroter ces clous de 1 à 10 avec un feutre Velleda. Les faire relier selon un ordre croissant ou décroissant avec un fil. Puis faire tracer sur une feuille le graphisme obtenu.

Exemples :

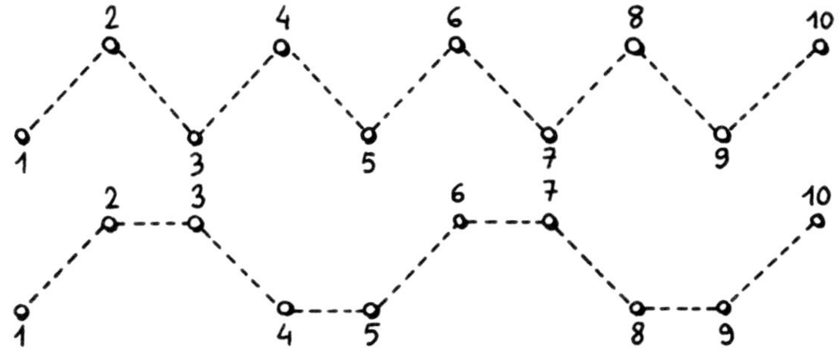

L'utilisation d'un feutre Velleda permet aux enfants de créer leur propre graphisme :

- soit ils placent les points nombres et les relient ;
- soit ils placent leur fil et numérotent ensuite les clous. Ce qui est plus difficile puisqu'il faut retrouver l'ordre de passage du fil.

Couture sur carton

Percer un carton recouvert d'une feuille Velleda de 10 trous. Les numéroter au feutre Velleda. Faire passer un fil dans les trous selon un ordre croissant ou décroissant décidé au départ.

Selon le niveau de sa classe, les exercices de cette fiche peuvent être repris avec une suite de nombres pouvant aller de 1 à 15 puis de 1 à 20.

La sorcière Numérine

Demander aux enfants d'observer et de décrire la page 22 du fichier. De cette lecture d'image, déduire la consigne. Demander aux enfants d'utiliser des feutres de la même couleur que les nombres.

Comparer des nombres

Le jeu des pingouins (p. 23)

Les enfants ont déjà eu l'occasion, dans les fiches précédentes, de travailler sur les nombres :

- *ils ont appris à lire des nombres et représenter des collections de 1 à 12 éléments (*Jérémy l'étourdi, *p. 68) ;*
- *ils ont comparé des collections, complété certaines d'entre elles et travaillé ainsi sur les notions : autant que, plus que, moins que (*Les paquets de la pie, *p. 75) ;*
- *ils ont enfin travaillé sur l'ordre des nombres de 1 à 10 (*La sorcière Numérine, *p. 128).*

Avant de commencer cette fiche, il serait souhaitable que les élèves aient parfaitement mémorisé la comptine numérique jusqu'à 15. Nous rappelons que, dans la journée, de nombreuses activités permettent le comptage d'éléments :

- *dénombrement des présents, des enfants qui mangent à la cantine ;*
- *préparation de la collation ;*
- *calcul des gains de points lors des jeux collectifs ou des jeux mathématiques...*

Il est donc probable que les enfants n'éprouvent aucune difficulté à réciter la comptine numérique jusqu'à 29, voire 39, selon l'effectif de la classe.

Il se peut, par contre, que certains fassent des erreurs en comptant les éléments d'une collection :

- *soit par omission de l'un des nombres récités : 12, 13, 14 (...) 16 ;*
- *soit parce que la récitation de la comptine est plus rapide que le pointage un à un des éléments à compter.*

On peut donc proposer des activités de comptage de collections de 1 à 15 éléments avec recherche de l'écriture cardinale sur bande numérique.

Compétences et objectifs

Compétences disciplinaires

- Étendre la suite des nombres connus.
- Comparer des collections.
- Coder une quantité.
- Ranger des nombres en ordre croissant ou décroissant.

Compétences transversales

- Émettre des suppositions.
- Faire des choix et les expliquer.
- Rechercher des informations pertinentes à l'oral et aussi dans certains écrits.

Objectifs

- Connaître la suite des nombres de 1 à 16.
- Représenter des collections de 1 à 16 éléments.
- Comparer des collections.
- Nommer et écrire les nombres de 1 à 16.
- Comparer des nombres.

Langage

Objectifs par situation

SITUATIONS	OBJECTIFS
2	• Raconter un texte lu. • Apprendre à sélectionner les données importantes d'un problème.
3	• Réinvestir les connaissances acquises. • Restituer et réorganiser les informations données dans la comptine. • Coder et décoder les informations.

Situation 1

Lire la comptine.

Les pingouins vont en glissant
Chercher des diamants.
Le gagnant est le pingoin.
Qui a plus de 15 diamants.

Situation 2

Proposer aux enfants de raconter avec leurs propres mots, ce qui est dit dans la comptine. Leur demander ensuite, ce qu'il est important de savoir pour jouer au jeu des pingouins.

Situation 3

Suggérer aux enfants d'écrire une règle du jeu, pour ne pas en oublier les données importantes. Rechercher ainsi une façon de coder :

- *Il n'en faut pas plus de quinze.*

On peut :

– représenter une collection de quinze éléments et en ajouter un seizième que l'on barrera ;

– utiliser une bande numérique dont on barrera les nombres venant après 15.

1 2 3 4 5 6 7 8 9 10 11 12 13 14 15 | 16 ~~17 18 19~~...

• *Le vainqueur est celui qui en a le plus.*

– La représentation de 2 collections, dont la comparaison peut se faire d'un simple regard, suffira à la bonne compréhension du codage et de la notion.

Mise en situation corporelle

Objectifs par jeu

JEUX	OBJECTIFS
Jeu des pingouins n° 1	• Répondre au besoin du mouvement. • Structurer l'espace-jeu. Se créer des points de repères (son camp, son trésor...). • Développer la coordination, la souplesse et la vitesse. • Coopérer, chercher à atteindre un but commun. • Se diriger dans un espace orienté. • Respecter les zones de déplacements et les autres. • Compter les balles, mémoriser le dernier nombre dit. Lire la case correspondante à l'écriture de ce nombre cardinal. • S'aider de la bande numérique pour déterminer le nombre de balles restant à gagner pour atteindre la case 15. • Comparer des collections par correspondance terme à terme, puis déterminer celle qui a le plus d'éléments. • Prendre conscience que le nombre le plus éloigné sur la bande, représente la collection de balles la plus importante. • Expliquer, avec ses propres mots, ses difficultés et rechercher pour les résoudre une coopération au sein de l'équipe de joueurs (répartition de rôles). **Variante** • Modifier le jeu, participer à son élaboration. • Réinvestir dans cette situation des règles de jeux connus et codifiés. • S'organiser dans le groupe, se répartir les tâches.
Jeu des pingouins n° 2	• Respecter les règles du nouveau jeu. • Accepter le rôle des cartes à rapporter. Comprendre qu'elles ne représentent pas des collections mais un ordre de passage. • Choisir une boîte contenant le plus de balles possible : par dénombrement, par comparaison visuelle. • Expliquer son choix. • Compter les balles gagnées en fin de jeu. • Comparer nombres et collections.
Jeu des pingouins n° 3	• Comparer des éléments différents (points du dé/balles). • Comprendre que plusieurs boîtes peuvent être choisies, que plusieurs collections peuvent être plus grandes ou moins grandes que celles servant de référence. • Choisir les boîtes qui permettent de gagner le plus sûrement la partie. • Par le comptage, comparer les nombres et comprendre qu'un nombre dit, servant de référence, peut avoir plusieurs nombres plus grands ou moins grands que celui-ci.

Jeu des pingouins n° 1

Dans la salle de jeux.

Matériel :

- 60 ou 80 balles en mousse (vieux collants ou chaussettes bourrés de chutes de tissus ou de mousse) ;
- Par équipe, 1 bande numérique divisée en 2 lignes : 1 ligne pour les nombres, 1 pour poser les balles, 1 crayon, 1 feuille.

1	2	3	4	5	6	7	8	9	10	11	12	13	14	(15)	16	17	18	19	20

Répartir la classe en 4 ou 5 équipes selon l'effectif.

Comment jouer ? Placer l'ensemble des balles à l'une des extrémités de la salle et diviser l'autre extrémité en 4 ou 5 zones où seront réparties les équipes.

Rappeler aux enfants le mode de déplacement des pingouins de la comptine et leur faire rechercher, en échauffement, toutes les façons de glisser pour aller d'un endroit de la salle à leur camp respectif et vice versa (glisser sur les pieds, sur les fesses, sur les genoux, ramper sur le ventre, sur le dos, sur le côté).

Faire verbaliser ces différents modes d'action et en choisir un pour le jeu. Puis faire rappeler les règles du jeu des pingouins par décodage des sigles construits en langage. Au signal de départ, les joueurs glissent vers la zone où se trouvent les balles et les ramènent dans leur camp et les placent une à une sur chaque case de leur bande numérique. La règle donnée étant minimale, plusieurs comportements peuvent être observés :

- les joueurs partant tous ensemble ou l'un après l'autre ;
- un joueur ramène plusieurs balles au cours d'un voyage, etc.

À la fin du jeu, demander à chaque équipe de compter les balles et d'écrire leur nombre sur une feuille en s'aidant de la bande numérique. Puis faire comparer les résultats :

- les collections de plus de 15 éléments ;
- les collections de 15 et moins de 15 éléments.

Dans le premier cas, faire rappeler aux joueurs pourquoi ces équipes sont éliminées.

Dans le deuxième cas, comparer les collections et la position des nombres correspondants, sur la bande numérique :

Equipe n° 1

1	2	3	4	5	6	7	8	9	10	11	12	13	14	(15)	16	17	18	19	20
•	•	•	•	•	•	•	•	•	•	•	•								

(12)

Equipe n° 2

1	2	3	4	5	6	7	8	9	10	11	12	13	14	(15)	16	17	18	19	20
•	•	•	•	•	•	•	•	•	•	•	•	•	•						

(14)

Equipe n° 3

1	2	3	4	5	6	7	8	9	10	11	12	13	14	(15)	16	17	18	19	20
•	•	•	•	•	•	•	•												

(8)

Equipe n° 4

1	2	3	4	5	6	7	8	9	10	11	12	13	14	(15)	16	17	18	19	20
•	•	•	•	•	•	•	•	•	•	•	•	•	•	•					

(15)

Equipe n° 5 — Equipe éliminée

1	2	3	4	5	6	7	8	9	10	11	12	13	14	(15)	16	17	18	19	20
•	•	•	•	•	•	•	•	•	•	•	•	•	•	•	•	•	•		

(18)

Faire alors remarquer que 15 c'est plus que 14, 12 et 8, et que ce nombre vient après tous les autres sur la bande numérique. Étendre la comparaison avec les autres cardinaux : 14 c'est plus que 12 et 8. Il vient après sur la bande numérique. Mais c'est moins que 15. Il est écrit avant 15. Etc.

Faire verbaliser les procédures et les problèmes rencontrés durant le jeu.

Variante : Si les joueurs ont adopté la même stratégie (course), on aura alors des scores semblables. Proposer alors aux élèves de modifier le jeu, en inventant d'autres règles.

Exemples :

- Réduire le nombre de balles, ou l'augmenter.
- Faire perdre des balles aux équipes adverses en introduisant des obstacles au parcours, en mettant des gardiens du trésor, en faisant des lancers (une balle lancée à l'extrémité de la salle doit atterrir dans son camp pour être gagnée).

Puis recommencer le jeu en faisant rappeler les règles. Lors de la comparaison des résultats, procéder comme précédemment :

- comparaison terme à terme des collections ;
- comparaison des nombres correspondants sur la bande numérique.

Jeu des pingouins n° 2 (dans la salle de jeu)

But du jeu : Gagner plus de balles que les autres mais moins que 15.

Matériel :

- 10 boîtes dans lesquelles sont réparties 55 balles en mousse (ou jetons) ;

Exemples :

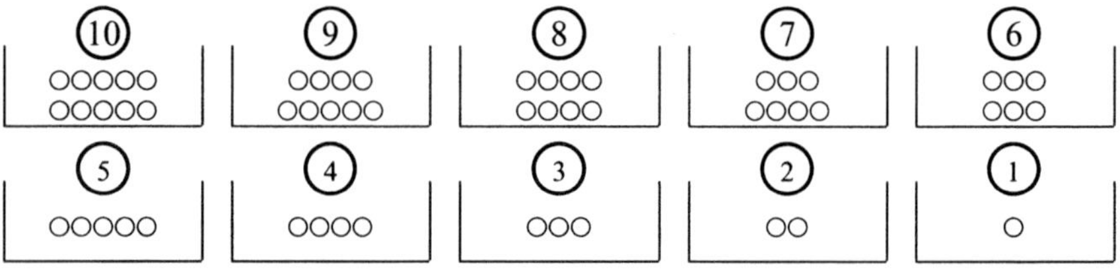

- les bandes numériques du premier jeu ; 5 cartes numérotées de 1 à 5.

Comment jouer ? Les enfants sont répartis en 5 groupes. La course organisée prend la forme d'un relais dont le mode de déplacement glissé, sera à déterminer au départ. Au signal de départ, le premier de chaque équipe glisse vers un point déterminé, puis fait demi-tour. Arrivé près de son équipe, il tape dans la main du second joueur qui part à son tour, revient, fait partir le 3e de la même façon, etc. Le dernier joueur de chaque équipe doit ramener une carte numérotée qui détermine l'ordre des équipes, qui choisiront les boîtes de balles. Ainsi le 1er à choisir 1 carte, aura intérêt à prendre la carte 1, puis le 2e la carte 2, etc.

Le relais étant terminé, l'équipe qui possède la carte n° 1 vient choisir une boîte de son choix. Puis c'est le tour de l'équipe qui possède la carte 2, etc. Faire si possible argumenter les choix. Chaque équipe place ses balles sur la bande numérique. Un second relais est organisé pour le gain de la deuxième boîte. Un autre mode de déplacement glissé peut être adopté.

Après la course, les équipes viennent choisir leur seconde boîte, après une nouvelle lecture de la bande numérique. Puis chaque groupe compte l'ensemble des balles gagnées à l'issue des 2 courses et compare son score avec celui des autres équipes :

- comparaison terme à terme des balles ;
- comparaison des nombres correspondants sur la bande numérique.

Jeu des pingouins n° 3 (dans la salle de jeu)

Même jeu que le *Jeu des pingouins n° 2.*

À la fin du premier tour, les joueurs, dans l'ordre des cartes gagnées, lancent le dé et choisissent une boîte dont le nombre de balles est **supérieur** au nombre de points obtenus par le jet du dé. Ainsi une équipe qui obtient 5 avec son dé peut choisir une boîte ayant 10, 9, 8, 7, 6 balles. Les joueurs placent les balles sur les bandes numériques. À la fin du deuxième tour, les joueurs, dans l'ordre des cartes gagnées, lancent le dé et choisissent une boîte dont le nombre de balles est **inférieur** au nombre de points obtenus par le jet de dé. Ainsi une équipe qui obtient 5 avec son dé peut choisir une boîte ayant 4, 3, 2 ou 1 balle. Une équipe qui fait un jet de 1 point ou qui ne peut prendre une boîte de balles répondant à la consigne, ne gagne rien. Faire ensuite, comme en A et B, comparer les gains de balles.

Schématisation de la situation

Objectifs par jeu

JEUX	OBJECTIFS
Jeu des pingouins	• Comprendre et respecter la notion *autant que*. • Suivre un chemin en tenant compte du nombre de cases à parcourir et non du nombre écrit dans chaque case. • Faire des choix de collections, les expliquer. • Comprendre la correspondance terme à terme. Visualiser ainsi, sa position au cours du jeu. • Savoir que la quantité à gagner pour atteindre 15 est représentée par le nombre de cases restant à compléter. • Par le jeu et ses échecs, comprendre qu'il faut comparer les collections et prendre celle qui se rapproche le plus du maximum à gagner. Affiner sa stratégie. • Comparer des collections et des nombres. Admettre et comprendre qu'une grande collection correspond à un grand nombre sur la bande numérique et qu'il est situé sur la droite de la bande par rapport aux autres nombres comparés.
Toujours plus	• Comprendre et respecter les notions *plus que*, *moins que*. • Comparer des collections différentes (points sur le dé, haricots). Comprendre que la comparaison des nombres et des quantités est indépendante de la nature des objets comptés. • Faire des choix et les expliquer en se référant au but fixé. • Adapter son choix, sa stratégie en fonction de l'évolution de sa situation. S'aider de la bande numérique. • Se servir de ses échecs pour créer d'autres règles.
La bataille n° 1	• Comparer des collections représentées. • Comparer des nombres de 1 à 10. • Déterminer quelle est la carte la plus forte. S'aider de la bande numérique et réinvestir les notions acquises dans les jeux précédents.
Jeu de cartes et de dé	• Comparer des collections de nature différentes. • Dire laquelle est la plus grande, la plus petite.
La bataille n° 2	• Lire, écrire les nombre de 1 à 15. • Comparer des nombres écrits et non représentés, compris entre 1 et 15. S'aider de la bande numérique.

Jeu des pingouins (4 joueurs)

But du jeu : Gagner plus de haricots que les autres mais moins que 15.
Matériel :
- 1 plaque présentant 4 pistes numérotées de 1 à 14 ;
- 4 jetons de 4 couleurs différentes ou 4 pingouins fixés sur 4 plaques ;
- 1 dé ;
- 2 pots comprenant 8 haricots, 2 de 6 haricots, 2 de 4 haricots, 2 de 3 haricots, 2 de 2 haricots, 2 de 1 haricot ;
- 1 bande numérique par joueur.

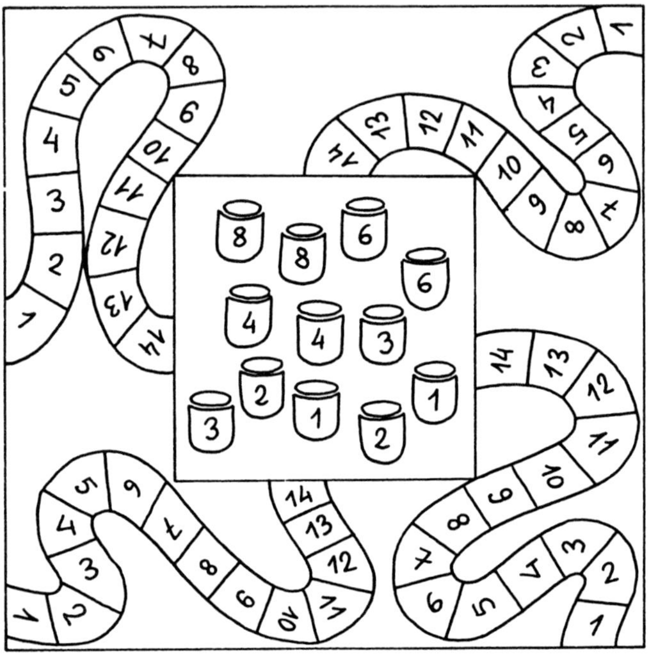

Comment jouer ? À tour de rôle, chaque joueur lance son dé et déplace son pion d'autant de cases qu'il y a de points sur le dé. Arrivé dans la zone où se trouvent les pots de haricots, le joueur choisit une collection et place ses haricots sur sa bande numérique. Puis il retourne à la case 1 et recommence son parcours. Le joueur qui le premier a obtenu 15 haricots, a gagné, ou si ce total ne peut être atteint, celui qui a obtenu plus de haricots que les autres mais moins de 15, a gagné.

En plaçant les haricots sur la bande numérique, le joueur visualise plus facilement le nombre de haricots restant à gagner et choisit ainsi lors d'un autre passage dans la zone d'arrivée, un pot se rapprochant de la quantité manquante.

Toujours plus (4 joueurs)

But du jeu : Gagner plus de haricots que les autres mais moins que 15.
Matériel :
- les pots du jeu précédent ;
- 1 dé ;
- 1 bande numérique par joueur.

Comment jouer ? À tour de rôle, chaque joueur lance le dé et choisit un pot dont le nombre de haricots est plus grand que le nombre de points du dé.

Le jeu s'arrête :
– lorsque l'un des joueurs a, le premier, gagné 15 haricots en tout ;
– au bout de 4 tours.

Comme dans les situations précédentes, les joueurs comptent leurs haricots après chaque gain, et les placent sur leur bande numérique. Au moment du choix des pots, leur demander d'expliquer ce qui a déterminé leurs choix.

Les enfants peuvent au cours du jeu manifester leur déception d'avoir mal choisi une collection et d'avoir ainsi dépassé la quantité qui provoque l'élimination du joueur. Leur suggérer alors de créer d'autres règles au jeu.

Exemple : *Avoir la possibilité de retirer les haricots en trop, en retirant autant de haricots qu'il y a de points sur le dé, etc.*

Jeu de cartes : La bataille (2 à 4 joueurs)

But du jeu : Avoir gagné plus de cartes que les autres.

Matériel : Jeu de 32 ou 52 cartes en ôtant les figures (du moins dans un premier temps).

Comment jouer ? Distribuer toutes les cartes. Chaque joueur place une carte au centre de la table. Le joueur qui a posé la carte la plus forte (au nombre le plus grand), remporte toutes les cartes. Puis on recommence...

Jeu de cartes et de dé (2 à 4 joueurs)

But du jeu : Avoir gagné plus de cartes que les autres.

Matériel : Jeu de 52 cartes sans les figures ; 1 dé.

Comment jouer ? Les cartes sont empilées faces retournées au centre du jeu. À tour de rôle, chaque joueur retourne la carte se trouvant sur le dessus du paquet et lance le dé. Si le nombre de points est inférieur au nombre indiqué par la carte, le joueur prend la carte et la garde. Si le nombre de points est supérieur, la carte est placée sous le paquet, le joueur ne gagne rien. On passe au suivant qui procède de la même façon.

Variante du jeu de la bataille

Matériel : Cartes nombres sans collections fabriquées par les enfants.

Exemple : 15 cartes rouges numérotées de 1 à 15, 15 vertes, 15 bleues, 15 jaunes.

Comment jouer ? Se joue comme la bataille.
proposer en graphisme, des écritures de nombres *(constructions de cartes de bandes numériques, etc.)*

Le jeu des pingouins

Décrire la page 23 du fichier puis lire les consignes et procéder par étapes.

La règle : instrument pour tracer

Le dessin de Monsieur Droit (p. 24)

Compétences et objectifs

Compétences disciplinaires

- Utiliser quelques techniques et quelques instruments.
- Se servir de la règle graduée en centimètres.

Compétences transversales

- Développer son sens esthétique et manifester son besoin de créer.
- Soutenir un effort, rechercher le soin et la qualité de présentation d'un travail.

Objectifs

- Se servir d'une règle pour tracer des lignes droites, verticales, horizontales, obliques.
- Varier la longueur des lignes tracées.

Langage

Objectifs

- Comprendre l'essentiel du contenu de la comptine.
- Exprimer les sensations.
- Employer un vocabulaire spécifique.
- Communiquer à toute la classe ce que l'on ressent, ce que l'on voit, ce que l'on sait.

• Faire appel à ses propres expériences ou souvenirs pour expliquer l'utilité d'un outil. Employer un temps du passé pour raconter.
• Réinvestir des techniques, des procédés, des activités vécus dans le passé, dans la construction d'un projet permettant de découvrir et de manipuler un outil.

Situation 1

Lire la comptine.

Monsieur Droit
Est un peintre adroit.
Ses tableaux ne sont pas de guingois.
Avec une règle en bois,
Il trace des traits droits.
Et réalise en couleur
Un dessin bien droit
Tout en lignes et en croix.

Situation 2

Demander aux enfants de dire avec leurs propres mots ce que raconte le texte. Expliquer, ou quand c'est possible, faire expliquer ce que veut dire : *un peintre adroit – de guingois – règle.*

Situation 3

Montrer aux enfants plusieurs règles de longueurs différentes en bois, en plastique, plate, en T, avec des arêtes vives. Faire observer et décrire les instruments. Pour permettre une observation sensorielle plus fine, on peut bander les yeux de quelques enfants et leur demander de décrire l'objet qu'ils ont en mains. L'observation visuelle permet de compléter ces informations. (*On voit des petits traits et des traits plus grands, des nombres...*)

Situation 4

Demander aux enfants s'ils en connaissent l'utilité. Généralement ils ont déjà vu leurs parents ou des grands frères se servir d'une règle pour tracer des traits ou pour mesurer.

Situation 5

Présenter aux enfants des règles de carton et leur demander ce qu'ils peuvent faire avec (les peindre, les décorer, les coller).

Mise en situation

Objectifs par situation

SITUATIONS	OBJECTIFS
L'instrument	**Décoration de sa règle** • Manipuler l'objet pour mieux le percevoir, le connaître. • Personnaliser un objet. Le décorer et adapter les formes graphiques connues au support, au format. Développer ainsi sa créativité. **Représentation de l'instrument** • Travailler la coordination des deux mains. Par la multiplication des exercices, permettre à l'enfant d'adapter, d'affirmer et de mieux maîtriser l'utilisation de la règle. • Apprendre à maintenir l'objet d'une main et à tracer de l'autre sans déplacer l'objet. • Par la verbalisation, prendre conscience des difficultés, et trouver ainsi des solutions quant au rôle des deux mains, à leur action commune ou complémentaire. • Par l'observation des réalisations et leur comparaison, enrichir son patrimoine graphique et découvrir d'autres organisations de l'espace qui pourront être réinvesties dans les tracés.
Utilisation de la règle	• Comprendre et accepter qu'il ne s'agit plus de représenter la règle mais uniquement des lignes. • Tracer des lignes droites en maintenant la règle d'une main et en frottant le feutre contre le bord de la règle, de l'autre main, sans faire bouger l'instrument. • Apprendre à tracer des lignes droites d'orientation différentes.

L'instrument

Décoration de sa règle

Matériel : Règles de carton épais ; des règles plates en plastique ; peinture, gros feutres.

Faire référence au projet pour proposer aux enfants de personnaliser leur règle en carton. Ils peuvent les peindre et/ou les décorer aux gros feutres avec des graphismes propres à chacun d'eux ou en traçant des nombres et/ou des traits, comme sur la règle. Faire, après la réalisation, comparer et décrire les différentes réalisations.

Représentation de l'instrument

Faire des tableaux collectifs pour représenter les règles et donc, des traits épais droits. Plusieurs techniques peuvent être employées. Pour chacune d'elles, faire comparer les résultats, décrire les compositions mais aussi la manière de faire.

• *Prises d'empreintes :*
- à la peinture : peindre la règle de carton et l'appliquer sur la feuille côté peinture avant que celle-ci ne sèche ;
- à la peinture avec un « pinceau pochoir » : placer les règles sur la feuille. Les maintenir avec de la pâte adhésive. Tamponner leurs contours avec des peintures de couleurs différentes ;

– à la craie repoussée : étaler des craies de tableau de couleurs différentes sur les contours des règles. Au doigt et sans bouger, repousser la craie sur le support. Fixer la craie avec de la laque à cheveux.

• *Collage :*

– Faire des grandes bandes de papier coloré à la mesure d'une règle. Puis faire coller ces bandes de même longueur pour faire un dessin ou un tableau abstrait.

• *Tracé :*

– représenter la règle en frottant une craie grasse, un gros feutre, ou le doigt trempé dans la peinture sur les bords de la règle.

Utilisation de la règle

Faire rappeler ce que fait *Monsieur Droit* dans la comptine.

• Proposer aux enfants de tracer aussi des traits droits de plusieurs couleurs. Pour cela, donner à chaque enfant de l'atelier une règle (double décimètre), une grande feuille d'ordinateur et des gros feutres. Cet exercice est un travail d'entraînement. Il ne s'agit donc pas de réaliser un dessin, mais de tracer le plus de lignes possible avec la règle. Faire verbaliser les difficultés. Si certains enfants ont trop de problèmes pour maintenir la règle, sans la faire bouger, leur donner des règles de carton épais, moins longues.

• Lorsque la maîtrise de l'objet sera jugée satisfaisante, leur proposer de faire des dessins, à la règle, en variant l'orientation des lignes.

• Faire également réaliser des tableaux abstraits.

Exemple de consigne : Trace cinq lignes droites d'une même couleur, qui ne vont pas dans le même sens. Elles peuvent se croiser. Colorie et/ou décore les cases formées de façons différentes.

Exemple de réalisations :

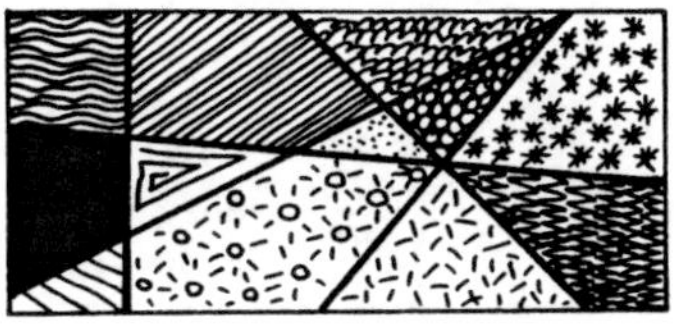

Faire décrire et comparer les résultats.

Jeux d'entraînement

Objectifs par exercice

• Tracer des lignes droites à la règle, de longueurs différentes.
• Maîtriser l'arrêt du geste, le prévoir. Pour cela, détacher son regard du mouvement pour localiser le point d'arrêt du tracé.
• Tracer des lignes à la règle de longueurs croissantes, décroissantes.
• Varier les orientations.
• Placer sa règle sur un trait tracé et l'y maintenir.
• Affirmer sa maîtrise de l'instrument.

Exercice 1 : variation de longueurs

• Faire tracer des lignes de longueurs différentes.
• Faire tracer des lignes droites horizontales et/ou verticales de longueurs croissantes, décroissantes.

Exercice 2 : variations de longueurs et d'orientation

• À deux : un enfant trace des lignes d'une couleur, de longueurs et d'orientation différentes. Un autre enfant, en s'aidant toujours de la règle, repasse sur les lignes tracées avec un feutre d'une autre couleur.
• Plier une feuille plusieurs fois. Déplier. Repasser sur les plis en s'aidant de la règle.
• À deux : un enfant trace une ligne ; un autre enfant trace une autre ligne de même longueur à côté de la précédente.

• Faire coller des gommettes sur une feuille. Les faire relier deux à deux en traçant des lignes à la règle.

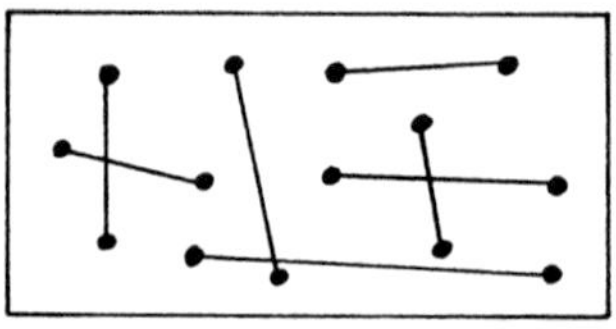

• Paver une feuille de grandes et petites étoiles tracées à la règle.

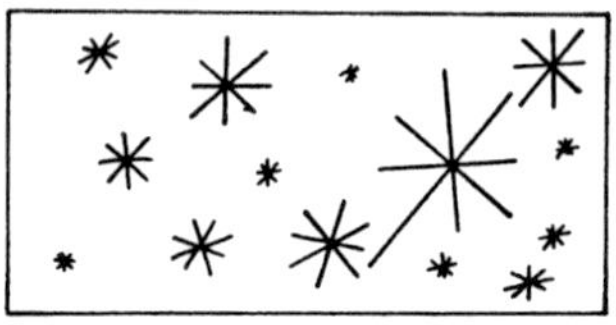

Objectifs par jeu

JEUX	OBJECTIFS
Dessin-dictée avec une règle	• Décrire des lignes droites en décrivant leurs nombres, leurs couleurs, leurs tailles, leurs orientations par rapport au support, et les unes par rapport aux autres.
Jeu des aveugles	• Accepter de perdre ses repères visuels. • Avoir bien intériorisé ses actions, sa connaissance de l'outil pour pouvoir en détacher le regard. • Se concentrer sur la tenue de l'instrument, les sensations perçues durant le tracé pour en affirmer la maîtrise.

Dessin-dictée avec une règle

Matériel :
- Autant de dessins à décrire que d'enfants dans le groupe ;
- feuilles blanches ;
- gros feutres.

Comment jouer ? À tour de rôle, chaque joueur décrit un dessin que les autres doivent reproduire sans le voir.

Exemples de compositions (faire varier les couleurs).

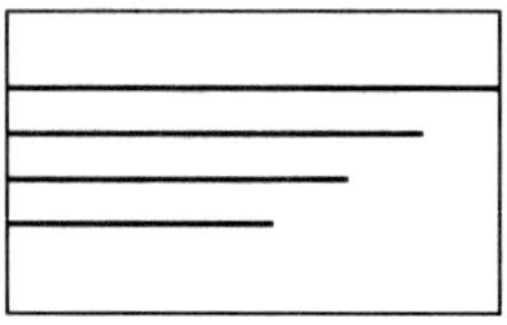
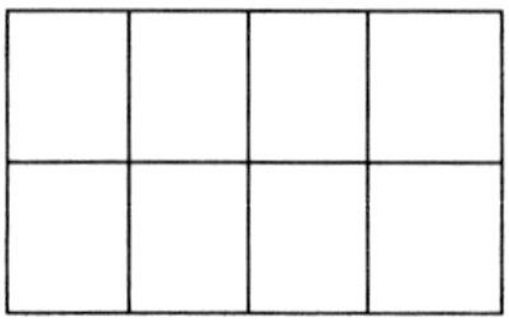
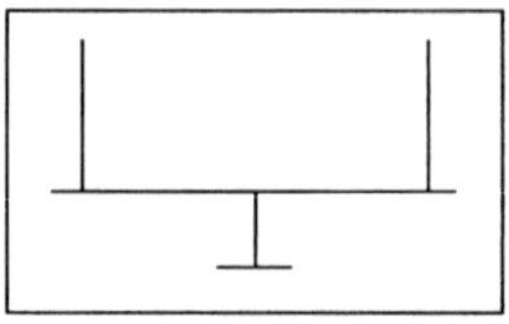

Jeu des aveugles

But du jeu : Tracer le plus de lignes droites possible et donc avoir plus de pions que les autres à la fin du jeu.

Matériel :

- 1 règle ;
- des gros feutres ;
- des feuilles ;
- 1 bandeau ;
- des pions.

Comment jouer ? À tour de rôle, chaque joueur place un bandeau sur ses yeux et trace à la règle une ligne droite. Si pendant le tracé la règle bouge, il ne gagne rien. Dans le cas contraire, il reçoit un pion.

Le dessin de Monsieur Droit

Faire observer et décrire la page 24 du fichier. En déduire la consigne à lire. Faire d'abord tracer de longues lignes droites à la règle. Puis demander aux enfants de colorier les cases aux feutres ou avec des crayons de couleurs. Puis faire dans chaque case, tracer d'autres formes à la règle, comme sur le modèle.

La règle : instrument pour mesurer

Les cannes à pêche (p. 25)

Compétences et objectifs

Compétences disciplinaires

- Utiliser quelques techniques et quelques instruments.
- Se servir d'une règle graduée en centimètres.

Compétences transversales

- Accepter des activités contraignantes pour acquérir des savoirs nouveaux.
- Identifier, analyser et corriger ses erreurs avec l'aide de l'adulte.
- Restituer et réorganiser les informations réunies.

Objectifs

- Mesurer des segments en utilisant une règle graduée en centimètres, donc comprendre ce qu'est une unité de longueur.
- Utiliser le nombre pour mémoriser, transmettre, comparer des mesures.
- Tracer des segments dont les mesures ont été définies au préalable.

Langage

Objectifs

- Comprendre l'essentiel du contenu de la comptine.
- Employer un vocabulaire spécifique et l'expliquer en faisant référence à ses propres expériences ou à ses souvenirs (mesures en cm prises par un grand frère, le médecin, mesures lues par la maman sur les vêtements à acheter, etc.).
- À un problème posé, trouver une procédure de résolution faisant appel à des expériences du passé.
- Savoir ce que représentent les unités de mesure.
- Comparer des unités de nature différente.
- Comprendre l'utilité des nombres inscrits sur la règle. Savoir donc ce qu'ils représentent.

Situation 1 : Lire la comptine

Naninouche, la mouche
Fait de belles cannes à pêche.
Des cannes à pêche
De 2, 3, 4, 6, 8, 9 centimètres.
Mais Naninouche a tout mélangé.
Comment retrouver
Les cannes à pêche
De 2, 3, 4, 6, 8, 9 centimètres ?

Situation 2

Demander aux enfants de raconter ce qui est dit dans la comptine. Puis poser quelques questions afin de leur permettre de mieux organiser leurs propos et d'expliquer les termes qui n'auraient pas été compris :

- *Qui est Naninouche ?*
- *Que fait-elle ?*
- *Qu'est-ce qu'une canne à pêche ?*
- *Sont-elles toutes pareilles ?* Etc.

Situation 3

Demander aux enfants quel moyen ils avaient utilisé pour mesurer les brindilles du charpentier des chenilles (se reporter au *Charpentier des chenilles*, p. 117).

Leur présenter une règle de carton sur laquelle auront été collés 10 sucres.

→
sucres →
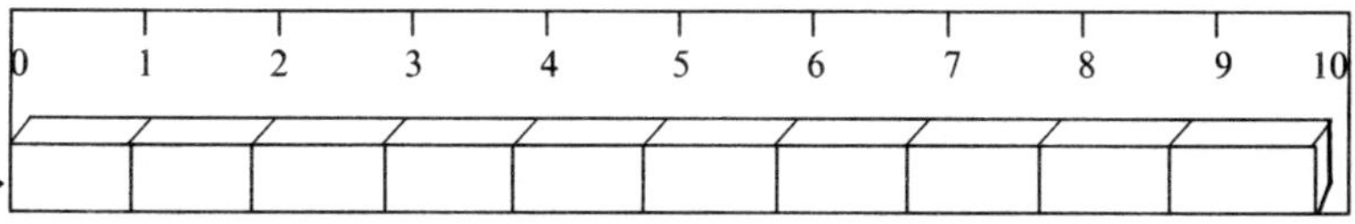

Faire comparer cette règle avec celles utilisées dans *Monsieur Droit* (p. 142).

Faire remarquer que :

- la règle faite de sucres est plus grande mais que les numéros vont jusqu'à 10 parce qu'il y a 10 sucres ;
- le double-décimètre est plus petit, mais les numéros vont jusqu'à 20. Il y a 20 centimètres.

Expliquer ou faire expliquer que les centimètres sont les espaces petits, comme des tout petits sucres. Ils sont compris entre 2 numéros. Les faire compter pour vérifier qu'il y en a 20. Faire éventuellement coller des petits carrés de 1 cm sur la règle, en faisant remarquer que le premier carré est collé sous le 0 et pas au bord de la règle et que donc, la mesure doit commencer au niveau zéro qui est la première extrémité de l'étalon (sucre ou cm).

Mise en situation

Objectifs par situation

SITUATIONS	OBJECTIFS
Mesurer des longueurs	• Comparer des longueurs et les ordonner en superposant, juxtaposant bord à bord les extrémités des objets. • Mesurer des longueurs en utilisant une règle graduée en centimètres. Pour cela placer le zéro de la règle à l'une des extrémités de la longueur à mesurer. Comprendre que le nombre situé à l'autre extrémité donne la mesure en centimètres. • Comprendre que pour ordonner des longueurs on peut ordonner leurs mesures. Donc comparer et ordonner des nombres c'est aussi ordonner des longueurs. • Comparer des longueurs. • Couper des longueurs pour leur donner une mesure déterminée au départ. • Comprendre par la manipulation, l'observation et la comparaison, que plus on coupe un grand morceau, plus le morceau restant est petit et que l'ordre des cannes à pêche est inversement proportionnel à celui des bouts coupés. • Classer des longueurs en associant 2 longueurs identiques (cannes et fils).
Tracer des longueurs de mesures déterminées	• Se servir d'une règle graduée pour tracer des lignes droites, donc coordonner l'action des 2 mains : l'une maintient, l'autre trace. • Tracer avec une règle en partant du point zéro et en s'arrêtant au nombre déterminant la mesure souhaitée.

Mesurer des longueurs

Exercice 1

En atelier, donner à chaque enfant 4 bandelettes de papier de même couleur, mais de longueurs différentes (4, 5, 6, 7 cm). Leur demander de les observer et de les ordonner.

Les faire colorier ensuite en fonction de leur rang : la plus petite en jaune, la moyenne petite en rouge, la moyenne grande en bleu, la plus grande en vert.

Exercice 2

Leur proposer ensuite le même travail avec des bandelettes de papier, collées en tous sens, sur une feuille.

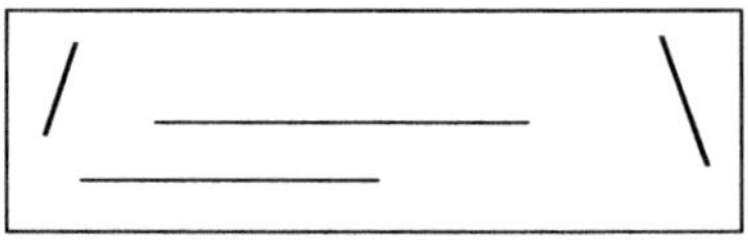

Leur demander de les observer et de les ordonner. Les enfants n'auront aucun mal à montrer la plus petite et la plus grande bandelette. Par contre le rang des 2 autres sera plus difficile à déterminer. Leur demander ce qu'il faudrait faire pour régler ce problème. La solution qui consiste à les mesurer étant trouvée, donner à chacun un double décimètre et leur demander d'écrire sur les bandelettes les nombres trouvés.

Durant la manipulation, rappeler aux enfants la nécessité de placer le zéro de la règle à l'une des extrémités de la bandelette à mesurer. Faire verbaliser les actions et faire expliquer comment la mesure est ou a été déterminée.

Exemple : *Je mets le bout de la bandelette sur le zéro de la règle. Il s'arrête là, sur le numéro 5. Donc ça fait 5.*

Les mesures terminées, faire colorier les bandelettes en fonction de leurs dimensions et ainsi les ordonner par le coloriage.

La première : la plus petite en jaune, elle fait 4 cm ; la deuxième : la moyenne petite en rouge, elle fait 5 cm ; la troisième : la moyenne grande en bleu, elle fait 6 cm ; la quatrième : la plus grande en vert, elle fait 7 cm.

Faire vérifier le résultat en faisant placer les bandes colorées de l'exercice 1 sur celles collées et mesurées.

Les cannes à pêche
Matériel : pailles, fil, ciseaux, des règles.

Donner à chaque enfant de l'atelier 5 pailles et une bobine de fil. leur demander de préparer des cannes à pêche pour les personnages de l'histoire ou les bonshommes Duplo ou Playmobil du coin jeu. Rappeler les mesures : 4, 6, 8, 9 et 3 cm.

Demander aux élèves de couper des pailles à ces mesures et de couper des fils de même longueur que les pailles qui seront fixés dans des fentes.

Faire comparer les cannes et les morceaux coupés ; les ordonner.

Tracer des longueurs de mesures déterminées

Donner à chaque enfant de l'atelier, un double décimètre et leur demander :

- de tracer 4 lignes de plus en plus longues et d'écrire sur chacune d'elles leur mesure ;
- de tracer 4 lignes : une de 5 cm, une de 8 cm, une de 10 cm, une de 12 cm et d'écrire sur chacune d'elles la mesure qui lui correspond.

Pour chacun des 2 exercices, faire rappeler à quel point de la règle commence la mesure.

Jeux d'entraînement

Objectifs par jeu

JEUX	OBJECTIFS
Jeux des cannes à pêche	• Mesurer et classer les longueurs. • Variante : mesurer et ordonner les longueurs.
Jeu de la courte paille	• Mesurer et ordonner les longueurs par comparaison de nombres. • Respecter les règles déterminant les gains de pions. • Compter des quantités de pions, les comparer. Déterminer celui qui en a le plus. • Comparer les nombres de 0 à 12.
Mesure de longueur et bande numérique	• Tracer des longueurs à partir du trait zéro, mais compter la mesure à partir du trait 1. • Par le dénombrement des cases de la bande numérique ou des nombres de la règle, trouver l'écriture du nombre prononcé (nombres supérieurs à 10). • Mesurer et transmettre une mesure oralement. • Tracer une longueur de mesure déterminée en respectant aussi la couleur et l'orientation de la ligne à reproduire.

Jeu des cannes à pêche (4 joueurs)

But du jeu : Être le premier à avoir trouvé et reconstitué ses 4 cannes à pêche.
Matériel :

- 4 cartes nombres : | 7 | | 8 | | 9 | | 10 |
- 4 bandes de 7 cm, 4 fils de laine de 7 cm ;
- 4 bandes de 8 cm, 4 fils de 8 cm ;
- 4 bandes de 9 cm, 4 fils de 9 cm ;
- 4 bandes de 10 cm, 4 fils de 10 cm ;
- 4 double-décimètres.

Comment jouer ? Les cannes (bandes cartonnées) sont étalées sur la table, d'un côté, les fils aussi, mais ils sont placés à part. Avant le jeu, les joueurs prennent une carte déterminant la mesure de longueur des cannes à pêche qu'ils doivent retrouver. Puis à tour de rôle, chacun pioche une canne et la mesure. Si la mesure est celle de la carte tirée avant le jeu, le joueur la garde. Dans le cas contraire, il la remet dans la pioche. Lorsqu'un joueur a retrouvé toutes ses cannes, il pioche un fil, la mesure et le garde en le plaçant sur l'une de ses cannes s'il a la longueur voulue. La partie est terminée lorsqu'un joueur a récupéré toutes ses cannes et tous ses fils.

Variante du jeu : Même jeu mais chaque joueur doit récupérer 4 cannes de longueurs différentes.

Jeu de la courte paille (4 joueurs)

But du jeu : Avoir gagné le plus de pions.
Matériel :

- 4 pailles de longueurs différentes facilement mesurables (entre 7 et 10 cm ou 9 et 12 cm) ;
- 4 règles ;
- des pions pour comptabiliser les points.

Comment jouer ? À tour de rôle, les joueurs présentent les 4 pailles (tenues dans le poing) à leurs adversaires. Ceux-ci tirent une paille. Chacun mesure la paille tirée et annonce sa mesure. Celui qui a tiré la paille la plus petite ne gagne rien, celui qui a la plus grande gagne 3 pions, celui qui a la moyenne grande gagne 2 pions, celui qui a la moyenne petite gagne 1 pion. Après 4 tours, le jeu s'arrête et les joueurs comptent leurs pions.

Mesure de longueur et bande numérique

Exercice 1
Matériel : Feuilles, feutres, règles.

L'enseignant ou un enfant annonce une mesure. Les autres tracent un trait à la longueur demandée : soit en lisant au préalable la mesure sur une bande numérique, soit en lisant la mesure sur la règle, directement, par reconnaissance du nombre, ou en dénombrant les nombres de la règle à partir de **1** et non de **0** et en s'arrêtant au nombre prononcé.

Exemple : L'enseignant dit : « Trace une ligne droite de 15 cm. »

– recherche sur bande numérique par dénombrement des cases.

un, deux, ... quinze

1	2	3	4	5	6	7	8	9	10	11	12	13	14	(15)	16	17	18	19	20

↑

Puis tracé à la règle.

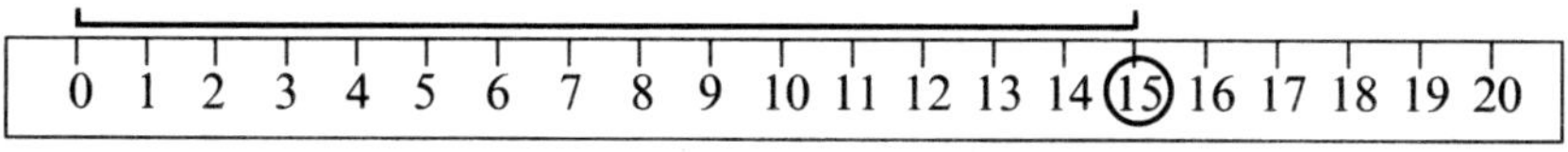

– Tracé à partir de 0 sur la règle et dénombrement à partir de 1 jusqu'à 15.

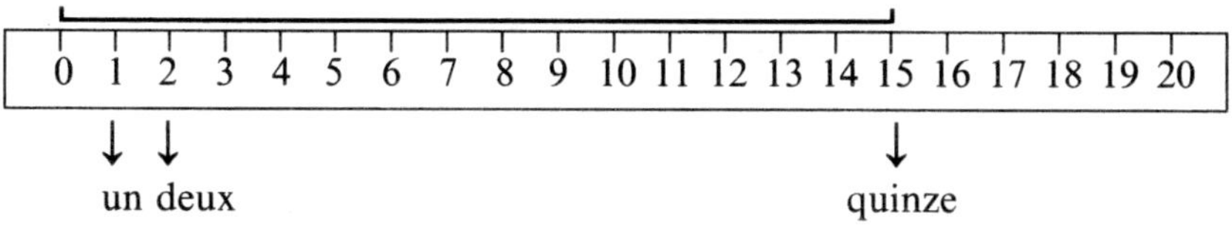

Exercice 2 : Dessin dicté
Matériel : Règles, feutres, feuilles.

Un enfant reçoit une feuille sur laquelle sont tracées des lignes de couleurs formant un dessin (maison, bateau, arbre...).

Il montre le dessin aux autres puis leur demande de le reproduire. Il leur dicte les mesures qu'il prend au fur et à mesure de la description.

Les cannes à pêche

Observer et décrire la page 25 du fichier.

Pour en déduire la consigne, faire mesurer la canne de la mouche rouge et faire dire pourquoi le nombre 2 a été entouré.

Procéder à l'exercice en faisant rappeler que la mesure commence au point **0** de la règle et non à son extrémité.

Pour information : la canne de la mouche bleue est de 9 cm ; celle de la mouche verte est de 4 cm ; celle de la mouche violette est de 8 cm ; celle de la mouche avec une couronne est de 3 cm ; celle de la mouche orange est de 6 cm.

Intercaler un nombre entre deux

Les bougies d'anniversaire (p. 26)

*Les fiches précédentes ont proposé des situations où les enfants ont comparé des nombres et des résultats pour désigner les vainqueurs. Ils ont, lors de la construction des bandes numériques, ordonné et intercaler des nombres pour reconstituer ces bandes numériques (*Jérémy l'étourdi*, p. 68 et* La Sorcière Numérine*, p. 128).*

Dans cette fiche nous voulons présenter des situations où les nombres et les collections qu'ils représentent seront intercalés entre 2 autres, sur une partie et non sur toute la bande numérique.

Compétences et objectifs

Compétences disciplinaires

- Coder des quantités.
- Comparer des collections.
- Ranger des nombres en ordre croissant ou décroissant.

Compétences transversales

- Émettre des suppositions.
- Faire des choix, les expliquer.

Objectifs

- Connaître la suite des nombres de 1 à 20.
- Réciter la comptine numérique à partir d'un nombre autre que 1.
- S'aider de la comptine pour dire quel nombre vient juste après, juste avant un autre.
- Représenter et coder des collections.
- Comparer des collections.
- Intercaler une collection, un nombre, entre deux autres.

Langage

Objectifs

- Être capable de résumer une situation avec ses propres mots.
- Étendre sa connaissance de la comptine numérique :
  - s'arrêter à un nombre déterminé au départ, l'avoir donc mémorisé ;
  - commencer la récitation à n'importe quel nombre ;
  - intercaler des mots entre les nombres.
- Lire des nombres de 1 à 10.
- Comparer des collections de 1 à 10.
- Réinvestir les notions acquises dans les fiches précédentes : comprendre que plus une collection est grande plus le nombre est grand et placé plus à droite sur la bande numérique (donc respecter la lecture de gauche à droite).

Situation 1 : Lire la comptine

Les bougies d'anniversaire
Sont sur les étagères.
Par lots,
Dans des pots.
1 an ?
1 pot de 1 bougie.
2 ans ?
2 pots de 2 bougies.
Mais voilà des pots sans bougies
C'est la souris qui les a prises.

Situation 2

Demander aux enfants de raconter ce qui est dit dans la comptine.

Poser des questions sur le rôle et l'importance du nombre de bougies par pot. Vérifier que les enfants ont bien compris que le nombre de bougies dans un pot détermine l'âge de celui qui fête son anniversaire. Demander ainsi quel pot sera choisi pour fêter ses 10 ans ? ses 7 ans ? ses 25 ans, 37 ans, 70 ans ?...

Proposer des jeux de récitation de la comptine numérique :

- Décider de s'arrêter à un nombre déterminé au départ pour dire l'âge de quelqu'un.
  Exemple : → *6 – Tout le monde dit : 1, 2, 3, 4, 5, 6 ans !*
  → *20 : 1, 2, 3, 4, 5, 6, 7, 8, 9, 10, 11, 12, 13, 14, 15, 16, 17, 18, 19, 20 ans !*
- Compter en intercalant un mot entre chaque nombre.
  Exemple : → *6 – Tout le monde dit : 1 an, 2 ans, 3 ans, 4 ans, 5 ans, 6 ans, etc.*
- Compter en intercalant plusieurs mots.
  Exemple : → *6 – 1 pot de 1 bougie, 1 pot de 2 bougies, 1 pot de 3 bougies, 1 pot de 4 bougies, 1 pot de 5 bougies, 1 pot de 6 bougies.*
- Compter en commençant la récitation à un nombre autre que 1 et en s'arrêtant à un autre dit au départ.
  Exemple : *Je compte jusqu'à 17 ans en commençant à (ou à partir de) 8 : 8, 9, 10, 11, 12, 13, 14, 15, 16, 17 ans.*
- Même exercice en intercalant un ou plusieurs mots qui ne sont pas des nombres (voir ci-dessus).

Demander aux enfants de rappeler le problème du vendeur de bougies. Leur présenter alors des images représentant 10 pots de bougies. Faire compter les bougies de chaque pot et les fixer avec du blue-tack, sur une bande numérique.

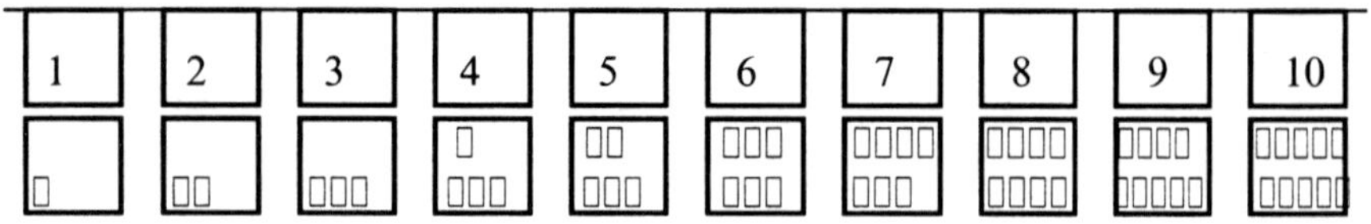

Faire des jeux avec les images ordonnées *avec*, puis *sans* la bande numérique.
- Faire désigner le pot de 8 bougies, celui de 4, celui de 10, etc.
- Jouer au jeu de la souris (jeu de Kim) : faire disparaître un pot ; les enfants doivent trouver lequel.
- Recommencer en faisant disparaître deux pots (**exemple :** les pots de 5 et 9 bougies).

Mise en situation corporelle

Objectifs par jeu

JEUX	OBJECTIFS
La course aux bougies	• Répondre au besoin de mouvement. • Structurer l'espace jeu en fonction : des limites de l'espace des points de départ et d'arrivée et des autres équipes. • Coopérer avec les autres pour atteindre le même but. • Compter des collections et trouver sur la bande numérique les écritures de nombres correspondantes. • Comparer des collections et des nombres. Anticiper sur la position d'une collection sur la bande numérique (collection importante donc grand nombre, donc position plus à droite sur la bande).
La bonne carte	• Mêmes objectifs mathématiques que *La course aux bougies*. • Déterminer les collections qui manquent et les mémoriser par une lecture minutieuse de la bande numérique. • Se répartir les tâches dans le groupe. • Choisir et mémoriser une collection à retrouver. La rechercher parmi d'autres, donc : sélectionner par le regard les collections qui se rapprochent de celle souhaitée ; les trier par le dénombrement des éléments de chacune d'elles. • Intercaler les collections rapportées parmi celles qui sont déjà placées. • Par le jeu, favoriser la construction d'images mentales, la mémorisation de l'écriture des nombres et de leur ordre.
Les 3 frères	• Lire les nombres de 1 à 20. • Répondre aux signaux. • Associer nombre de coups frappés et écriture chiffrée de ce nombre. • Situer un nombre sur la bande numérique ; en déduire celui qui précède et celui qui suit. • Mémoriser le nombre que l'on représente pour répondre plus rapidement à la consigne. • Favoriser la mémorisation des nombres et de leur ordre. • Intercaler un nombre entre deux.

La course aux bougies (dans la salle de jeux)

But du jeu : Être la première équipe à avoir ordonné ses cartes en ordre croissant sur la bande numérique.

Matériel par équipe :

- 20 cartes pouvant être fabriquées par les enfants et représentant des collections de 1 à 20 bougies.
- 1 bande numérique dont les cases sont au format des cartes.

Comment jouer ? Les enfants sont répartis en 4 ou 5 équipes selon l'effectif de la classe. Au signal de départ, le premier de chaque équipe court à l'autre bout du terrain chercher une carte. Il repart vers son équipe, donne le signal de départ au second joueur, en lui tapant dans la main, et va placer la carte qu'il a rapportée sur la bande numérique. Les autres joueurs font de même jusqu'à ce que toutes les cartes soient placées.

La bonne carte

But du jeu : Être la première équipe à avoir complété son jeu de cartes.

Matériel par équipe : Le même qu'au jeu 1.

Comment jouer ? Les enfants, répartis en 4 ou 5 équipes, reçoivent un jeu de 10 cartes, représentant des collections de 1 à 20 bougies, sans ordre.

Chaque équipe compte les éléments des collections reçues et place les cartes sur la bande numérique sur ou sous le cardinal correspondant à chacune d'elles.

La lecture de la bande incomplète va permettre aux enfants de déterminer les collections manquantes qu'ils iront chercher sous forme de relais vers une zone où se trouveront toutes les cartes manquantes, y compris celles des autres équipes.

Les 3 frères

But du jeu : Reconnaître le nombre qui précède ou qui suit un autre.

Matériel :

- Des cartes nombres (1 par enfant) de couleurs différentes selon les équipes. Prévoir dans un premier temps des cartes numérotées de 1 à 10. Puis le jeu étant bien compris, on pourra prévoir des cartes numérotées de 1 à 20.
- Pour une classe de 30 élèves :
  - cartes de 1 à 10 : 3 équipes de 10 cartes numérotées de 1 à 10 ;
  - cartes de 1 à 20 : 1 équipe de 20 cartes et une de 10 cartes.
- Pour une classe de plus de 30 élèves :
  - cartes de 1 à 15 : 2 équipes de 10 et une équipe de (10 + n) cartes ;
  - cartes de 1 à 20 : 1 équipe de 20 et une équipe de (10 + n).
- Pour une classe de moins de 30 élèves :
  - cartes de 1 à 10 : 2 équipes de 10 et une équipe de (10 – n) ;
  - cartes de 1 à 20 : 1 équipe de 20 et une équipe de (10 – n).
- 1 grande bande numérique, visible de tous, 1 tambourin, 1 triangle.

Comment jouer ? Les élèves sont éparpillés dans la salle. L'enseignant frappe n coups sur son tambourin. Lorsqu'il s'arrête, les enfants qui ont une carte ne correspondant pas au nombre de coups frappés s'assoient. Puis l'enseignant joue du triangle (une dizaine de coups ou moins, lorsque le jeu sera bien compris). Durant ce laps de temps, les enfants qui ont une carte précédant ou suivant immédiatement la carte des enfants qui sont debout, doivent les rejoindre avant que le triangle ne s'arrête de résonner.

Schématisation de la situation

Objectifs par jeu

JEUX	OBJECTIFS
La course aux bougies	• Mêmes objectifs mathématiques qu'au jeu correspondant dans la mise en situation corporelle (p. 157). • Permettre à chaque enfant de manipuler les collections et de les ordonner : – de créer ses propres points de repères ; – d'avancer à son rythme tout en étant stimulé par le jeu et l'envie de gagner.
La bonne carte	• Compter rapidement des collections. • Déduire des dénombrements la collection à rechercher. • Intercaler une collection entre deux autres.
Les 3 frères	• Reconnaître une suite de 3 nombres. • Situer un nombre parmi d'autres. • Réinvestir sa connaissance de la bande numérique pour déterminer une démarche, une stratégie de jeu. • Faire des choix parmi les cartes à garder, à rejeter. Pouvoir les expliquer. • Ne pas perdre de vue le but du jeu. Ne pas garder ses cartes, ses familles pour soi. Accepter de compléter celles des autres et que d'autres complètent les siennes.
La course aux nombres	• Lire et écrire les nombres. • Trouver avec l'aide de la bande numérique, puis sans, le nombre qui précède et celui qui suit un autre. • La lecture des nombres et la correspondance entre le mot dit et le mot écrit, étant parfaitement maîtrisées, s'aider de la récitation numérique pour intercaler un nombre.
Le nombre caché	• Lire et écrire les nombres. • Associer un mot à un nombre, en avoir une image mentale. S'aider éventuellement d'une bande numérique et s'en détacher petit à petit. • Tenir compte de 2 critères, ici deux nombres, pour situer un nombre compris entre les 2 autres.

La course aux bougies (4 joueurs)

But du jeu : Être le premier à avoir ordonné ses cartes sur la bande numérique.
Matériel : Cartes fabriquées par les enfants pour le jeu de *La bonne carte* ; 1 grande bande numérique.
Comment jouer ? Chaque joueur prend une bande numérique. Les cartes sont empilées faces retournées. À tour de rôle, chaque joueur prend une carte et la place sur sa bande numérique. Si une carte tirée est identique à une autre déjà placée, elle sera remise dans la pioche.

La bonne carte (4 joueurs)

But du jeu : Être le premier à avoir retrouvé et placé les cartes manquantes.
Matériel :

• 1 planche par joueur sur laquelle sont représentées 6 cases : 4 avec des collections, 2 vierges.

Exemple pour une planche

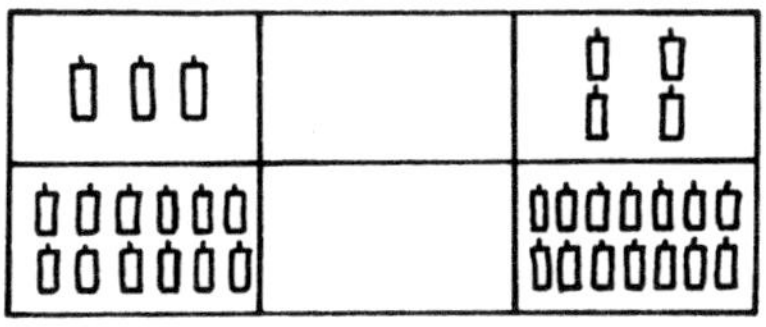

→ collection de 1 à 10 éléments.
→ collection de 10 à 20 éléments.

- Cartes aux dimensions des cases vierges et sur lesquelles se trouvent les collections manquantes.

Cartes de la planche montrées en exemple.

Comment jouer ? Les joueurs prennent une planche. Les cartes sont éparpillées faces retournées sur la table. À tour de rôle, chacun prend une carte et la place sur sa planche si la collection représentée est celle souhaitée. Dans le cas contraire, le joueur la remet au même endroit dans la pioche.

Rami : les 3 frères (4 joueurs)

But du jeu : Être le premier à s'être débarrassé de toutes ses cartes.

Matériel : 4 familles de cartes numérotées de 1 à 10.

Comment jouer ? Chaque joueur reçoit 6 cartes nombres. Si un joueur a 3 nombres qui se suivent, il peut former une famille, qu'il pose sur la table. Exemple de familles : (1, 2, 3) (2, 3, 4) (3, 4, 5) (4, 5, 6), etc. À tour de rôle, chaque joueur prend une carte dans la pioche. Il la garde si elle lui convient, et en met une autre dans la pioche. Si elle ne lui convient pas, il la remet en jeu. Un joueur peut compléter une de ses familles ou celle d'un autre joueur si la carte placée suit ou précède une famille posée sur la table.

Exemple : [3] [4] [5]

Un joueur peut compléter cette famille en posant une carte [2] à gauche du [3] ou une carte [6] à droite du [5].

La course aux nombres (4 joueurs)

But du jeu : Être le premier à faire apparaître dans les fenêtres le nombre qui précède et celui qui suit la carte tirée de la pioche.

Matériel : Cartes numérotées de 1 à 9. 1 double-disque par joueur, qui peut être fabriqué par les enfants :

- Prendre une feuille cartonnée (24×21). La plier en deux. Y découper 2 fenêtres.

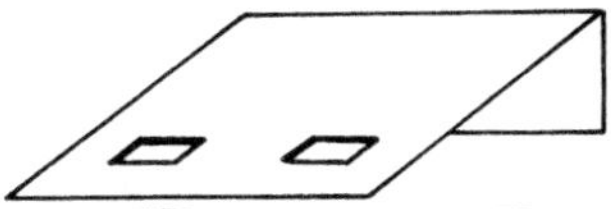

- Découper 2 disques de 10 cm de diamètre. Écrire sur chacun d'eux des nombres de 0 à 10.

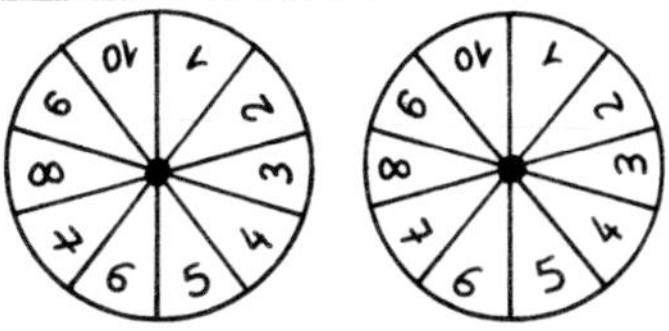

- Les fixer avec 2 attaches parisiennes à l'intérieur de la pochette de façon à ce qu'ils ne se « touchent » pas.

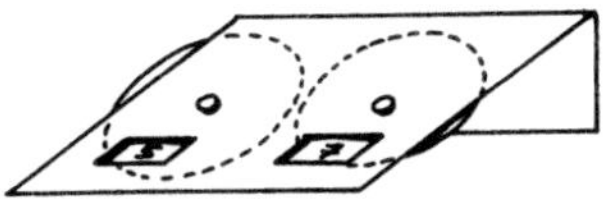

Comment jouer ? Les cartes numérotées sont étalées faces retournées. À tour de rôle, chaque joueur retourne une carte. Tous les joueurs cherchent sur leur disque le nombre qui précède et celui qui suit celui de la carte retournée. Le premier joueur à avoir trouvé le résultat gagne la carte. À la fin de la partie, celui qui a le plus de cartes a gagné. Faire expliquer les résultats et nommer les nombres.

Le nombre caché (4 joueurs)

But du jeu :

- Décrire un nombre sans le nommer ni le montrer.
- Écrire le nombre correspondant à la description.

Matériel :

- Cartes numérotées de 1 à 20 ;
- 3 ardoises ;
- Craies ou feutres Velleda.

Comment jouer ? Un enfant tire une carte. Il la situe par rapport à d'autres nombres. Le premier à avoir trouvé et écrit le nombre gagne un point.

Les bougies d'anniversaire

Faire décrire la page 25 du fichier. Lire les consignes. Rappeler que les pots sont rangés en ordre croissant. procéder étape par étape.

Ordonner des nombres

Les lapins au jardin (p. 27)

Au cours des activités présentées dans les fiches précédentes, les enfants ont eu l'occasion de comparer et d'ordonner des collections et des nombres, pour construire ou compléter des bandes numériques. Les nombres ainsi remis en ordre, respectaient une suite régulière (ex. : 2, 3, 4, 5). Dans cette fiche, nous proposerons des activités de rangement de collections et de nombres pris au hasard (ex. : 9, 13, 3, 18 → 3, 9, 13, 18 ou 18, 13, 9, 3).

Compétences et objectifs

Compétences disciplinaires

- Comparer des collections.
- Ranger des nombres en ordre croissant ou décroissant.

Compétences transversales

- Émettre des suppositions.
- Faire des choix, les expliquer.

Objectifs

- Comparer et ordonner des collections en ordre croissant et décroissant.
- Comparer et ordonner des nombres en ordre croissant et décroissant.

Langage

Objectifs

- Être capable de résumer une situation avec ses propres mots.
- Réinvestir les notions et les situations proposées dans les fiches précédentes pour comprendre et expliquer ce qui est dit dans le texte.

Situation 1 : Lire la comptine

4 lapins ont rapporté du jardin
De belles carottes.
Ils ont mérité des bonbons glacés.
Le premier a 4 bonbons
Le deuxième 3
Le troisième 2
Le dernier 1.

Situation 2

Demander aux enfants de raconter ce qui est dit dans la comptine. Leur faire expliquer comment est déterminé l'ordre des joueurs, à la fin de la cueillette des carottes et ce que chacun d'eux remporte.

Mise en situation

Objectifs par jeu

JEUX	OBJECTIFS
Les carottes au panier	• Lancer d'adresse : adapter son geste au poids de l'objet, à la distance et à l'orientation du but à atteindre. • Compter des collections et écrire le nombre qui correspond à chacune d'elles. • Comparer des collections par correspondance terme à terme et par comparaison des nombres cardinaux. • Comparer l'importance des collections et la position des écritures chiffrées sur la bande numérique. Comprendre que le score le plus petit se trouve le plus à gauche sur la bande. • Comprendre ce qui détermine l'idée de rang. matérialiser cet ordre par la distribution ordonnée d'une collection intermédiaire (*bonbons*).
Ordre des nombres	• Comparer des nombres compris entre 1 et 20. • Ordonner ces nombres en ordre croissant puis décroissant.

Les carottes au panier

But du jeu : Être l'équipe qui a plus de balles dans le panier que les autres pour gagner plus de bonbons.

Matériel :

- 2 à 3 balles en mousse ou sacs de graines par enfant (pour représenter les carottes) ;
- 5 cerceaux ;
- 5 caisses ou boîtes en carton ;
- 5 bandes numériques.

Comment jouer ? Répartir les élèves en 5 équipes. Donner à chaque joueur deux ou trois balles en mousse ou sacs de graines.

Placer les caisses à 2 mètres des cerceaux. Les joueurs attendent leur tour derrière le cerceau de leur équipe. Le premier de chaque groupe se place dans son cerceau et lance 1 de ses balles dans la caisse, puis va attendre son tour à la queue du rang. C'est le tour ensuite du second puis du troisième... jusqu'à ce que toutes les balles aient été lancées.

À la fin du jeu, chaque équipe compte les balles qui se trouvent dans son panier, écrit et communique son score aux autres.

Faire placer chaque nombre sur la bande numérique et aligner les balles (ou les sacs) pour comparer les collections.

Exemple :

Équipe 1 ○ ○ ○ ○ ○ ○ ○ ○

Équipe 2 ○ ○ ○

Équipe 3 ○ ○ ○ ○ ○ ○ ○ ○ ○ ○

Équipe 4 ○

Équipe 5 ○ ○ ○ ○ ○ ○ ○

(On peut aussi donner des noms de couleurs aux équipes.)

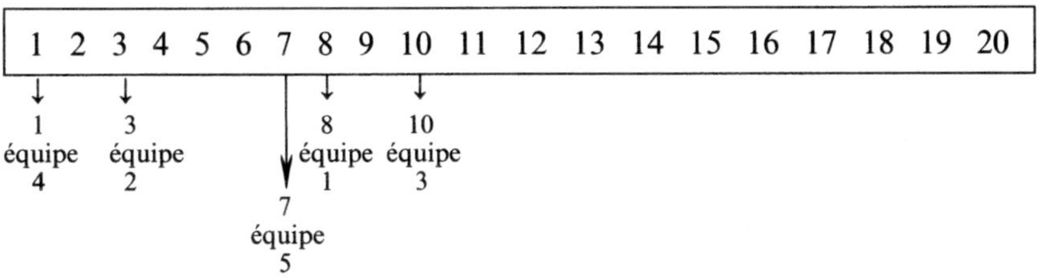

Faire verbaliser et ordonner les résultats en insistant sur la comparaison des collections et des nombres correspondants (exemple : *l'équipe 3 a plus de balles que les autres. Ceux qui ont 10 balles dans le panier ont gagné parce que 10 c'est plus que 8, 7, 3 et 1. Ils sont les premiers.*)

Faire situer les nombres sur la bande numérique et observer leur position.

Demander alors aux enfants de répartir les gains : 5 bonbons aux premiers, 4 aux seconds, 3 aux 3e, 2 aux 4e, 1 aux derniers.

Ordre des nombres

But du jeu : Être l'équipe qui a ordonné la première tous ses nombres (donc tous ses joueurs).

Matériel : 1 carte nombre par joueur (nombres compris entre 1 et 20), bandeaux ou foulards pour différencier les équipes.

Comment jouer ? Répartir les enfants en équipes de couleurs. Leur donner un signe de reconnaissance. Leur demander de se disperser et donner à chacun une carte nombre.

Exemple pour une équipe : [2] [8] [10] [15] [16] [18]

Sur une ritournelle chantée, chacun se déplace. À la fin de la ritournelle, les membres de chaque équipe se regroupent et se rangent dans l'ordre croissant ou dans l'ordre décroissant des cartes de l'équipe, en s'aidant au besoin d'une bande numérique.

Schématisation de la situation

Objectifs par jeu

JEUX	OBJECTIFS
Ordre des collections	• Ordonner des collections sur une bande numérique, donc compter les éléments, en déduire le cardinal correspondant sur la bande numérique. **Variante** • Comparer 2 collections, les ordonner. • Comparer 3 collections puis 4. Mémoriser le cardinal de chacune d'elles pour pouvoir les ordonner.
Ordre des nombres	• Comparer 2 nombres qui ne se suivent pas. Dire lequel est le plus petit, lequel est le plus grand. • Comparer 3 puis 4 nombres qui ne se suivent pas. Les ordonner en ordre croissant ou décroissant en s'aidant d'une bande numérique.

Ordre des collections (4 joueurs)

But du jeu : Ordonner 4 cartes le plus rapidement possible dans l'ordre croissant sur la bande numérique.

Matériel : 20 cartes sur lesquelle sont représentées des collections de 1 à 20 carottes.

Comment jouer ? Chaque joueur prend 4 cartes dans la pioche. Les place rapidement sur la bande numérique. Le premier à avoir terminé sonne le grelot.
Variantes : Quand le jeu sera bien compris et maîtrisé, le proposer sans l'aide de la bande numérique avec :
- 2 cartes piochées seulement ;
- puis 3 cartes ;
- puis 4 cartes.

Ordre des nombres (4 joueurs)

Même jeu avec des cartes nombres. Commencer avec 2 cartes puis 3, puis 4.

Objectifs par exercice

EXERCICES	OBJECTIFS
1	• Déterminer par le collage de gommettes l'ordre décroissant de 3 nombres.
2	• Comparer des collections et des nombres. • Les ordonner en utilisant un marquage compris de tous.

Exercice 1

Matériel : Gommettes, feuilles sur lesquelles sont écrits 3 nombres.

Demander aux enfants de coller 3 gommettes sous le nombre le plus grand, puis 1 sous le plus petit et 2 sous le nombre qui se trouve entre les deux.

Exercice 2

Matériel : Feuilles sur lesquelles sont représentées 4 collections.

Demander aux enfants d'ordonner dans l'ordre décroissant des collections qui ne peuvent être déplacées. Trouver ensemble un moyen de marquer cet ordre : gommettes ou points comme ci-dessus,
nombres 1er, 2e, 3e.

Exemple :

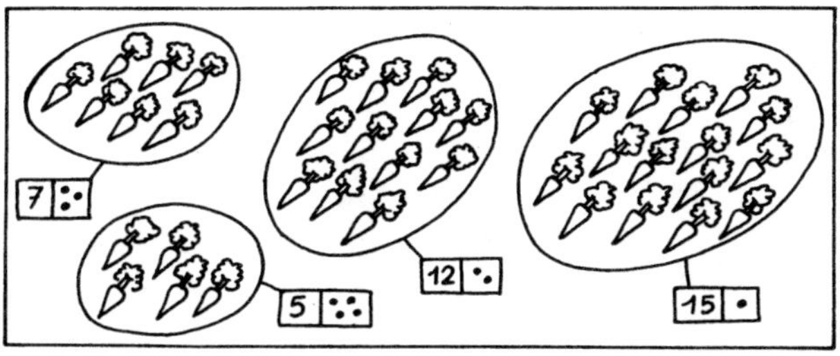

Les lapins au jardin

Décrire la page 26 du fichier. Faire situer pour chaque lapin la pancarte sur laquelle doit être écrit le nombre de carottes et le sac sur lequel doivent être dessinés les bonbons. Procéder par étapes :

- dénombrement des collections et écriture des cardinaux ;
- comparaison de nombres ;
- ordre des nombres.

Chemin itinéraire : coder un chemin emprunté

Le Petit Poucet (p. 28)

Compétences et objectifs

Compétences disciplinaires

- Coder, décoder un déplacement.
- Situer, repérer et déplacer des objets par rapport à soi ou par rapport à des repères fixes.

Compétences transversales

- Se situer dans un espace familier.
- Parcourir un itinéraire simple.
- Se donner des repères et les coder.
- Restituer et réorganiser les informations réunies.

Objectifs

- Par le déplacement libre, structurer l'espace aménagé, en fonction des objets qui le composent (points de repère).
- Représenter une situation vécue.
- Coder un déplacement en tenant compte des points de départ et d'arrivée et en ordonnant les éléments qui le structurent, dans le sens du trajet.

Langage

Objectifs

- Comprendre la comptine.
- Mobiliser des connaissances acquises pour décrypter une énigme donc réinvestir les notions de symbolisation et de structuration des espaces en fonction des objets qui les composent.

Situation 1

Lire ou raconter l'histoire du Petit Poucet.

Situation 2 : Lire la comptine

Le Petit Poucet aurait mieux fait,
Pour ne plus avoir faim,
De manger tout son pain.
Pour retrouver son chemin :
Il faut bien noter
Les formes et les couleurs,
Les champignons et les fleurs.

Situation 3

Faire raconter ce qui est dit dans la comptine. Puis poser quelques questions pour aider les enfants à interpréter l'énigme :
- Qu'a fait le Petit Poucet de l'histoire ?
- Qu'aurait-il dû faire avec son pain, d'après la comptine ?
- Que faut-il faire pour retrouver son chemin ? Etc.

Mise en situation corporelle

Objectifs par étape

ÉTAPES	OBJECTIFS
Étape 1	• Par les déplacements dans un espace aménagé, localiser les points de repère, les situer par rapport à soi et par rapport à des objets fixes (murs, fenêtres, mobilier et autres cartes). • Répondre au besoin de mouvements. • Faire ce que l'on veut pour mieux accepter les contraintes des consignes à venir.
Étape 2	• Orienter le parcours en imposant un point de départ et un point d'arrivée.
Étape 3	• Créer des codages spatiaux temporels en représentant les éléments rencontrés dans l'ordre du trajet : notion de *avant*, *après* dans le temps et *droite*, *gauche* ou *dessus*, *dessous* dans l'espace. • Prendre conscience des différentes façons d'aller d'un point à un autre.
Étape 4	• Prendre conscience de la nécessité d'indiquer dans un codage de trajet, les points de départ et d'arrivée afin d'en orienter la lecture.
Étape 5	• Comprendre que les points de départ et d'arrivée peuvent s'inverser et donc inverser le sens de la lecture du codage et que la position des points de repère dans l'espace ne change pas, c'est leur ordre de passage dans le temps qui varie.

Matériel : Cartes (pliées pour les placer verticalement), représentant des fleurs et des champignons de formes et de couleurs différentes mais de graphismes simples.

Exemple :

4 couleurs

4 couleurs

4 couleurs

4 couleurs

Étape 1 : Dans la salle de jeu, disposer les cartes et demander aux enfants de se déplacer librement dans l'espace ainsi aménagé. Faire ensuite verbaliser les modes de déplacement et les itinéraires empruntés.

Souvent les enfants ne se souviennent plus des chemins pris. Certains sont passés plusieurs fois au même endroit et se sont déplacés pour satisfaire leur « besoin de mouvements ».

Étape 2 : Sans déplacer les cartes champignons et fleurs de la précédente situation, placer un carton pour représenter la maison à un endroit de la salle et un cerceau représentant une clairière à un autre endroit. Leur proposer d'aller de la maison de carton à la clairière (cerceau), en passant par toutes ou certaines cartes.

Puis leur demander de revenir près de la maison et de reproduire le même parcours. Certains auront du mal à reproduire le chemin emprunté. Leur faire alors rappeler les conseils de la comptine afin qu'ils proposent de noter les points de reprère reconnus au cours du parcours.

Étape 3 : Donner à chacun une feuille et des crayons. Leur faire traverser un chemin allant de la maison à la clairière en leur demandant de noter les points de repère.

Faire ensuite observer et décrire les parcours codés. Chaque enfant présentant et orientant lui-même sa feuille. La représentation linéaire verticale ou horizontale des points de repère est la plus souvent adoptée car elle permet une juxtaposition des codes, respectant un ordre temporel (fleur rouge avant fleur bleue, car vue avant...). Elle est des plus faciles à représenter car chaque image est considérée indépendamment des autres au moment où elle est reproduite. Si des difficultés de représentation graphique apparaissent, on peut donner aux élèves des formes de fleurs et de champignons à colorier en fonction des points de repère rencontrés et à coller en ordre chronologique sur une bande de papier.

Lors de la comparaison, on peut faire observer que :
- la longueur des parcours est fonction du nombre de points de repère tracés ;
- certains repassent plusieurs fois par les mêmes points ;
- certains passent par les mêmes points au début (ou à la fin) mais après (avant) leurs codages sont différents, etc.

Étape 4 : Demander ensuite à chacun de parcourir le chemin en se servant de leur codage.

Puis faire échanger les « feuilles de route » afin de contrôler la bonne lecture des codes. On fera alors remarquer l'absence des points de départ et d'arrivée sur les codages, empêchant certains de commencer leur parcours, ne sachant comment orienter leur feuille :

Exemple :

Il s'agit de la même feuille orientée différemment.

Quels sont les points de départ et d'arrivée ?

Cette difficulté fera donc apparaître la nécessité d'indiquer les points de départ et d'arrivée du parcours.

→ 

Les feuilles de route étant complétées, procéder aux échanges de parcours.

Étape 5 : Rappeler la situation du Petit Poucet : il s'éloigne de sa maison, note ses points de repère mais cela dans le but de retrouver son chemin. Donner à chacun sa feuille de route codée (voir points 3 à 4). Placer les enfants près du cerceau (clairière) et leur demander de retourner à la maison en suivant le chemin emprunté à l'aller.

Demander ensuite aux élèves de décrire leur lecture du codage. Leur faire prendre conscience qu'il s'agit d'une lecture inversée de la feuille de route et que le sens du parcours a changé, le point de départ étant devenu le point d'arrivée et vice versa. Faire coder le trajet du retour et le comparer avec celui de l'aller.

Schématisation de la situation

Objectifs par jeu

JEUX	OBJECTIFS
Jeu du Petit Poucet	• Reproduire sur une plaque de jeu les situations vécues précédemment. • Structurer l'espace en fonction des éléments qui le composent : – les limites de la plaque ; – les éléments fixes ; – les éléments mobiles. • Prendre conscience de la forme du déplacement par le tracé obtenu. • Coder le parcours en tenant compte du point de départ, du point d'arrivée et des éléments qui jalonnent ce chemin. Respecter l'ordre de succession de ces éléments. • Comprendre que les parcours peuvent être différents même si les points de départ et d'arrivée sont les mêmes.
Jeu 1 de l'aller-retour	• Associer deux bandes dont les éléments sont identiques mais ordonnés symétriquement.
Jeu 2 de l'aller-retour	• Coder, décoder un déplacement en l'orientant par l'indication des points de départ et d'arrivée. • Coder le trajet inverse en inversant l'écriture des codes. • Comparer les 2 codages, vérifier leur correspondance : – nombre d'éléments ; – situation des éléments les uns par rapport aux autres ; – symétrie de l'écriture des 2 bandes.

Jeu du Petit Poucet (2 à 4 joueurs)

Jeu pouvant être fabriqué par les enfants pour représenter les jeux de la mise en situation.

But du jeu : Être le premier à avoir codé le parcours du bonhomme pour gagner un pion. Celui qui a gagné le plus de pions a gagné la partie.

Matériel :

- Une plaque cartonnée recouverte d'une feuille Velleda effaçable ;
- des fleurs et des champignons de formes simples de 4 couleurs différentes collées sur la plaque ;
- 1 maison et une clairière de carton mobiles ;
- 1 bonhomme (Duplo ou Playmobil) ;

- 1 feutre Velleda ;
- des bandes de papier, des crayons de couleurs ;
- des pions.

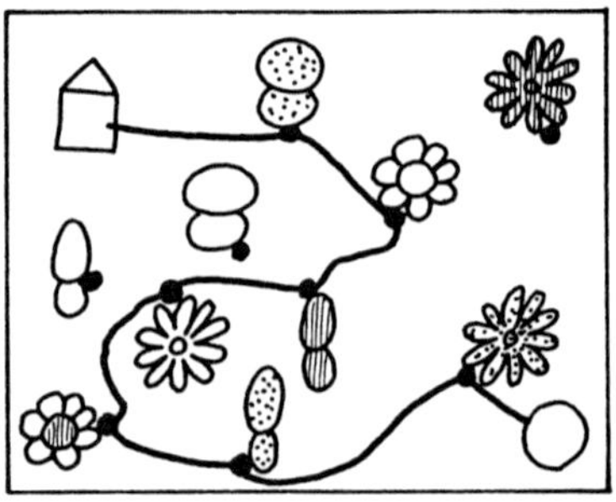

Comment jouer ? Faire observer et décrire la plaque de jeu. Puis un des joueurs place sur la plaque la maison et la clairière. Il désigne un camarade qui doit tracer au feutre le chemin que fait emprunter le premier joueur au bonhomme.
Le parcours étant tracé, chaque joueur prend une bande papier et code le parcours tracé.

Le premier qui a terminé crie « stop » ! Les autres vérifient son codage. S'ils le jugent bon, il gagne un pion. Un autre joueur efface le parcours, déplace la maison et la clairière et propose un autre chemin.

Jeu 1 de l'aller-retour (4 joueurs)

But du jeu : Être le premier à avoir complété sa plaque.
Matériel :

- 4 plaques sur lesquelles sont codés 4 parcours allant de la maison à la clairière ;
- 16 bandes représentant les mêmes parcours codés de la clairière à la maison.

Exemple pour 1 plaque :

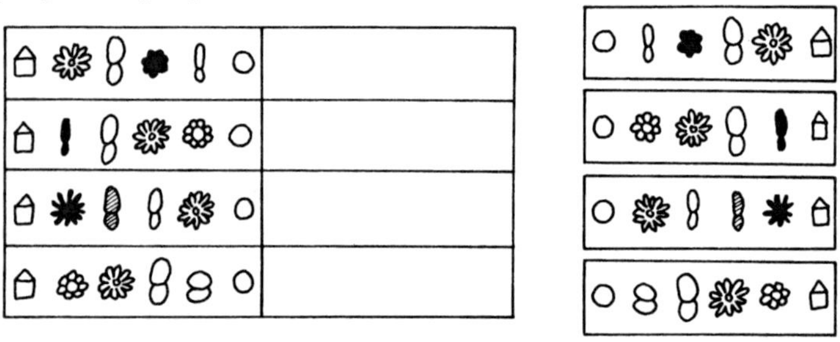

Comment jouer ? Les joueurs choisissent une plaque. Les bandes sont étalées faces retournées au centre du jeu. À tour de rôle, chaque joueur tire une bande. Si elle lui convient, il la place sur sa plaque à côté de son symétrique. Dans le cas contraire, il la replace dans la pioche et passe son tour.

Jeu 2 de l'aller-retour (2 joueurs)

But du jeu : Retrouver le chemin emprunté, codé. Le parcourir en sens inverse et coder le retour.
Matériel :

- 1 plaque de jeu identique à celle du jeu 1 ;
- 4 feutres Velleda de 4 couleurs différentes ;
- du papier, des feutres pour les codages.

Comment jouer ? Le 1er joueur trace 4 chemins de couleurs différentes pour aller de la maison à la clairière. Il en code un sur une feuille, le donne à son camarade qui doit retrouver le chemin emprunté en le parcourant en sens inverse et qui doit ensuite le coder dans le sens du retour.

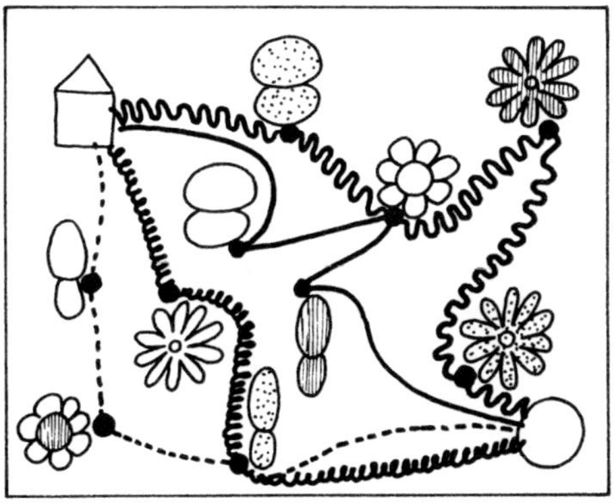

le chemin pris est celui qui est en pointillés...

Le codage du retour sera donc :

Faire comparer les deux codages.

Le Petit Poucet

• Observer et décrire la page 28. Constater que certains éléments ne sont pas sur les chemins.
• Faire suivre du doigt les 4 chemins en faisant remarquer que certains, qui ne se croisent pourtant pas, ont les mêmes points de repère. De cette observation, faire déduire les consignes et faire indiquer les emplacements prévus pour les codages (sens du trajet, nombre de cases, et donc nombre de points de repère...).
• Puis procéder par étape comme il est indiqué dans la consigne.
• Faire comparer les 2 codages pour vérifier qu'ils ont les mêmes éléments ordonnés symétriquement.

Chemin itinéraire : décoder un chemin

Le prince et la princesse (p. 29)

Compétences et objectifs

Compétences disciplinaires

• Coder, décoder un déplacement.
• Situer, repérer et déplacer des objets par rapport à soi ou par rapport à des repères fixes.

Compétences transversales

• Restituer et réorganiser les informations réunies.
• Se situer dans un espace familier.
• Se donner des repères et les coder.

Objectifs

• Par le déplacement libre, structurer l'espace aménagé, en fonction des objets qui le composent et qui sont des points de repère.
• Représenter une situation vécue.
• Coder, décoder un déplacement en tenant compte des points de départ et d'arrivée, en reconnaissant et en traduisant les symboles représentant les points de repère et en ordonnant ces derniers dans le sens du parcours.

Langage

Objectifs

• Donner des renseignements sur un texte lu.
• Comprendre la nécessité de coder et d'ordonner les éléments importants du texte pour s'en rappeler.
• Coder et décoder les éléments qui sont les points de repère d'un parcours à réaliser.

Situation 1 : Lire la comptine

Pour délivrer la princesse
Va jusqu'au moulin,
Traverser le pont vert,
Saute la barrière.
À la maison bleue
Rejoins les bœufs,
Puis va jusqu'aux pommiers
Sous le paillasson, prends la clé.

Situation 2

Demander aux enfants de raconter ce qui a été lu. Les élèves ont des difficultés à se rappeler de tous les détails. Leur demander de trouver un moyen de ne pas oublier ce qui a été dit. L'écriture du texte pose un problème de lecture. Reste le codage des éléments importants qu'il faut souligner au cours d'une seconde lecture. Lire donc, le texte, et demander aux enfants d'arrêter la lecture lorsqu'ils ont repéré un élément important du parcours. Représenter les différents éléments en faisant expliquer si besoin est, les termes non compris : moulin, bœufs, paillasson...

Faire des jeux de codage et décodage des symboles pour en vérifier la bonne compréhension.

Mise en situation corporelle

Objectifs par étape

ÉTAPES	OBJECTIFS
Étape 1	• Se déplacer librement pour se familiariser avec l'espace aménagé. Situer ainsi les éléments qui composent le parcours. • Répondre au besoin de mouvement pour mieux accepter des consignes plus contraignantes ensuite.
Étape 2	• Reconnaître un lieu à sa représentation.
Étape 3 **Étape 4**	• Reconnaître les points de départ et d'arrivée d'un déplacement à sa représentation et les situer sur le parcours. • Lire un parcours codé. Situer les points de départ et d'arrivée. Respecter dans le déplacement, l'enchaînement des points de passage codés.
Étape 5	• Créer son propre codage sans déplacement préalable. • Respecter la modification d'un ordre et donc d'un enchaînement connu. • Vérifier que le décodage n'est pas lié à la mémorisation du parcours.
Étape 6	• Réinvestir les notions précédentes dans une situation plus complexe où tous les éléments ne seront pas traversés. Donc respecter le code du parcours et maîtriser son envie d'aller partout.

Matériel : Fabriquer, si possible, des éléments en carton pour figurer le moulin, le pont vert, la maison bleue, les bœufs, les pommiers, la prison. Ces décors peuvent servir à de petites scènes, les enfants en sont les acteurs. Cependant pour des raisons matérielles, financières ou par manque de temps, il est parfois difficile de représenter ces éléments. On peut alors utiliser le mobilier de l'école, du petit matériel ou des cartons de récupération sur lesquels on pose des cartonnettes représentant les éléments de l'histoire :
(2 cartons pour le moulin et la maison, banc pour le pont, chaise pour la barrière, poteau ou bâton planté dans un baril pour le pommier, 1 paillasson ou 1 tapis pour la prison, des caissettes pour les bœufs).

Étape 1 : Dans la salle de jeu, disposer le matériel. Laisser les enfants aller librement d'un point à un autre.

Étape 2 : Leur rappeler la comptine. Leur présenter la frise codée élaborée en langage. Leur demander de situer dans la salle chacun des éléments codés. Faire des jeux de déplacements pour permettre d'associer un des éléments du parcours au code qui lui correspond sur la frise.
Exemple : *Allez là* (montrer la barrière) *en marchant à 4 pattes sans poser les genoux par terre.*

Étape 3 : Puis les faire aller d'un point à un autre en montrant les codes.
Exemple : Montrer les codes du moulin et du pont ; les enfants doivent aller du moulin au pont. Montrer les codes de la barrière et des bœufs ; les enfants doivent aller de la barrière aux bœufs *en passant* par la maison bleue.

Étape 4 : Ensuite faire traverser le parcours dans le sens de la frise en faisant verbaliser les enfants qui auraient des difficultés de décodage et d'enchaînements.

Étape 5 : Découper la frise de façon à séparer les codes et proposer à un groupe d'enfants de créer un autre parcours en collant, momentanément, les codes, sur un autre support avec de la pâte adhésive (blue-tack). Puis faire traverser le nouveau parcours. Recommencer avec d'autres enfants et aussi en déplaçant les objets de façon à ce que le moulin, la barrière (etc.) ne soient pas aux mêmes endroits.

Étape 6 : Enfin, on peut placer d'autres éléments dans le parcours (pont rouge, cochons, château, etc.). Dans un premier temps, garder les codes précédents. Ce qui implique que les nouveaux éléments ne sont pas traversés. Puis introduire d'autres codes correspondant à ces nouveaux éléments et faire des codages de parcours (voir p. 166) et des décodages de parcours (voir ci-dessus).

Durant l'activité, répartir les enfants en deux groupes :
- 1 groupe qui prépare le codage, le transmet aux autres et vérifie le bon décodage en faisant tinter un grelot à chaque erreur ;
- 1 groupe acteur qui parcourt le trajet en décodant la frise du 1er groupe. Pour faciliter le contrôle du décodage, faire dérouler une pelotte de laine dont le fil sera une représentation du tracé. Puis échanger les rôles des 2 groupes.

Schématisation de la situation

Objectifs par jeu

JEUX	OBJECTIFS
Le parcours sur maquette	• Reproduire sur une maquette les situations vécues dans la mise en situation (p. 173). • Structurer l'espace en fonction des éléments qui le composent : – les limites de la plaque ; – les éléments du parcours ; – le bonhomme qui se déplace. • Prendre conscience de la forme du déplacement, par le tracé obtenu. • Comparer le tracé et le codage, donc coder ce qui a été décodé et comparer les deux décodages pour en vérifier l'exactitude. • Dans le décodage du trajet, respecter les points de départ, d'arrivée et l'ordre des éléments du parcours.
La course des princes	En plus des objectifs précédents : • Réaliser des trajets différents ayant le même point d'arrivée et le même nombre d'éléments. • Lire globalement les constellations du dé ; y associer un nombre de 1 à 6. Respecter l'ordre des nombres. • Jouer à tour de rôle ; accepter de passer son tour.
Variante de la course des princes	• Reproduire les précédentes situations sur un schéma, donc sous une forme plus abstraite.

Parcours sur maquette (pour 3 enfants)

Matériel :

- 1 plaque de carton recouverte d'une feuille Velleda ;
- des feutres effaçables (Velleda), un chiffon ;
- 2 cartes moulins (dont l'une pliée à la base), 2 cartes ponts verts, 2 cartes barrières, 2 cartes maisons bleues, 2 cartes bœufs, 2 cartes pommiers, 2 cartes paillassons-prison ;
- pâte adhésive (blue-tack) ;
- 1 bonhomme Duplo ou Playmobil.

Fixer les cartes pliées sur la plaque de manière à les maintenir en position verticale. Demander à l'un des trois enfants de placer les autres cartes en ordre pour créer un trajet.

L'un des deux autres enfants décode le parcours en déplaçant un bonhomme Duplo ou Playmobil ; l'autre le suit en traçant au feutre le chemin parcouru par le bonhomme.

Faire ensuite comparer le tracé et le codage pour en vérifier l'exactitude.

Puis faire échanger les rôles et faire modifier les emplacements des éléments (moulin, pont, etc.).

Compléter, par la suite, le jeu, avec d'autres éléments qui meubleront le parcours mais qui ne seront pas tous sur le trajet.

La course des princes (4 joueurs)

But du jeu : Être le premier à arriver à la porte de la prison.

Matériel :

- Avec 1 carte pliée seulement par élément et en rajoutant d'autres décors : carte château, carte rivière, carte cochons, carte pont rouge, etc. ;
- des bandes de parcours codés différents avec 6 éléments numérotés (4 bandes au moins)

Exemple :

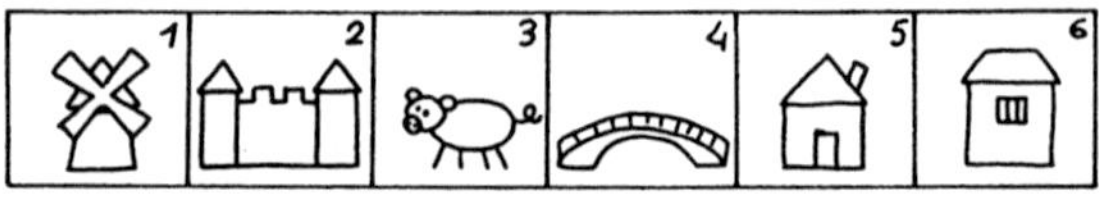

Pour chaque bande, la case 6 sera la prison.

- 4 jetons ;
- 1 dé.

Comment jouer ? Les joueurs prennent chacun un parcours codé et un jeton. Les cases doivent être parcourues dans l'ordre numérique des cartes. Le passage de l'un des points de repère à un autre est donné par le jet de dé. Ainsi, le signal de départ pour chaque enfant est la constellation 1 du dé. Pour enchaîner les autres points du trajet, il faudra obtenir dans l'ordre les constellations du dé (2, 3, 4, 5, 6). Un joueur qui ne réalise pas son souhait passe son tour.

Variante : Reprendre ce jeu sur une plaque où les éléments ne sont pas mobiles mais où ils seront dessinés.

Exemple :

Objectifs par exercice

- Réinvestir les situations des trois jeux précédents.
- Affirmer sa perception de l'espace.
- Mieux maîtriser les activités de codage et décodage de parcours sur des plans sans route et avec routes.

Exercices

1. Rechercher sur le plan tous les chemins possibles pour aller d'un point à un autre, les coder, les décoder avec des couleurs.

2. Rechercher les chemins les plus longs (les plus courts), les coder, les décoder avec différentes couleurs. Comparer les tracés. Demander à des enfants n'ayant pas effectué les tracés de les suivre du doigt et de retrouver les codages correspondants.

3. Faire des parcours sur des plans où sont représentés des chemins.

Exemple de plans à proposer :

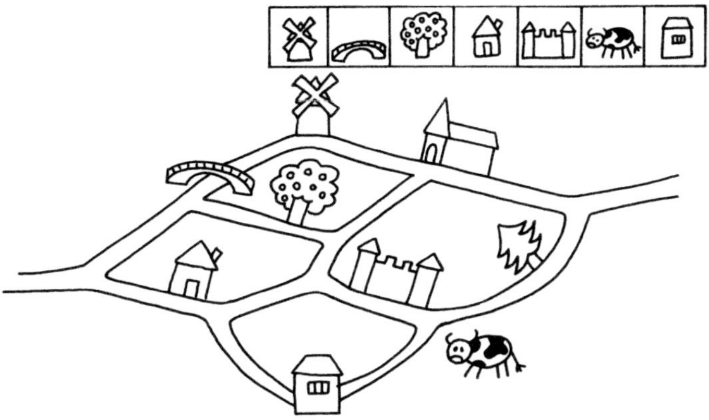

Suivre des chemins au doigt. Les coder. Donner les codages à un camarade qui reproduit le parcours en décodant le message.

Le prince et la princesse

Décrire la page 29 du fichier. Lire la consigne en expliquant les codes de la comptine. Faire pointer sur le dessin chaque élément du code et faire relier les points dans l'ordre par décodage.

Transformer un algorithme

Les bêtises d'un polisson (p. 30)

Les fiches 14 et 15 avaient pour objectifs la reconnaissance d'algorithmes linéaires, leur reproduction, la localisation et la correction des ruptures de règle. Dans cette activité, il s'agit de poursuivre ce travail à l'étude d'algorithmes non linéaires et à leur transformation par modification des éléments les composant.

Compétences et objectifs

Compétences disciplinaires

- Ordonner des objets.
- Situer, repérer, déplacer des objets dans l'espace et le temps.
- Reproduire des enchaînements.
- Mobiliser les connaissances déjà acquises.

Compétences transversales

- Observer, s'interroger, s'exprimer par la parole.
- Se donner des points de repères.
- Discerner des analogies, des différences.
- Faire des choix, les expliquer.

Objectifs

- Reconnaître un algorithme dans un rythme.
- Transformer un algorithme par modification de l'un ou de tous les éléments le constituant.
- Reproduire les transformations sur l'ensemble d'un rythme.
- Reproduire et transformer des algorithmes non linéaires (pavage).

Langage

Objectifs

• Raconter avec ses propres expressions ce qui a été dit. Montrer ainsi sa bonne compréhension de la situation.
• Employer un vocabulaire précis. Situer des formes et des couleurs les unes par rapport aux autres. Nommer les éléments par leur nom.
• Repérer des éléments décoratifs identiques. Reconnaître un rythme dans leur répétition. Réinvestir ainsi les notions acquises lors des fiches 14 et 15.

Situation 1 : Lire la comptine

Le papier est taché.
Maman va se fâcher.
Il faut vite cacher
Les bêtises d'un polisson,
Imaginer des décorations
Et créer des dessins
Pour égayer le papier peint.

Situation 2

Faire résumer le texte de la comptine.

Situation 3

Présenter aux enfants des feuilles ou des rouleaux de papier peint et des papiers cadeaux. Les faire décrire. Faire remarquer les motifs et leur rythme de reproduction. Faire une tache sur un papier au motif simple et demander aux enfants ce que l'on pourrait faire pour décorer le papier comme il est dit dans la comptine (on peut faire d'autres taches, on peut décorer la tache).

Mise en situation

Objectifs par exercice

EXERCICES	OBJECTIFS
Exercice 1	• Reproduire les motifs d'un papier peint : – respecter les formes, les couleurs, les agencements des différents éléments qui composent le graphisme, les orientations, les trajectoires, les espaces ; – reconnaître un algorithme et le reproduire par ligne, par colonne, par translation.
Exercice 2	• Structurer l'espace de la feuille en fonction de la tache, des éléments imprimés. • Développer sa créativité, affiner son graphisme par la répétition régulière des éléments décoratifs ajoutés. • Par la verbalisation, favoriser la prise de conscience des différentes constructions adoptées, de leur rythme ou de leur absence de règle. Par les échanges, développer le patrimoine graphique et les images mentales de chacun.
Exercice 3	• Retrouver sur une feuille des éléments identiques. Les transformer de la même façon en respectant : les formes, les couleurs, les éléments, leur nombre, leur liaison. • Se rendre compte par la verbalisation et la comparaison des effets obtenus. • Vérifier que les règles algorithmiques dans la reproduction des motifs n'ont pas été modifiées. • Appréhender de façon intuitive les notions de translation (déplacement de l'algorithme vers la droite, vers le bas, voir exemple).
Exercice 4	• Mêmes objectifs qu'en 3. • Transformer un algorithme en modifiant deux éléments le constituant.
Exercice 5	• Manipuler une forme géométrique, la déplacer, la retourner, l'orienter. • Créer des configurations simples, les reproduire en respectant sa propre règle. • Par la comparaison et la verbalisation, prendre conscience des différents pavages possibles. • Les reproduire. Retrouver et comprendre leur règle de pavage. • Décorer un pavage. Transformer ainsi l'algorithme créé : – en respectant le rythme donné par les couleurs ; – en superposant un autre rythme indépendant de celui du pavage. • Par la verbalisation, prendre conscience de la correspondance ou de la non-correspondance de ces rythmes. • Par la réalisation d'autres pavages, créer d'autres formes, d'autres rythmes, d'autres combinaisons. Mieux maîtriser les notions mathématiques tout en développant la créativité.

Matériel :

• Échantillons de papier peint ou de papier cadeau où les motifs sont reproduits plusieurs fois.

Exemples :

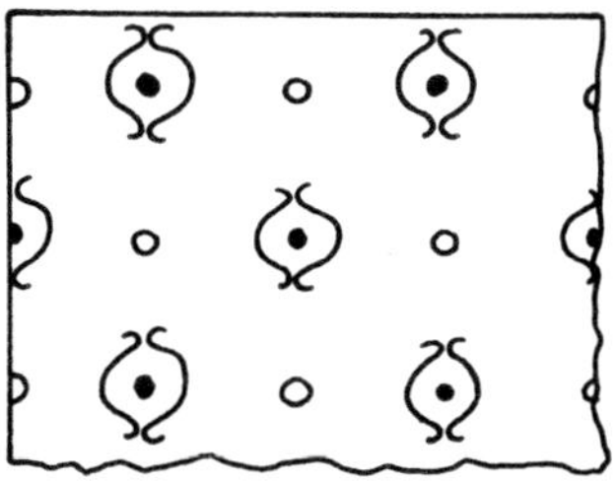

- papier de couleur ;
- peinture ou feutre ou éléments à coller en volume, boules de cotillon, papier froissé, frisé... ;
- grandes feuilles.

Faire observer et décrire chacun des échantillons proposés dans le groupe. Faire découvrir ainsi les règles de reproduction par ligne, par colonne, par morceau.

Exercice 1

Chacun choisit et découpe un échantillon, le colle sur une feuille et tente de reproduire les motifs du papier sur la partie blanche de la feuille.

Exercice 2

Chaque enfant choisit un échantillon, fait une tache dessus et échange son échantillon avec celui d'un camarade ayant fait également une tache. Chacun doit décorer son échantillon.

Faire observer, comparer et décrire les différentes réalisations obtenues. Les classer en fonction des règles choisies par chacun.

→ Aucune règle. Seule la tache a été décorée. Les motifs du papier ont été ignorés.
Exemple :

La tache a été reproduite et fait donc partie du motif et en respecte les règles.

La tache a été reproduite de façon anarchique. Ça ne ressemble plus à un papier peint.

Exercice 3

Donner aux enfants d'un même groupe le même échantillon de papier. Leur demander de choisir un élément du papier, de le décorer. Puis de décorer de façon identique le même élément chaque fois qu'il est reconnu sur l'échantillon.

Faire observer, décrire et comparer les réalisations. Faire vérifier que le rythme n'est pas rompu.

Exemples
(algorithmes)

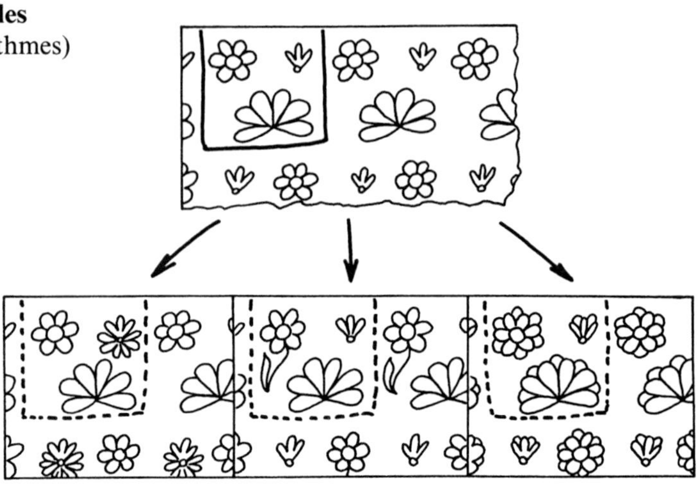

Exercice 4

Même exercice que le 3 en modifiant deux éléments du dessin et en reproduisant ces modifications chaque fois que les dessins sont reconnus.

Exercice 5

Création de papier peint.

Matériel :

- Carrés de papier de 2 couleurs (claires) ;
- feuilles blanches ;
- feutres noirs ou éléments à coller.

Demander aux enfants de paver leur feuile blanche en juxtaposant des carrés de couleur pour faire un papier peint. Leur rappeler donc qu'il est nécessaire de ne pas les coller n'importe comment mais de respecter un ordre, un dessin.

Faire comparer, décrire les résultats et retrouver les règles de reproduction choisies par chacun.

Exemples :

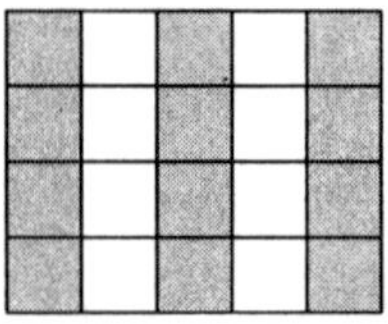

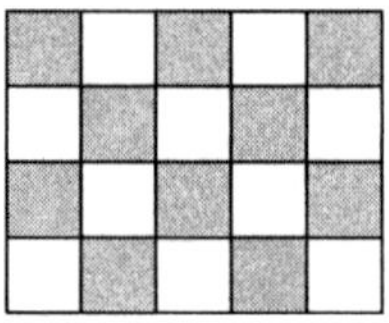

Faire reproduire des pavages.

Faire échanger certaines productions et demander aux enfants de les modifier en ajoutant des éléments décoratifs tracés ou collés. Là encore, la comparaison des résultats a pour but de faire apparaître des règles algorithmiques qui suivent celles du pavage ou qui sont indépendantes d'elles.

Exemples de décorations respectant les règles du pavage :

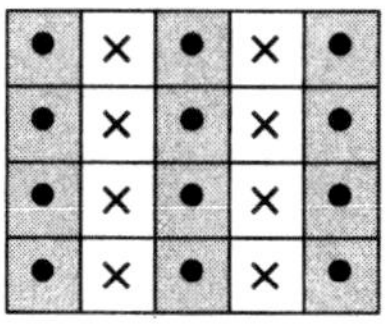

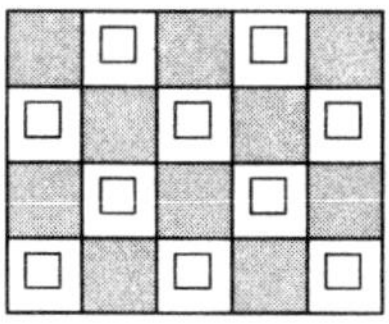

Exemples de décorations ne respectant pas les règles du pavage mais ayant leurs propres règles :

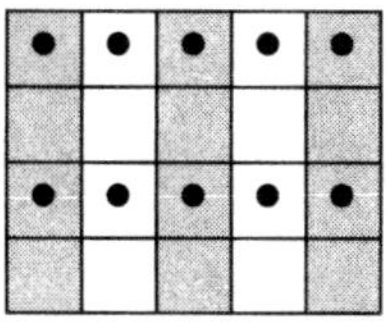

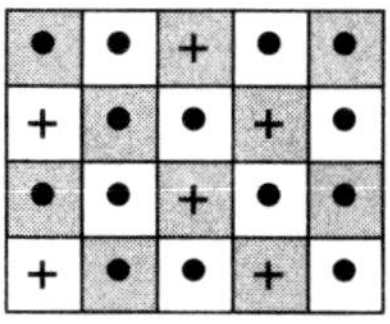

D'autres réalisations à la peinture, au pochoir, permettront aux enfants de mieux maîtriser, respecter et enrichir les règles algorithmiques, tout en affinant leur perception de l'espace et en développant leur créativité.

Schématisation de la situation

Objectifs par jeu

JEUX	OBJECTIFS
Puzzles	• Orienter les pièces pour retrouver les formes et reconstituer le papier peint. • Reproduire un algorithme dans le pavage.
Cachons la tache	• Exercice d'entraînement sous forme de jeu. Le but est de piéger son camarade en rendant la reproduction de la tache difficile. Mêmes objectifs que la mise en situation.
À chacun son papier	• Mêmes objectifs. • Reconnaître un rythme caché sous un autre tracé en superposition.

Puzzles : Reconstitution de feuilles de papier peint

Coller des feuilles de papier peint sur du carton épais. Les découper en morceaux algorithmiques puis faire reconstituer les puzzles ainsi formés.

Jeu à deux : Cachons la tache

But du jeu : Avoir le premier parfaitement caché la tache et décoré sa feuille. Empêcher ainsi le partenaire de retrouver son tracé (= sa tache initiale).
Matériel : 2 feuilles de papier cadeau (ou papier peint) identiques.
Comment jouer ? Chaque joueur fait une tache difficile à reproduire sur sa feuille. Les deux joueurs échangent leur papier et reproduisent la tache en la modifiant (ou non), et en respectant les espaces et les formes de son tracé pour que le partenaire ne retrouve pas sa propre tache.

À chacun son papier (4 joueurs)

But du jeu : Reconnaître son pavage après transformation.

Matériel :

- 4 feuilles blanches ;
- des carrés de papier de 2 couleurs ;
- des feutres ;
- colle.

Comment jouer ? Chaque joueur réalise un pavage en collant selon leurs propres règles les carrés de papier.

Les joueurs rassemblent leurs feuilles, les mélangent faces retournées.

Chacun en prend une au hasard. Ne pas la montrer aux autres et transformer le collage en ajoutant des décorations au feutre (ces décorations devant respecter un rythme particulier et propre à chacun).

Lorsque tout le monde a terminé, les feuilles sont réunies et chacun doit retrouver son collage derrière les décorations.

Les bêtises d'un polisson

Objectifs

Faire observer la page 30 du fichier. Lire les consignes. Faire situer les deux taches. Demander à chacun de reproduire les formes bleue et rose sur une feuille et leur demander d'inventer un graphisme à reproduire sur le cahier. Les deux modèles étant satisfaisants, les faire reproduire sur l'exercice et permettre à ceux qui le souhaitent de rajouter d'autres motifs à condition qu'ils respectent une règle algorithmique.

Inventer un algorithme

Les papiers cadeaux (p. 31)

Compétences et objectifs

Compétences disciplinaires

- Ordonner des objets.
- Situer, repérer, déplacer des objets dans l'espace et le temps.
- Reproduire des figures simples.
- Mobiliser les connaissances déjà acquises.

Compétences transversales

- Faire des choix, les expliquer.
- Développer son sens de l'esthétique et manifester son besoin de créer.
- Contrôler ses réponses par rapport au projet et aux données initiales.
- Mener un travail à son terme.

Objectifs

- Inventer un algorithme.
- Le reproduire en respectant l'ordre des éléments le composant, leur forme, leur orientation et les espaces qu'ils occupent.

Langage

Objectifs

- Raconter ce qui a été dit avec ses propres mots.
- Faire appel à ses connaissances pour comprendre et expliquer une situation, une organisation.
- Élaborer un projet. Faire des choix, les expliquer en utilisant un vocabulaire précis.

Situation 1 : Lire la comptine

Maman a aimé
Le nouveau papier décoré.
Elle a demandé
Au polisson flatté
D'inventer de beaux papiers
Pour envelopper les cadeaux
D'anniversaire de Thibaud.

Situation 2

Faire résumer le texte de la comptine. Faire le lien avec le texte de la fiche précédente. Demander alors aux enfants de rappeler ce que la comptine disait et les activités qui ont pu être développées. On peut à cette occasion faire une nouvelle lecture, des papiers peints, et des pavages décorés au cours des travaux précédents.

Situation 3

Proposer aux enfants d'inventer eux aussi de beaux papiers pour envelopper des cadeaux (pour les correspondants, pour les autres classes, pour la maison). Faire ainsi construire un projet des réalisations possibles par :
- marquage (peinture, feutre...) ;
- collage.

Mise en situation

Objectifs

• Inventer un algorithme. Le reproduire en respectant l'ordre des éléments qui le composent, leur forme, leur agencement, leur position, leur orientation, leur couleur.
• Paver une feuille à l'aide de bandes algorithmiques. Respecter un ordre dans le collage.
• Retrouver l'algorithme dans un rythme créé par un autre. En vérifier la bonne reproduction.
• Créer, enrichir, développer sa créativité par le réinvestissement des formes et des constructions rencontrées à d'autres situations.
• Structurer l'espace feuille en fonction de son projet graphique.
• Inventer des algorithmes différents pour paver une feuille. Respecter l'ordre des éléments d'un algorithme. respecter l'alternance des rythmes sur la feuille. Les élèves ont déjà inventé des rythmes de pas, des rythmes musicaux, des rythmes graphiques (fiches 14, 15) ; poursuivre ces exercices.

Situation 1

Leur proposer de créer et de reproduire deux fois sur des bandes, 2 rythmes linéaires différents à partir de 2 formes.

Les faire coller en les alternant.

Exemples :

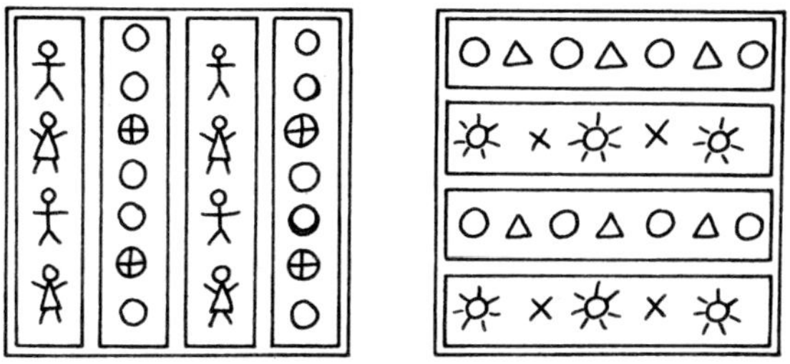

Faire observer, décrire et comparer les résultats. Pour chaque feuille, faire retrouver les algorithmes et vérifier qu'ils ont été bien reproduits. Faire relever et corriger les erreurs éventuelles.

Situation 2

Proposer des activités identiques, à la peinture, au feutre, par collage d'éléments, sur 3, puis 4 double-bandes aux motifs différents.

Situation 3

Faire varier également le nombre et l'organisation des motifs d'un algorithme. Pour cela, se servir des créations enfantines pour rechercher d'autres graphismes et d'autres compositions possibles.

Exemple avec 2 formes ○ △ : faire rechercher toutes les combinaisons possibles :

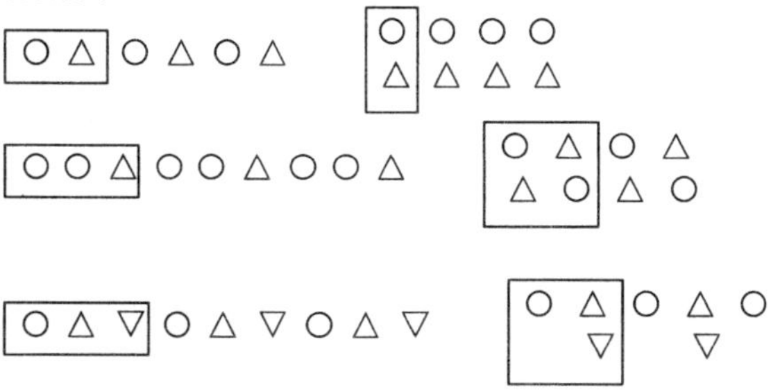

Réinvestir également les codages rythmiques créés en musique et les faire modifier, les enrichir d'autres formes.

Exemple : △ triangle ‖ claves.

Rythmes modifiés

Rythme initial :

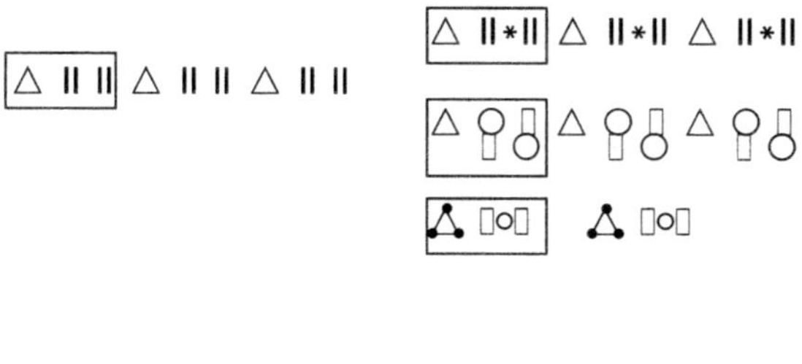

Situation 4

Le pavage en rythme des bandes (donc des rythmes linéaires) a favorisé la recherche d'une organisation et d'une alternance des motifs, plus riches et originales.

La description et la comparaison des réalisations ont permis à chacun de prendre conscience des différentes possibilités graphiques et des constructions spatiales possibles. Les enfants vont donc enrichir leurs créations des idées des autres par les images mentales qu'elles ont pu engendrer.

Leur proposer alors d'inventer des rythmes sur une grande feuille et non sur bande, mais en respectant une certaine alternance des « lignes graphiques ». Ceci pour créer leurs propres papiers cadeaux. Prévoir avant l'exercice les formes et les alternances sous forme de projet.

Faire comparer les résultats, retrouver les règles algorithmiques et vérifier le bon respect de leur reproduction.

Exercices graphiques de création et de consolidation des notions

Objectifs

En plus des objectifs de la mise en situation :

• Permettre à chacun d'affiner sa maîtrise des notions tout en favorisant la créativité et le plaisir de « faire » sur des supports variés auxquels il faut s'adapter. Donc, structurer les espaces à aménager en fonction :

- des zones frontières et de leur nombre ;
- des motifs des algorithmes ;
- du nombre d'algorithmes différents.

• Proposer des créations de papier cadeau sur des feuilles de formats différents aménagées ou non. Insister sur la nécessité de respecter un rythme dans l'alternance et l'ordre des motifs.

Exemples de feuilles à décorer :

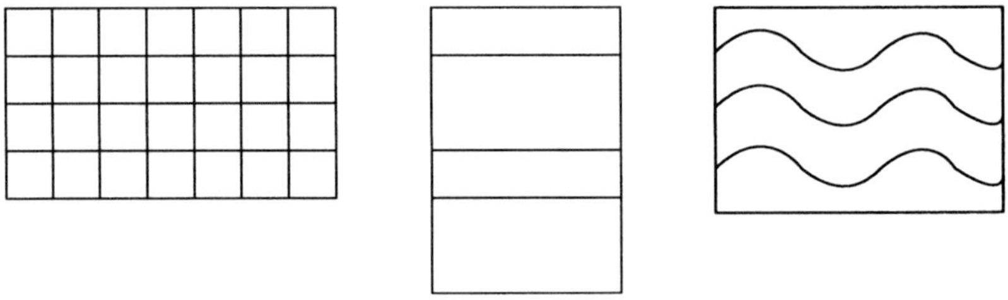

Puis faire, comme dans les situations précédentes, comparer les résultats, retrouver les règles de reproduction et vérifier leur respect.

Exemples pour un même support :

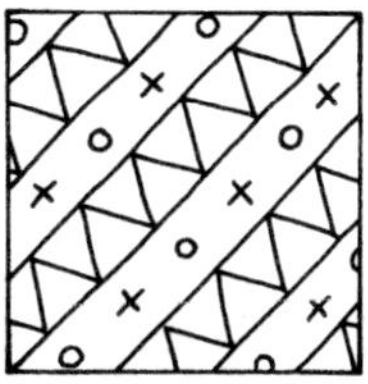

- alternance des lignes 2 à 2 ʍʍ / • +
- 1ere ligne : 1 graphisme continu ʍʍ
- 2e ligne : 2 graphismes alternés • +

- alternance de 3 lignes ⊙ ● / /
- 1ere ligne alternance de 2 graphismes ⊙ ●
- 2e ligne graphisme continu décoré en alternance
- 3e ligne inversion de la 2e ligne.

Les graphismes et constructions jugés trop pauvres, pourront être enrichis par d'autres formes (voir *les bêtises d'un polisson*, p. 178 : Transformer un algorithme).

Les papiers cadeaux

Observer et décrire la page 31 du fichier. Lire la consigne. Procéder par papier cadeau :

- nouvelle description et localisation des zones à décorer ;
- recherche sur papier libre de graphisme et création de un, deux, trois algorithmes par feuille ;
- reproduction sur le cahier ;
- comparaison du projet initial et du résultat avant de passer au 2e papier cadeau.

Tracer un quadrillage

Un oiseau en cage (p. 32)

Compétences et objectifs

Compétences disciplinaires

- Utiliser quelques techniques et quelques instruments.
- Situer, repérer et déplacer des objets par rapport à des repères fixes.
- Coder, décoder un déplacement.

Compétences transversales

- Se situer dans un espace familier.
- Parcourir un itinéraire simple.
- Réaliser des représentations simples de l'espace et s'y situer.

Objectifs

- Tracer des lignes droites, verticales et horizontales, avec une règle, pour former un quadrillage.
- Structurer l'espace quadrillage (repérer des lignes, des points, des cases).
- Préparer les activités de reproduction, de codage et décodage, de déplacement dans un quadrillage.

Langage

Objectifs par situation

SITUATIONS	OBJECTIFS
2	• Résumer un texte lu. • Manifester sa bonne compréhension ou son incompréhension de la situation.
3	• Décrire une image, formuler des phrases simples construites avec un vocabulaire précis.
4	• Développer son besoin de créer. • Réinvestir des connaissances pour le choix des matériaux, des techniques.

Situation 1 : Lire la comptine

Un oiseau est en cage,
Derrière un beau quadrillage,
Aux lignes verticales
Et aux lignes horizontales.
Là, où les lignes se croisent
Naît un soleil rose.

Situation 2

Demander aux enfants de raconter la comptine. Faire expliquer ou expliquer ce que sont des lignes horizontales, verticales et ce qu'est un quadrillage.

Situation 3

Faire observer des quadrillages (photo de clôture, dessin de galettes...).

Situation 4

Leur proposer alors de rechercher toutes les façons de faire un quadrillage :
- tracer des lignes au feutre, à la peinture... à main levée, à la règle ;
- coller des bandes de papier, de laine, de fil de fer, de cure-pipe...
- modeler des colombins de pâte à sel, de papier aluminium...
- faire des empreintes dans le sable, la terre, au pochoir...

Mise en situation corporelle

Objectifs généraux

- Travailler en coopération.
- Comprendre et exécuter une consigne.
- Par la verbalisation, prendre conscience des résultats d'une action dans l'aménagement d'un espace.
- Structurer l'espace construit en fonction :
  - des limites de la pièce ;
  - des fils tendus ;
  - des cases obtenues ;
  - des nœuds qui sont les croisements des fils.
- S'orienter dans cet espace, respecter, modifier des trajectoires.

Objectifs par jeu

JEUX	OBJECTIFS
Pavage de cases et jeu des soleils	• Repérer, situer des cases du quadrillage. • Comprendre la notion d'égalité des quantités (*autant que*) de joueurs et de points sur le dé. • Compter et comparer des quantités pour déterminer l'équipe gagnante.
Jeu des soleils	• Repérer et situer les nœuds du quadrillage.

Matériel :

- Pelotes de grosse laine de 2 couleurs ;
- scotch ou blue-tack.

Dans la salle de jeu, répartir les enfants en deux groupes. Attribuer à chaque groupe une couleur correspondant aux couleurs des pelotes de laine. Demander à l'un des groupes de tendre des fils de laine d'un bout à l'autre de la salle et de les fixer avec du scotch ou du blue-tack.

Le travail terminé, demander aux enfants de l'autre groupe de tendre également des fils, dans l'autre sens et de les fixer au sol.

Faire observer et décrire le quadrillage ainsi formé et proposer des jeux de déplacement.

Exemple :

- *Sauter de case en case n'importe comment, en suivant une trajectoire* (horizontale, verticale, oblique).
- *Marcher doucement sur les lignes* (fils) *dans un sens seulement* ou *en changeant d'orientation.*
- *Aller d'un nœud à l'autre* (croisement de lignes).

Organiser des jeux dans l'espace formé.

Jeu de pavage des cases

But du jeu : Être la première équipe à avoir placé tous ses joueurs dans les cases du quadrillage.

Matériel :

- 4 lots de foulards ou bandeaux de carton de 4 couleurs différentes pour différencier les équipes de joueurs ;
- 1 gros dé.

Comment jouer ? Répartir la classe en quatre groupes. Distribuer les foulards. À tour de rôle, un joueur de chaque groupe lance un dé. Le nombre obtenu détermine le nombre de joueurs de chaque équipe qui doit se placer sur les cases du quadrillage. Si le nombre de joueurs est supérieur au nombre de cases, placer 2 joueurs par case.

Jeu des soleils

But du jeu : Être la première équipe à avoir placé tous ses soleils sur les nœuds du quadrillage.

Matériel :

- Des soleils de papier (1 par enfant) de 4 couleurs différentes, qui pourront être rapidement dessinés par les élèves ;
- 1 gros dé.

Comment jouer ? Répartir les enfants en 4 équipes de couleur. Donner à chacune d'elles des soleils correspondant à leur couleur. À tour de rôle, un joueur de chaque équipe lance le dé. Le nombre de points obtenus détermine le nombre de soleils à placer sur les nœuds. Comme précédemment, plusieurs soleils peuvent être placés sur les nœuds s'il n'y a plus de nœud libre.

Objectifs par situation

SITUATIONS	OBJECTIFS
Activités créatrices	• Développer la créativité en réinvestissant dans cette situation des graphismes et des constructions par collage déjà réalisés ou produits par d'autres. • Affiner sa perception de l'espace quadrillage. • S'appuyer sur cette connaissance de l'espace quadrillage pour réaliser des rythmes à l'intérieur des cases et/ou sur les nœuds. • Tracer des lignes droites, verticales et horizontales. Régulariser et espacer les tracés. Respecter les trajectoires.
Tracés à la règle	• Tracer des lignes droites, verticales et horizontales à la règle. • Avoir parfaitement intégré la structure spatiale du quadrillage pour respecter dans le tracé les espaces entre les lignes et l'orthogonalité de celles qui se croisent. **Exercice 1** • Tracer des lignes droites en respectant la trajectoire des lignes collées. Donc, apprendre à bien placer sa règle sur l'élément de référence et à l'y maintenir durant le tracé. • Se servir des bandes collées verticalement comme points de repère. • Évaluer le milieu approximatif entre 2 bandes pour placer sa règle et guider le tracé vertical. **Exercice 2** • Tracer un quadrillage à la règle. • Espacer régulièrement les lignes en se servant de la largeur de la règle et du précédent tracé comme point de référence. • Guider l'orientation de la règle en se servant des bords droits de la feuille et des lignes précédemment tracées. **Exercice 3** • Tracer un quadrillage en orientant la règle et le tracé dans le même sens que les plis obtenus par pliage. • Situer les cases et les nœuds du quadrillage tracé.
Les jeux	• Réinvestir les notions étudiées dans la fabrication et le déroulement des jeux vécus.

Activités créatrices

Toutes les activités suggérées en langage peuvent être proposées.

Elles permettent un travail de coordination des mouvements mais aussi de structuration de l'espace quadrillage qui sera réinvesti dans *L'apprenti-peintre* (p. 96) et *Perdue dans la ruche* (p. 202).

La simple construction de quadrillages n'est pas très motivante. Faire un travail de recherche esthétique à partir des quadrillages réalisés.

Quelques exemples de travaux :
Collage de bandes de papier (ou tissage) et décoration des cases et des bandes par graphisme ou collage d'autres éléments selon un rythme déterminé.

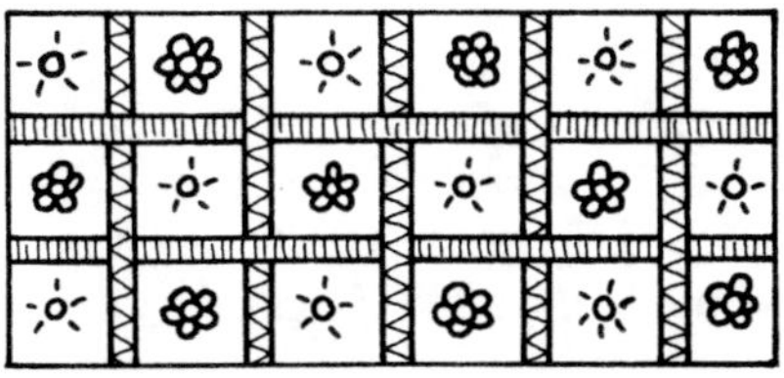

Sur une plaque de carton, faire des encoches. Entourer de fil passant par les encoches. Tirer un autre fil dans l'autre sens. À chaque croisement de fil, faire un nœud à boucle (apprendre ainsi à nouer ses lacets de chaussures).

En traçant avec des encres de couleurs des quadrillages, faire un travail sur les mélanges de couleurs (*avec des lignes verticales rouges et des lignes horizontales jaunes, on obtient des nœuds oranges*).

Tracés à la règle

Les enfants ont appris à tracer des lignes droites en se servant d'une règle (*Monsieur Droit*, p. 142). Ils ont pu relier des points, tracer des longueurs croissantes, décroissantes.

Pour tracer un quadrillage, ils tracent des lignes verticales, de même longueur et les croisent avec des lignes horizontales toutes identiques, en respectant des espaces et une certaine orthogonalité. Ils affinent donc leur maîtrise de l'outil tout en appréciant les distances et les orientations. Proposer aux élèves des exercices leur permettant de guider leurs tracés.

Exercice 1 :
Matériel par enfant : 1 feuille 21×29,7 cm, 7 bandes de papier de 3×29,7 cm d'une couleur, 5 bandes de papier de 3×21 cm d'une autre couleur, 1 règle, 1 gros feutre noir.

Demander aux enfants de coller bord à bord horizontalement les 7 bandes. Puis tracer avec une règle une ligne à chaque jointure entre deux bandes. Coller verticalement les 5 bandes restantes en les espaçant. Faire tracer une ligne verticale à la règle au milieu de chaque espace entre deux bandes.

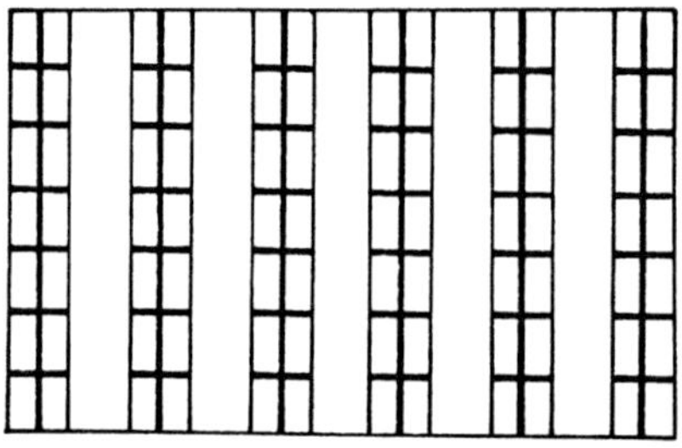

Exercice 2
Matériel par enfant : 1 feuille 21×29,7 cm, 1 règle plate, des gros feutres, gommettes.

Tracer un quadrillage, en se servant de la largeur de la règle pour espacer les lignes. Commencer par les lignes verticales (celles qui sont tracées sur la largeur de la feuille). Faire placer la règle le long de la largeur gauche de la feuille sur le bord droit de la règle. Puis déplacer la règle de manière à faire correspondre son bord gauche et le trait déjà tracé. Puis faire tracer la seconde ligne verticale. Continuer ainsi et procéder de même pour les lignes horizontales. Coller une gommette à chaque nœud du quadrillage. Faire compter les gommettes utilisées, et faire comparer les résultats pour déterminer les enfants qui ont commis des erreurs.

Exercice 3 :
Matériel par enfant : 1 feuille 21×29,7 cm, 1 règle, des gros feutres.

Plier une feuille en éventail, puis la déplier et tracer à la règle sur chaque pli une ligne droite. Recommencer en pliant la feuille dans l'autre sens pour obtenir un quadrillage. Décorer chaque case ou chaque nœud.

Les jeux

Les jeux de pavage des cases ou des soleils présentés lors de la mise en situation peuvent être repris. Les enfants représentent sur une grande plaque de carton un grand quadrillage et fabriquent des jetons et/ou des soleils de 4 couleurs différentes. Reprendre les règles de ces situations qui se jouent à 4, avec un certain nombre de jetons à placer par personne.

Un oiseau en cage

Relire la comptine puis décrire la page 32 du fichier. Puis déduire les consignes. Faire l'exercice.

Reproduire un quadrillage

L'apprenti-peintre (p. 33)

Compétences et objectifs

Compétence disciplinaire

• Situer, repérer et déplacer des objets par rapport à des repères fixes.

Compétence transversale

• Restituer et réorganiser les informations réunies.

Objectifs

• Construire des quadrillages par collage ou tracés.
• Structurer l'espace quadrillage en fonction des lignes, des points, des cases.
• Reproduire les éléments placés dans un quadrillage sur un autre parfaitement identique.

Langage

Objectifs par situation

SITUATIONS	OBJECTIFS
2	• Rechercher le sens d'un texte lu en reliant et en analysant les hypothèses tirées de la compréhension de mots parfaitement maîtrisés. • Apprendre à repérer les mots-clés qui aident à éclaircir le sens du texte.
3	• Reformuler un texte avec ses propres mots. Comprendre une situation en recherchant des indices à l'oral et dans l'écrit qui a été lu.

Situation 1 : Lire la comptine

Comme ce tableau est beau !
Si tu veux, toi aussi
Que ton dessin soit réussi
Place un quadrillage
Sur ta page,
Et l'autre sur le tableau.
Maintenant réfléchis
Puis recopie.

Situation 2

Demander aux enfants de raconter la comptine avec leurs propres mots. Certains termes ne seront pas compris. Faire découvrir le sens par l'analyse des autres mots employés :

– *Que fait le personnage de l'histoire ?*
– *Que sont de faux tableaux ?*
– *Il met des lignes ? Quelles lignes ?*

Situation 3

Résumer ce qui a été dit pour vérifier le niveau de compréhension du groupe après relecture de la comptine.

Mise en situation corporelle

Objectifs par jeu

JEUX	OBJECTIFS
Le tableau vivant	• Structurer l'espace construit en fonction des limites de la pièce, des fils tendus, des cases obtenues, du papier crépon. • Bien différencier les deux quadrillages. Situer dans chacun d'eux la première case. • Par les jeux de déplacement, s'orienter et mieux appréhender les deux espaces quadrillages. • Aménager un quadrillage en se positionnant seul ou avec d'autres sur une des cases. Se situer par rapport aux autres. • Prendre une pose et ne plus bouger, montrer sa tonicité et sa patience. • Repérer un enfant situé sur le quadrillage qui a le même bandeau que soi. • Situer sa position dans le tableau par rapport aux limites, aux fils, au papier crépon, au nombre de cases et par rapport aux autres enfants qui ont une place dans le tableau. • Retrouver la même position dans l'autre tableau (emplacement et pose). • Accepter les remarques du groupe d'observateurs. Écouter et comprendre leurs remarques pour corriger ses erreurs. • Comparer des formes, des emplacements... • Lors de la description des erreurs, utiliser un vocabulaire spécifique (prépositions d'ordre spatial, nombre désignant la quantité de cases).
Le tableau moderne	• Mêmes objectifs que le jeu du tableau vivant. • Situer des éléments les uns par rapport aux autres. • Adapter un vocabulaire à cette nouvelle situation. **Variante** • Comparer deux quadrillages pour trouver les différences. Situer le plus rapidement possible les éléments entre eux et par rapport aux lignes et aux cases vides des quadrillages. • Repérer les erreurs de formes et de compositions. 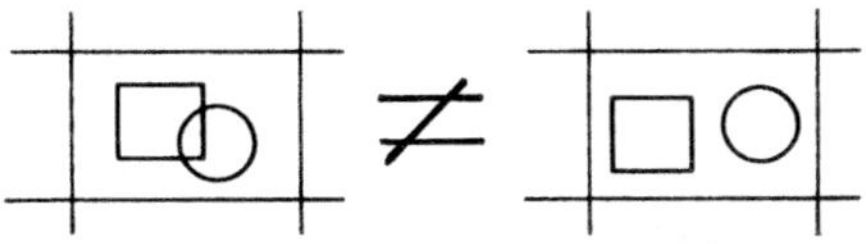

Le tableau vivant

Matériel :
- Pelotes de grosse laine de même couleur ;
- scotch ou blue-tack ;
- papier crépon ;
- rubans de 2 couleurs différentes.

Faire tendre les fils pour construire un quadrillage posé au sol (voir la mise en situation *Un oiseau en cage*, p. 190). Prévoir dans un sens un nombre de fils impair pour pouvoir diviser le grand quadrillage en deux moitiés identiques. Pour cela, dérouler un ruban de papier crépon assez large, que l'on fixe sur le fil du milieu. Pour délimiter le terrain, dérouler sur le périmètre de l'aire de jeu, d'autres rubans de papier crépon.

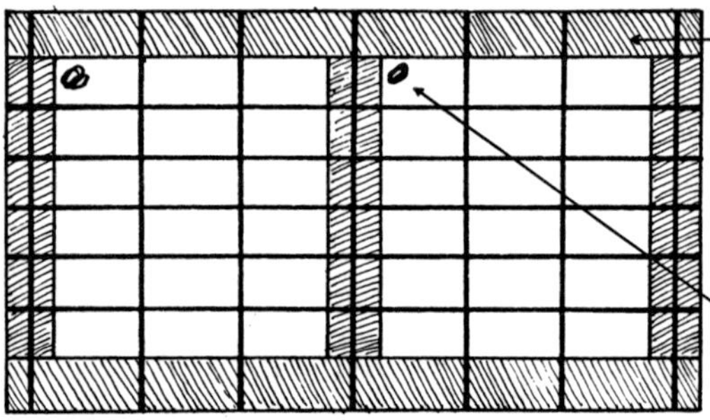

Faire des jeux de reconnaissance des deux quadrillages : marcher sur un quadrillage. Au signal changer de quadrillage (*Un oiseau en cage*, p. 190).

Répartir les élèves en trois groupes identiques :
- groupe 1 : les observateurs ;
- groupe 2 : pour faire un tableau vivant dans le premier quadrillage ;
- groupe 3 : pour reproduire le tableau dans le 2e quadrillage.

Donner aux enfants des groupes 1 et 2, le même nombre de rubans de même couleur. Faire mettre les rubans en bandeaux sur le front afin qu'ils soient bien visibles.

Proposer aux enfants du groupe 2 de se placer dans les cases de leur quadrillage. Préciser qu'ils peuvent laisser des cases vides et que plusieurs enfants peuvent se placer dans une même case. Chaque enfant ayant trouvé une place, leur suggérer de prendre une pose et de ne plus bouger. Demander aux enfants du groupe 3 de reproduire le tableau du groupe 2, en se plaçant aux mêmes endroits et en prenant les mêmes poses. Mais avant, leur suggérer de nommer l'enfant que chacun a décidé de prendre pour modèle. Demander aux observateurs (groupe 1) de comparer le tableau obtenu avec le modèle, et de déceler les erreurs en les argumentant. Plusieurs types d'erreurs : erreurs de case, de reproduction d'une pose, de compositions (nombre et agencement de plusieurs joueurs en une pose), de couleur de rubans, de reproduction par symétrie.

Lors des essais de corrections, souligner la difficulté qu'il y a à repérer les cases. Faire verbaliser les difficultés et les procédures de résolution. Situer la 1ere case de chaque tableau dans le cas des reproductions par symétrie.

Exemple : *Je dois être sur la même ligne que lui. Il est dans la 2e case. Je me mets aussi dans la 2e case.*

Proposer aux enfants d'utiliser un coussin ou un autre enfant pour les remplacer sur la case, et permettre ainsi de faire des aller-retour d'un quadrillage à l'autre pour trouver son bon emplacement par des prises de point de repère successives. Recommencer le jeu plusieurs fois en permutant les rôles de chacun des 3 groupes.

Le tableau moderne

Même disposition que le jeu du tableau vivant. Les joueurs sont remplacés par des formes géométriques découpées dans des feuilles de papier Canson de couleurs différentes. Les élèves sont répartis en 3 groupes.

Chaque enfant du 1er groupe reçoit une forme qu'il va placer dans le 1er tableau. Les enfants du 2e groupe reçoivent les mêmes formes qu'ils doivent placer aux mêmes endroits dans le 2e tableau. Le 3e groupe observe et donne son avis sur les compositions. Faire permuter les rôles des trois groupes.

Proposer le jeu des 4 erreurs et de la course à l'erreur. Faire placer les formes géométriques dans les tableaux pour qu'ils soient parfaitement identiques. Faire retourner les enfants afin qu'ils ne voient plus les quadrillages. Demander alors à un élève de modifier dans l'un ou l'autre des quadrillages l'emplacement et les agencements de 4 cases. Le travail terminé, les autres doivent retrouver les erreurs et les corriger. Le jeu étant bien compris, organiser une course à l'erreur : les enfants sont répartis en 4 équipes. L'enseignant, à leur insu, modifie une des cases d'un quadrillage. La première équipe qui a trouvé et corrigé l'erreur gagne un point.

Schématisation de la situation

Objectifs par jeu

JEUX	OBJECTIFS
Le tableau vivant	• Situer les cartes les unes par rapport aux autres dans le premier tableau. • Retrouver les cartes correspondantes. Différencier les positions du ou des bonshommes et opérer ainsi un tri de cartes. • Reproduire dans le deuxième tableau les cases du premier. • Faire des choix et les expliquer en utilisant un vocabulaire d'ordre spatial. • Tenir compte de plusieurs points de repère pour déterminer la position d'une carte : nombre de cases dans une colonne (une ligne), position des cartes déjà placées, détermination des cases blanches.
Le tableau moderne	• Situer les formes les unes par rapport aux autres. • Retrouver leur place dans le second tableau. • Respecter les positions et les agencements des formes pour une même case. • Réinvestir les notions d'espace : *devant, derrière, sous, sur, entre, au milieu...*
Le tableau-dictée	• Par la verbalisation et la description, prendre conscience des positions des éléments entre eux, tenir compte de plusieurs éléments : position/orientation, nombre de cases, forme et nombre de formes par case. • Employer un vocabulaire précis pour être compris. Se rendre compte des imprécisions par les interrogations des autres joueurs. • Comprendre les indications. En tenir compte. Mémoriser et appliquer plusieurs données. • Affiner sa perception de l'espace quadrillage.
Jeux graphiques	• Reproduire graphiquement les formes et décorations. • Développer, affiner la motricité fine.

Le tableau vivant (4 joueurs)

But du jeu : Reproduire ensemble les cases d'un tableau.
Matériel :

- 12 photos ou 12 cartes en double représentant les enfants ou des bonshommes dans différentes poses.

Quelques modèles :

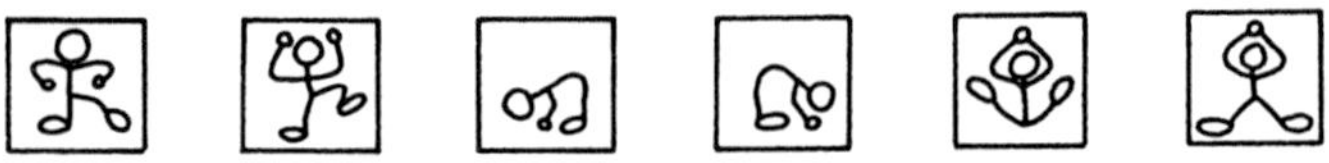

- Deux feuilles quadrillées dont les cases correspondent aux dimensions des cartes ou des photos.

Comment jouer ? Un des joueurs prend 6 cartes parmi les 12 et les place sur le tableau. Les cartes non placées sont écartées du jeu. Les doubles des cartes, y compris les doubles des cartes éliminées, sont placés devant les autres joueurs. À tour de rôle, chacun tire une carte et la place dans le deuxième tableau, s'il ne s'agit pas d'une carte éliminée. Dans le cas contraire, il la remet dans la pioche et passe son tour. Faire verbaliser les décisions et les positions.

Le tableau moderne (3 joueurs)

But du jeu : Être le premier à avoir reproduit le tableau d'un joueur pour gagner un pion. Celui qui a le plus de pions à la fin du jeu a gagné.
Matériel :

- 3 quadrillages d'une vingtaine de cases ;
- 15 disques rouges
- 15 carrés verts
- 15 triangles bleus

} aux dimensions des cases des quadrillages.

- pions.

Comment jouer ? Chaque joueur reçoit un quadrillage et 5 disques, 5 carrés, 5 triangles. Le premier joueur place ces formes sur son quadrillage. Lorsqu'il a terminé, il le soumet aux autres qui doivent le reproduire le plus rapidement possible. Le premier à avoir terminé gagne un pion. Puis recommencer avec un deuxième joueur qui propose son modèle.

Un exemple de construction :

■	●		△	●
●	△	■		
●			●	△
■	△	■	△	■

Réduire le nombre de formes et la taille des quadrillages pour les enfants qui éprouvent plus de difficultés à situer et agencer les formes. Puis étendre au fur et à mesure de leurs progrès le nombre de cases à remplir.

Le tableau-dictée (4 joueurs)

But du jeu : Placer des éléments sur un quadrillagee en respectant les indications données par un autre joueur.
Matériel :

- 4 quadrillages de 9 cases ;
- 8 ronds rouges
- 8 carrés verts
- 8 triangles bleus

} aux dimensions des cases des quadrillages.

- 1 paravent (grand livre ou plaque de carton).

Comment jouer ? Chaque joueur prend un quadrillage, 2 ronds, 2 carrés, 2 triangles. Un premier joueur place ses formes sur son quadrillage. Puis il le décrit sans le montrer aux autres, qui doivent le reproduire, en respectant les indications données. Faire comparer les résultats.

Jeux graphiques

Exercice 1 :
Matériel : 1 feuille blanche, des bandes de couleur aux dimensions de la feuille (pour former un quadrillage), des feutres.

Plier la feuille en deux. Faire coller les bandes de manière à obtenir deux quadrillages identiques. Demander aux enfants de décorer les cases du premier quadrillage et de reproduire dans l'autre et de façon identique les cases décorées.

Exercice 2 (par groupe de 2) :
Matériel : 2 feuilles 21×29,7 cm, règle, crayon de papier, feutres.

Demander aux enfants de tracer deux quadrillages parfaitement identiques en espaçant les lignes régulièrement. Prendre la largeur de la règle comme point de repère.

Faire colorier et/ou décorer quelques ou toutes les cases de l'un des quadrillages. Demander aux enfants d'échanger leurs feuilles et leur faire reproduire ce qu'ils voient du quadrillage de leur voisin sur la deuxième feuille.

L'apprenti-peintre

Observer et décrire la page 33 du fichier (couleurs, formes, positions, nombre d'éléments). Lire la consigne.

Faire situer la première case de chaque tableau : celle où se trouve un angle colorié, situé là pour éviter les reproductions par symétrie. Puis procéder à l'exercice.

Coder un déplacement sur quadrillage

Perdue dans la ruche (p. 34)

Dans des activités précédentes, les enfants ont appris :
- *à se repérer et à construire les espaces d'évolution ;*
- *à coder et décoder des déplacements en utilisant des repères fixes de l'espace ;*
- *A présent, les enfants abordent le codage d'un déplacement sur quadrillage en n'utilisant plus des éléments figuratifs mais un code intermédiaire : la flèche directionnelle.*

Compétences et objectifs

Compétences disciplinaires

- Mobiliser les connaissances déjà acquises.
- Situer, repérer et déplacer des objets par rapport à des repères fixes.
- Coder, décoder un déplacement.

Compétences transversales

- Faire des choix, les expliquer.
- Réaliser des représentations simples de l'espace et s'y situer.
- Restituer et réorganiser les informations réunies.

Objectifs

- Structurer l'espace quadrillage (repérer des lignes, des points, des cases).
- Coder un déplacement au moyen de flèches et de nombres.

Langage

Objectifs par situation

SITUATIONS	OBJECTIFS
1	• Manifester son désir d'apprendre. Découvrir d'autres cycles de vie, d'autres modes de reproduction, de déplacements, d'alimentation, de communication. • Enrichir son vocabulaire de mots propres à cette étude.
3	• Raconter avec ses propres mots ce qui a été dit. Se servir des images mentales tirées de l'étude des documentaires pour comprendre une situation.

Situation 1

Montrer aux enfants des images ou un documentaire sur la vie des abeilles. Travailler sur la ruche, son fonctionnement, la vie et les métiers de l'insecte.

Situation 2 : Lire la comptine

Une abeille perdue
Dans la ruche.
Ne sait plus par où passer
Pour l'aider à retrouver ses amies.
Dessine un plan maintenant.

Situation 3

Demander aux enfants de raconter la comptine. Leur faire expliquer que les casiers sont les alvéoles dans lesquels se trouvent les œufs, le miel. En s'aidant de gravures et de graphismes leur faire expliquer ce qui est arrivé à l'abeille.

Mise en situation corporelle

Objectifs par situation

SITUATIONS	OBJECTIFS
Recherche d'un codage par direction	• Répondre au besoin de mouvement. Par les déplacements, découvrir l'espace, ses possibilités d'actions et se créer des points de repères en fonction des cases, des espaces les séparant. • Donner des ordres de déplacements verbaux. Employer un vocabulaire adéquat. Comprendre ce vocabulaire, le respecter. • Prendre conscience de la nécessité de prendre en compte deux données pour faire exécuter un mouvement. • Comprendre et respecter le sens des flèches pour indiquer une direction, le plan de lecture (vertical, horizontal). • Comprendre et respecter l'association nombres et flèches.
Recherche d'un codage par déplacement	• Réinvestir les notions de la recherche d'un codage par direction pour coder des enchaînements et des déplacements introduisant des changements de direction. • Tenir compte des points de départ. • Effectuer un parcours. Le tracer et prendre conscience de sa forme et des orientations qu'il prend. • Coder un parcours par étapes en respectant le sens et le nombre de cases parcourues ainsi que l'ordre des étapes. • Décoder le parcours effectué. Vérifier ainsi le codage.
Tous les chemins mènent à Rome	• Comprendre que plusieurs routes peuvent relier des points. Coder ses différents chemins. • Décoder des chemins codés par d'autres, respecter le nombre de cases ou nœuds parcourus et le sens des directions empruntées.

Dans la salle de jeux
Matériel :
- Carrés de carton récupéré de 50 cm de côté en nombre suffisant pour paver la salle de jeux tout en les séparant pour former des couloirs (donc un quadrillage) ;
- blue-tack ou scotch pour fixer les cartons sur le sol.

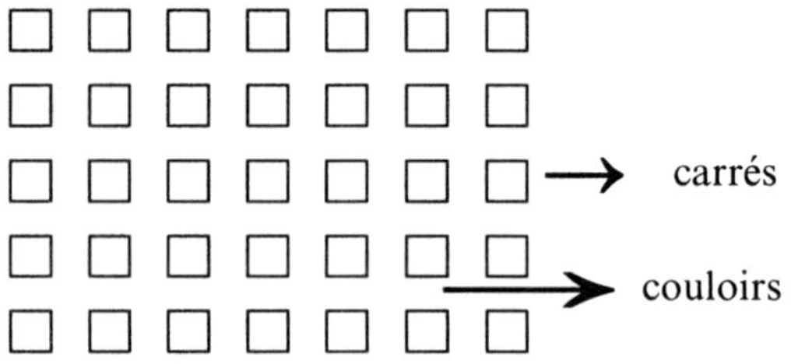

Recherche d'un codage par direction

Faire observer et décrire l'espace aménagé par les carrés parfaitement alignés.

Laisser les enfants le parcourir librement en variant les modes de déplacement. Faire décrire les actions et les espaces parcourus.

Demander aux élèves de se déplacer entre les carrés.

Déplacements sur ordre : un enfant face aux autres, répartis **sur** les carrés, donne des ordres pour faire évoluer ses camarades (**Ex. :** *avancer*, *reculer*). La confusion, le manque de place, la rapidité, la longueur des déplacements, engendrent des problèmes qu'il faut résoudre par une formulation plus précise des ordres (**Ex. :** *avancer de 2 cases*).

Proposer aux enfants de recommencer le jeu en variant le moyen de communication de ces ordres. La recherche d'un code passe par plusieurs étapes : une étape figurative où l'enfant est représenté :

Ce codage pose des problèmes : il est long à représenter et pas toujours correctement interprété. L'exemple (a) montre un bonhomme qui marche mais on ne peut affirmer s'il avance ou recule. La nécessité d'introduire des flèches directionnelles se fait alors sentir et l'on obtient ainsi les codes suivants à étudier en plan horizontal et vertical : ↓ avancer, ↑ reculer, → aller à droite, ← aller à gauche.

Proposer alors la même activité : un enfant donne des ordres fléchés aux autres. Mais là encore la confusion fait apparaître des problèmes dus au manque de précision des codes utilisés, car ceux-ci donnent le sens mais pas la longueur du déplacement. Il faut s'entendre sur le sens et le nombre de cases parcourues. Une flèche-une case est le code généralement adopté ainsi : → → veut dire avancer de 2 cases vers la porte. Forme plus simple : 2 →.

Utiliser les mêmes codes en faisant effectuer des déplacements entre les carrés. Les changements de direction se font aux intersections.

Recherche d'un codage par déplacement

Jeu des abeilles : Les élèves-abeilles sont répartis en équipes. La première abeille de chaque équipe parcourt un trajet entre les carrés (alvéoles de la ruche) et va se placer sur l'un des carrés. Les autres abeilles de l'équipe doivent suivre le même chemin.

Les enfants ont souvent des difficultés à mémoriser le trajet parcouru. Suggérer alors à chaque équipe de choisir un parcours, de le tracer à la craie puis de le coder, pour s'en rappeler, en utilisant les codes fléchés précédemment utilisés.

Exemple pour 2 équipes :

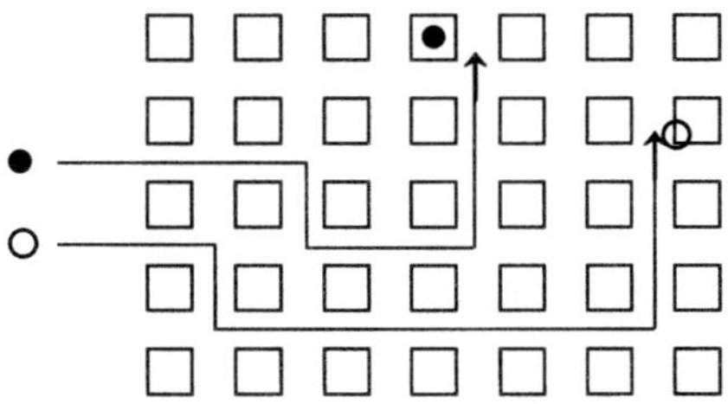

• 2 → 1 ↓ 2 → 2 ↑ •

○ 1 → 1 ↓ 5 → 2 ↑ ○

Les parcours peuvent être tracés à la craie puis codés étape par étape. Il faut donc veiller à ce que les points de départ et d'arrivée soient bien placés et situés par tous car ils donnent l'orientation du parcours. En effet [→] peut être lu : aller vers la porte, ou avancer, selon les regards de l'acteur et de l'observateur.

Les codages étant effectués et recopiés par chaque abeille de chacune des équipes, faire des courses d'abeilles en relais. On peut également faire échanger et décoder les parcours des autres équipes, etc.

Tous les chemins mènent à Rome

Placer sur l'un des carrés posés au sol un signe de reconnaissance (cerceau, foulard...). Répartir les équipes sur le périmètre du terrain. Donner à chacune d'elles 4 bandes de papier et 1 gros feutre. Leur demander de trouver 4 déplacements possibles et de les coder sur les bandes pour aller de leur point de départ au carré désigné. Faire tourner les équipes et leur demander de décoder les parcours codés par leurs camarades.

Schématisation de la situation

Objectifs par jeu

JEUX	OBJECTIFS
Les abeilles perdues	• Se déplacer sur les lignes d'un quadrillage. • Changer de direction aux intersections des lignes (les nœuds du quadrillage). • Coder un parcours reliant deux points. • Comparer des parcours. • Par le jeu, rechercher la meilleure position de départ du jeton pour effectuer un parcours le plus direct possible, pour arriver au but. Par le regard, anticiper sur le déplacement, montrer sa maîtrise de l'espace, réinvestir ce qui a été acquis dans les précédentes recherches.
La course au trésor	• Situer le point d'arrivée par rapport à son jeton. • Choisir un chemin, le tracer, le coder en respectant le nombre de cases parcourues et les changements de direction. • Décoder le sens des flèches du disque. • Faire un choix, l'expliquer.
Exercices	• Comparer des surfaces avec d'autres plus petites. • Manipuler des formes géométriques, les orienter, les déplacer. Être confronté à des notions de parallélisme, d'orthogonalité, de rotation, de translation...

Jeu des abeilles perdues (2 à 4 joueurs)

But du jeu : Avoir trouvé son casier par un chemin plus court que celui des autres joueurs.

Matériel :

• 1 plaque de carton sur laquelle sont collées des boîtes cubiques ouvertes (construites à partir de pliage de feuilles cartonnées) ou des pots de petits suisses, et tracer un quadrillage pour marquer les routes ;

• 2 jetons par joueur ;

• 1 bande de papier, 1 crayon.

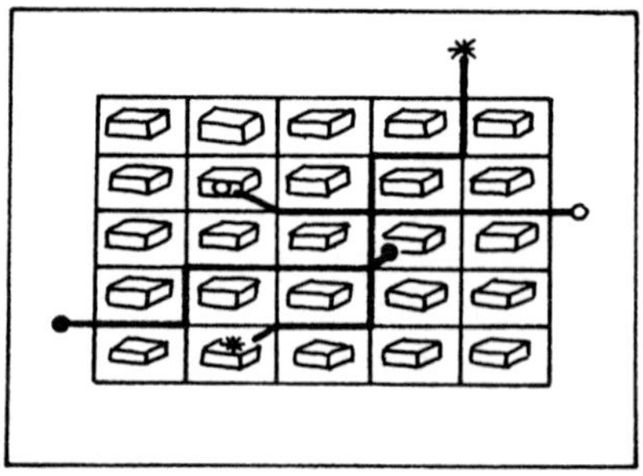

Comment jouer ? Chaque joueur choisit un jeton et le place sur le cadre du départ. Puis il prend un deuxième jeton différent du sien et le place dans l'un des pots (casiers). Chaque joueur déplace son jeton de départ et le dirige vers le pot où se trouve le 2e jeton tout en codant au fur et à mesure ses déplacements. Lorsque chaque joueur a retrouvé le casier correspondant à son jeton, faire observer et comparer les bandes codées. Le joueur qui a moins de codes que les autres, et qui a trouvé le chemin le plus court, a gagné.

Exemple : ● 1 → 1 ↑ 2 → ●
○ 3 ← ○
★ 1 ↓ 1 ← 3 ↓ 1 ← ★

Ici, le sens des flèches est le même pour tous et correspond au sens du lecteur de la fiche et non au sens du trajet pris par chacun des joueurs (ceci pour faciliter le décodage). Celui qui a les jetons ○ a gagné, son code est le plus court.

La course au trésor (4 joueurs)

But du jeu : Être le premier à arriver au trésor.
Matériel :
- 1 quadrillage tracé au feutre tout support sur une feuille cartonnée recouverte d'un plastique effaçable (Velleda) ;
- 4 feutres Velleda de couleurs différentes (1 par joueur) ;
- 4 jetons de mêmes couleurs que les feutres ;
- 1 bande de papier par joueur et 1 crayon ;
- 1 flèche directionnelle (dans un bouchon de liège, planter une aiguille à tête sur laquelle ont été placées une perle et une flèche. Coller le bouchon sur un disque divisé en 4).

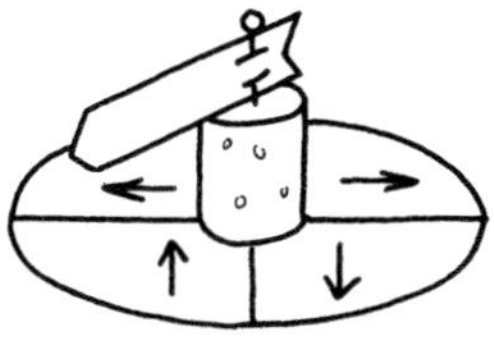

Comment jouer ? Placer sur l'une des cases un haricot ou 1 pièce pour figurer le trésor. Tous les joueurs sont placés sur le même côté de la plaque et ont donc le même sens de lecture des flèches. Chacun trace avec son feutre un chemin sur la plaque, en suivant les cases et non les lignes.

Chacun code son parcours pour aller au trésor.

À tour de rôle, chaque joueur fait tourner la flèche sur la roue. Si celle-ci indique le sens souhaité par le joueur, alors ce dernier avance son jeton d'autant de cases qu'il le souhaite. Si la flèche n'indique pas la direction espérée, alors le joueur reste à sa place.

Exercices

Exercices de pavage de carrés et d'hexagones :

- Bord à bord avec ou sans rythme de couleur

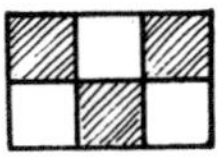

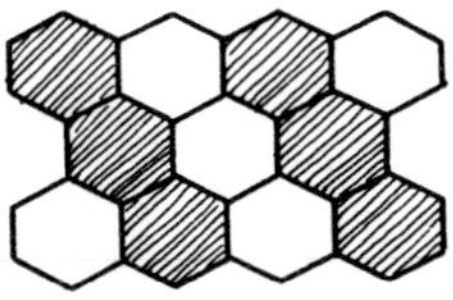

- Espacés à intervalles réguliers par des graphismes

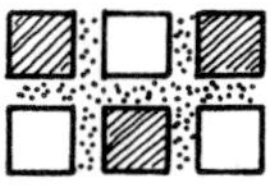

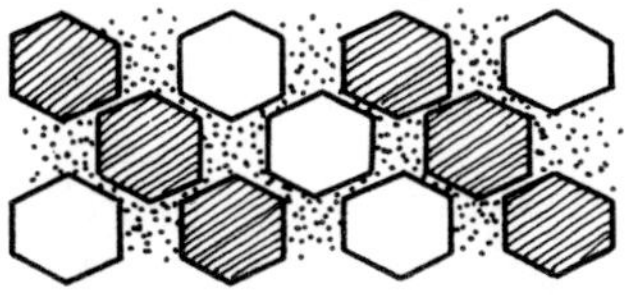

Les pavages peuvent être réalisés par collage de formes découpées, par prise d'empreintes, au pochoir, ou tracées.

Exercices de puzzle et de tangram de ces formes qui permettent de les manipuler.
Etc.

Perdue dans la ruche

Décrire la page 33 du fichier. Demander aux enfants de situer avec le doigt l'abeille perdue, la case qu'elle doit rejoindre et les points situant les carrefours, donc les endroits où l'on peut changer de direction.

Leur faire tracer au doigt puis au feutre un chemin.

Faire coder ce chemin au moyen de flèches pour indiquer les directions, et de nombres pour indiquer la distance.

Décoder un déplacement sur quadrillage

Prisonnière d'une araignée (p. 35)

Compétences et objectifs

Compétences disciplinaires

- Mobiliser des connaissances déjà acquises.
- Situer, repérer et déplacer des objets par rapport à des repères fixes.
- Coder, décoder un déplacement.

Compétences transversales

- Faire des choix, les expliquer.
- Réaliser des représentations simples de l'espace et s'y situer.
- Restituer et réorganiser les informations fournies.

Objectifs

- Se repérer dans un quadrillage. Localiser et différencier les différents éléments qui le composent (cases, lignes verticales et horizontales, nœuds).
- Coder, décoder un déplacement.

Langage

Objectifs

- Montrer que l'on a compris un texte lu en le racontant avec ses propres mots.
- Faire appel à ses souvenirs et expériences pour comprendre une situation.
- Émettre des hypothèses, des suppositions.

Situation 1 : Lire la comptine

Madame Araignée
A tendu son filet.
Elle a attrapé
Une mouche apeurée.

Pour s'évader et éviter
Les nœuds piégés
La mouche doit décoder
Ce message secret.

Situation 2

Demander aux enfants de raconter ce qui est dit dans la comptine et leur faire expliquer les mots *le filet* et *les nœuds piégés* en leur montrant si possible des gravures de toiles d'araignée et de filets en tout genre (filet de pêche, filet à papillon, filet de tennis, de but du football ou au hand...). Bien faire comprendre que les nœuds sont les croisements de fils. Faire référence aux quadrillages déjà construits (*Un oiseau en cage*, *L'apprenti-peintre*). Situer les nœuds sur certaines réalisations d'enfants. Faire lire la bande codée. Demander aux enfants d'imaginer quels pièges l'araignée a pu placer sur les nœuds et comment la mouche peut se déplacer sur le filet.

Mise en situation corporelle

Objectifs par jeu

JEUX	OBJECTIFS
Construction et appropriation de l'espace	• Aménager un espace. Travailler en coopération et exécuter une consigne. • Répondre au besoin de mouvement. Par les déplacements, découvrir l'espace, ses possibilités d'actions. Réinvestir en les améliorant des déplacements, des mouvements créés dans des situations similaires. • Se créer des points de repères, cases, disques de couleurs, lignes horizontales, lignes verticales.
Jeu de déplacement	• Donner des ordres de déplacement sur ligne, de nœud à nœud, à l'aide de codes fléchés, respecter leurs orientations, leur nombre. • Relier par le déplacement deux points. Coder, décoder le trajet en se référant aux nœuds et au nombre de nœuds traversés. • Comparer les longueurs des chemins et leur codage. • Trouver plusieurs chemins pour relier deux points.
La mouche emprisonnée	• Travailler en coopération. • Coder un parcours pour en garder la mémoire. • Transmettre ce que l'on sait sous forme de codage. • Décoder le parcours d'un coéquipier. • Émettre des hypothèses, faire des choix, les expliquer pour participer à un but commun. • Accepter l'arrêt de son propre jeu.
Jeu de décodage	• Décoder un déplacement, respecter les orientations et l'ordre des codes. • Reproduire un algorithme dans ses déplacements. En respecter à chaque étape l'ordre, l'orientation et le nombre de nœuds parcourus.

Matériel :

- Pelotes de grosse laine ;
- scotch ou blue-tack ;
- disques de Canson de couleur (1 par nœud).

Construction et appropriation de l'espace

Former un quadrillage en tendant et fixant des fils de laine au sol (voir *un oiseau en cage*, p. 190).

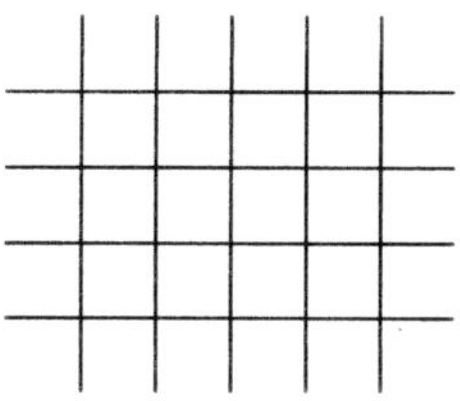

Demander aux enfants de placer des disques à chaque croisement de 2 lignes (nœud).

Organiser des parcours libres sur le quadrillage ainsi formé : sur les cases, sur les lignes, sur les nœuds.

Jeu de déplacement

Reprendre les jeux de déplacement proposés dans *Perdue dans la ruche*. Utiliser les codes fléchés.

Par équipes, faire déplacer les enfants sur les lignes du quadrillage, faire coder les déplacements en insistant sur l'importance du codage des points de départ et d'arrivée. Faire échanger les codes des équipes qui parcourent les trajets des autres par décodage. Faire rechercher, coder puis décoder tous les chemins reliant deux nœuds : les plus courts, les plus longs...

Jeu de la mouche emprisonnée

Répartir les enfants en deux groupes : le groupe des mouches, le groupe des araignées.

Le groupe des araignées place sous certains disques des carrés de papier représentant les pièges et désigne un nœud où doit se placer la mouche prisonnière.

Le groupe des mouches désigne une première équipe de 2 joueurs qui se place sur la case-prison. Puis ils se déplacent de nœud en nœud en codant leur parcours. Ils vérifient en même temps qu'ils ne tombent pas sur une case-piège. S'ils sont sur une case-piège, ils s'assoient et transmettent leur parcours codé à une autre équipe de joueurs. Cette équipe décode le parcours déjà effectué jusqu'au piège, puis le modifient en codant la ou les nouvelles étapes jusqu'à ce qu'ils se retrouvent sur une case-piège. Continuer jusqu'à ce qu'une équipe puisse s'échapper du quadrillage. Si tel est le cas, le groupe des mouches gagne. Si toutes les mouches sont prisonnières, c'est le groupe des araignées qui gagne.

Jeu de décodage

Les enfants se placent par deux. L'un code un déplacement algorithmique à parcourir en 2 temps. Il le transmet à son camarade après lui avoir indiqué un point de départ sur l'un des nœuds du quadrillage. Le deuxième joueur décode le parcours et le reproduit ainsi jusqu'à ce qu'il sorte du quadrillage. Si son évasion est impossible, alors le premier joueur a gagné. Faire échanger les rôles.

Exemple 1 | 2→1↓ |
Évasion possible

Exemple 2 | 3↑ 3↓ |
Évasion impossible

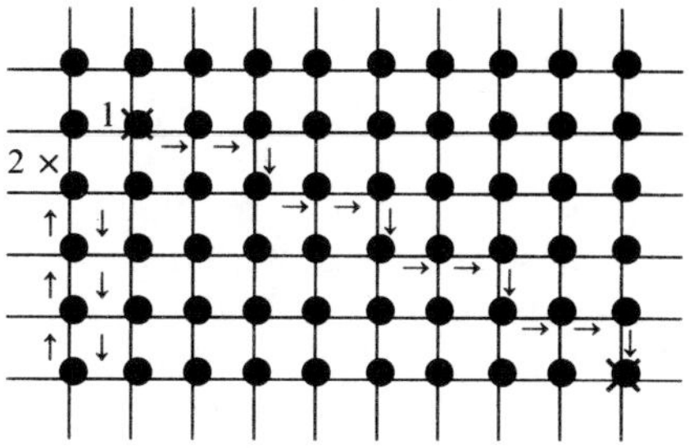

Schématisation de la situation

Objectifs par jeu

JEUX	OBJECTIFS
La mouche emprisonnée	• Décoder un déplacement en tenant compte de deux critères (orientations des flèches, nombre de nœuds). Faire correspondre à chaque point du dé, un nœud du quadrillage. • Anticiper le lieu d'arrivée d'un déplacement, en déterminer une stratégie de jeu. Faire des choix, les expliquer. • Montrer sa bonne connaissance de l'espace d'évolution. Y déplacer des objets par rapport à soi en tenant compte de la présence des autres joueurs (qu'il faut devancer) et des pions (qu'il faut éviter). Déplacer des objets par rapport à d'autres repères fixes de l'espace. • Choisir une place de départ en fonction des pièges et des sorties les plus proches de l'espace quadrillage. • Montrer sa parfaite compréhension du jeu et du but à atteindre.
La course au trésor	• Décoder un trajet en 2 étapes, en respecter l'ordre, l'orientation et le nombre des flèches. • Ordonner les cartes de codage dans l'ordre des nombres de 1 à 4. • Faire correspondre à chaque nombre une constellation du dé (4 = ⁘). • Respecter l'ordre des cartes numérotées. • Comprendre, mémoriser et respecter les règles du jeu.
Qui m'aime me suive	• Choisir et décoder un parcours en 4 étapes. • Observer un déplacement, mémoriser les orientations, les changements de trajectoires, le nombre de nœuds traversés. Déterminer quel codage parmi les 3 est celui qui correspond au trajet. Le coder mentalement et ces hypothèses aux trois codes écrits.

Jeu de la mouche emprisonnée (4 joueurs)

But du jeu : Être le premier à sortir du quadrillage, ou le dernier à rester sur le jeu.

Matériel :

- 1 quadrillage sur lequel on colle 40 gommettes, 10 de chaque couleur (rouge, bleue, jaune, verte) de lignes. (Prévoir 8 à 10 lignes verticales et 8 à 10 lignes horizontales.)
- Le disque directionnel du jeu *La course au trésor* (p. 214) ;
- 1 dé avec 2 faces à 1 point, 2 faces à 2 points, 2 faces à 3 points ;
- 1 jeton par joueur (1 rouge, 1 jaune, 1 vert, 1 bleu).

Comment jouer ? Chaque joueur choisit un jeton. La couleur du jeton détermine la couleur des nœuds piégés pour chacun. Ainsi le joueur ayant choisi un jeton rouge ne doit pas se retrouver sur un nœud rouge sous peine d'être éliminé, mais il peut sans danger se placer sur un nœud jaune ou vert ou bleu.

Les joueurs se placent du même côté et posent leur jeton sur l'un des premiers nœuds proches d'eux. À tour de rôle, ils font tourner la flèche et lancent le dé. S'ils le souhaitent, ils peuvent avancer leur jeton en tenant compte des 2 données : flèche et constellations du dé, ou rester sur place s'ils pensent tomber dans un piège en se déplaçant.

Exemple :

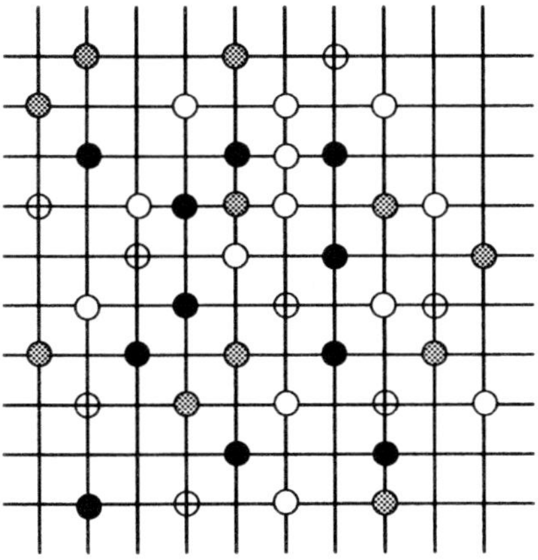

Ligne de départ pas de gommettes

Le joueur ayant le jeton ● fait

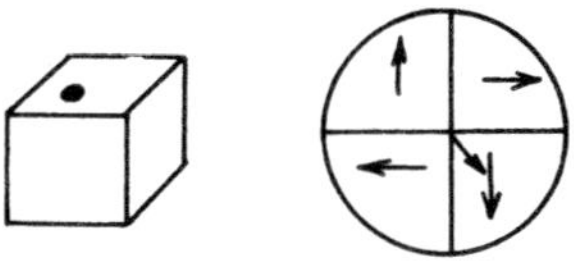

Soit 1↓ et ne peut donc avancer.

Le joueur au jeton ○ fait

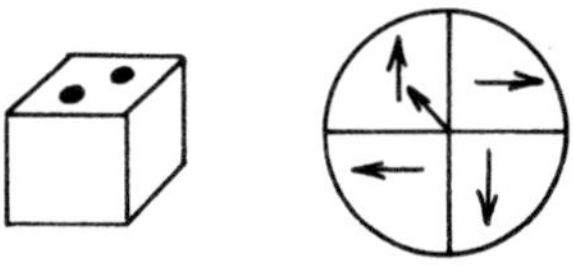

Soit 2↑. Il décide de rester sur place car s'il avance il se retrouvera sur un nœud-piège.

Le joueur au jeton ⊕ fait

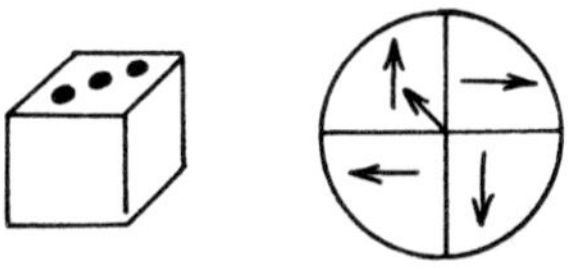

Soit 3←. Il se déplace, il est proche d'une sortie latérale.

Le joueur au jeton ○ fait

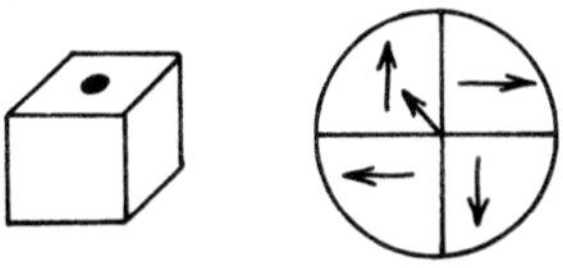

Soit 1↑. Il se déplace, il ne craint rien.

La course au trésor (4 joueurs)

But du jeu : Arriver le premier au trésor.

Matériel :

- 1 quadrillage 11×11 lignes, 1 nœud de départ par joueur sur le 5e nœud de chacun des côtés. Voir schéma page suivante.

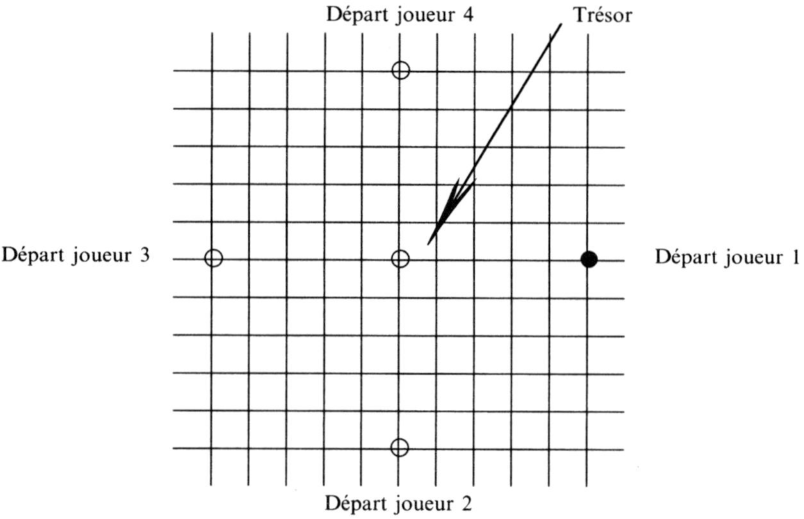

- 4 cartes par joueur de la couleur de chacun des 4 jetons.

Joueur 1 :

① 2↑, 1←	② 5↑, 3→	③ 3↓, 1←	④ 1↑, 1←

(Ces cartes sont codées dans le sens de la lecture de chacun des joueurs.)

- 1 dé.

Comment jouer ? Chaque joueur, à tour de rôle, lance le dé pour obtenir d'abord la constellation 1 et décoder la carte 1, puis dans l'ordre la constellation 2 pour tirer et décoder la carte 2, etc., jusqu'à 4. Un joueur qui n'obtient pas la constellation du dé souhaitée passe son tour. Un joueur qui fait un 5 au dé, décode la carte de son choix. S'il fait un 6, il retourne à la case départ.

Qui m'aime me suive

But du jeu : Retrouver le premier le chemin de son camarade et gagner 1 point. Avoir plus de points que les autres à la fin de la partie.
Matériel : Des bandes de carton, des crayons, 1 pion, des haricots, 1 quadrillage, 10 cartes parcours en 4 étapes. **Exemple :**

2 ↑	3←	1↓	1→

Comment jouer ? Placer les joueurs les uns à côté des autres sur le même côté du quadrillage (même sens de lecture). Un joueur choisit, parmi les dix possibilités, trois cartes. Parmi ces trois cartes, il en choisit une qu'il décode sans la montrer aux autres. Le joueur place ces trois cartes devant lui et les autres joueurs. Le premier qui a trouvé la carte qu'il a choisi, gagne un point (haricot). Recommencer avec chaque joueur.

Prisonnière d'une araignée

Faire observer et décrire la page 35. Lire la consigne. Demander aux enfants de situer la mouche emprisonnée, la sortie à rejoindre et le codage du parcours inclus dans la comptine. Procéder par étapes en faisant barrer au fur et à mesure chaque case décodée.

Les échanges

Les singes rigolos (p. 36)

Compétences et objectifs

Compétences disciplinaires

- Choisir les données nécessaires à la résolution de problèmes.
- Mobiliser des connaissances déjà acquises.
- Exposer clairement les résultats.
- Comparer des collections.
- Utiliser des relations entre les nombres.

Compétences transversales

- Émettre des suppositions, faire des choix, les expliquer.
- Contrôler ses réponses par rapport aux données initiales.
- Restituer et réorganiser les informations réunies.

Objectifs

- Faire des échanges de collections.
- Convertir ainsi des collections d'éléments par d'autres de nombre et de nature différents, et ce, en fonction de règles préétablies. Appréhender leur égalité de valeur.
- Comparer des collections, les ordonner.
- Convertir pour obtenir, réunir et compter des éléments semblables.

Langage

Objectifs

- Comprendre et résumer un texte lu.
- Trier les données importantes et rechercher des indications, des renseignements dans ce texte.
- Coder des données, restituer et réorganiser ainsi les informations réunies.

Situation 1 : Lire la comptine

Sur une cible
Des singes rigolos
Lancent des noix de coco.
Une noix au centre
Deux bananes dans le ventre
Une noix entre les deux
Une banane, c'est peu.
Une noix dehors,
Ils essayent encore.

Situation 2

Faire résumer le texte et expliquer ce qu'est une cible. Faire rechercher quels sont les termes qui expliquent la règle du jeu des singes et ce qu'ils gagnent. Demander aux enfants de rechercher un moyen de coder cette règle pour s'en rappeler.

Exemple :

Mise en situation corporelle

Objectifs par jeu

JEUX	OBJECTIFS
Jeu des cibles et ses variantes	• Lancer d'adresse : – viser ; – adapter son geste au poids de l'objet, à la distance qui le sépare de la cible, à l'orientation du but ; – s'entraîner, chercher à améliorer son score ; – travailler en coopération avec les joueurs de la même équipe. Accepter ses échecs et les leurs. • Notions de intérieur/extérieur. • Comparer des collections d'éléments de nature identique, placés à des endroits différents. Estimer des résultats, les expliquer, les ordonner. • Effectuer des échanges de collections en fonction de la position des éléments de la première sur la cible. Procéder ainsi à des échanges : 1/1, 1/2, 1/0. • Compter des collections. Écrire le nombre cardinal correspondant à chacune d'elle : – Comparer et ordonner des nombres. En déduire l'ordre des équipes. Exposer clairement ses résultats, les expliquer, les comparer avec les précédents. – Représenter les situations jeu pour les garder en mémoire. Donc les codifier. Situer les éléments, les uns par rapport aux autres, leur nombre, leur position.
Variante 1	• Faire des échanges 1/0, 1/1, 1/2, 1/3.
Variante 2	• Échanger, comparer des collections de natures différentes placées au même endroit. Effectuer des échanges en fonction de la nature des éléments. Utiliser un élément intermédiaire pour effectuer un calcul de gain. Préparer ainsi aux conversions et au calcul d'éléments de même nature (exemple : la monnaie).

Jeu des cibles

But du jeu : Être l'équipe à avoir gagné plus de bandes jaunes (bananes) que les autres.

Matériel :

- Autant de cibles que d'équipes : deux disques de Canson de 2 couleurs collés l'un sur l'autre, 60 cm et 30 cm de diamètre ;
- feuilles, crayons ;
- blue-tack pour fixer les cibles au centre ;
- balles en mousse ou sacs de graines, une ou deux par enfant ;
- bandes de papier jaune (2 fois plus que de balles).

Comment jouer ? Partager les élèves en 5 ou 6 équipes placées à 2 m de leur cible (une par équipe). Donner à chacun d'eux une ou deux balles. Dans un premier temps, laisser les joueurs s'entraîner à leur rythme, à lancer leur(s) balle(s) sur la cible. Puis faire rappeler la règle du jeu en s'aidant au besoin du codage construit préalablement en classe.

Faire jouer les équipes jusqu'à ce que toutes les balles aient été lancées. Avant de procéder aux échanges balles/bandes, faire observer les cibles et estimer les résultats en fonction du nombre de balles sur la cible et hors de la cible.

Pour certains enfants, l'équipe gagnante peut sembler être celle qui a le moins de balles à l'extérieur de la cible. Il faut alors tenter d'ordonner les équipes en fonction des scores estimés. Rappeler, ensuite, les règles d'échange et procéder aux échanges de bananes.

Demander aux enfants de compter leur gain et de l'écrire pour s'en rappeler. Puis faire comparer et ordonner les scores (se reporter : *Les lapins au jardin*, p. 161). Comparer les résultats avec ceux estimés avant les échanges.

Faire expliquer les différences entre les résultats prévus et obtenus. Faire représenter les situations pour les garder en mémoire.

Variante 1

Le jeu peut être repris en variant le nombre de bananes à gagner.

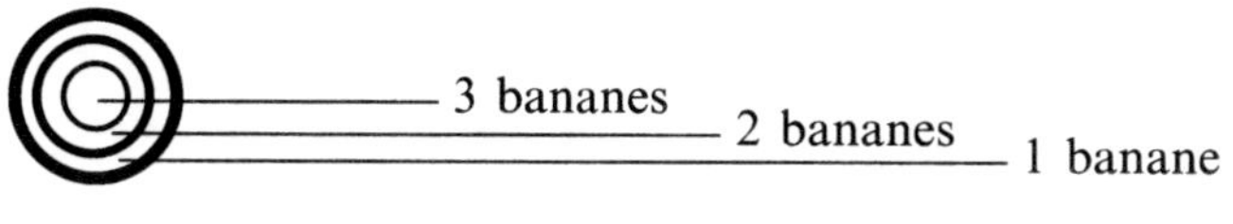

Variante 2

En utilisant 1 disque et en lançant des objets de nature différente : balle et anneau. Les échanges se font alors en fonction de la nature de l'objet lancé.

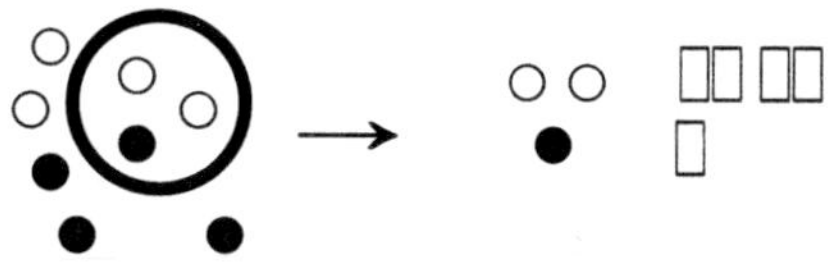

1 balle / 1 banane

1 anneau / 2 bananes

Schématisation de la situation

Objectifs par jeu

JEUX	OBJECTIFS
Jeu de l'oie des singes rigolos	• Jouer chacun son tour. • Faire correspondre le nombre de cases et le nombre de points. Compter 1 à partir de la case qui vient juste après la case où se trouve le pion. S'arrêter sur la case correspondant au dernier nombre prononcé. • Respecter l'ordre et le sens des cases à parcourir. • Situer sur le jeu les cases, gain et perte de gain. • Décoder leur représentation. • Réinvestir les notions intérieur/extérieur (*Le trésor de alligator*) à une situation plus complexe où un élément peut être à l'intérieur d'un espace et à l'extérieur d'un autre. • Effectuer des échanges. • Faire des échanges à l'aide d'un élément identique à tous. Opérer ainsi des conversions et des opérations soustractives et additives par manipulation et comptage. • Compter des collections. Utiliser les nombres cardinaux obtenus pour mémoriser les résultats, les comparer, les ordonner.
Jeu de cartes	• Comprendre et décoder les règles du jeu. • Jouer chacun son tour. • Effectuer des échanges. Convertir une collection, c'est-à-dire un nombre d'éléments par un autre différent en nombre et en nature. • Compter des collections. Les comparer, les ordonner.
Exercices graphiques	• Utiliser les connaissances acquises. • Coder par la représentation, les échanges. Les organiser. Exposer clairement ses résultats.

Jeu de l'oie des singes rigolos (4 joueurs)

But du jeu : Gagner plus de haricots que les autres.

Matériel :

- Tracer un jeu de l'oie divisé en 32 cases numérotées de 1 à 30 et comprenant une case départ et une case arrivée. Sur certaines cases tracer des cibles de 2 disques avec des balles représentées à l'intérieur (voir plan du jeu).
- 1 dé ;
- 4 jetons ;
- des haricots (pour remplacer les bananes).

Jeu de l'oie des singes rigolos

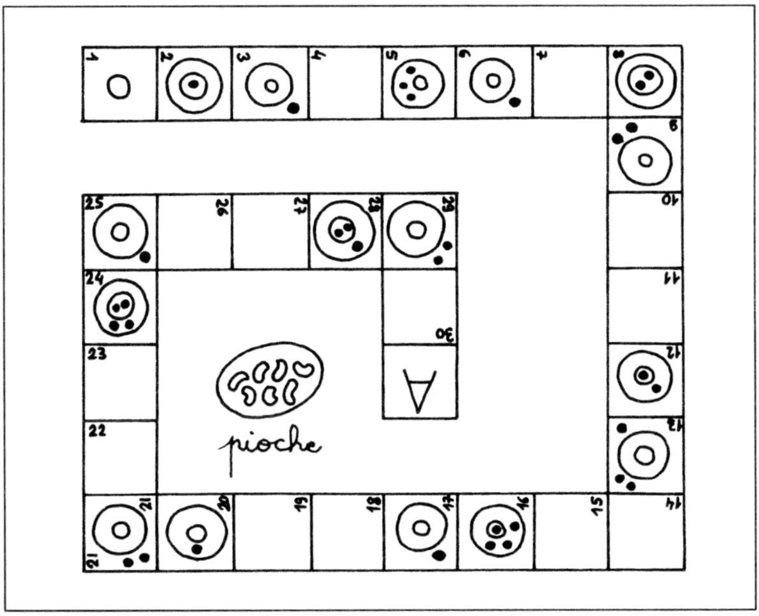

Comment jouer ? Chaque joueur commence le jeu avec un gain de 5 haricots. À tour de rôle, les joueurs lancent le dé et avancent leur pion d'autant de cases qu'il y a de points sur le dé. Si un joueur tombe sur une case-cible où :

- le ou les points sont à l'extérieur, il remet en pioche autant de haricots qu'il y a de points hors de la cible ;
- le ou les points sont dans la cible du milieu, il prend dans la pioche 2 haricots par points ;
- le ou les points sont dans la grande cible, il prend 1 haricot par point ;
- les points sont dans la petite et la grande cible, il prend les haricots en faisant les échanges correspondant à chacune des cibles.

Le premier joueur qui arrive à la case Arrivée gagne les 5 haricots qui s'y trouvent. Lorsque tous les joueurs ont atteint cette case, ils comptent leurs haricots et comparent les résultats pour désigner le vainqueur et pour ordonner les résultats des autres joueurs. Ceci pour les marquer, les mémoriser et les comparer avec d'autres groupes de jeu.

Jeu de cartes (3 joueurs)

But du jeu : Gagner plus de haricots que les autres.
Matériel :

- 5 cartes avec 1 rond rouge ;
- 5 avec 1 rond bleu ;
- 10 avec 1 rond jaune ;
- 10 avec 1 rond vert ;
- des haricots.

Comment jouer ? Les haricots sont placés au centre du jeu. Les cartes sont mélangées et empilées les unes sur les autres, faces retournées.

Les joueurs, à tour de rôle, prennent une carte, la montrent aux autres puis la remettent face retournée à côté de la pioche. S'il s'agit d'une carte à rond rouge, le joueur prend 3 haricots. S'il s'agit d'une carte à rond bleu, il prend 2 haricots. S'il s'agit d'une carte à rond jaune, il prend 1 haricot. S'il s'agit d'une carte à rond vert, il redonne 3 haricots.

Le jeu s'arrête lorsque la première pioche est épuisée. Les joueurs comptent leurs haricots et comparent leur gain. Faire coder les règles du jeu.

Exercices graphiques

Faire des exercices d'échanges pour habituer les enfants à organiser leurs réponses et pour arriver à une forme plus abstraite des échanges.

Exercice 1 : Représenter 4 cibles du jeu de l'oie et demander aux enfants de déterminer par le coloriage celle dont le gain de points est le plus important après représentation des échanges.

Exemple :

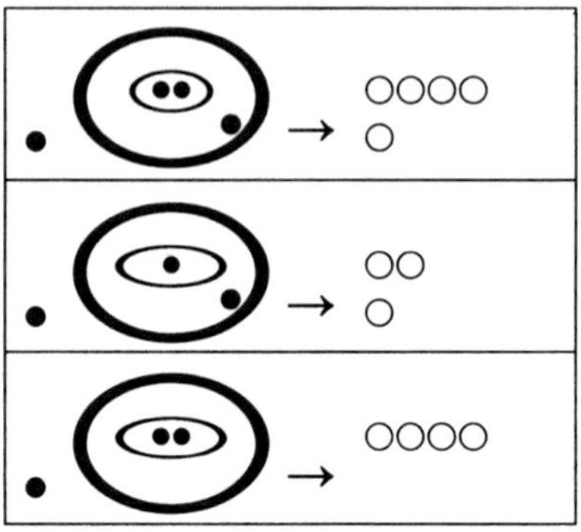

Exercice 2 . Problème avec les cartes couleurs.

Un enfant a tiré une carte à rond rouge, une carte à rond bleu et deux à rond jaune. Faire dessiner les cartes et les haricots gagnés. Faire écrire leur nombre.

Exemple :

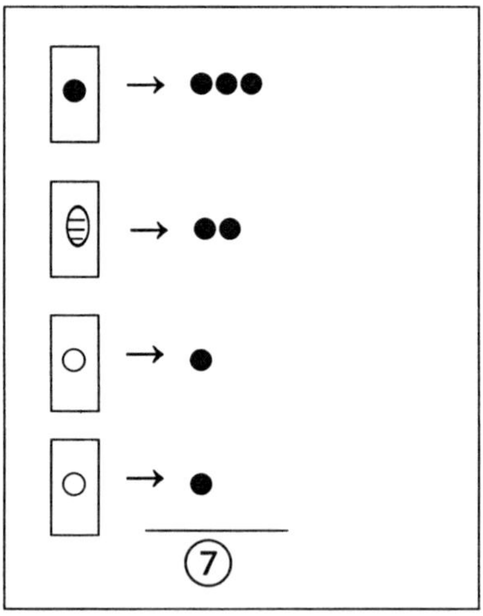

Les singes rigolos

Faire observer et décrire la page 36 du fichier. Lire les consignes. Faire rappeler les codes des échanges. Procéder par étape : échange, dénombrement et écriture du nombre, ordre des nombres par une numérotation intermédiaire.

Les échanges

Un roi gourmand (p. 37)

Compétences et objectifs

Compétences disciplinaires

- Choisir les données nécessaires à la réalisation de problèmes.
- Utiliser des connaissances déjà acquises.
- Exposer clairement ses résultats.
- Partager des collections.
- Comparer des collections.
- Utiliser des relations entre les nombres.

Compétences transversales

- Émettre des suppositions. Faire des choix, les expliquer.
- Contrôler ses réponses par rapport aux données initiales.
- Restituer et réorganiser les informations réunies.

Objectifs

- Faire des groupements d'éléments à l'intérieur d'une collection. Partager ainsi cette collection en sous-ensembles égaux.
- Faire des échanges de collections. Convertir un ensemble d'éléments en un autre ensemble de cardinal plus petit dont les éléments sont différents. Comprendre l'égalité de valeurs entre ces deux ensembles.
- Comparer des collections, les ordonner.

Langage

Objectifs

- Comprendre et résumer un texte lu.
- Trier les données importantes et rechercher des indications dans un texte lu.
- Coder une donnée, restituer et réorganiser les informations réunies.

Situation 1 : Lire la comptine

Le roi des singes est gourmand.
Il a promis à ses enfants
Pour 3 belles bananes.
Une pièce d'or de la savane
Depuis c'est la course
Chacun dans sa bourse
Veut faire sonner ses pièces.

Situation 2

Demander aux enfants de résumer le texte. Expliquer ou faire expliquer ce qu'est *la savane* (montrer les photos), *une bourse*, *une pièce...*

Faire rappeler les données importantes du texte : *Que faut-il faire pour gagner 1 pièce ?* Faire rechercher un code permettant de mémoriser cette indication. **Exemple :** ○○○ → ○

Mise en situation corporelle

Objectifs par situation

SITUATIONS	OBJECTIFS
La cueillette des bananes	• Accepter de perdre ses appuis plantaires sur le sol. S'équilibrer en glissant, en rampant ou en marchant à quatre pattes sur un banc. • Lancer, viser, adapter son geste au poids de l'objet, à la hauteur, à l'équilibre instable dans lequel on se trouve, à la distance et à l'orientation de la cible à atteindre. • Travailler en coopération avec les autres joueurs de la même équipe. Accepter ses échecs et les leurs. • Comparer des collections en comparant leurs nombres cardinaux. Ordonner ces nombres en ordre décroissant.
Les pièces d'or	• Partager une collection en sous-collections de trois éléments. • Faire ainsi des regroupements par trois et échanger chaque collection de 3 éléments contre 1 collection à 1 élément. • Par le jeu, permettre à chacun de construire sa pensée logique, de comprendre l'équivalence des valeurs (3 bananes = 1 pièce d'or) et l'égalité du nombre de groupements par 3 et du nombre de pièces gagnées. • Comprendre que toutes les balles ne peuvent être échangées si elles ne sont pas réunies dans un ensemble de trois. Travailler ainsi en base 3 et préparer la compréhension et la maîtrise de notre système d'écriture numérique. • Exposer clairement ses résultats dans un tableau. • Rechercher des données dans un tableau par un décodage des signes écrits en abcisses et en ordonnées et représentant les éléments (pièces et balles) et les équipes.
Comparaison des résultats	• Comparer des nombres et des quantités. • Donner un avis, l'expliquer. • Chercher des informations à l'écrit.

La cueillette des bananes

Matériel :

- 5 caisses en carton (1 par équipe) ;
- 5 bancs ;
- 5 tables basses ;
- 5 sacs comprenant chacun 12 balles en mousse ou sacs de graines ;
- 20 disques jaunes (pièces d'or).

Parcours : Former des plans inclinés avec les bancs et les tables. Les aligner. Face à chaque élément et à 2 m d'eux, placer les caisses. Poser sur chaque table les sacs de balles. Partager les élèves en 5 groupes. Les faire aligner derrière chacun des 5 plans inclinés.

Dans un premier temps, laisser les enfants observer la situation pour en déduire la consigne.

– *Aller en haut du plan incliné, prendre une balle, la lancer dans la caisse.*

Avant de commencer le jeu, leur permettre de s'entraîner :

– à escalader le plan et à s'y maintenir en équilibre ;

– à lancer la balle dans la caisse.

Faire jouer les enfants. À tour de rôle, chacun escalade le « bananier », prend une banane (balle) et la lance dans la caisse. Le jeu s'arrête lorsque toutes les balles ont été lancées.

Faire dénombrer et comparer chaque collection, en déduire l'équipe des vainqueurs et ordonner les autres résultats.

Les pièces d'or

Demander alors aux enfants, au vu des résultats, quelle équipe a le plus de pièces dorées, si elle échange ses bananes. Faire rappeler alors la règle des échanges en présentant la règle codée en langage. Faire rechercher un moyen d'échanger ces bananes contre les pièces :

– groupement par trois et échange 1 à 1 ;

– groupement par trois et échange global (**exemple :** 3 groupes de 3 balles donc 3 pièces).

Laisser chaque groupe procéder comme il le souhaite puis comparer les résultats.

Exemple : ① ○○○ ○○○ ○○○ ○ → ●●● reste 1 balle ○
② ○○○ ○○○ ○○○ → ●●●
③ ○○○ ○○○ ○○ → ●● reste 2 balles ○○
④ ○○○ ○○○ ○ → ●● reste 1 balle ○
⑤ ○○○ ○○○ → ●●

Faire constater alors que l'équipe qui a récolté plus de balles que les autres n'a pas forcément le plus de pièces d'or. Il peut lui rester des balles.

Faire rechercher une façon d'écrire les résultats de ce jeu pour le comparer à d'autres ou pour les garder en mémoire.

Exemple :

	●	○
1	●●●	○
2	●●●	×
3	●●	○○
4	●●	○
5	●●	×

ou

	●	○
1	3	1
2	3	0
3	2	2
4	2	1
5	2	0

Faire des lectures des tableaux ainsi construits.

Comparaison des résultats

Recommencer le jeu. Comparer les résultats avec les précédents.

Exemple :

jeu 1

	●	○
1	3	1
2	3	0
3	2	2
4	2	1
5	2	0

jeu 2

	●	○
1	2	1
2	2	2
3	3	0
4	3	1
5	2	0

Faire remarquer que l'équipe 4 a gagné la partie, qu'elle a le même score que l'équipe 1 dans le 1er jeu ; que l'équipe 5 a fait le même résultat dans les 2 jeux, etc.

Schématisation de la situation

Objectifs par situation

SITUATIONS	OBJECTIFS
Le jeu des 10 pièces	• *Autant que :* Réaliser une collection ayant autant d'éléments qu'une autre. • Par le jeu, mémoriser les constellations du dé, attribuer à chacune d'elles un nombre cardinal sans passer par le comptage. • Faire des groupes de 3 éléments contre un autre d'un élément. Comprendre leur égalité de valeur. • Pour former des groupes de 3, réunir des éléments obtenus par un jet de dé et ceux gagnés lors d'un jet précédent. • Former de façon intuitive des ensembles complémentaires préparant les situations additives et soustractives.
Échange rapide	• Regrouper des éléments par 3 en traçant une ligne. • Compter le nombre d'ensembles, y faire correspondre un nombre de pièces gagnées. • Vérifier les résultats par une correspondance terme à terme (*pièce/ensemble*). • Anticiper sur un résultat en choisissant une collection qui à l'œil nu semble la plus avantageuse.
Exercices	**Exercice 1 :** • Inverser l'échange. Montrer ainsi sa parfaite compréhension du système d'équivalence des valeurs. • Faire des correspondances terme à terme, de collection à collection. **Exercice 2 :** • Faire des groupements. • Opérer des échanges 1 à 1 par une correspondance terme à terme (*ensemble de 3/ensemble de 2*) en déduire le nombre cardinal de la nouvelle collection. • Anticiper sur le résultat en faisant correspondre le nombre de groupements (ou sous-ensembles de 3) et le nombre des ronds.

10 pièces, gagne (4 joueurs)

But du jeu : Être le premier à avoir gagné 10 pièces.
Matériel :

- des haricots ;
- des disques jaunes découpés dans une feuille de Canson et de la dimension d'une pièce de 5 F ;
- 1 dé.

Comment jouer ? Les pièces et les haricots sont placés au centre du jeu, en deux tas séparés. À tour de rôle, chaque joueur lance le dé et prend autant de haricots qu'il y a de points sur le dé. Dès qu'il peut former un ou deux groupes de 3 haricots, il le ou les échange contre une ou deux pièces selon le cas.

Exemple de situations :

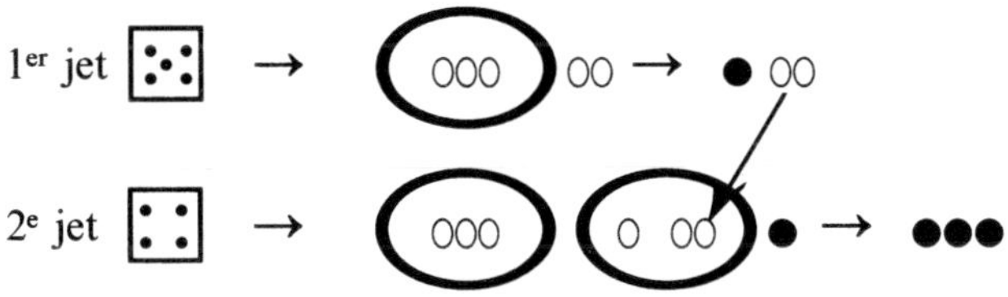

Variante : Même jeu en faisant varier les règles de regroupement.
Exemple : *1 pièce pour 2 bananes ou pour 4, etc.*

Échange rapide (4 joueurs)

But du jeu : Savoir quel nombre de pièces demander en échange des plaques. Gagner plus de pièces que les autres.
Matériel :

- 12 plaques recouvertes de feuilles Velleda sur lesquelles on aura collé des gommettes (entre 6 et 20) ;
- des feutres Velleda, un chiffon ;
- des disques jaunes (voir jeu précédent).

Comment jouer ? Chaque joueur prend une plaque et fait des ensembles de 3 gommettes. Puis il annonce le nombre de pièces qu'il a gagnées. Pour vérifier son calcul, il pose les pièces sur chacun des ensembles formés. S'il a fait une erreur, il repose toutes ses pièces dans la pioche. Le jeu reprend, les joueurs choisissent une autre plaque.
Variantes : Varier les types d'échange.

Exercices

Exercice 1 : À la fin du premier jeu, chaque joueur peut représenter sa collection. On peut alors faire rechercher le nombre de haricots qu'il a gagnés, s'il ne les a pas échangés contre des pièces.

Exemple :

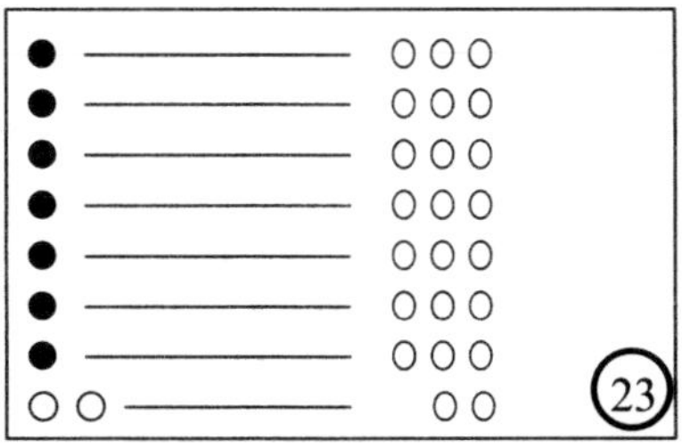

La représentation sera dans un premier temps précédée d'une manipulation.

Exercice 2 : Demander aux enfants de dessiner 15 ronds rouges, de faire des groupements par 3 (ou 2, ou 4) et d'en déduire le nombre de ronds jaunes à représenter :

- sur la même face de la feuille ;
- au dos de la feuille.

Un roi gourmand

Faire observer et décrire la page 37 du fichier. Lire la consigne et faire rappeler la règle de l'échange. Procéder ensuite par étapes :

- regroupement par 3 ;
- échange par correspondance terme à terme ou dénombrement.

Géométrie, symétrie

Mon grand ami (p. 38)

Compétences et objectifs

Compétences disciplinaires

- Situer, repérer et déplacer des objets par rapport à des repères fixes.
- Reproduire et décrire quelques figures simples.
- Utiliser quelques techniques et quelques instruments.

Compétences transversales

- Observer, interroger, s'exprimer par la parole.
- Émettre des suppositions.
- Restituer et réorganiser les informations réunies.

Objectifs

- Reconnaître des formes symétriques.
- Savoir que 2 figures symétriques par rapport à une droite sont superposables, qu'elles ont donc des formes, des couleurs identiques et qu'elles sont situées à égales distances sur une même trajectoire par rapport à cette droite.
- Retrouver l'axe de symétrie d'une figure par pliage.
- Compléter une figure par symétrie axiale.

Langage

Objectifs

- Donner des renseignements sur le texte.
- Faire appel à ses souvenirs, à ses expériences personnelles quotidiennes, pour comprendre une situation et émettre des hypothèses sur le sens d'un texte lu.

Situation 1 : (Lire la comptine)

J'ai un grand ami
Qui s'habille et sourit
Tout comme moi,
Mais il a deux défauts
Il vit dans un miroir
Et n'aime pas le noir.
À ton avis,
Qui est mon ami ?

Situation 2

Faire raconter ce qui est dit dans le texte. Demander aux enfants ce que fait l'ami du personnage, quels sont ses deux défauts. Les faire expliquer ou demander aux enfants d'émettre des hypothèses sur leur sens.

Faire alors appel à leurs souvenirs pour leur faire dire ce qu'ils voient et ce qu'il se passe lorsqu'ils sont devant un miroir : faire décrire la forme de l'image, ce qu'elle fait si elle est mobile, etc. Poser alors la question du texte : *À ton avis, qui est mon ami ?* Reposer alors la question des deux défauts pour vérifier ou corriger les hypothèses précédemment émises.

Mise en situation corporelle

Objectifs par jeu

JEUX	OBJECTIFS
Jeu des glaces	• Décrire avec ses mots et expressions ce que l'on voit et ce que l'on ressent. • Situer, repérer des objets par rapport à soi et par rapport à des repères fixes de l'espace. Employer des locutions d'ordre spatial connues. • Par la verbalisation, prendre conscience des effets produits par les mouvements et déplacements des objets et de leurs images par rapport à soi, hors et dans le miroir. • Prendre conscience des déplacements et mouvements de soi et des autres par rapport au miroir, et, donc par rapport à un axe.
Jeu de miroir cassé et jeux dansés	• Réinvestir dans ce jeu les constatations faites dans la précédente situation. • Reproduire des poses, des déplacements faits par un autre et ce de façon symétrique par rapport à un axe posé ou tracé au sol. • Par la verbalisation, prendre conscience de l'importance de cet axe comme point de repère.

Jeu des glaces

Mettre les enfants face à un grand miroir : miroir d'une salle de danse du gymnase, de la salle de jeux ou à défaut, des fenêtres. Dans ce dernier cas, se placer à l'extérieur de la pièce après en avoir tiré les rideaux s'ils sont de couleur foncée.

Demander aux enfants ce qu'ils voient :
- faire décrire les enfants, leurs positions hors du miroir et dans le miroir ;
- faire situer les éléments de l'espace hors miroir et dans le miroir, par rapport à soi, par rapport à d'autres repères fixes de l'espace (meuble, porte, etc.).

Arriver ainsi aux constatations suivantes :
- ce qui est d'un côté hors du miroir est du même côté dans le miroir ;
- ce qui est loin hors du miroir semble loin dans le miroir.

Demander ensuite aux enfants de bouger, de prendre des poses, seul ou à plusieurs et d'observer ce qui se passe dans le miroir. Insister sur les positions des différents éléments observés par rapport à l'axe du miroir et les directions prises par les enfants et leurs images (éloignements, rapprochements dans diverses directions).

Jeu du miroir cassé (dans la salle de jeux)

Matériel : Cordes posées au sol (ou lignes tracées à la craie).

Demander aux enfants de se placer par deux, de poser une corde entre eux au sol pour figurer l'emplacement d'un miroir. Leur expliquer qu'ils sont jumeaux et que l'un a brisé le miroir de l'autre. Pour que le propriétaire du miroir ne s'en aperçoive pas, celui qui a fait la bêtise doit reproduire les gestes et déplacements de l'autre. Faire échanger les rôles. L'enseignant durant l'activité qui peut se faire en musique, passe de groupe en groupe pour aider les enfants à corriger leurs erreurs éventuelles et pour leur permettre de verbaliser leurs actions en se référant à la position de la corde donc du supposé miroir.

Jeux dansés (dans la salle de jeux)

Partager la classe en deux groupes et faire reproduire par un groupe les mouvements, les pas produits par l'autre et ce symétriquement par rapport à une ligne tracée au sol.

Schématisation de la situation

Objectifs par activité graphique

ACTIVITÉS GRAPHIQUES	OBJECTIFS
Tableau moderne	• Par la construction et la manipulation, comprendre que deux formes sont symétriques par rapport à un axe si elles sont superposables, donc si elles ont même couleur, même forme, même distance et si elles sont en face, par rapport à l'axe de symétrie. • Comprendre que l'axe de symétrie est le miroir de l'image. • Reconnaître et associer deux formes symétriques. • Produire volontairement des formes symétriques. Appliquer, respecter les règles de reproduction symétrique.
Collage et graphisme	• Mêmes objectifs à partir d'un autre type d'activités. • Par la variété des exercices et leur multiplicité, mieux maîtriser et respecter les notions déduites des précédentes expériences. • Aménager l'espace graphique. • Respecter les formes, les trajectoires des signes produits. • Recomposer une figure par symétrie. • Retrouver l'axe de symétrie d'une figure.
Tableau à la manière de Matisse	• Utiliser une technique, un procédé et la manière de créer d'un artiste pour réaliser une composition. • Créer ainsi d'autres images, d'autres aménagements d'un espace mieux structuré et développer sa créativité tout en favorisant l'affirmation de soi, de sa personnalité.

Tableau moderne

Matériel : Feuilles, gouache, feutres rouges et noirs, craies.

Demander aux enfants de plier leur feuille en deux. De la déplier et de tracer un trait au feutre rouge sur le pli. Puis leur faire placer des taches de couleurs sur le même côté de la feuille. Plier de nouveau avant que la peinture ne sèche. Faire observer et décrire les résultats obtenus. Par la verbalisation, faire prendre conscience que les deux côtés sont identiques, que les taches sont de même forme, de même couleur et placées à égale distance de la ligne rouge. Faire alors relier les taches symétriques au feutre noir. Selon le niveau de langage des enfants, on emploiera les termes adéquats : symétrie, symétriques et axe de symétrie. Généralement ces termes sont bien réemployés et retenus, parce qu'ils sont compliqués et produisent leur effet lorsqu'ils sont formulés à la maison. Faire compléter ensuite le dessin obtenu par d'autres taches reproduites des deux côtés, symétriquement, non par pliage mais par tracé, puis faire colorier le fond à la craie.

Collage et graphisme

Matériel : Feuilles blanches, feutres, ciseaux, colle.

Donner aux enfants une feuille. La faire plier en deux, déplier et marquer le pli au feutre rouge. Faire replier de la même façon et faire découper des formes sur le pli. Faire observer la feuille découpée et les morceaux obtenus. Faire constater que leurs deux moitiés se superposent parfaitement et qu'elles sont identiques : même forme, mêmes creux, pointes, arrondis aux mêmes endroits par rapport au pli rouge.

Faire décorer ensuite la grande feuille découpée en faisant respecter la symétrie. Faire colorier les espaces blancs.

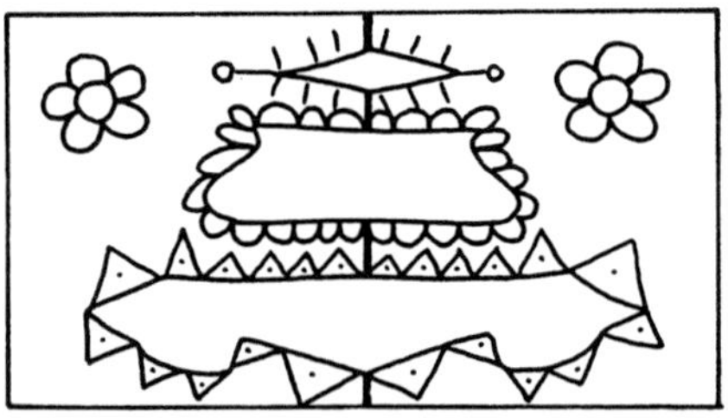

Trous obtenus
par découpage.

Faire coller les morceaux issus du découpage de la grande feuille sur du bristol de couleur pour les rendre plus rigides. Faire découper à nouveau sur leur pourtour puis sur les axes de symétrie rouge. Faire reconstituer les moitiés comme pour un puzzle.

Les faire replacer sur les trous correspondants du graphisme précédent...

Tableau à la manière de Matisse

Matériel : Feuilles de couleur blanche, ciseaux, colle.

Faire observer préalablement des collages de Matisse. Paver symétriquement une feuille blanche de rectangles de couleurs. Plier d'autres feuilles. Faire des découpages comme dans la situation précédente sur les plis et les coller sur les rectangles en respectant la symétrie.

Exemple :

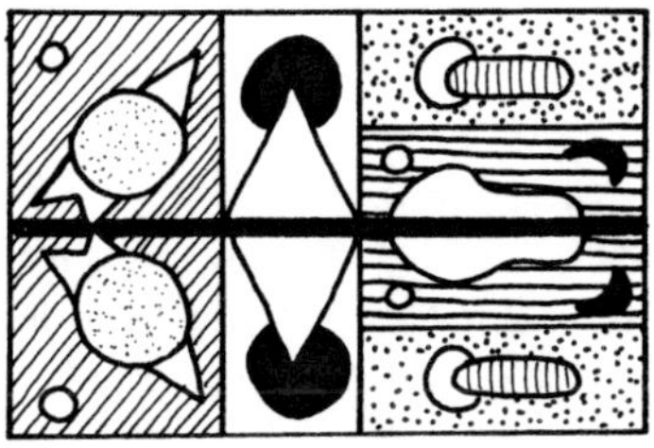

Objectifs par jeu mathématique

SITUATIONS	OBJECTIFS
Jeu de cubes	• Mêmes objectifs que précédemment à partir de constructions en volume. Il s'agit donc de respecter la position, la forme et la couleur des éléments seuls, et entre eux, selon 3 dimensions, et ce par rapport à l'axe de symétrie.
Jeu de cartes	• Respecter l'ordre et le sens de rotation du jeu. • Associer des cartes ayant des dessins symétriques. Donc bien situer toutes les formes, les positions. Les accoler pour vérifier le respect de la symétrique. Discriminer les formes et les compositions voisines. • Affiner sa perception visuelle des éléments et la maîtrise des notions abordées. • Bien poser le miroir sur l'axe de symétrie. Donc bien le situer.

Jeu de cubes (2 joueurs)

But du jeu : Reconstituer un assemblage.
Matériel : Cubes Lego ou Duplo, une corde.
Comment jouer ? L'un des joueurs forme une ou plusieurs figures. Lorsqu'il a terminé, l'autre les reproduit symétriquement. Inverser ensuite les rôles des joueurs. Faire verbaliser les actions, décrire les résultats.

Exemples de construction :

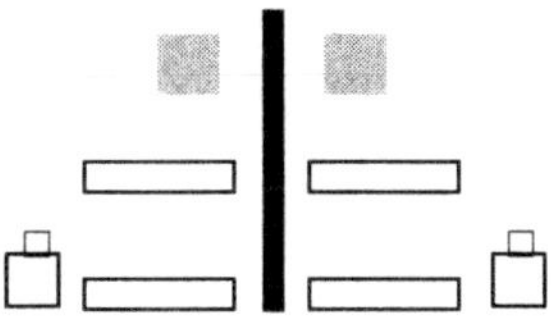

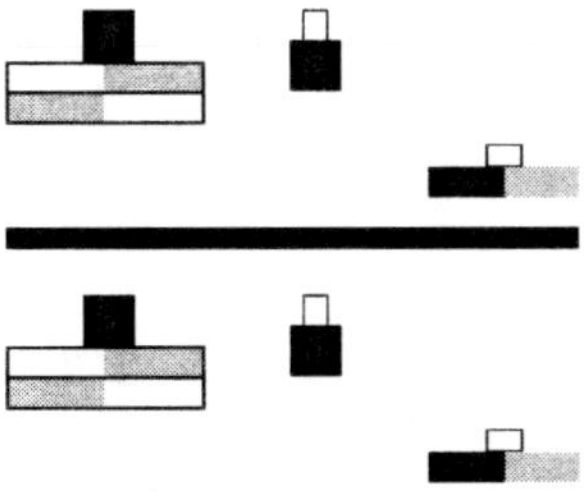

Jeu de cartes (4 joueurs)

But du jeu : : Être le dernier à s'être débarrassé de toutes ses cartes.
Matériel : 16 cartes et leur symétrique, un miroir.

Exemples :

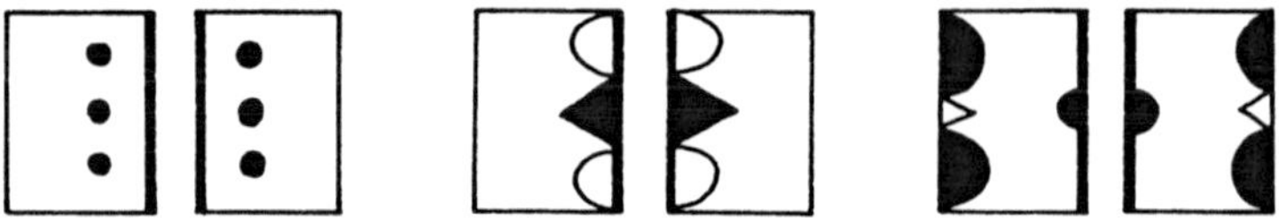

Comment jouer ? Faire observer et décrire les cartes.

Avant de commencer le jeu, les assembler symétriquement. Puis les mélanger. Distribuer 6 cartes à chaque joueur. Les autres cartes sont empilées faces retournées au centre du jeu. Les joueurs qui ont dans leur jeu des cartes symétriques les posent devant eux. À tour de rôle, chacun pioche une carte. S'il peut former une famille, il la pose et s'aide du miroir pour prouver aux autres joueurs la bonne correspondance des images. Dans le cas contraire, il garde la carte. Lorsqu'il n'y a plus de pioche, les joueurs tirent une carte dans le jeu du camarade qui se trouve à leur gauche.

Mon grand ami

Faire observer et décrire la page 38 du fichier. Lire la consigne. Faire rappeler.les règles de reproduction par rapport à un axe de symétrie et procéder à l'exercice.

Transformation par symétrie

Le paysage dans l'eau (p. 39)

Compétences et objectifs

Compétences disciplinaires

- Situer, repérer et déplacer des objets par rapport à des repères fixes.
- Reproduire quelques figures simples.
- Utiliser quelques techniques et quelques instruments.

Compétences transversales

- Observer, interroger, s'exprimer par la parole.
- Émettre des suppositions.
- Restituer et réorganiser les informations réunies.
- Réaliser des représentations simples d'un espace proche.

Objectifs

- Réinvestir les notions acquises dans la fiche précédente à la construction de figures symétriques par rapport à une droite et ce quelle que soit l'orientation de cet axe.
- Utiliser un calque pour construire des figures symétriques, pour corriger un travail de constructions symétriques.

Langage

Objectifs

- Résumer un texte lu. Faire des hypothèses sur le sens de la comptine. Les vérifier par des lectures d'images.
- Réinvestir les expériences passées et les notions acquises lors de fiches précédentes pour situer des éléments et reconnaître des symétries dans des images observées.

Situation 1 : Lire la comptine

Voici le tableau
D'un paysage dans l'eau.
Mais le peintre a oublié
Le lac aux beaux reflets.
Pour pouvoir accrocher son tableau.
Prenez vos pinceaux
Et imaginez les reflets.

Situation 2

Demander aux enfants de raconter ce qu'ils ont compris de l'histoire. Faire expliquer ce qu'est un tableau, un lac, les reflets. On peut présenter des reproductions d'œuvres de peintres comme par exemple : *Le Canal de Saint-Quentin* de B. Buffet, *Cannes* de C. Schurr, *Bord de Seine* de Sisley.

Les photos peuvent remplacer, compléter les observations tirées des lectures d'images. On fera remarquer que les paysages se reflètent dans l'eau calme comme si celle-ci était un miroir. Faire alors référence aux réalisations effectuées lors de la fiche précédente pour faire expliquer que les images sont symétriques par rapport à une ligne qui est au bord de l'eau.

Mise en situation corporelle

Objectifs

- Décrire avec ses propres mots ce que l'on voit et ce que l'on ressent.
- Situer les objets par rapport à soi et par rapport à des repères fixes de l'espace.
- Reconnaître des formes et des déplacements symétriques.
- Faire des représentations simples de l'espace.
- Réaliser par le dessin et la description que l'axe observé ici est horizontal alors qu'il était vertical dans la fiche précédente.

Si le quartier dans lequel se trouve l'école possède un parc avec un lac, on peut organiser une promenade. Faire à cette occasion décrire le paysage du bord de l'eau et dans l'eau. Demander aux enfants de réaliser des croquis, qui même s'ils sont maladroits, doivent faire apparaître les éléments et leurs reflets dans l'eau. Faire décrire et comparer les réalisations. Décrire l'axe de symétrie. On peut également, si le sol de la classe ou de la salle de jeux est sombre et ciré, faire observer les reflets et comparer les éléments et leurs images. En partageant la classe en deux groupes : acteurs et observateurs, faire décrire par un groupe les déplacements des enfants et de leurs reflets au sol de l'autre groupe.

Autres situations : jeux d'ombres sur le mur, sur une table éclairée, etc.

Schématisation de la situation

Les exercices de *Mon grand ami* (p. 227) ont permis aux enfants de construire des espaces symétriques par prise d'enpreintes et par collage d'éléments. Ils ont complété ses espaces par coloriage des éléments préalablement représentés. Ces exercices leur permettaient de tâtonner et de maîtriser à leur rythme les notions abordées :

– les éléments avant collage pouvaient être déplacés ;
– les éléments à colorier ou à décorer avec leurs propres particularités et avaient un modèle. Il suffisait donc de faire une lecture attentive de l'une des parties et de reproduire ce que l'on voyait dans l'autre sur les mêmes formes et aux mêmes endroits.

Les exercices que nous proposons veulent exercer les enfants à tracer des images symétriques par rapport à un axe quelle que soit son orientation.

Objectifs par situation

SITUATIONS	OBJECTIFS
Variation de l'axe de symétrie	**Découpage, collage :** • Découper des formes symétriques. • Reconnaître un axe de symétrie et découper une feuille à l'endroit où il est tracé. • Manipuler, orienter, retourner, faire glisser des formes pour rechercher des aménagements symétriques par rapport à un ou plusieurs axes. • Par la verbalisation, prendre conscience des différentes constructions, orientations possibles des axes de symétrie. • Comprendre que plusieurs axes de symétrie peuvent être utilisés sur un même plan. • Relever et corriger ses erreurs avec l'aide des autres et celle de l'adulte. **Représentation :** • Reproduire des représentations simples. • Réinvestir dans le dessin, les notions tirées de la manipulation. • Respecter les formes graphiques, leurs orientations, leur position, leur composition.
Transformation par prise d'empreintes	• En pavant une feuille par la prise d'empreintes d'une même forme, apprendre à maîtriser les gestes graphiques, la coordination des deux mains, le savoir-faire. • Manipuler également une figure, l'imprégner de sa forme, la manipuler, l'orienter, la retourner. Créer des images. Aborder intuitivement des notions géométriques telles que le parallélisme, l'orthogonalité, la rotation, la translation, la symétrie. • Réinvestir les notions dégagées au cours du pavage pour réaliser des constructions symétriques par prise d'empreintes d'une ou plusieurs formes sur un ou plusieurs axes de symétrie d'orientations différentes. • Développer la créativité par le réinvestissement de notions, de formes, d'aménagement d'espaces connus à cette situation.
Transformation par reproduction sur calque	• Apprendre à se servir d'un calque : – bien placer la feuille sur le dessin ; – ne plus la bouger durant le tracé. Donc coordonner l'action des deux mains ; – retourner le calque pour reproduire le dessin ; – faire correspondre les deux axes de symétrie (celui du dessin et celui du calque) ; – repasser sur le trait vu en transparence sans bouger. • Pour le coloriage du symétrique, mêmes objectifs de discrimination visuelle des éléments et de leurs positions.
Transformation par symétrie	• Reproduire un dessin symétriquement par rapport à un axe. • Respecter dans le tracé, la forme, la position, la taille, la couleur des différents éléments à reproduire.

Variation de l'axe de symétrie

Découpage – Collage

Matériel : Feuille blanche, feuilles de couleurs plus petites.

Faire plier la feuille blanche plusieurs fois, en tous sens. La déplier et marquer chaque pli d'une couleur différente. Puis demander aux enfants de plier les feuilles de couleurs, et de découper des formes sur les plis. Couper chaque forme en leur milieu, sur leur pli, pour obtenir deux moitiés symétriques. Faire alors coller ces moitiés symétriquement par rapport aux différents axes tracés sur la feuille blanche. Faire observer, comparer, décrire les réalisations.

Exemple :

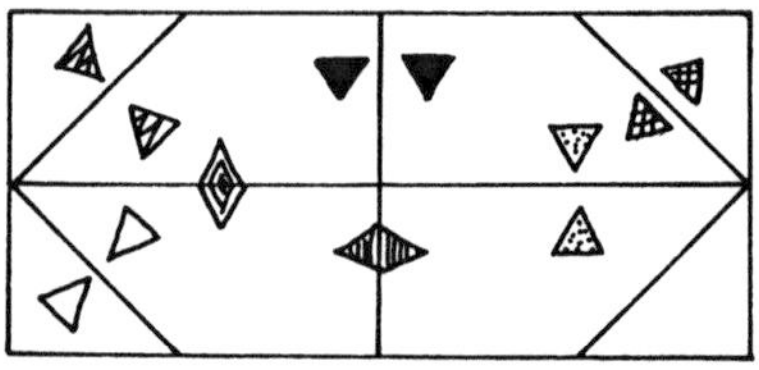

Représentation

Matériel : Feuille blanche, feutres.

Demander ensuite aux enfants de dessiner ce qu'ils ont représenté en collant des feuilles de couleurs sur la feuille, pliée plusieurs fois. Faire comparer ensuite les réalisations et leur modèle et demander aux enfants d'expliquer leur procédé :

- retournement de la feuille pour ne pas inverser le mouvement graphique ;
- pas de retournement de la feuille, le geste suit symétriquement les tracés précédemment effectués.

Transformation par prise d'empreinte

Matériel : Une forme, des feutres, feuilles blanches.

Donner à chacun une forme simple et une feuille blanche.

Dans un premier temps, leur demander de paver une feuille avec un des gabarits. Faire observer et comparer les résultats.

Exemples :

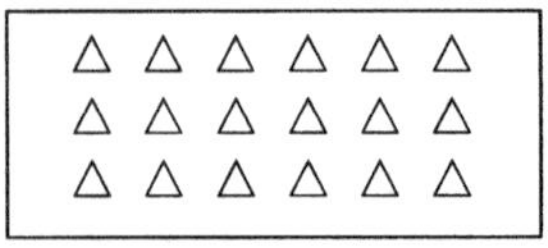

(a)

(b)

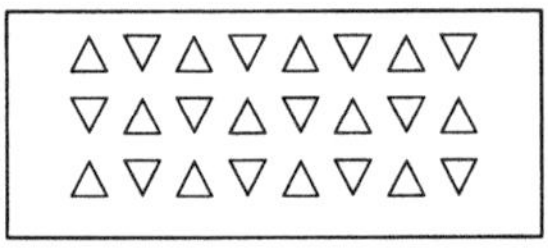

(c)

Faire remarquer la position, le nombre de formes pavées et les images symétriques, etc. Demander aux enfants qui ont réalisé les constructions (b) et (c) d'expliquer comment ils ont pu obtenir des formes orientées différemment.

Demander à présent aux élèves de plier une feuille plusieurs fois et de marquer les plis ; puis de représenter sur chacun d'eux la forme découpée reproduite plusieurs fois symétriquement. Faire colorier les formes symétriques de même couleur.

Exemple :

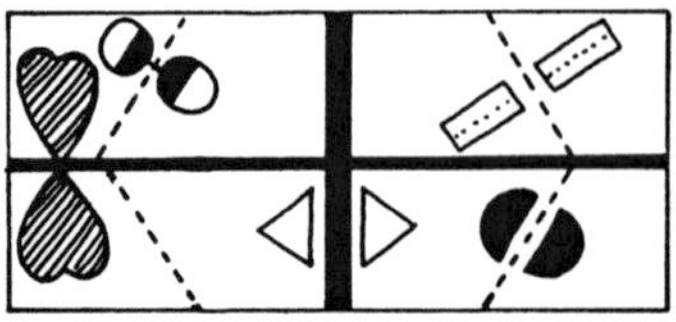

D'autres réalisations avec plusieurs formes différentes peuvent être réalisées à partir d'un même axe et avec plusieurs axes d'orientations différentes. La décoration des constructions obtenues donne de jolis tableaux, des décorations sans respect de la symétrie, des décorations avec respect de la symétrie ou d'une symétrie différente.

Tranformation par reproduction sur calque

Matériel : Calque, feuille blanche, crayon de papier, feutre, peinture.

Donner à chacun une feuille blanche. La faire plier en deux et marquer le pli au feutre. Demander aux enfants de faire un dessin sur le pli et au-dessus. Puis leur faire décalquer le dessin au crayon. Leur faire retourner le calque sur le pli et faire repasser sur le trait observé en transparence pour obtenir une décalque symétrique. Faire comparer, décrire les formes obtenues, puis faire colorier la figure symétrique comme son modèle.

D'autres exercices du même genre peuvent être proposés.

- Exercice avec 1 axe de symétrie obtenu par pliage.
- Exercice de dessin avec plusieurs petits dessins et plusieurs axes de symétrie.
- Exercice à deux : chacun fait un dessin, échange sa feuille avec l'autre qui décalque et trace le symétrique.

Réalisations coloriées au feutre, à l'encre, à la peinture.

Transformation par tracé direct

On peut faire reproduire des réalisations simples de dessins construits en situation 3 sans l'aide du calque, ou en se servant du calque comme outil d'autocorrection.

On peut également proposer des reproductions symétriques sur quadrillage en se servant des carreaux comme points de repère.

Exemple : 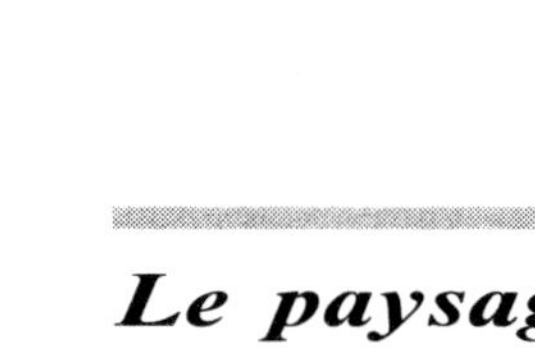

Le paysage dans l'eau

Faire observer et décrire la page 39 :

- les éléments du dessin ;
- la composition de chaque élément (forme, couleur, position, nombre de composants, branches, etc.) ;
- le paysage et le « lac ».

Lire les consignes et procéder par étapes : le dessin au crayon, le tracé sur calque et l'autocorrection, le coloriage.

Coder des successions d'événements

Voyage autour du monde (p. 40)

On aborde, ici, le temps chronologique et non la durée. La notion de temps est celle qui pose le plus de problèmes car elle est difficilement définissable. Par temps l'on entend le temps qu'il fait et le temps qui passe, chacun traduisant les changements d'une situation observée.

Tout comme il a construit l'espace, l'enfant construit le temps par rapport à lui : le cycle des événements journaliers (lever, repas, coucher ; l'école, la cantine, l'heure des mamans) *; le cycle des événements hebdomadaires* (école, la garderie, la maison) *; le cycle des événements annuels* (Noël, l'anniversaire, les vacances) *; le cycle des saisons, cycle de la vie* (bébé, enfant, parents, grands-parents...).

Chacun élaborant ses propres repères, il est difficile de mettre en harmonie les connaissances des uns et des autres. C'est pourquoi la démarche est la même que celle qui a été employée dans la construction de l'espace.

Il s'agit de créer des vécus communs à l'ensemble de la classe pour déterminer des points de repères communs que chacun puisse comprendre, employer, utiliser. On peut ainsi construire des emplois du temps, coder des parcours gymniques, des danses, coder des musiques, des enchaînements musicaux, etc.

Compétences et objectifs

Compétences disciplinaires

- Ordonner des objets.
- Situer, repérer, déplacer des objets dans l'espace et le temps.
- Retenir des enchaînements.
- Utiliser le calendrier pour repérer des moments.

Compétences transversales

- Se donner des repères et les coder.
- Se situer dans le temps proche et commencer à repérer des déroulements chronologiques différents.
- Situer des événements de la vie quotidienne les uns par rapport aux autres.
- Exprimer le temps et l'espace.

Objectifs

- Situer des événements par rapport à un autre. Employer à bon escient les termes *avant, après, pendant, en même temps, chacun son tour...*
- Coder des successions.
- Reconnaître un cycle dans la répétition des événements.

Langage

Objectifs par situation

SITUATIONS	OBJECTIFS
2	• Restituer les informations données par un texte lu. • Lire des images, les comparer. Montrer son désir d'apprendre, de s'informer, de rechercher une réponse aux questions posées.
3	• Mémoriser les données du texte, les ordonner. • Réemployer les termes utilisés lors des fiches sur les suites algorithmiques à cette situation. Donner ainsi aux mots *avant, après,* une dimension spatio-temporelle : – espace pris par les étiquettes selon un axe haut-bas ou gauche-droite ; – temps chronologique dans la succession des moyens de transport énumérés. • Intercaler des étiquettes selon l'ordre chronologique de la récitation.
4	• Donner un sens aux mots. Par les jeux, favoriser la mémorisation de leur lecture globale, susciter, favoriser la comparaison des graphies... • Mémoriser moyens de locomotion et bruits produits.
5	• Développer la mémoire visuelle. • Réinvestir le vocabulaire appris pour situer et décrire une étiquette.
6	• S'interroger sur le sens mais aussi le rôle de l'écriture.

Situation 1 : Lire la comptine

Pour faire le tour du monde,
Je prendrais le train
Ch, ch, est son refrain
Après la voiture
Vroum, vroum, à toute allure

Puis le bateau
Floc, floc, sur l'eau
Et enfin, un bel avion
Brr... brr, à réaction.

Situation 2

Demander aux enfants de raconter ce qui a été dit dans le texte. Faire expliquer ce qu'est un tour du monde, montrer des photos de la Terre vue de satellite, un globe terrestre, etc.

Situation 3

Demander ensuite aux élèves d'énumérer les moyens de transport qui sont pris durant le voyage décrit dans la comptine. Pour chacun faire reproduire le bruit qui le caractérise. Par tâtonnement, arriver ainsi à ordonner dans l'ordre chronologique les différents véhicules empruntés. Demander comment coder le mot *bateau* pour pouvoir le relire. Un enfant propose de dessiner un bateau. L'enseignant écrit comme précédemment sur une nouvelle étiquette ce qui vient d'être dit et un enfant propose de dessiner un train. L'enseignant demande alors lequel de ces deux moyens de transport a été pris avant l'autre, en récitant à nouveau la comptine, si cela s'avère nécessaire. Puis faire ordonner ces deux étiquettes en fonction de leur temps chronologique. Selon les propositions des enfants, l'ordre linéaire des étiquettes peut se faire verticalement de haut en bas ou horizontalement de gauche à droite.

Situation 4

Faire ensuite des jeux de codage et décodage des 4 étiquettes ainsi ordonnées.

Exemple d'exercices :

- Lire les mots montrés.
- Montrer les mots lus : *bateau*, *voiture*, etc.
- Faire le bruit du moyen de transport montré (et inversement).
- Couper les étiquettes en 2. Faire associer mots et bruits.

Situation 5

Autres jeux possibles :

- *Jeu de Kim :* Retirer une étiquette. Les enfants nomment celle qui a disparu.
- *Jeu de l'intrus :* Mettre d'autres étiquettes. Les faire éliminer par les enfants.
- *Jeu du qui est qui :* Un enfant décrit un moyen de transport sans le nommer, les autres doivent le retrouver.

Situation 6

Faire rappeler ce qui est demandé à la fin de la comptine et demander aux enfants comment écrire cela et pourquoi. Généralement les élèves sont satisfaits des étiquettes codées et les proposent comme moyen d'écriture. Elles servent à se souvenir de la comptine.

Mise en situation corporelle

Objectifs des jeux moteurs

- Occuper l'espace. Faire ce que l'on a envie de faire pour représenter un mode de déplacement. Développer sa créativité par l'adaptation de ce que l'on sait d'un véhicule, au mouvement corporel et au bruit qu'il fait.
- Reproduire des mouvements, des déplacements créés par d'autres.
- Associer mouvements et codes graphiques. En respectant l'ordre de reproduction.

• Respecter les codes graphiques et musicaux.
• Mémoriser par le déplacement corporel, les mouvements et leurs enchaînements.
• Réinvestir les formes de regroupement collectif à une situation nouvelle. Associer des images observées en langage, leur forme, et une structure de danse de forme identique.
• Comprendre et respecter la nécessité de choisir un sens de rotation.
• Comprendre la nécessité de placer des repères communs à tous, qui permettent d'ordonner les codes des déplacements dans le temps et dans l'espace.
• Par cet aménagement, ranger ces codes en ordre non-linéaire. Réinvestir les notions spatio-temporelles : *avant*, *après*, *juste avant*, *juste après*, ..., le code tracé et le déplacement effectué.
• Par la verbalisation et la comparaison des codes graphiques, réinvestir les notions décrites précédemment et comprendre la notion de temps simultané.
• Comprendre qu'en respectant le même ordre du parcours, on varie pour chacun le temps du départ (partir l'un après l'autre).
• Réinvestir ce qui a été dit sur l'ordre des actions pour chaque enfant et sur la simultanéité des actions de plusieurs enfants.
• Réinvestir ces notions à des constructions et des orientations différentes de l'espace.
• Par l'enchaînement des tours parcourus, percevoir la notion de cycle des actions et donc du temps.

Jeux moteurs dans la salle de jeu

Proposer aux enfants de voyager et d'imiter les moyens de transport décrits dans la comptine. Laisser-les agir librement puis leur faire décrire les gestes et déplacements produits pour imiter le train, la voiture, le bateau, l'avion.

Leur faire alors rappeler l'ordre dans lequel ces déplacements se sont faits. S'aider des étiquettes codées construites en langage :

– les enfants se déplacent en imitant le moyen de transport montré par l'enseignant ou un enfant ;
– ils changent de déplacement lorsque l'enseignant ou un enfant fait tinter une clochette.

Leur rappeler alors que le personnage de l'histoire désire faire le tour du monde. Leur faire alors rechercher une forme de déplacement pour représenter ce tour du monde. La ronde est la forme la plus connue et la plus souvent pratiquée. Elle vient donc naturellement à l'esprit des enfants. Reprendre alors les déplacements sur ordre, faits précédemment, dans une ronde. Faire choisir un sens de rotation de la ronde. Puis recommencer l'exercice en inversant ce sens.

Préciser que le personnage ne fait qu'un tour et que, durant ce tour du monde, il prend quatre transports : train, voiture, bateau, avion. Leur demander alors de faire un tour du monde et de reproduire les quatre moyens de transport durant ce tour unique. Faire alors verbaliser les résultats et les difficultés rencontrées :

– certains ne respectent pas la consigne et reproduisent plusieurs fois le même déplacement ou n'ont pas reproduit les quatre déplacements ;
– d'autres ne respectent pas l'ordre des déplacements, etc.

Arriver à la constatation suivante : *On n'y arrive pas parce qu'on ne sait pas quand il faut changer de déplacements.* Leur faire dire alors quand il est possible de prendre :

– le train : quand il y a des rails ;

– la voiture : quand il y a des routes ;
– le bateau : quand il y a de l'eau ;
– l'avion : dans le ciel.

Les amener alors à placer sur le rond tracé, les codes train, voiture, bateau, avion, ou d'autres codes (rails, routes, eau ou mer, ciel/nuage), ou les deux.

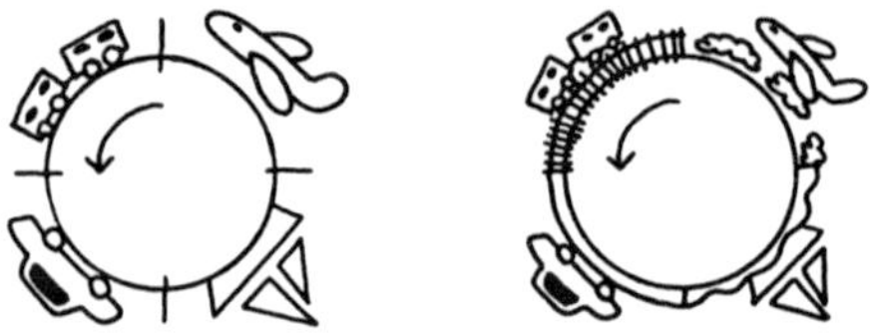

Des quarts de ligne pourront, pour plus de facilité, être tracés à la craie avec des couleurs différentes (**ex. :** rails blancs, mer verte, etc.). Par tâtonnement et concertation, arriver à un aménagement de la ronde. Faire placer les enfants autour de la ronde et leur demander où ils se trouvent. Les faire tourner dans la ronde en produisant les mouvements voulus par décodage des codes. Faire relever par groupe la position de départ puis celle d'arrivée. Demander enfin à chaque groupe d'énumérer l'ordre des déplacements et les faire coder. On aura ainsi 4 frises.

Les faire décrire et comparer. Arriver ainsi aux constatations suivantes :
– chaque groupe a fait 4 déplacements ;
– chaque groupe a fait les mêmes déplacements mais pas en même temps ; certains ont pris le train au début, d'autres à la fin, etc. ;
– derrière le bateau, il y a toujours l'avion ou rien ; derrière le train il y a toujours la voiture ou rien, etc. ;
– on se déplace en même temps mais on ne fait pas tous la même chose.

Demander alors aux enfants ce qu'il faut faire pour qu'ils respectent tous l'ordre des déplacements de la comptine. La solution est de donner à tous les mêmes points de départ et d'arrivée.

Après un ou plusieurs déplacements, faire verbaliser la position des différents groupes :
– chaque groupe a fait 4 déplacements ;
– le parcours est le même pour tous ;
– tout le monde ne fait pas la même chose au même moment.

Recommencer, ensuite, en variant la position des éléments et le sens de rotation de la ronde, en variant le nombre de tours du monde. Faire suivre chaque expérience d'une verbalisation.

Autres activités favorisant la structuration du temps

La journée scolaire est divisée en rituels qui sont autant de repères identiques à tous les enfants de la classe (accueil, collation, ateliers, récréations, etc.). Après une adaptation d'un ou deux mois à leur nouvelle classe, suggérer aux enfants d'élaborer un emploi du temps.

Objectifs par activité

ACTIVITÉS	OBJECTIFS
L'emploi du temps	• Se servir des rituels et donc des habitudes mémorisées dans leur ordre pour situer des événements vécus par tous. • Travailler en coopération avec les autres. Confronter ses hypothèses, les expliquer en utilisant à bon escient les termes *avant, après, en même temps, pendant...* • Comprendre la répétition des actions d'un jour sur l'autre et appréhender ainsi un cycle journalier. • Comprendre la notion de succession des jours. Situer les jours par rapport à un événement attendu. • Matérialiser ce temps sur un calendrier. • Utiliser les expressions *avant, après.* Connaître les jours de la semaine. Reconnaître leur cycle en semaines sur le calendrier. • Se servir d'un livre. Par sa connaissance et sa mémorisation des images, prévoir l'emplacement d'une page par rapport à une autre. • Situer des événements en ordre chronologique. Tourner les pages en fonction de la recherche des événements dans un sens ou dans l'autre.
Musique	• Développer, affiner l'écoute, la discrimination auditive. • Développer la créativité, le plaisir de jouer de la musique. • Par ces activités, comprendre l'importance d'ordonner des instants musicaux pour créer une harmonie, une impression, une musique. • Comprendre que toute musique peut s'écrire, qu'elle doit respecter l'ordre des moments musicaux et que l'ordre du codage écrit dans l'espace est le même que celui perçu dans le temps.
Danse	• Coordonner mouvements, déplacements et musique. • Se servir des repères musicaux pour créer et ordonner des figures de danse. • Par la verbalisation, prendre conscience de cet ordre, le mémoriser, affiner sa structure langagière par l'emploi d'expressions adéquates.
Gymnastique	• Comparer des codages différents et donc des aménagements du temps différent.
Pâtisserie	• Respecter l'ordre des actions décrites dans une recette. • Situer ces actions les unes par rapport aux autres.

L'emploi du temps

Matériel : Photos des enfants de la classe prises à différents moments caractéristiques de la journée : accueil, ateliers, collation, récréations, gymnastique, heure des mamans, etc.

Comment jouer ? Présenter les photos pêle-mêle. Les faire décrire et ordonner en ordre chronologique. Le lendemain, faire situer chaque rituel, au moment où il est vécu, sur la frise des photos ordonnées la veille pour en vérifier le bon ordre.

Cet emploi du temps peut ensuite prendre la forme d'un livre. Chaque photo peut être collée sur une feuille. Elle peut être complétée par des dessins et des textes explicatifs dictés à l'adulte. Les pages seront ordonnées et reliées. Le livre de la classe terminé, il peut être emporté à la maison. Pour cela, il faut déterminer un roulement. L'ordre des enfants peut se faire par tirage au sort et être reporté sur un calendrier. Les enfants peuvent ainsi situer leur tour de « garde du livre », mais aussi les jours, les uns par rapport aux autres, en fonction des jours de classe, des jours de repos, des jours qui séparent celui où enfin on emmène le livre, etc.

On peut aussi organiser des activités autour de ce livre : situer une page d'après sa description, prévoir celle qui se trouve juste avant, juste après, celles qui sont avant, après, montrer deux pages, dire celle qui est avant l'autre, etc.

Musique

Faire reconnaître, identifier des sons joués sur de petits instruments à percussion : triangles, claves, cloches, tambourin, etc., mais aussi des œuvres musicales. Faire jouer les enfants ensemble, par famille d'instruments, un groupe après l'autre, deux groupes en même temps, etc. Faire des exercices d'écoute pure (*1 instrument après l'autre* ; les instruments étant cachés, les faire reconnaître ; *3 instruments, l'un après l'autre* ; nommer celui qui a été joué avant un autre, après, en même temps). Faire des exercices de codage et décodage musicaux. Ordonner ainsi les activités dans le temps et dans l'espace feuille. Donc, coder des successions.

Danse

Danse et musique sont liées. À chaque mouvement musical, faire correspondre un mouvement, un déplacement du corps. À chaque silence, on crée une rupture. À chaque refrain, on reproduit un pas, une figure... La danse permet donc aux enfants de structurer le temps en coordonnant et ordonnant des mouvements et déplacements. Elle permet par la verbalisation de faire prendre conscience des cycles musicaux et de la répétition des mouvements qu'ils déterminent, de l'ordre des mouvements les uns par rapport aux autres.

La codification des danses favorisera : le développement du schéma corporel et de la représentation du corps en mouvement, tout en visualisant, par l'ordre des dessins, l'ordre, la chronologie des figures de danse selon un code déterminé ensemble.

Gymnastique

Les parcours gymniques favorisent l'enchaînement de déplacements vécus par tous selon un ordre identique ou pas. Leur représentation permettent d'ordonner les mouvements produits dans le temps et de les comparer à d'autres.

Pâtisserie

La réalisation de recettes de cuisine permet également de produire et de coder des gestes, des actions ordonnées dans le temps. La verbalisation avant, pendant, et après la réalisation de la recette, permet d'employer des expressions spatio-temporelles et de mémoriser la chronologie des événements.

Schématisation de la situation

Objectifs par situation

SITUATIONS	OBJECTIFS
Le tour du monde	• Jouer à tour de rôle : ordre chronologique des joueurs. • Associer des images de représentations différentes mais de codage identique. (Les dessins n'ont pas été faits par le même enfant.) **Exemple :**  • Respecter l'ordre de la comptine. Savoir à tout moment où l'on en est, quelle image vient après une autre. En déduire l'image espérée sur la roue. • Ordonner linéairement les images, de gauche à droite.
La course en mémoire	• Mémoriser l'ordre successif de quatre images. • Les ordonner de gauche à droite. • Comparer deux codages.
Exercices	• Reproduire les codes de représentation des transports. Respecter les formes, l'ordre des codages quels que soient les supports. • Orienter la lecture du codage en utilisant des flèches.

Jeu du tour du monde (4 joueurs)

But du jeu : Être le premier à avoir ordonné ses cartes dans l'ordre de la comptine.

Matériel (peut être construit par les élèves) :

- 4 cartes bateau ;
- 4 cartes train ;
- 4 cartes voiture ;
- 4 cartes avion ;
- 1 roue divisée en quatre quarts : voiture, train, avion, bateau. 1 bouchon au centre de la roue. Sur le bouchon, piquer une aiguille sur laquelle se trouvent une flèche de carton et une perle (qui facilite la rotation de la flèche).

Comment jouer ? Les cartes sont placées au centre du jeu faces visibles. À tour de rôle, les joueurs font tourner la flèche et prennent la carte indiquée si elle correspond à l'ordre des transports de la comptine. Ainsi la première carte à gagner est la carte train, puis la deuxième, la carte voiture, puis la carte bateau et enfin la carte avion. Le jeu s'arrête lorsqu'un joueur a posé les quatre cartes en ordre chronologique de gauche à droite.

La course en mémoire (4 joueurs)

But du jeu : Être le premier à ordonner les 4 images en ordre chronologique.

Matériel : Le même + un cache.

Comment jouer ? Les joueurs prennent chacun quatre cartes différentes et se placent l'un à côté de l'autre. À tour de rôle, un joueur sur les trois mène le jeu. Il tourne la flèche, prend la carte indiquée et la place sous le cache. Les autres joueurs mémorisent le code indiqué par la flèche. Le même joueur actionne à nouveau la flèche, place la carte désignée à côté de la précédente. Les autres joueurs mémorisent cette deuxième carte. Si la flèche indique une carte déjà tirée, le meneur relance la flèche. Lorsque les quatre cartes sont placées sous le cache, les trois autres joueurs ordonnent les leurs de mémoire. Le premier à avoir terminé crie : stop ! Le meneur ôte son cache et l'on compare les résultats. Un autre enfant devient le meneur du jeu.

Exercices de représentation graphique

Pour chacun, faire indiquer le sens du déplacement par des flèches.

Exercice 1 : Faire représenter les codes sur une bande de papier pour figurer les modes de transport pris pour un tour du monde :

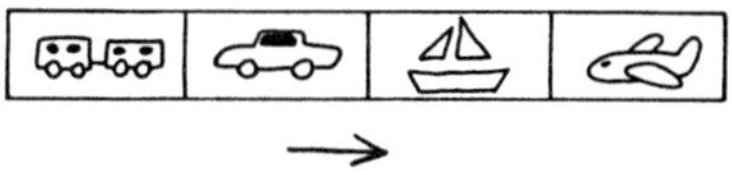

Exercice 2 : Faire représenter les codes sur une bande placée verticalement.

Exercice 3 : Proposer deux codages circulaires. Faire indiquer le sens de rotation par une flèche. Au préalable, faire suivre le trajet avec le doigt.

Exercice 4 : Un enfant mime quatre déplacements parmi ceux proposés dans la comptine, mais dans l'ordre qu'il veut. Les enfants de son groupe représentent les codes correspondants sur des supports différents : bandes de papier, disque, vague en papier, pointe...

On peut proposer des jeux et des exercices identiques pour tout autre activité impliquant un codage de la succession des événements comme l'emploi du temps, une danse, une recette de cuisine.

Voyage autour du monde

Faire observer et décrire la page 40 du fichier. Pour chaque dessin décrire le mode de déplacement utilisé par le personnage : patins à roulettes, Montgolfière, vélo, fusée. Faire remarquer qu'ils ne correspondent à aucun des transports codés dans la comptine. Faire alors énumérer ces codes dans l'ordre.

Lire la consigne. Faire situer sur chaque support de codage la première case (celle marquée d'un point), la flèche (la faire suivre du doigt).

Faire décoder le mode de déplacement représenté. En déduire ceux qui manquent.

Procéder dessin par dessin.

Ordonner des successions d'événements

Tout autour de la Terre (p. 41)

Dans Voyage autour du monde*, les enfants ont codé des successions d'événements, d'actions et ont ainsi construit un algorithme spatio-temporel. À présent, il faut leur permettre d'ordonner des successions, c'est-à-dire de produire des rythmes, et leur permettre de mieux appréhender, par la suite, le rythme des jours, des semaines, des mois, des années, des saisons, etc.*

Compétences et objectifs

Compétences disciplinaires

- Ordonner des objets.
- Situer, repérer, déplacer des objets dans l'espace et le temps.
- Retenir des enchaînements.

Compétences transversales

- Se donner des repères et les coder.
- Se situer dans le temps proche et commencer à repérer des déroulements chronologiques différents.
- Situer des événements de la vie quotidienne les uns par rapport aux autres.
- Exprimer le temps et l'espace.

Objectifs

- Situer des événements par rapport à un autre. Employer correctement les termes *avant*, *après*, *pendant*...
- Coder des successions.
- Reconnaître un cycle dans la répétition des événements.
- Ordonner des successions d'événements. Réinvestir ainsi les notions acquises lors de l'étude des algorithmes linéaires.

Langage

Objectifs par situation

SITUATIONS	OBJECTIFS
2	• Résumer un texte lu. • Réinvestir dans une nouvelle situation les notions précédemment acquises.
3	• Émettre des hypothèses en réinvestissant les notions précédemment acquises, pour évaluer des résultats possibles. • Exposer clairement ses hypothèses en les codant.

Situation 1

Tout autour de la terre
En train, en voiture
En bateau, en avion
Mais combien de tours du monde
Feras-tu ainsi ?

Situation 2

Demander aux enfants de raconter ce qui vient d'être lu, en faisant référence au texte du *Voyage autour du monde* (page 39 du fichier). Leur présenter les différents codages qu'ils ont construits à la suite de la première étude. Les leur faire lire en faisant respecter le sens de la lecture fléchée.

Situation 3

Revenir ensuite au texte de la comptine et demander ce que le personnage va faire, et quand il s'arrêtera. Faire rappeler comment il se déplace pour faire un tour du monde. Demander alors quels seront ses modes de déplacements, s'il fait 2 tours, 3 tours, 4 tours du monde sans s'arrêter. S'aider des disques et bandes codées. Faire rechercher un moyen de noter les hypothèses émises pour les garder en mémoire. Faire alors compter le nombre de trains pour 2 tours, 3 tours, etc., le nombre de voitures, etc.

Mise en situation corporelle

Objectifs par étape

ÉTAPES	OBJECTIFS
1	• Travailler en coopération avec les enfants de son groupe. • Structurer l'espace en fonction des 4 déplacements à effectuer. • Orienter le trajet. Situer le point de départ et d'arrivée. • Comparer les aménagements. Prendre conscience de l'existence des deux sens de rotation possibles.

ÉTAPES	OBJECTIFS
2	• Vivre corporellement un cycle de 4 déplacements. Respecter dans ce rythme l'ordre des mouvements. • Faire des suggestions, les expliquer. Se donner les moyens matériels de les représenter. Réinvestir les méthodes de travail des situations passées. Utiliser l'écrit comme moyen de communiquer des résultats et de s'en souvenir. Apprendre ainsi à s'organiser, à structurer une recherche.
3	• Respecter le projet que l'on s'est fixé. Ordonner des successions. Prendre conscience de ses erreurs, de ses difficultés. Par la coopération, le travail d'équipe, du groupe, rechercher des solutions à ses problèmes. • Observer, comparer des résultats. Répondre aux questions posées, par le décodage des parcours représentés. • Comprendre par cette comparaison : – qu'un tour est représenté par 4 codes ; – qu'au cycle de déplacements correspond un cycle ou un rythme de 4 déplacements ; – que le nombre de fois où chaque déplacement est pris, correspond un nombre de tours. • Réinvestir ainsi les notions acquises lors des échanges.
4	• Réinvestir les notions dégagées à une activité de décodage. • Observer les rythmes, les indices donnés, en déduire ceux qui manquent.

Matériel : Craies de 4 couleurs. Des étiquettes codes (4×4) ayant la forme des transports pour pouvoir les orienter dans le sens du trajet, 4 disques de carton (8 cm de diamètre).

Étape 1

Répartir les enfants en 4 équipes. Tracer pour chacune d'elles un grand cercle de 4 couleurs, une couleur par mode de locomotion. Donner à chaque équipe 4 codes représentant le train, la voiture, le bateau et l'avion, afin qu'elle les fixe aux bons endroits sur leur « terre ».

Exemple :

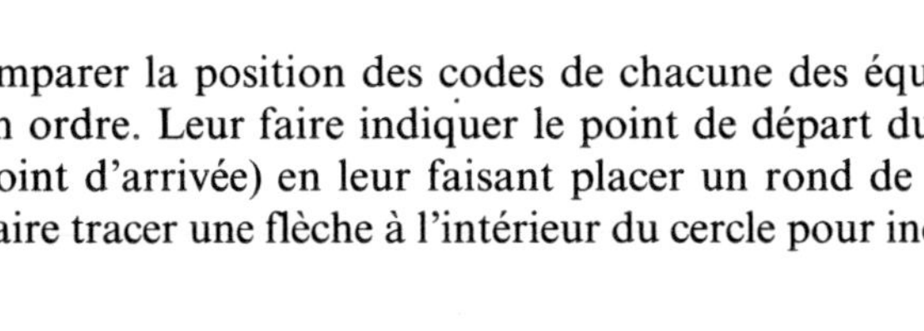

Faire comparer la position des codes de chacune des équipes pour en vérifier le bon ordre. Leur faire indiquer le point de départ du voyage (qui est aussi le point d'arrivée) en leur faisant placer un rond de carton sur le rond tracé. Faire tracer une flèche à l'intérieur du cercle pour indiquer le sens du parcours.

Étape 2

Puis demander aux enfants de faire plusieurs tours du monde en imitant les modes de déplacements codés.

Insister sur la nécessité de terminer un tour avant de s'arrêter lorsqu'on est fatigué ou qu'on en a assez. Demander aux groupes d'expliquer ensuite ce qu'ils ont fait, de dire combien de tours ils ont parcouru, combien de fois ils ont imité le train, la voiture, le bateau, l'avion. Il y a de fortes chances pour que les élèves ne puissent répondre précisément aux questions, soit parce qu'ils ne s'en souviennent pas, soit parce que, pris par le jeu, ils n'ont pas pensé à compter les tours effectués.

Leur demander alors ce qu'il faudrait faire pour se rappeler de ce qu'ils ont fait :

- compter le nombre de tours ;
- coder chaque tour sur une grande bande de papier (ou sur plusieurs petites) avant d'en commencer un autre ;
- se répartir les tâches dans le groupe, un regarde et compte pour les autres, les tours et le nombre de fois où chaque transport est imité, etc.

Étape 3

Laisser chaque groupe choisir sa propre stratégie et le matériel nécessaire à sa réalisation et faire recommencer l'exercice. Le travail terminé, poser les mêmes questions que précédemment et comparer les codages utilisés pour exposer les résultats.

Les groupes ayant choisi de compter les tours, peuvent dire combien ils ont fait de tours, mais ils ont des difficultés à en déduire le nombre de fois où chaque transport a été pris.

Les groupes ayant choisi de coder chaque tour peuvent compter le nombre de fois où chaque transport a été pris. Il leur est facile d'en déduire le nombre de tours. Pour cela il leur faut déterminer le début et la fin de chaque cycle, en faisant référence, au besoin, aux bandes codées. Si chaque tour a été codé sur une feuille, il sera plus facile de compter le nombre de tours puisqu'il correspond au nombre de feuilles codées.

Les groupes qui ont choisi de se répartir les tâches peuvent très facilement répondre aux questions. Leur faire remarquer que les nombres de tours correspondent au nombre de fois où chaque moyen de transport a été pris.

Ceci étant dit, aider les enfants ayant choisi de compter les tours, à représenter leur parcours en frise et à prévoir le nombre de fois où chaque code sera écrit.

Étape 4

Proposer ensuite des parcours à décoder sur des bandes complètes et incomplètes.

Schématisation de la situation

Objectifs par jeu

JEUX	OBJECTIFS
Les tours du monde	• Compter en nombre de cases (= de tours du monde). Comprendre par la construction du jeu que chacune représente un cycle de 4 codes successifs. • Ordonner des successions. • Comparer des nombres.
Compte-tours	• Être capable de compter des tours, donc bien situer le point de départ et compter 1 à partir de la fin du 1er tour. • Mémoriser le nombre obtenu. • Décomposer un rythme en algorithmes. Saisir que chaque algorithme représente 1 tour de roue. • Retrouver le nombre de successions de 4 codes de chaque bande codée. • Comparer des nombres et des collections pour déterminer le vainqueur de la partie.

Les tours du monde (4 joueurs)

But du jeu : Avoir fait plus de tours du monde que les autres après deux jets de dé.

Matériel (jeu pouvant être fabriqué par les enfants) :

- 1 dé, 4 jetons ;
- 4 plaques représentant des rythmes de 4 déplacements (12 répétitions).

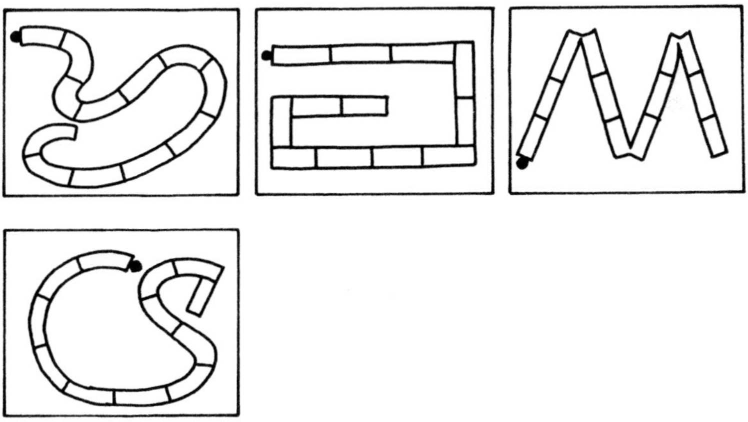

Dans chaque case sont représentés les 4 déplacements 

Comment jouer ? Chaque joueur choisit une plaque et place son jeton sur le rond noir indiquant le début du parcours. Chaque case représente un tour du monde. À tour de rôle, chacun lance le dé et avance son jeton d'autant de cases qu'il y a de points sur le dé. Puis, toujours à tour de rôle, chaque joueur lance son dé une seconde fois et procède comme au premier tour. Lorsque tous les joueurs ont déplacé deux fois leur jeton, ils comptent le nombre de cases, donc de tours du monde effectués. Celui qui a le nombre le plus grand a gagné.

Compte-tours (4 joueurs)

But du jeu : Retrouver plus vite que les autres la bande codée correspondant au nombre de tours effectués par la flèche et gagner un haricot. Avoir plus de haricots que les autres à la fin du jeu.
Matériel :
- une roue (voir p. 245) ;
- des bandes linéaires représentant 1, 2, 3, 4, 5, 6 tours du monde partagés chacun en 4 cases ;
- 1 dé et 1 cache ;
- des haricots.

Comment jouer ? À tour de rôle, chaque joueur lance le dé en cachant la constellation obtenue à l'aide du cache et fait faire à l'aiguille de la roue autant de tours qu'il y a de points sur le dé. Les autres joueurs comptent mentalement les tours et doivent retrouver le plus rapidement possible la bande codée correspondante parmi celles étalées faces visibles au centre du jeu. Le joueur ayant trouvé la carte compte les périodes de 4 transports et compare le nombre obtenu avec la constellation du dé pour vérifier son résultat. Un autre joueur mène ensuite le jeu.

Exercices

Exercice 1 : Donner à chacun une bande de papier divisée en 12 cases. Leur demander de reproduire le rythme des 4 transports (1 code par case) et d'en déduire le nombre de tours du monde ainsi codé.

Exercice 2 : Demander de coder sur une feuille le rythme représentant 4 tours du monde.

Exercice 3 : Faire compléter des bandes codées.

Tout autour de la Terre

Faire observer et décrire la page 41 du fichier. Lire les consignes. Faire suivre la banderole de codage dans le sens des flèches. Faire situer la case jaune. Procéder à l'exercice. Si certains enfants ont des difficultés à compter le nombre de tours du monde codés, leur faire entourer chaque algorithme. Puis faire compter les groupements.

Partage en parts inégales

Grenouilles et têtards (p. 42)

Il est préférable d'aborder les situations de partage avant les situations additives et soustractives car elles sont vécues tous les jours au sein du groupe classe. Les enfants sont régulièrement amenés à partager avec les autres le matériel, les jouets et à former des groupes pour travailler en ateliers.

Nous proposons des situations de partages inégaux où les seules contraintes sont celles engendrées par le respect du nombre de sous-collections à former, à partir d'une collection déterminée. Plus tard, on abordera une étude des partages en sous-collections ayant des cardinaux, compris dans un intervalle déterminé, puis les partages en parts égales avec et sans reste.

Compétences et objectifs

Compétences disciplinaires

- Mobiliser les connaissances déjà acquises.
- Étendre et utiliser la suite des nombres connus.
- Partager des collections.

Compétences transversales

- Observer, interroger, s'exprimer par la parole, le dessin.
- Émettre des suppositions.
- Se donner des repères.
- Restituer et réorganiser les informations réunies.
- Discerner des analogies, des différences.

Objectifs

- Compter et représenter des collections de 1 à 30 éléments. Écrire des nombres.
- Partager une collection en *n* sous-ensembles par déplacement des éléments et par représentation des situations.
- Compter, écrire, et comparer les nombres codant les quantités obtenues à l'issue du partage.

Langage

Objectifs par situation

SITUATIONS	OBJECTIFS
2	• Expliquer, avec ses propres mots, ce que l'on a compris. • Connaître, comprendre, mémoriser des aspects de la vie des grenouilles (*déplacements*, *nourriture*, *reproduction...*). • Reconnaître un cycle dans la vie des grenouilles (*grenouille*, *œuf*, *têtard*, *grenouille*). • Coder ce cycle. Le reproduire.
3	• Rechercher des informations dans un texte lu pour répondre à des questions, et expliquer une situation. • Comprendre l'égalité des quantités de deux collections différentes (œufs/têtards) en s'appuyant sur les notions tirées de l'étude du cycle de la vie des grenouilles.

Situation 1 : Lire la comptine

Les grenouilles ont pondu 30 œufs
Au fond du lac marécageux.
Dans le même nid, bien serrés,
À l'abri des poissons affamés.
Mais maintenant, comment savoir
À qui sont ces têtards ?

Situation 2

Demander aux enfants de résumer la comptine. Afin qu'ils comprennent mieux la situation, leur présenter des livres ou des films sur les grenouilles ou les œufs. (Des reportages présentés lors des émissions *Les Badaboks* : des cassettes peuvent être empruntés dans les C.D.D.P.)

Travailler ainsi sur les cycles de la vie et réinvestir les notions abordées dans les activités précédentes sur les sériations et le temps (p. 238 et 247).

Situation 3

Faire expliquer le problème des grenouilles de la comptine. Exemple de questions :

- *Qu'ont fait les grenouilles ?*
- *Où ont-elles pondu leurs œufs ?*
- *Pourquoi ont-elles pondu leurs œufs dans le même nid ?* Etc.

Mise en situation corporelle

Objectifs par jeu

JEUX	OBJECTIFS
Têtards et grenouilles	• Différencier des images de forme globale identique. • Situer dans l'espace les images les unes par rapport aux autres. *(suite du tableau page ci-contre)*

JEUX	OBJECTIFS
Têtards et grenouilles	**Étape 1 :** • Choisir un groupe en respectant la consigne qui veut qu'aucune grenouille ne se retrouve seule. Donc coopérer avec les autres, au besoin céder sa place. • Comprendre la symbolisation enfant/têtard, ou enfant/gommette. Représenter une collection (enfants) identique en quantité à une autre (têtards ou gommettes). Comparer des collections et des nombres. Les ordonner. • Partager une collection en deux. Par la reproduction d'une situation, comprendre qu'une collection peut être partagée en deux sous-collections de plusieurs façons. Comprendre que la réunion des deux sous-collections donne le même cardinal que la collection initiale. **Étape 2 :** • Par le jeu, comprendre que plus il y a de sous-collections, moins il y a d'éléments par ensemble formé.
La course aux têtards	• Se reconnaître dans un groupe. Situer les différentes aires de jeu, les respecter. • Comprendre et respecter les règles du jeu. • Répondre au besoin de mouvement. • Poursuivre, attraper, esquisser, s'échapper, feinter. • Compter et comparer des collections et des nombres. • Montrer sa bonne compréhension de la situation et des notions dégagées par leur reformation.

Têtards et grenouilles

Matériel :

- feuilles pour inscrire les résultats ;
- crayons, bandes numériques ;
- 6 images de grenouilles différentes ;
- gommettes (facultatif).

Exemples de représentation :

Faire compter les enfants et mémoriser leur nombre. Leur expliquer qu'ils sont des têtards nageant dans le lac. Leur montrer deux images de grenouilles. Les faire décrire et les placer à deux endroits différents de la salle. Ces deux images de grenouilles représentent les mamans qu'ils doivent rejoindre au signal (clochette, tambourin, ou fin de ritournelle chantée). Insister sur le fait qu'une maman ne peut pas rester sans têtard. Une fois le partage effectué, demander à chaque groupe de se compter puis de se représenter sous forme de têtards sur une feuille et d'écrire le cardinal correspondant.

Exemple pour 30 élèves :

→ Les têtards peuvent être dessinés par chaque enfant ou peuvent être représentés par des gommettes collées.

Faire ensuite observer et comparer les résultats. Puis demander aux enfants de rappeler le déroulement de la situation en insistant sur le nombre de têtards au départ et sur le partage de ce nombre en deux groupes (familles de têtards). Faire vérifier que l'ensemble des têtards représenté sur les deux feuilles correspond bien au nombre de joueurs. Recommencer ensuite le jeu toujours avec deux images de grenouilles en laissant aux têtards la possibilité de changer de maman s'ils le souhaitent. Comme précédemment, faire présenter les résultats, les faire comparer et arriver à la conclusion qu'il y a plusieurs façons de partager 30 élèves (têtards) en deux groupes.

Proposer ensuite aux enfants de choisir une maman grenouille parmi 3, puis 4, puis 5 puis 6 grenouilles représentées. À chaque fois, bien faire différencier et situer les images dans l'espace où elles ont été placées.

Pour chacun des cas :

- rappeler le nombre de têtards au départ ;
- faire compter, écrire et représenter chaque famille ;
- faire comparer et ordonner les collections obtenues en fonction de leur nombre.

En déduire que :

- plus il y a de familles, moins il y a de têtards dans chaque famille ;
- parfois il y a des familles qui ont autant de têtards.

La course aux têtards

Matériel : Foulards.

Comment jouer ?

Répartir les élèves en 2 groupes : un grand groupe de têtards et un petit groupe de grenouilles (de 5 à 6 enfants). Pour différencier les grenouilles des autres joueurs, leur donner un foulard. Chaque grenouille présente aux joueurs l'emplacement de son nid et le matérialise par un foulard de couleur identique au sien. Expliquer aux enfants qu'ils sont des têtards fripons qui ne veulent pas se faire attraper par les grenouilles qui les poursuivent. Pour gagner, une grenouille doit attraper plus de têtards que les autres.

Au signal de départ du jeu, les joueurs grenouilles courent après les joueurs têtards. Un têtard touché doit aller au « nid » de la grenouille qui l'a poursuivi. Le jeu s'arrête lorsque tous les têtards ont été attrapés.

Demander ensuite à chaque grenouille de compter ses têtards. Faire comparer les résultats pour en déduire le vainqueur. Inscrire ses résultats pour les comparer aux jeux suivants.

Demander ensuite aux enfants de reformuler la situation en décrivant :

- le nombre de têtards au départ ;
- le nombre de grenouilles et de nids ;
- les nombres ordonnés de têtards par famille.

Recommencer le jeu en désignant un autre groupe de grenouilles. À l'issue du jeu, comparer les résultats obtenus avec les précédents. En déduire que :

- il y a le même nombre de têtards et de grenouilles au départ ;
- il y a à la fin du jeu le même nombre de familles mais pas toujours le même nombre de têtards par famille dans un même jeu et dans les deux jeux...

Schématisation de la situation

Objectifs par situation

SITUATIONS	OBJECTIFS
Manipulation et représentation	• Savoir compter au moins jusqu'à 30 (en fait 39). • Compter des collections de 1 à 30 éléments. • Partager 30 éléments en *n* sous-collections. • Représenter une situation donc réorganiser les informations tirées de la manipulation. • Réaliser une collection ayant le même nombre d'objets qu'une autre (ronds/haricots). • Coder des quantités par l'écriture de leurs cardinaux. S'aider au besoin de la bande numérique. Écrire des nombres. • Structurer l'espace de représentation pour tout y inscrire par le dessin. • Comparer des nombres et des collections. Y trouver des similitudes, des différences. Comprendre que 30 éléments peuvent être partagés de plusieurs façons en *n* différentes collections. • Manipuler des éléments. Les déplacer. Corriger des situations en ajoutant ou déplaçant des éléments pour qu'aucun ensemble ne soit vide et pour qu'aucun élément ne se retrouve isolé en dehors d'un ensemble. • Comprendre qu'il y a plusieurs façons de partager 30 éléments en sous-collections.
Jeu des têtards et des grenouilles	**Dessin de grenouilles :** Reproduire des formes, en respectant les agencements et les positions des différents éléments du dessin. • Pliage : Coordination de l'action des deux mains. Développer la motricité fine par le travail des doigts et de leur pression sur le papier. **Jeu** • Compter et former des collections de 30 éléments. • Compter le nombre de points obtenus par le jet de 2 dés : les points d'un dé et l'enchaînement de la comptine sur les points de l'autre dé, soit par la reconnaissance globale d'une constellation et la poursuite de la comptine sur les points de l'autre dé. • Former des ensembles ayant autant d'éléments que les points des jets de dés. • À chaque collection, faire correspondre une grenouille. Comprendre que le nombre de collections est égal au nombre de grenouilles. • Partager par le jeu 30 haricots en *n* collections. • Comparer le nombre de collections obtenues en déduisant celui qui en a le moins. • Par le jeu, former des images mentales d'une situation qui sera à représenter.
Exercices graphiques	• Former une collection de 30 éléments. • Former des ensembles en entourant d'un trait les éléments. • Compter et écrire le nombre des éléments. • Entourer les éléments de 2, 3 ou 4 collections. Donc prévoir dans le tracé une division de l'espace en 4 zones. Anticiper ainsi sur les collections à former. • Faire un partage graphique en représentant des sous-collections réparties dans l'espace. • Vérifier par le comptage le bon respect du nombre total de têtards.

Manipulation et représentation

Matériel :
- 30 haricots par participant ;
- des bouts de laine ;
- feuilles, crayons ;
- bande numérique.

Préalable à la situation : savoir compter jusqu'à 30. Ce qui doit être acquis au moment de cette activité en raison du nombre élevé d'enfants en classe maternelle. Le dénombrement quotidien des présents, le calendrier, etc., favorisent la mémorisation de la comptine numérique. Dans le cas de classes à petits effectifs, faire compter régulièrement les enfants : compter les pas pour aller d'un point à un autre, organiser des concours de comptage pour motiver les élèves. Des enfants motivés peuvent compter jusqu'à 69 en fin de grande section, et quelques-uns arrivent à compter jusqu'à 100, et par conséquent au-delà, si on ne les arrête pas.

Demander à chaque enfant de prendre 30 haricots représentant des têtards et de former des familles de têtards en les entourant d'une ficelle. Faire ensuite représenter chaque famille sur une feuille en inscrivant dans une étiquette accolée à chaque ensemble le nombre cardinal correspondant.

Faire observer et comparer les résultats. Sur chaque feuille faire vérifier qu'il y a bien 30 haricots (ou têtards) représentés ; compter le nombre de familles (d'ensembles) ; ordonner chaque ensemble en fonction de leur nombre d'éléments. De l'ensemble des résultats, faire reformuler les constatations faites en salle de jeux, à savoir :
- qu'il y a plusieurs façons de partager 30 éléments ;
- que plus il y a d'ensembles, moins il y a de pions dans les ensembles ou dans certains ensembles.

Recommencer une seconde manipulation en imposant le nombre de ficelles donc le nombre de familles. Procéder ensuite à l'analyse des situations. Faire constater et verbaliser les résultats.

Têtards et grenouilles

But du jeu : Avoir moins de grenouilles que les autres.

Matériel par joueur :
- ficelles ;
- 30 haricots représentant les têtards ;
- 2 dés ;
- des images de grenouilles que les enfants peuvent dessiner ou des grenouilles obtenues par pliage de carrés de papier.

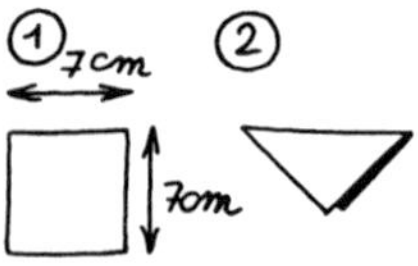

Plier un carré pour former un triangle.

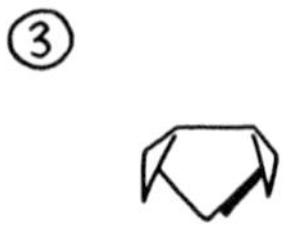

Plier les 2 angles qui ne s'ouvrent pas.

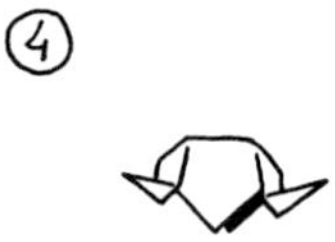

Plier l'extrémité de chaque angle plié pour maintenir la grenouille debout.

Coller des yeux sur la tête.

Comment jouer ? Chaque joueur prend 30 haricots. Les grenouilles et les ficelles sont au centre du jeu. À tour de rôle, chacun lance les 2 dés et entoure d'une ficelle autant de haricots qu'il y a de points sur les deux dés et place une grenouille parmi eux au centre de l'ensemble délimité par la ficelle. Lorsque tous les haricots sont classés dans les ensembles, le jeu s'arrête. Si un joueur a un nombre de haricots restant à classer inférieur à 6, il peut choisir de ne lancer qu'un seul dé sur les deux. Lorsque tous les joueurs ont terminé, chacun compte ses grenouilles. Celui qui en a moins que les autres a gagné.

Exercices graphiques

Exercice 1 : Faire coller trente gommettes sur une feuille et demander aux élèves de partager les gommettes en sous-collections. Faire compter et écrire le nombre de gommettes par collection et le nombre de sous-collections formées.

Exercice 2 : Faire partager des collections représentées en 2, 3 ou 4 sous-collections. Faire écrire les nombres cardinaux des ensembles ainsi formés. Faire cet exercice au crayon de papier pour permettre aux enfants de corriger leurs erreurs et leur maladresse.

Exercice 3 : Représenter sur une feuille 6 grenouilles et demander aux enfants de leur dessiner des têtards pour qu'il y en ait 30 en tout. Faire entourer chaque collection et compter le nombre de têtards pour chaque ensemble.

Grenouilles et têtards

Faire observer et décrire la page 42 du fichier. Lire les consignes. Faire situer les grenouilles et le carré jaune à compléter. Procéder à l'exercice.

Partage en parts inégales

Des coccinelles (p. 43)

Compétences et objectifs

Compétences disciplinaires

- Mobiliser des connaissances déjà acquises.
- Partager des collections.
- Mettre en œuvre des stratégies de tâtonnement pour trouver des solutions aux problèmes posés.

Compétences transversales

- Observer, s'interroger, s'exprimer par la parole.
- Émettre des suppositions.
- Restituer et réorganiser les informations réunies.
- Discerner des analogies, des différences.
- Identifier, analyser et corriger ses erreurs.

Objectifs

- Partager une collection en *n* sous-ensembles de 2, 3 ou 4 éléments chacun par manipulation des éléments et par représentations.
- Compter, écrire et comparer les nombres codant les sous-collections obtenues à l'issue du partage.
- Comprendre par la manipulation qu'une même quantité peut être partagée en parts inégales, de différentes façons.

Langage

Objectifs par situation

- Raconter avec ses propres mots ce qui a été lu.
- Pouvoir répondre correctement à des questions.
- S'aider de la formulation des réponses des autres pour comprendre la situation.
- Réinvestir les notions acquises sur les comparaisons de nombres pour préciser ses réponses et comprendre les contraintes du partage à venir.

Situation 1 : Lire la comptine

Sur les feuilles d'un noisetier
Des coccinelles s'installent
Par famille de 2, 3 ou 4 coccinelles.
Mais comment se partager
Quand on ne sait pas compter.

Situation 2

Faire raconter ce qui a été lu. Puis poser des questions pour faire soulever le problème des coccinelles.

Exemple :

– *Où les coccinelles vont-elles faire leur maison ?*
– *À quels endroits du noisetier vont-elles s'installer ?*
– *Vont-elles toutes habiter ensemble ?*

Mise en situation corporelle

Objectifs par situation

SITUATIONS	OBJECTIFS
1	• Compter une collection. • Respecter les consignes de déplacements et d'arrêt de la musique. • Reformuler la règle du partage. Montrer ainsi qu'on l'a bien comprise et mémorisée. • Effectuer un partage en *n* sous-collections de 2 à 4 éléments. • Compter des collections, comparer des résultats et discerner des ressemblances et des différences. • Reconnaître des erreurs, les corriger avec l'aide des autres et par tâtonnements, c'est-à-dire par déplacement et analyse progressive au coup par coup.
2	• Réinvestir les notions dégagées dans la situation 1 à une situation analogue.
3	• Par la comparaison avec les résultats obtenus dans les autres situations, comprendre qu'une même collection peut être partagée de différentes façons, que le nombre de sous-collections peut être différent si les *x* collections sont de compositions différentes.
4	• Associer à chaque feuille un nombre de joueurs égal. • Partager une autre collection de nombre cardinal inférieure à la collection précédente en sous-collections de 2 à 4 éléments. • Réinvestir ainsi les notions dégagées à une nouvelle situation et ainsi : – former d'autres sous-collections ; – modifier ces sous-collections en fonction des contraintes dues aux partages imposés par la composition des feuilles restant en jeu.

Situation 1 : le jeu des coccinelles

Terrain : Dans la salle de jeu.
Matériel : 12 feuilles représentant les feuilles du noisetier ; musique courte ; blue-tack ou scotch.
Comment jouer ? Présenter les feuilles de papier aux formes de feuilles d'arbres. Les faire décrire et compter. Les fixer au sol à différents points de la salle. Expliquer aux enfants qu'ils représentent les coccinelles. Leur demander de se déplacer au son de la musique et de s'asseoir près d'une feuille lorsque la mélodie s'arrête.

Lire à nouveau la comptine et faire rappeler les règles de partage décrite en langage. Après le jeu, faire observer les groupements d'enfants autour des feuilles. Faire compter les enfants de chaque groupe. Faire compter les feuilles *habitées* et noter les résultats. Il est fréquent que des enfants se regroupent par affinité et oublient la consigne. Faire constater et corriger les erreurs.

Exemple pour une classe de 30 enfants :

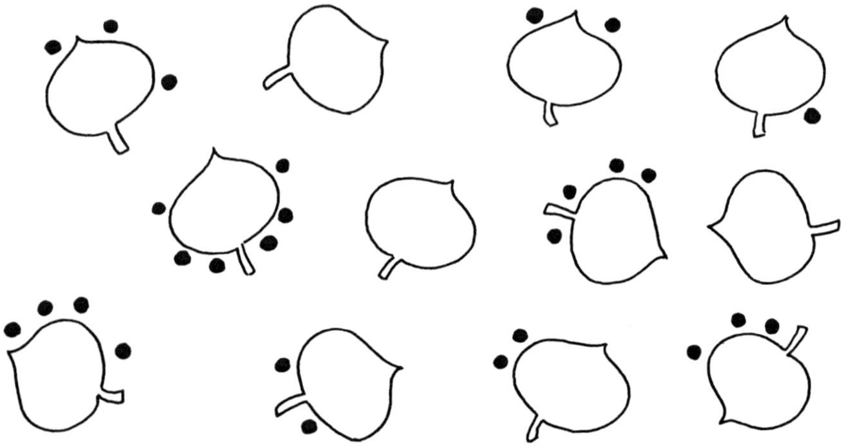

Faire remarquer que les enfants, regroupés par six autour de la feuille n'ont pas respecté la consigne. Qu'une feuille n'a qu'un enfant ; et que d'autres n'ont pas d'enfants. Rappeler alors le problème : il faut partager les 30 coccinelles en groupes de 2, de 3 ou de 4. Faire alors rechercher un moyen de corriger les erreurs. Par comptage jusqu'à 4, les enfants en surnombre arrivent à éliminer 2 enfants. Ces deux enfants peuvent rejoindre un enfant seul ou aller vers une feuille sans enfant. Dans ce cas de figure, l'enfant seul, doit se déplacer et rejoindre soit un groupe de 2, soit un groupe de 3 enfants. Quels que soient les choix des enfants, faire recompter les collections ainsi constituées pour permettre aux enfants de confirmer ou au contraire de corriger leurs choix.

Situation 2

Faire recommencer le jeu en demandant aux enfants-coccinelles de changer de feuilles. Puis procéder comme précédemment. On ne remarque généralement pas d'erreurs lors de cette seconde tentative, les enfants restant groupés avec les camarades du premier jeu. Faire cependant compter le nombre de feuilles *habitées* et comparer ce résultat avec le précédent.

Situation 3

Procéder à un nouvel essai. Modifier cependant la consigne en demandant aux enfants de changer de partenaires. Faire ensuite comme aux points 1 et 2, analyser et corriger éventuellement les résultats.

Situation 4

Proposer ensuite une nouvelle situation-jeu.

La classe est répartie en deux groupes : un groupe de 3 ou 4 enfants selon l'effectif de la classe représentant les loueurs de *feuilles-maisons pour coccinelles* et un grand groupe de coccinelles venues louer des maisons. Donner aux loueurs deux feuilles d'arbres en papier divisées en 2, 3 ou 4 zones pour abriter 2, 3 ou 4 coccinelles.

Exemple de distribution de feuilles pour une classe de 30 élèves :

1er loueur 2e loueur 3e loueur 4e loueur

Pour jouer, les enfants coccinelles se regroupent en familles de 2, 3 ou 4 et demandent à un loueur une feuille-maison :

– si le loueur a la feuille demandée, il la donne et les coccinelles s'installent autour de leur feuille à un endroit de la salle ;
– dans le cas contraire, la famille coccinelle peut aller voir un autre loueur ;
– si aucun loueur ne peut les satisfaire, les coccinelles demandent aux loueurs ce qu'ils ont comme maisons et modifient leur groupe, ou elles modifient leur groupe seules ou avec d'autres coccinelles et tentent à nouveau leur chance.

Faire verbaliser les problèmes et situations. Analyser les résultats en fonction :

– du nombre de coccinelles au départ ;
– du nombre de feuilles disponibles ;
– du nombre d'enfants par groupe ;
– du nombre de groupes de 2, de 3, de 4.

Recommencer en désignant d'autres loueurs.

Schématisation de la situation

Objectifs par situation

SITUATIONS	OBJECTIFS
Manipulation et représentation	• Compter des collections de 25 éléments. • Partager une collection de 25 éléments en moins de 11 sous-collections de nombres cardinaux compris entre 2 et 4. Par la manipulation qui permet un déplacement des objets, corriger ses erreurs, procéder par étape. • Compter et écrire le nombre d'éléments de chaque sous-collection. • Compter et écrire le nombre de sous-collections. • Par la représentation : réorganiser les informations réunies ; représenter des collections ayant le même nombre que celles observées ; préparer la bonne compréhension d'exercices de partage sur feuille. • Par la comparaison des résultats et la verbalisation, affiner et structurer sa pensée mathématique. • Partager une collection donnée en 9, 8 ou 7 parts de 2, 3 ou 4 éléments. (*Phase de réinvestissement et consolidations*).
Jeu des coccinelles	• Partager 12 éléments en moins de 7 parts de 2 à 4 éléments. • Par le jeu, anticiper sur les résultats, adopter une stratégie permettant de ne jamais passer son tour (**Ex. :** *En ne formant pas uniquement des collections de 4 pour placer 1 haricot isolé.*). • Partager également selon la stratégie adoptée une sous-collection obtenue par jet de dé en deux (ou plus) autres collections représentées par les feuilles. • Par la manipulation de grande collection à partager, de plusieurs façons différentes, en sous-collection, percevoir l'invariance du nombre (nombre partagé : 12 peut être partagé en 4 collections ou 4, 3, 3 et 2 éléments ou en 3, 3, 3 et 3 éléments, il y aura toujours 12 éléments en tout, quel que soit le partage).
Exercice	• Réinvestir les notions à des situations de représentation, donc à des situations plus abstraites.

Manipulation et représentation

Matériel par participant : 25 haricots ; 10 feuilles d'arbres (en papier) ; grandes feuilles pour reporter les résultats ; crayon.
Comment jouer ? Demander à chacun de prendre 25 haricots représentant les coccinelles et de les regrouper sur 10 feuilles (à prendre au fur et à mesure de la manipulation) par 2, 3 ou 4. Faire représenter ensuite chaque situation sur une feuille en inscrivant le nombre cardinal de chaque sous-collection et le nombre de sous-collections (feuilles) constituées dans un coin de la feuille. Faire observer et comparer les résultats. Sur chaque feuille, faire vérifier qu'il y a bien :

– 25 haricots (coccinelles) représentées ; pas plus de 10 feuilles ; entre 2 et 4 haricots par sous-collection.

Pour l'ensemble des résultats du groupe, faire constater qu'il y a plusieurs façons de partager 25 haricots en groupe de 2, 3 ou 4, que plus il y a de sous-collections, moins il y a de haricots dans ces sous-collections. Pour arriver à cette dernière constatation, faire comparer pour chaque partage le nombre de sous-collections de 2 éléments, de 4 éléments... Faire imiter les partages réalisés. Ainsi demander au groupe de partager leurs 25 haricots en 9 familles puis 8, puis 7 familles de 2, 3 ou 4.

Jeu des coccinelles

But du jeu : Avoir rangé tous ses haricots sur des feuilles (pas plus de 6) en les regroupant en familles de 2, 3 ou 4.
Matériel : 1 boîte de 12 haricots par joueur ; 1 dé ; 6 feuilles par joueur.
Comment jouer ? Chaque joueur prend une boîte de 12 haricots et lance le dé (à tour de rôle). Il prend autant de haricots qu'il y a de points sur le dé pour les placer sur une ou plusieurs feuilles. Il doit veiller à ce qu'aucun haricot, à aucun moment, ne reste seul sur une feuille. Il peut ajouter des haricots sur les feuilles mais ne peut pas en retirer.
Exemple : Un joueur fait 6 avec le dé, il prend deux feuilles et dispose ses haricots ainsi :

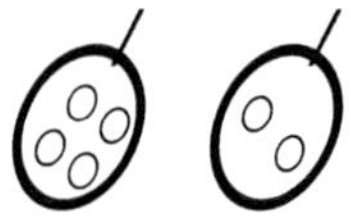

Lorsque revient son tour, il fait 1 avec le dé. Il ne peut placer le haricotseul sur une feuille mais il peut compléter une collection. Un joueur qui ne peut jouer passe son tour. Ce peut être le cas d'un enfant qui a 2 feuilles de 4 haricots et qui fait 1 au dé.
Variante : Modifier le jeu en variant le nombre de haricots par boîte et le nombre de feuilles disponibles par joueur, ou en partageant les feuilles en 2, 3 et 4 zones.

Exercices

Exercice 1 : Donner 20 gommettes aux enfants et leur demander de les coller par famille de 2, 3, ou 4 à l'intérieur de 6 ensembles représentés. Faire écrire le cardinal de chaque ensemble.
Exercice 2 : 2, 3 ou 4. Faire écrire le cardinal de chaque sous-collection, ainsi que le nombre d'ensembles formés, dans un coin de la feuille.

Des coccinelles

Faire observer et décrire la page 43. Lire les consignes et procéder par étape : groupements par 2, 3, 4 ; liaison des ensembles aux feuilles ; dénombrement pour répondre aux questions ; faire comparer les nombres.

Partage en parts égales

Les laitues des tortues (p. 44)

Objectifs et compétences

Compétences disciplinaires

- Mobiliser les connaissances déjà acquises.
- Partager des collections.
- Réaliser une distribution.
- Mettre en œuvre des stratégies de tâtonnement pour trouver des solutions aux problèmes posés.

Compétences transversales

- Émettre des suppositions. Faire des choix et les expliquer.
- Restituer les informations réunies.
- Discerner des analogies, des différences.
- Identifier, analyser et corriger ses erreurs.

Objectifs

- Partager une collection en *n* sous-collections de quantités égales.
- Effectuer des distributions.
- Comparer des collections, vérifier qu'elles ont autant d'éléments.
- Comparer les quantités et les nombres tirés du partage : quantité avant le partage, quantité de parts obtenues, quantités d'éléments dans chaque part.

Langage

Objectifs

- Raconter un texte lu. Répondre aux questions. Réinvestir les notions acquises au cours des fiches précédentes pour comprendre la situation du problème posé. Pouvoir ainsi expliquer les termes : *partager*, *distribuer autant*.
- Reformuler le problème posé en n'oubliant pas les données principales.

Situation 1 : Lire la comptine

Trois tortues
Se partagent douze laitues.
Pour éviter une dispute
On donne autant de laitues
À chaque tortue.
Douze laitues
Ont été mangées par trois tortues.

Situation 2

Demander ensuite aux enfants de la raconter. Faire expliquer ce que veut dire partager, distribuer et faire dire ce que l'on partage, ce que l'on distribue en classe : les gâteaux, les tartines de la collation, les feuilles d'exercices, les cartes quand on joue, etc.

Puis demander auw enfants d'expliquer ce que signifie : *Donner autant de laitues à chaque petite tortue* (se reporter à *Jérémy l'étourdi*, p. 68). Pour vérifier leur bonne compréhension, leur demander combien de laitues auront les tortues si l'une d'elles en a 3, 6, 1. Faire reformuler ensuite le problème des tortues.

Mise en situation corporelle

Objectifs par situation

SITUATIONS	OBJECTIFS
Partage du groupe classe en familles	• Différencier, situer dans l'espace les différents signes et lieux matérialisant les équipes. • Partager une collection en *n* parts égales. • Choisir un code. Aller vers son emplacement. Comparer à l'œil nu les équipes. Prendre la décision de changer d'équipe pour équilibrer le nombre de joueurs de chaque groupe et respecter ainsi la consigne. Montrer, ainsi, une plus grande maturité, un esprit de groupe en acceptant de ne pas satisfaire ses propres désirs mais bien au contraire de répondre aux contraintes de la vie collective. • Comparer des collections des nombres, les ordonner. Réinvestir les notions acquises lors de l'activité *Jérémy l'étourdi*, en formant des ensembles de collections à nombres égaux. • Par l'observation de ces situations, discerner des analogies, des différences. Mettre en relation des ensembles : par tâtonnements, déplacer des éléments (joueurs). Réinvestir les notions acquises (*plus que, moins que, autant*) ; opérer des additions, des soustractions, mieux percevoir les relations entre les nombres et leurs représentations (équipes). • Opérer des distributions.
Partage des laitues	• Se reconnaître dans une équipe. • Situer les différentes zones du jeu. • Satisfaire le besoin de mouvement. Créer une situation jubilatoire et donc motivante par la nouveauté du déplacement et du transport d'objets. • Compter des collections. Mémoriser leur nombre. • Partager des objets en *n* parts égales par distribution un à un des éléments ou par tâtonnement faisant suite à un partage inégal. Donc respecter le nombre de parts prévu avant le partage. • Par la verbalisation, vérifier et comprendre que dans un partage en parts égales, les parts obtenues sont toutes identiques et qu'il n'y a qu'une façon d'obtenir le partage d'une collection en *n* parts (déterminées au départ).
Autre situation de partage vécue	• Partager une collection en faisant des groupements. • Compter le nombre de groupements. • Respecter les règles du jeu. • Accepter son élimination du jeu. • Par le jeu, se familiariser aux partages avec reste (approfondis dans *Les bonbons de Philibert*, p. 272).

Partage du groupe classe en familles

(Dans la salle de jeu.)

Demander aux enfants de se partager en familles de tortues. Dans la mesure du possible, prévoir un nombre de familles permettant un partage équitable (*5 ou 6 familles pour une classe de 30*). Si l'effectif de la classe n'est pas un multiple d'un autre nombre, mais s'il est un nombre premier comme 31, 29, 23, prévoir un nombre d'équipes identiques de celui qu'on aurait fixé pour un nombre, multiple d'un autre, et, supérieur à l'effectif de la classe. L'enseignant jouera alors avec les élèves pour compléter l'effectif (*31 est proche de 32, prévoir 4 ou 8 équipes*).

Avant le partage, expliquer aux enfants qu'ils doivent se partager en *n* familles de même nombre de tortues (*n* est fonction de l'effectif de la classe). Si l'effectif est un nombre premier, dire que l'enseignant doit faire partie d'une famille. Placer dans la salle en les montrant des codes pour situer toutes les familles. Ces codes peuvent être des tortues ou des carrés de couleurs différentes. Puis faire dire aux enfants le nombre de tortues (joueurs) à partager, le nombre de familles à compléter. Puis faire répartir les élèves. À l'issue du partage, faire compter les enfants-tortues de chacune des familles et comparer les résultats :

– Soit chaque équipe a le même nombre de joueurs. Le partage alors est équitable. Faire alors verbaliser le procédé depuis le début en inscrivant sur une feuille : le nombre de tortues au départ, le nombre de familles de tortues, le nombre de tortues par famille.

– Soit les équipes n'ont pas le même nombre de joueurs. Les tortues se sont regroupées par affinité, ou par choix d'une couleur ou famille et n'ont donc pas respecté la consigne. Par la comparaison des quantités, faire remarquer que des familles ont plus de tortues que d'autres. Dans le cas, ou toutes les collections sont différentes, et par déplacement progressif des joueurs, les enfants arrivent à un partage équitable. Ou 2 (ou plus) collections ont le même nombre cardinal et les groupes s'en servent comme référents.

Exemples pour 30 enfants à répartir en 5 équipes :

Situation 1	●	○	◐	◑	⊕
	5	5	10	2	8

Les groupes ● et ○ servent de référents. Les équipes ○ et ⊕ éliminent les joueurs en trop et les donnent à ○. On obtient :

●	○	◐	◑	⊕
5	5	5	10	5

Le groupe ○ a trop de tortues. Les enfants proposent de les éliminer. ○ a 5 tortues, 5 autres sont éliminées. Que faut-il en faire ? 5 représentant le nombre de membres par famille, les joueurs proposent de créer une autre famille pour eux. Le maître intervient alors pour leur rappeler que ce n'est pas possible. Les joueurs proposent alors de partager les cinq qui restent en les distribuant, c'est-à-dire en en rajoutant 1 à chaque équipe. On obtient alors :

●	○	◐	◑	⊕
5+1	5+1	5+1	5+1	5+1
6	6	6	6	6

Situation 2 :

●	○	◐	◑	⊕
7	7	10	6	0

Les groupes ● et ○ servent de référents. Les enfants décident que chaque équipe doit avoir 7 joueurs et demandent à l'équipe ○ de donner les joueurs en « trop » à ⊕ qui n'en a pas. Les joueurs par comptage de leurs membres (1, 2, 3, 4, 5, 6, 7) éliminent les joueurs non comptés soit 3 (8, 9, 10). On a alors la situation suivante :

●	○	◐	◑	⊕
7	7	7	6	3

Le résultat n'est pas satisfaisant : il n'y a plus d'enfants à partager, ○ ○ ne pourront jamais avoir 7 joueurs. Devant un pareil cas, les enfants ont eu 2 attitudes :

– le regroupement de tous les joueurs, puis leur « distribution » un à un dans chaque famille jusqu'à ce que tous les joueurs aient été placés ;
– l'élimination progressive des joueurs des équipes ● ○ ◐ pour compléter ● et ⊕.

On obtient alors en plusieurs étapes :

●	○	◐	◑	⊕	●	○	◐	◑	⊕
7	6+1	6+1	6	3	6+1	6	6	7	4

●	○	◐	◑	⊕	●	○	◐	◑	⊕
6	6	6	6+1	5	6	6	6	6	6

Le partage des équipes terminé, passer au jeu 2.

Partage des laitues (n° 1)

Répartir les équipes formées aux extrémités de la salle et placer au centre une zone *jardin* où se trouvent les laitues (qui pourront être représentées par des disques de papier vert).

But du jeu : Être la première famille à avoir récolté et partagé ses laitues.

Matériel : Prévoir 1 disque par enfant, 1 boîte par famille.

Comment jouer ? Expliquer aux enfants qu'ils sont des tortues qui doivent aller à tour de rôle chercher une laitue en marchant à 4 pattes et en plaçant la caisse à laitues sur le dos. Dire que chaque famille doit aller chercher n laitues (n est le nombre d'enfants par équipe). Durant ce premier jeu, chaque enfant ne fait qu'un aller et retour et chacun prend une laitue. Le partage est équitable et facile à réaliser. Il se peut cependant que certaines équipes ne comptant pas leurs laitues fassent plus de voyages. Leur faire remarquer par comptage que les équipes n'ont pas respecté la consigne et leur donner un gage pour avoir pénalisé une autre équipe qui n'a pu *cueillir* n laitues.

Partage des laitues (n° 2)

Même situation avec 2 disques par enfant. Expliquer aux joueurs qu'ils doivent aller chercher comme précédemment n' laitues ($n' = 2 \times n$). Les laisser faire et découvrir qu'il leur faut effectuer plus d'un voyage. Faire ensuite verbaliser les actions et comparer les résultats des partages (*chaque tortue a-t-elle autant de laitues que les autres ?*).

Recommencer ensuite avec 3 ou 4 fois plus de disques par enfant. Pour chacune des situations, faire verbaliser les actions, compter le nombre d'éléments à partager, le nombre de parts à réaliser et le nombre d'éléments par part. On favorisera le partage par distribution des éléments 1 à 1, si celui-ci a été proposé par les enfants.

Autre situation de partage vécu

Expliquer aux enfants qu'ils voyagent au pays des 3 (ou des 4, 2...) et que dans ce pays, toutes les tortues vont par trois (ou 4 ou 2...). Les faire alors regrouper ainsi et faire compter les groupes de 3 (4, 2).

Dans le cas de partages non équitables, faire analyser le problème et rechercher une solution pour les enfants se retrouvant seuls. Cette situation peut donner naissance à un nouveau jeu : au son du tambourin les enfants se déplacent. Lorsque l'enseignant cesse de jouer et nomme le pays dans lequel se trouvent les tortues, alors celles-ci se regroupent selon la règle énoncée. Les tortues ne pouvant se regrouper sont alors éliminées et le jeu recommence, l'enseignant annonçant un autre pays (4, 2, etc.).

Schématisation de la situation

Objectifs par situation

SITUATIONS	OBJECTIFS
Manipulation d'objets à déplacer	**Première manipulation :** • Partager 20 objets en 4 parts égales. • Savoir faire une distribution un à un. • Montrer sa bonne compréhension de la notion en expliquant clairement son procédé et en répondant aux questions. • Pouvoir ainsi dire : combien il y a d'éléments au départ, combien de parts ont été effectuées, combien d'éléments par parts ont été obtenus et comment. Savoir à tout moment ce que l'on fait, ce que l'on cherche. • Représenter la situation, donc représenter des collections, respecter leur nombre et leur nombre d'éléments. • Comprendre qu'une collection peut être partagée de différentes façons et que moins il y a de parts, plus il y a d'éléments par parts. **Deuxième manipulation :** • Partager une collection de 20 en sous-collections de 2 éléments. Trouver le nombre de parts obtenues. • Opérer ainsi des regroupements par 2 et abandonner la distribution 1 à 1. • Comprendre ainsi que les procédés varient en fonction de ce qui est demandé. • Donc comprendre un texte lu, savoir de quoi l'on parle, ce que l'on cherche et en fonction de cela, adopter une stratégie.
Manipulation d'objets à coller	• Réinvestir les situations dans une forme de résolution plus abstraite ne permettant pas la correction. • S'interroger sur le sens de la question. Savoir ce que l'on cherche, prévoir sa stratégie en fonction de ce qui a déjà été vécu, de ce que l'on sait et des données du problème.
Jeu de partage	• Partager 20 éléments de différentes façons en distribuant les jetons 1 à 1. • Par le jeu, mémoriser les partages possibles de 20 éléments. • Utiliser cette connaissance pour prévoir si un partage sera possible ou pas et multiplier ces gains.

Manipulation d'objets à déplacer

Manipulation

Matériel par enfant du groupe : 20 haricots, 4 petits pots (yaourt, compote...).

demander à chaque enfant de prendre 20 haricots et 4 pots. Leur dire que chaque pot appartient à une tortue (qui peut être construite à partir d'une coquille de noix collée sur un corps de carton). Leur demander de partager les haricots pour que les 4 tortues en aient autant.

Faire ensuite comparer les résultats des enfants participant à l'atelier, ainsi que leur procédé. (*Combien chacun avait-il de haricots, Combien chacun a de tortues.*)

Faire représenter la situation. Si un enfant a partagé sa collection en opérant une distribution 1 à 1 des haricots, on pourra faire remarquer que ce procédé est plus rapide et plus fiable. Il peut, alors, être repris pour partager une autre collection de haricots, mais aussi pour partager un jeu de cartes, des pièces de jeu de construction, des bonbons, etc.

Faire également d'autres partages avec la même collection 20 partages en 5, 2, 10. Faire comparer les feuilles de représentation.

Manipulation (autre forme de partage)

Matériel : Donner 20 haricots à chaque enfant. Prévoir 10 pots pour chacun.

Poser ensuite le problème suivant :

– *Maman tortue a 20 haricots (ou laitues). Elle en a donné 2 à chacun de ses enfants. Combien a-t-elle de petites tortues ?*

Vérifier que les enfants ont bien compris les données. Pour cela leur poser des questions sur : le nombre d'éléments à partager, le nombre d'éléments à donner, le nombre de tortues.

Laisser chacun tâtonner en mettant des boîtes à leur disposition pour mettre les haricots par 2. Lorsque les partages sont faits, faire comparer les résultats. Vérifier le nombre de haricots par boîte, le nombre total de haricots, le nombre de boîtes utilisées pour en déduire le nombre de tortues.

Puis faire représenter la situation :

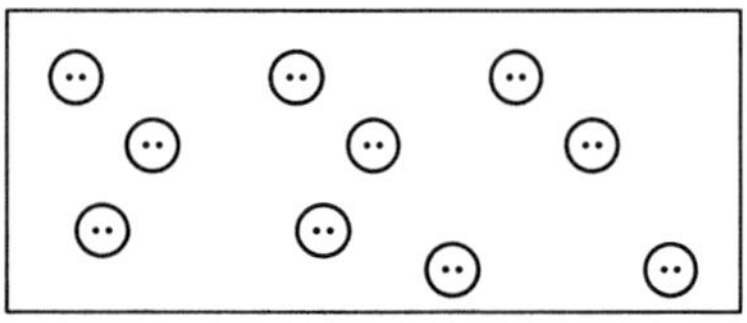

Recommencer en faisant des regroupements par 4, 5 ou 10 et faire comparer les résultats.

Manipulation d'objets à coller

Manipulation

Matériel par enfant : 12 gommettes, 1 feuille, 1 crayon.

Demander aux enfants de plier leur feuille en 4 puis de la déplier, de marquer les plis au crayon puis de partager les gommettes en 4 parts égales en les collant dans chacune des 4 cases obtenues par pliage et leur poser la question : *Combien y a-t-il de gommettes par cases ?* Faire après, l'exercice, verbaliser les procédés et comparer les résultats :

(a)

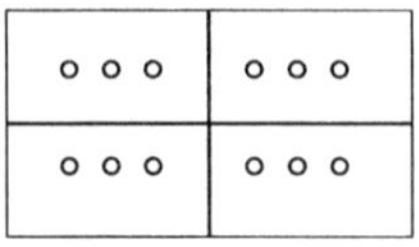

(b)

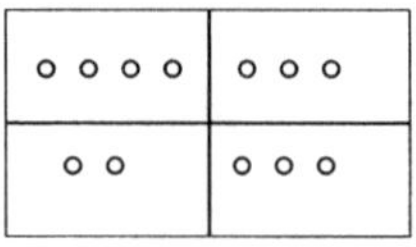

(a) a bien respecté la consigne. **(b)** s'est trompé. Les gommettes étant collées, il ne peut les déplacer. **(a)** explique à **(b)** qu'il peut les distribuer une par une : une dans une case, une dans l'autre case, une dans la case du dessous, une dans la case du dessous et à côté. Puis après encore une dans une case. **(b)** recommence l'exercice et réussit.

Manipulation

Autre problème : *Vous avez 15 gommettes chacun. Combien pouvez-vous faire de paquets de 3 gommettes ?*

Les enfants généralement réinvestissent les situations représentées précédemment et collent les gommettes par 3 puis les entourent.

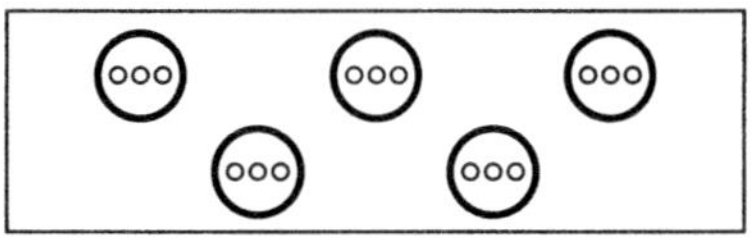

Par contre certains peuvent encore avoir des difficultés pour répondre à la question du problème. Leur faire alors verbaliser leurs actions en insistant :

- sur le nombre de gommettes au départ ;
- le nombre de gommettes par paquet ;
- ce que représentent les paquets sur la feuille.

Ceci étant déterminé, le comptage des paquets se fait alors facilement.

Jeu de partage (4 joueurs)

But du jeu : Réaliser un partage équitable. (Par la suite, prévoir si un tel partage est possible.) Gagner plus de jetons que les autres.

Matériel : 20 haricots par joueur, 6 boîtes, 1 dé.

Comment jouer ? À tour de rôle, chaque joueur lance le dé. Les points obtenus sur le dé indique le nombre de parts à réaliser. Le joueur partage ses haricots. Si le partage peut se faire sans reste, il gagne 1 jeton. Dans le cas contraire, il ne gagne rien.

Variante : Le joueur qui a lancé le dé, dit si le partage peut se faire équitablement ou pas, puis il réalise le partage pour prouver ce qu'il a annoncé. Si l'issue du partage lui donne raison, il gagne deux jetons, dans le cas contraire, il en perd un.

Le jeu peut être reproduit avec d'autres collections (18 haricots, 12...).

Les laitues des tortues

Faire observer et décrire la page 44 du fichier. Lire les consignes. Faire remarquer que pour que les tortues aient autant de laitues chacune, il faut qu'il y ait autant de laitues oranges, vertes et jaunes. Faire alors expliquer ce qu'est la distribution par coloriage.

Procéder à l'exercice. Puis poser la question du bas de la page.

Partage en parts égales

Les bonbons de Philibert (p. 45)

Compétences et objectifs

Compétences disciplinaires

- Mobiliser les connaissances déjà acquises.
- Partager des collections.
- Réaliser une distribution.
- Mettre en œuvre des stratégies de tâtonnement pour trouver des solutions aux problèmes posés.

Compétences transversales

- Émettre des suppositions. Faire des choix et les expliquer.
- Restituer les informations réunies.
- Discerner des analogies, des différences.
- Identifier, analyser et corriger ses erreurs.

Objectifs

- Partager une collection en *n* parts égales par distribution des éléments.
- Savoir à tout moment ce que représente chaque collection et chaque nombre et quelles transformations, par manipulation, ils ont subi. Ainsi expliquer ce que représentent les collections, les parts, les quantités par part, le reste.

Langage

Objectifs

- Raconter un texte lu. Répondre aux questions.
- Réinvestir les notions acquises dans les précédentes situations de partage pour comprendre celle de la comptine.
- Dégager du texte les données des problèmes, des phrases racontant une histoire. De l'explication de la comptine et de ce que l'on a appris dans les autres situations de partage, se poser des questions sur ce qui n'a pas été dit dans le texte.

Situation 1 : Lire la comptine

Pour son anniversaire
L'éléphant Philibert
Prépare des cadeaux
Pour ses amis du zoo.

Dans chaque paquet
Il met 4 bonbons colorés.
S'il lui en reste un peu,
Il sera heureux.

Situation 2

Faire expliquer le texte de la comptine. Demander aux enfants ce que veut faire l'éléphant pour faire plaisir à ses amis. Par des questions, amener les enfants à bien formuler ce qu'ils savent, mais aussi ce qu'ils ne savent pas.

Mise en situation corporelle

Objectifs par situation

SITUATIONS	OBJECTIFS
Les bonbons de Philibert	• Comprendre et accepter l'aspect symbolique des éléments (enfants) du partage. • Faire des groupements par 4. • Comprendre que le nombre de groupements est identique au nombre d'invités à prévoir. • Compter les groupements et non les éléments, seuls. • Comprendre qu'une sous-collection incomplète ne peut être comptabilisée et représente le reste, c'est-à-dire ce qui ne peut être partagé. • Répondre aux questions. Montrer sa bonne compréhension de la notion. Savoir à tout moment de quoi l'on parle.
La course aux cadeaux	• Répondre au besoin de mouvement, de défoulement. • Développer l'esprit de compétition. • Partager une collection en distribuant les objets un à un. Éliminer ce qui ne peut être partagé. Respecter la consigne. • Mémoriser les différentes étapes du partage pour pouvoir les présenter aux autres groupes. Dire ce qui a été distribué, en combien de parts égales, et ce qui reste.
La chasse aux bonbons	• Situer, différencier les zones de partage et de jeu. • Courir, poursuivre, s'échapper, esquiver, feinter. • Accepter la frustration de l'arrêt de jeu. • Partager une même collection en parts égales, de différentes façons. • Restituer les informations réunies, donc coder des familles (*images d'animaux*) et des quantités. • Comparer des nombres et des collections. Savoir ce que chacun représente. Repérer des analogies, des différences. Faire des remarques.

Les bonbons de Philibert

Reprendre la situation 3 de la mise en situation *Des laitues des tortues* (p. 265). Expliquer aux enfants qu'ils représentent les bonbons que Philibert va partager. Faire rappeler la règle de regroupement en redisant la comptine.

Puis comme dans *Les Laitues des tortues*, laisser les enfants se regrouper par 4. Faire observer les résultats. Selon l'effectif de la classe, il y aura plusieurs solutions.

L'effectif est un multiple de 4 : Tous les enfants sont regroupés par 4. Il n'y a pas de reste. Faire alors verbaliser les résultats. Faire alors rechercher une solution pour que Philibert ait aussi des bonbons. Généralement les enfants lui attribuent un paquet. Il en reste donc 6 (5, 7) pour inviter 6 (5, 7) copains.

L'effectif de la classe n'est pas un multiple de 4 : Faire alors compter les groupes de 4 et les enfants qui représentent le reste du partage. Faire cependant rappeler pourquoi ces enfants ne peuvent rejoindre les autres groupes, ce afin de vérifier la bonne compréhension de la consigne du partage. Puis leur poser les questions :

- *Combien de paquets de 4 avez-vous formés ?*
- *Combien y aura-t-il d'invités ?*
- *Philibert aura-t-il des bonbons ? Combien ?*

Reprendre le jeu en variant les règles du partage : groupement par 3, 5, etc. Voir quand un partage *tombe juste* avec le même nombre de joueurs au départ.

La course aux cadeaux

Matériel : Grande quantité de balles, foulards, anneaux, palets pour permettre un partage entre tous les enfants de la classe.

Autre situation : *Philibert a changé d'avis et décide d'organiser une course aux cadeaux. Mais pour qu'il n'y ait pas de jaloux, ses amis devront se partager les cadeaux rapportés. Lui, gardera ce qu'il restera, s'il en reste.*

Partager la classe en 4 ou 5 équipes de relais. À tour de rôle, chaque membre de chaque équipe court vers la zone aux cadeaux (au centre ou à l'une des extrémités de la salle), ramène un objet puis un autre, part puis revient... Le jeu s'arrête quand tous les objets ont été pris. Chaque équipe compte les cadeaux rapportés. Demander ensuite aux membres de chaque groupe de partager les cadeaux en les distribuant un à un pour qu'ils en aient autant chacun. Faire comparer les résultats des différentes équipes : le nombre d'objets rapportés, le nombre de parts effectuées, le nombre de cadeaux par enfant, le reste, ce qui ne peut être partagé.

La chasse aux bonbons

Matériel : 1 gravure d'éléphant et 6 d'animaux du zoo ; des foulards ; 1 grande feuille pour noter les résultats.

Comment jouer ? Partager les enfants en deux groupes : un groupe de bonbons, un groupe de chasseurs (5 ou 6) portant un foulard pour les distinguer des autres joueurs.

Au signal de départ, les chasseurs poursuivent les bonbons. Tout bonbon attrapé est placé devant la gravure d'un animal (fixé au mur). Lorsque tous les bonbons ont été attrapés, les joueurs vérifient qu'il y en a autant par gravure d'animal. Les joueurs *en trop* sont placés devant la gravure de l'éléphant. Puis les résultats sont notés sur une grande feuille. Le jeu recommence avec un autre groupe de chasseurs et une gravure d'animal en moins.

Procéder ensuite comme précédemment. À la fin du jeu (c'est-à-dire lorsque tous les enfants auront joué le rôle du chasseur), faire comparer les résultats.

Exemple pour une classe de 30 élèves : 25 bonbons, 5 chasseurs

	zèbre	girafe	singe	tigre	ours	autruche	éléphant
Jeu 1	4	4	4	4	4	4	1
Jeu 2 : – le zèbre	×	5	5	5	5	5	0
Jeu 3 : – la girafe	×	×	6	6	6	6	1
Jeu 4 : – le singe	×	×	×	8	8	8	1
Jeu 5 : – le tigre	×	×	×	×	12	12	1

Faire remarquer que moins il y a d'animaux, plus le nombre de bonbons pour chaque animal est grand et que l'éléphant a toujours moins de bonbons que les autres (donc que le reste est toujours plus petit).

Schématisation de la situation

Objectifs par situation

SITUATIONS	OBJECTIFS
Les bonbons de Philibert	• Réinvestir les situations de partage vécues en jeu corporel. • Opérer ainsi des groupements par 4. Compter les groupements. Comparer le reste avec la collection de chacun des regroupements. Pouvoir dire ce que l'on fait, ce que l'on trouve. • Par la distribution, opérer une correspondance terme à terme. • Comprendre la nécessité d'augmenter une grande collection à partager pour satisfaire un nombre de parts à effectuer.
Jeu de la course aux invités	• Faire des groupements par 4. • Compléter des collections commencées. • Anticiper sur un jet et prévoir le gain qui permettrait de compléter une collection. • Décomposer un gain en 2 sous-collections. • Par le jeu, comprendre que le reste doit être inférieur à 4 et donc ne peut être que 1, 2, 3 ou 0. • Compter des regroupements. Comparer des gains pour déterminer le vainqueur.
Exercice 1	• Réinvestir dans un exercice plus abstrait les notions étudiées précédemment en groupe collectif et en ateliers.
Exercice 2	• Distribuer les éléments et le plus possible mais en respectant la règle d'un partage équitable. • Vérifier son résultat en comparant le reste et le nombre d'éléments par collection.

Les bonbons de Philibert

Matériel : 2 paquets de bonbons enveloppés (ou des pions ou encore des haricots), des pots de yaourt. Donner un paquet de bonbons ou une cinquantaine de pions aux enfants du groupe et leur demander de faire des paquets de 4 à mettre dans les pots.

Le travail étant terminé, demander aux enfants combien l'éléphant peut inviter d'amis et s'il lui restera des bonbons. Si les élèves ne peuvent répondre à la première question, leur faire rappeler, en vous aidant de la comptine, que Philibert veut donner à chacun le même nombre de bonbons donc le même paquet. Arriver ainsi à la formulation : *Il y aura autant d'invités que de paquets.*

Faire compter alors les pots complets pour en déduire le nombre d'invités. Faire constater que le reste est plus petit que le nombre de bonbons par pots. Philibert en aura moins que les autres.

Philibert veut inviter tous les enfants de la classe : *Y a-t-il assez de paquets de bonbons pour chacun ?*

Les enfants dans cette situation sont amenés à comparer leur nombre de pots et le nombre d'enfants de la classe. Si la comparaison de deux grands nombres s'avère difficile pour certains, on peut procéder à une distribution. Les enfants n'ayant pas de pots sont comptés et l'on prend autant de pots que l'on remplit avec le second paquet de bonbons. (Autres situations possibles : partage de gâteaux pour la collation du matin, de matériel pour les TME, etc.)

Jeu de la course aux invités

But du jeu : Avoir plus d'invités que les autres à la fin du jeu et un reste le plus petit possible.

Matériel pour 4 joueurs :
- 1 dé ;
- 50 haricots ou pions ;
- Des figurines pour représenter les invités (Duplo, Playmobil, fèves, poupées de carton).

Comment jouer ? À tour de rôle, chaque joueur lance le dé et prend autant de haricots qu'il y a de points sur le dé. Il regroupe si possible les haricots par paquet de 4. Si le regroupement par 4 est effectué, il place 1 figurine près du groupe constitué. Dans le cas contraire, il garde ses haricots et complète ses gains au prochain tour.

Lorsque le jeu est terminé (il n'y a plus de haricots à gagner), chacun compte ses figurines et les haricots qui restent.

Exercice 1

Faire coller 14 gommettes sur une feuille. Demander aux enfants de les regrouper par paquets de 4 en les entourant et de dessiner autant de bonshommes qu'il y a de paquets. Faire compter et écrire le nombre de gommettes restant.

Exercice 2

Faire dessiner 3 bonshommes et donner à chacun 17 gommettes. Leur demander de partager les gommettes en les distribuant et de coller celles qui resteraient au dos de la feuille. Faire écrire sur chaque bonhomme le nombre de gommettes qu'il a reçues, et faire comparer ce nombre et le reste.

Les bonbons de Philibert

Faire observer et décrire la page 45 du fichier. Lire les consignes et procéder par étape :
- regroupement par 4 ;
- liaison de chaque paquet à un animal et dénombrement des animaux ;
- comptage des éléments restants.

Images séquentielles

Les pages arrachées (p. 46)

Les activités sur les sériations qui ont précédé celle-ci, ont amené les enfants à produire, à coder et à ordonner des actions successives. Ces actions, en dehors des expériences proposées, se déroulaient indépendamment les unes des autres. Nous avons proposé d'ordonner des successions d'événements liés, dans les expériences proposées et vécues (mimer le train, puis la voiture, puis le bateau, puis l'avion). Mimer le train était la première action d'une série de 4, mais elle pouvait très bien se dérouler seule, dans un autre contexte. Par contre, les images qui illustrent un récit, ne peuvent pas toujours rester isolées. Ainsi une image montrant la Belle au bois dormant, se piquant le doigt et semblant s'évanouir, n'a de sens que si l'on connaît le début de l'histoire : sauf à être très émotif, se piquer le doigt ne provoque généralement pas un évanouissement !

Il s'agit donc d'entraîner les enfants à lire des images et à en rechercher un sens, un message, une histoire en interprétant les analogies, les différences observées et en recherchant des liens de causes à effets et donc des liens dans le temps.

Compétences et objectifs

Compétences disciplinaires

- Ordonner des objets.
- Situer, repérer, déplacer des objets dans l'espace et dans le temps.
- Utiliser des nombres pour repérer des positions.

Compétences transversales

- Se situer dans le temps proche et commencer à repérer des déroulements chronologiques différents.
- Exprimer le temps et l'espace.
- Retenir textes, histoires, chansons, poèmes, enchaînements.
- Discerner des analogies, des différences.

Compétences dans le domaine de la langue

- Écouter et comprendre un récit, un texte documentaire, une règle du jeu.
- Reconnaître certains éléments dans un texte (ici dans des dessins).

Objectifs

- Lire plusieurs images. Repérer des analogies, des différences, pouvoir les exprimer.

• Interpréter ces différences comme des transformations, donc comme une modification des éléments dans l'espace et le temps.
• Ainsi situer les images les unes par rapport aux autres. Comprendre et utiliser les expressions *avant*, *juste avant*, *après*, *juste après*, dans l'espace et le temps.
• Construire un récit à partir de ces images.
• Utiliser le nombre pour les ordonner.

Langage

Objectifs par situation

SITUATIONS	OBJECTIFS
1	• Développer le plaisir de lire et du livre. Satisfaire le désir d'écouter une histoire qui a procuré du plaisir et que l'enfant veut s'approprier. • Mémoriser ainsi un texte lu. Le symboliser par l'illustration qui lui correspond. • Enrichir par la répétition auditive et langagière la syntaxe et le vocabulaire de chacun.
3	• Raconter un texte lu. Émettre des suppositions et suggestions.
4	• Décrire une image. La décoder en racontant ou en récitant le texte qui lui correspond. • Réinvestir ce que l'on sait de l'histoire et de l'ordre des événements pour situer des éléments iconographiques, les uns par rapport aux autres. • Reconnaître les éléments qui caractérisent des personnages (cheveux, habits, taille...). • S'exprimer par le dessin. • Représenter de mémoire des éléments caractéristiques d'une histoire très connue.

Situation 1

Avant d'aborder cette activité, lire plusieurs fois et à différents moments, un album pour enfant, faisant l'unanimité dans la classe. Les enfants aiment souvent qu'on leur lise la même histoire et il n'est pas rare que certains soient capables de réciter mot à mot les textes lus plusieurs fois aux pages illustrées correspondantes.

Situation 2 : Lire la comptine

Les pages du livre se sont arrachées.
C'est triste, c'est mon livre préféré.
Comment les assembler
Et les recoller
Dans l'ordre ?

Situation 3

Demander aux enfants d'expliquer ce qui est dit dans la comptine et comment le personnage de l'histoire peut réparer son livre, si toutes les pages sont mélangées. Les hypothèses et suggestions étant émises (voire notées), leur présenter l'album qu'ils connaissent bien et leur demander ce qu'ils feraient avec ce livre si toutes les pages en étaient arrachées.

Les élèves proposent généralement de raconter l'histoire et de remettre les dessins en ordre. Certains font référence au numéro des pages.

Situation 4

Proposer des jeux de langage et de lecture d'images.

Montrer une des pages du livre, leur demander ce qui se passe à cet instant précis de l'histoire.

Présenter une page et leur demander de raconter tout ce qui s'est passé avant ou tout ce qui va se passer après.

Montrer une page illustrée et leur demander de décrire l'illustration et donc l'événement qui vient *juste avant* ou *juste après.*

Ces exercices sont plus riches et permettent d'évaluer le niveau de chacun s'ils sont pratiqués en petits groupes. Des ateliers de dessin/lecture peuvent être menés de façon autonome parallèlement.

Exemple :

- Demander aux enfants comment l'on reconnaît le personnage principal, le héros de l'histoire sur les illustrations. Le leur faire dessiner.
- Faire faire une affiche présentant le livre.
- Suggérer de dessiner les différents endroits que traverse le héros : forêt, montagnes,... ou les objets qu'il doit rapporter par exemple, etc.

Mise en situation corporelle

Dans la partie langage, les activités étaient centrées autour d'un album connu. Les images, facilement décodées, ont été toujours associées à un texte, à un événement de l'histoire. Maintenant, l'objectif est de permettre aux enfants de produire et de raconter des histoires mimées. Il faut qu'ils soient capables de traduire par des mouvements du corps, des expressions du visage, une situation, un personnage connu. De plus, ils doivent trouver un indice caractéristique permettant d'imiter le sujet désigné et le conserver tout au long de l'exercice et savoir enchaîner deux actions mimées.

Dans un premier temps, proposer des mimes simples : un chien, un bébé, une personne âgée, une personne gaie, triste, etc.

Objectifs par situation

SITUATIONS	OBJECTIFS
Histoires mimées	**Les acteurs :** • Écouter, comprendre et mémoriser les différentes étapes d'une histoire. • Travailler en coopération avec les enfants du groupe. Accepter la frustration de ne pas avoir choisi « son » rôle. • Durant le mime, communiquer avec les autres acteurs, respecter le déroulement de l'histoire, les caractéristiques de son propre rôle. • Pouvoir jouer devant les autres. Dominer son appréhension. Bouger pour traduire un événement, une suite d'actions. Comprendre que le geste peut être un moyen de communication. *(suite du tableau en page 280)*

SITUATIONS	OBJECTIFS
Histoires mimées	**Pour les spectateurs :** • Être attentif. Émettre des hypothèses sur le sens de l'histoire en les construisant à partir d'indices tirés du mime, de son imaginaire et de son propre vécu. • Exprimer par des mots et des phrases correctement construites ce qui a été observé et interprété. • Respecter l'enchaînement des événements. Montrer sa compréhension de la situation mimée.
Jeux des erreurs	**Acteurs :** • Même objectifs que les histoires mimées. **Spectateurs :** • Reconnaître dans le mime des situations familières. Tirer de ce que l'on en sait les anomalies incluses dans le mime.
Prévoir la suite	• Prévoir une suite, anticiper une action, un déroulement ayant un rapport avec ce qui a été observé. • Tenir compte de ce qui s'est passé *avant* et prévoir ce qui va se passer *après*. Établir ainsi un lien temporel entre les événements.

Histoires mimées

Répartir la classe en groupes de 4 ou 5 et demander à chacun d'eux de mimer une histoire. Dans un premier temps, leur proposer des situations à interpréter.

– Une famille part en vacances, en voiture. Elle met les bagages dans le coffre. Les enfants montent à l'arrière, les parents devant. Ils partent mais sont victimes d'une crevaison, etc.

– Un petit animal est poursuivi par un autre qui le rattrape et le mange. Celui-ci est poursuivi par un autre animal qui le poursuit et le mange, etc.

– Deux boxeurs font un match. L'un frappe l'autre, qui tombe sur un spectateur, qui veut se venger. Son voisin l'en empêche en le retenant.

– Histoires connues à mimer : *Les Trois petits cochons*, *Le Petit Chaperon rouge...*

Chaque groupe prépare son mime, l'enseignant passe pour les guider. Puis faire jouer les enfants. Les spectateurs regardent la scène puis tentent de l'expliquer. S'ils n'y parviennent pas, les acteurs reproduisent leur mime une seconde fois et les spectateurs durant le mime expliquent ce qu'ils voient et l'interprètent. Si l'histoire racontée diffère de l'interprétation qu'ont voulu en donner les acteurs, ceux-ci la rejouent en expliquant chaque scène.

Par la suite, des enfants bien entraînés peuvent inventer leurs propres historiettes.

Jeux des erreurs

Même situation que les histoires mimées. Il s'agit de mimer des actions très courtes et d'inclure dans le mime un mouvement intrus que les spectateurs devront trouver.

Exemple : *Se laver les dents : Les enfants acteurs font semblant d'ouvrir le robinet, de prendre leur brosse à dents, d'y mettre du dentifrice et de se brosser les cheveux avec, avant de se rincer la bouche avec un gobelet.* Etc.

Prévoir la suite

Seul, à deux ou en équipe, mimer le début d'une histoire, les spectateurs imaginent la suite, en la mimant ou en la décrivant. Le ou les acteurs donnent alors leur version de l'histoire.

Exemple : *Un personnage cueille des fleurs et les offre à une autre personne... (version des acteurs : cette autre personne les mange).*

Schématisation de la situation

Jusqu'à présent, les enfants ont raconté et ordonné des histoires connues et mimées. Ils ont appris à interpréter les mouvements, à les changer de sens et à les ordonner, grâce aux mimes et aux récits, dans le temps. Maintenant, ils doivent réinvestir les notions dégagées précédemment à l'étude d'histoires illustrées et non connues d'eux.

Objectifs par situation

SITUATIONS	OBJECTIFS
Lectures d'images	• Décrire, situer les différents éléments d'un dessin par rapport aux autres et par rapport à soi. • Émettre des hypothèses sur le sens du message ou de l'histoire représentée. • Confronter sa version avec celle des autres : repérer des analogies, des différences.
Lecture-puzzle d'une image	• Émettre des hypothèses sur la représentation d'une gravure partiellement cachée. S'aider de la forme, des couleurs, de la reconnaissance de certains éléments. • Au fur et à mesure de la découverte, confirmer, affiner ou émettre d'autres hypothèses. • Établir une relation d'ordre sémantique entre les éléments observés.
Lecture de deux ateliers	• Réinvestir les objectifs de la situation 2 à celle-ci. Repérer des analogies, des différences entre les éléments. Trouver une relation de cause à effet les ordonnant dans le temps. Traduire par des positions gauche/droite des images dans l'espace l'ordre chronologique des événements illustrés. **Variante :** • Aller à la ligne à gauche, respecter donc le sens conventionnel de la lecture. • Coder un ordre chronologique par les nombres.
La bibliothèque	**Présenter un livre aux autres :** • Oser prendre la parole face au groupe. • Faire des phrases complètes. Exprimer le temps et l'ordre des événements en employant les locutions : *après*, *puis*, mais aussi des variations dans l'emploi du temps des verbes (passé, présent, futur). **À chaque livre son image :** Reconnaître le style d'un graphisme, les éléments identiques d'une histoire illustrée.
Jeu d'images séquentielles	• Ordonner des images qui ne peuvent être déplacées, en les numérotant. • Utiliser donc les nombres pour traduire un ordre chronologique. Avoir pour cela bien compris le lien sémantique qui relie les images.

Lecture d'images

Par l'observation régulière de gravures, de peintures, d'affiches, aider les enfants à affiner leur perception visuelle des objets et des éléments qui les composent. Chaque image d'abord perçue globalement est décrite dans ses moindres détails. Une histoire peut être créée à partir de ce support. Si le travail est proposé en groupe ou en atelier, confronter les différentes versions obtenues.

Lecture-puzzle d'une image

Dissimuler une gravure sous des caches de couleurs assemblés en puzzles et fixés par du blue-tack. Proposer à un enfant d'ôter l'un des caches. Faire décrire ce qui est alors dévoilé et faire prévoir ce qui se trouve sous les autres caches. Faire retirer une nouvelle pièce du puzzle, décrire le nouvel élément. Essayer d'établir un lien avec le précédent. Continuer ainsi jusqu'à ce que la gravure apparaisse entièrement.

Lecture de deux images (en atelier)

Découper dans de vieilles bandes dessinées non reliées deux dessins significatifs d'un même événement. Faire décrire chaque dessin en les montrant l'un après l'autre et pas forcément dans l'ordre chronologique de la situation représentée. Faire remarquer les éléments identiques, ceux qui sont différents. Puis faire ordonner dans le temps les deux événements, si cela n'a pas été fait naturellement par les enfants. Insister lors du positionnement des images, sur la table, sur le sens gauche/droite de la lecture.

Variante : Proposer le même travail avec 3, 4, 5, puis plus d'images pour favoriser un passage à la ligne du dessous à gauche. Attribuer à chaque image un numéro d'ordre : 1 pour la première, 2 pour la 2e, etc.

Bibliothèque

Présenter un livre aux autres

Un ou deux enfants choisissent un livre dans la bibliothèque. Il le feuillette, analyse chaque illustration pour pouvoir donner aux autres une interprétation de l'histoire.

La maîtresse lit ensuite le livre et l'on compare les deux versions, celle qui a été racontée par le ou les enfants et celle qui a été lue.

À chaque livre son image

L'enseignant se place derrière un meuble. Les enfants sont face à lui de l'autre côté. Il leur montre deux pages de livres. Les enfants doivent dire si les illustrations montrées racontent la même histoire ou si elles proviennent de 2 livres différents.

Sur le même principe, on pourra proposer le jeu de l'intrus : montrer plusieurs pages d'un même livre et une page d'un autre album.

Jeu d'images séquentielles (4 joueurs)

But du jeu : Avoir le premier numéroté ses images.

Matériel :

- 4 plaques sur lesquelles on aura collé en désordre 6 images découpées dans de vieux illustrés et racontant des histoires (par plaque) ;
- 4 fois 6 cartes numérotées de 1 à 6, plus petites que les images ;
- 1 dé.

Comment jouer ? Chaque joueur choisit une plaque, l'observe. Puis, à tour de rôle, chacun lance son dé pour obtenir le 1. Si le jet de dé correspond à son souhait, il prend la carte n° 1 et la place sur le dessin racontant le début de l'histoire. Dans le cas contraire, il passe son tour.

Les joueurs doivent ainsi ordonner les images 1, 2, 3, 4, 5, 6 dans l'ordre. Après le jeu, chacun doit raconter son histoire en suivant l'ordre des nombres.

Variante : Si un joueur obtient un jet de dé ne correspondant pas au rang de l'image à ordonner, il peut placer le nombre correspondant au jet de dé sur le dessin qui convient. S'il se trompe il passe deux tours.

Les pages arrachées

Faire observer et décrire les dessins de la page 46 du fichier. Le récit de l'histoire pourra être fait en groupe ou collectivement lors d'une première séance.

L'exercice sera proposé ultérieurement après lecture des consignes.

Partage et décomposition de nombres

Des chatons prisonniers (p. 47)

Compétences et objectifs

Compétences disciplinaires

- Mobiliser les connaissances déjà acquises.
- Partager des collections.
- Mettre en œuvre des stratégies de tâtonnement pour trouver des solutions aux problèmes posés.
- Élaborer le résultat de certains calculs additifs.

Compétences transversales

- Observer, s'interroger, s'exprimer par la parole.
- Émettre des suppositions.
- Restituer et réorganiser les informations réunies.
- Discerner des analogies, des différences.

Objectifs

- Par la manipulation, trouver toutes les façons de décomposer une même collection en 2 parts possibles mais non obligées.
- Percevoir la conservation du nombre par le jeu de partages différents d'une même collection. Reconnaître que les déplacements des éléments d'une collection *n'* n'en modifient pas le cardinal.
- À l'inverse, comprendre que les réunions de collections différentes peuvent donner le même résultat. Par le dénombrement de 2 quantités, faire une approche de l'addition.

Langage

Objectifs

- Donner des renseignements sur un texte lu.
- Différencier le problème des termes de présentation de la situation.
- Émettre des hypothèses basées sur la propre interprétation des mots et sur des expériences personnelles.

Situation 1 : Lire la comptine

La fée Carabosse
Dit d'un air féroce :
« Pour libérer
Les quatre chatons tigrés,
Trouve les cinq façons
De coucher les chatons
Dans ces deux paniers verts et jaunes !

Situation 2

Demander aux enfants de raconter ce qui est dit dans le texte. Par des questions, bien faire différencier l'histoire du problème et donc l'imaginaire des données du pouvoir. Ainsi arriver à une formulation proche de : *Il faut trouver toutes les façons de coucher les chatons dans deux paniers.*

Dans ce problème, une donnée importante – le nombre de chatons – n'est pas fourni, pour varier les décompositions de nombres différents. Mais cette absence de renseignements ne perturbe pas les enfants qui ont une autre approche du problème posé ! Ils comprennent bien qu'il y a deux paniers et que les chatons doivent aller dans les 2 paniers pour se cacher. Il s'agit, dans leur esprit, de trouver toutes les positions possibles pour les chatons et tous les espaces à occuper dans les paniers. À ce niveau de l'étude, il ne faut pas tenter de corriger leurs hypothèses. Noter simplement et amener les enfants par le vécu corporel à leur faire comprendre qu'il s'agit en fait de rechercher tous les partages possibles d'une même collection. Cette étape est nécessaire, car elle permet lors des manipulations plus abstraites, de leur faire comprendre que seul le nombre d'éléments est important (et pas la couleur, la forme).

Mise en situation corporelle

Objectifs par situation

SITUATIONS	OBJECTIFS
Décomposition de 1	• Répondre au besoin de mouvement. Se créer des points de repère. Se situer, se repérer dans l'espace. Situer, repérer ses cerceaux dans cet espace composé d'autres cerceaux identiques. Se servir des référents fixes : mobilier, etc. • Par le vécu, comprendre la situation qui consiste à rechercher toutes les possibilités données à chacun.
Décomposition de 2	• Réinvestir les notions acquises dans les situations de partage. • Par le jeu et le codage, prendre conscience de toutes les possibilités permettant de placer 2 personnes différentes en 2 endroits différents. • Comprendre l'aspect symbolique du codage. Aider à la réorganisation des informations fournies par le jeu. Observer et comparer ses réponses avec celles des autres. • Mettre en œuvre des stratégies de tâtonnement.
Décomposition de 3	• Par le jeu, trouver toutes les façons de placer 3 personnages identiques dans 2 cerceaux différents. • Coder chaque situation vécue. Donc représenter les cerceaux et chacune des collections incluses par des codes graphiques simples. En comprendre et en accepter le symbole. • Mettre en commun les résultats de ses recherches. Les comparer. Vérifier le nombre d'éléments représentés. Comprendre ainsi la conservation de la collection et donc du nombre. Repérer des similitudes, des différences. Opérer des classements. • Coder, décoder une situation de partage. Réinvestir les notions tirées de l'étude dans un autre jeu de recherche d'un élément manquant. Faire ainsi une approche de l'addition et de la soustraction.

Décomposition de 1

Matériel :

- 2 objets de 2 couleurs différentes (vert et jaune dans nos exemples) par enfant, pouvant remplacer les paniers et contenir deux enfants : grands cerceaux, carpettes, carrés de papier ;
- feuilles, feutres de 3 couleurs (1 pour chaque cerceau, 1 pour le bonhomme) ;
- 1 musique courte.

Donner à chaque enfant les deux objets figurant les paniers. Les faire décrire. Leur demander de les placer à un endroit de la salle, puis de se déplacer au son de la musique, et de rejoindre l'un des paniers lorsque celle-ci s'arrête. Faire verbaliser ensuite les actions. Faire constater que l'un des cerceaux reste vide. Recommencer et demander aux enfants de changer de panier. Comme précédemment, faire verbaliser les réponses et faire constater que chaque enfant ne peut aller que dans un des deux cerceaux et que l'autre reste toujours vide.

Noter en la codant cette constatation :

ou

Décomposition de 2

Matériel :

- 2 objets pour 2 figurant les paniers ;
- feuilles, feutres de 4 couleurs : 1 par cerceau, 1 par enfant.

Demander à présent aux enfants de recommencer le jeu avec deux cerceaux pour deux. Faire décrire et coder les résultats.

Généralement, chaque enfant s'attribuant un cerceau, on obtient le résultat suivant :

Leur demander alors de trouver une autre façon d'utiliser les deux cerceaux et recommencer comme précédemment. On obtient le résultat suivant :

Rappeler aux enfants qu'ils jouent à deux et qu'il y a d'autres façons de se placer dans les cerceaux. Certains proposent peut-être de varier les poses et les positions dans chaque cerceau. Coder ces réponses mais faire remarquer que quelle que soit la pose ou la position prise, on a toujours un enfant dans chaque cerceau. Lorsqu'un groupe de 2 a trouvé qu'on peut se placer à deux dans un cerceau, faire remarquer aux autres et coder, après imitation des groupes, les résultats obtenus.

Faire alors observer tous les codages obtenus et en déduire qu'il y a 4 façons de placer 2 bonshommes **différents** dans 2 cerceaux.

Décomposition de 3

Matériel :

- 1 masque de carton représentant une tête de chat tigré par enfant (et fabriqué par eux) ;
- 2 cerceaux par groupe de 3 ;
- 4 feuilles par groupe et 3 feutres de 3 couleurs.

Demander aux enfants de se placer par groupe de 3 et de rechercher et coder toutes les façons de placer les chats (qu'ils sont) dans les 2 paniers représentés par les cerceaux. Les chats peuvent être représentés par des ronds rayés : O. Faire remarquer que rien ne les distingue (sinon les interprétations graphiques personnelles de chacun des masques). Faire observer les codages de chaque groupe : les comparer, les classer en fonction de leur ressemblances. On obtient ainsi 4 groupes de réponses :

Les groupes n'ayant pas trouvé toutes ces possibilités, sont amenés à les reproduire par décodage des représentations faites par les autres. Faire remarquer qu'il y a 4 façons de mettre 3 chatons tous pareils, dans 2 boîtes différentes et qu'elles sont inverses deux à deux. Faire des jeux de codage et de décodage de cette situation.
Exemple : *Montrer un code. Au signal, tous les groupes doivent se placer dans la situation du code.*

Schématisation de la situation

Objectifs par situation

SITUATIONS	OBJECTIFS
Manipulation et représentation	**Décomposition de 1** • Comprendre et admettre que le partage d'une collection ne dépend pas de la forme, de la couleur et de la position des éléments dans les ensembles. • Représenter les résultats des manipulations en codant les formes, et les quantités. • Comprendre la signification du zéro. **Décomposition de 2** • Rechercher toutes les façons de placer deux formes identiques dans deux boîtes différentes. • Représenter chacun des résultats. • S'aider des codages déjà effectués pour vérifier si une situation a déjà été faite ou pas. Utiliser ainsi la représentation des situations comme mémoire des manipulations et comme outil pour transmettre et échanger des résultats. **Décomposition de 3 puis de 4** • Par la possibilité d'effectuer d'autres décompositions et d'autres représentations, percevoir la commutativité de l'addition (sans la nommer) : voir ainsi que 2 et 0 est l'inverse de 0 et 2, 2 et 1 est l'inverse de 1 et 2, etc. • Comprendre qu'une même collection peut être décomposée de plusieurs façons sans que le nombre total d'éléments varie. Faire une approche de la notion d'addition.

(suite du tableau page 288)

SITUATIONS	OBJECTIFS
Décomposition d'une collection	**Jeu des haricots** • Trouver toutes les façons de décomposer une même quantité. • Vérifier par le dénombrement de 2 collections la permanence de la quantité globale. Par ce dénombrement de 2 collections, faire une approche de l'addition. **Le loto de la comptine** • Associer nombres et quantités. • Compter la somme de 2 collections : par le dénombrement 1 à 1 ; ou par la reconnaissance globale d'une collection et l'enchaînement de la récitation numérique sur la deuxième collection. • Opérer ainsi des additions. • Par le jeu, comprendre que des sommes différentes de sous-collections peuvent donner le même cardinal. • Approcher ainsi les différentes écritures additives d'un même nombre. **Jeu 1 :** Coopérer. S'aider des autres. Prendre connaissance des cartes, se créer des points de repères sur la plaque jeu et sur les cartes. **Jeu 2 :** Réinvestir ces notions pour son propre compte. Anticiper sur des résultats, mémoriser des sommes, des décompositions.

Manipulation et représentation

En atelier, donner à chaque enfant deux paniers de papiers de 2 couleurs. Ces paniers peuvent être fabriqués par les élèves en activité de pliage (dirigé) ou à l'aide de boîtes de fromage auxquelles on aura fixé une anse.

Décomposition de 1
Matériel par enfant :

- 2 paniers ;
- 1 perle ou une tête de chat en carton ;
- 1 feuille, des feutres.

Demander aux enfants du groupe de rechercher toutes les façons de coucher le chat quand il y a 2 paniers et de dessiner ces façons pour ne pas les oublier. Laisser chacun tâtonner. Les paniers étant plus grands que la tête de chat, certains sont tentés de varier les emplacements de la tête à l'intérieur d'un même panier.

Faire constater que la tête n'est pas à la même place, mais qu'elle est dans le même panier, l'autre est toujours vide : on a toujours le rapport [1]/[0]. Pour faciliter le travail de lecture, écrire le nombre cardinal de chaque collection. Mettre, comme mise en situation, les résultats en commun. Faire constater qu'il y a 2 façons de coucher son chat dans 2 paniers.

Décomposition 2

Procéder comme précédemment mais avec deux têtes de chat. Arriver aux codages suivants : faire remarquer que quelle que soit la situation, il y a toujours 2 chats dessinés et qu'il y a 3 façons de coucher 2 chats dans 2 paniers.

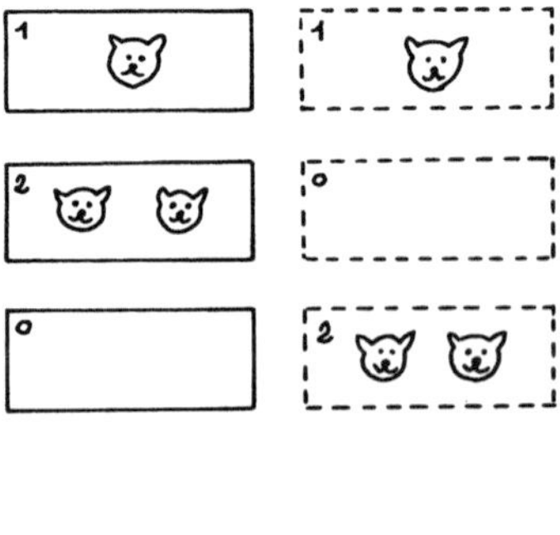

Décomposition de 3 puis de 4

Même travail avec 3 têtes de chat puis 4.

Jeux de décomposition d'une collection

Jeux des haricots (4 joueurs)
But du jeu : Être le premier à avoir complété sa plaque.
Matériel :

- 4 plaques divisées en 6 cases : 5 comprenant chacune 2 paniers, 1 indiquant le nombre de haricots à placer par case ;
- des haricots.

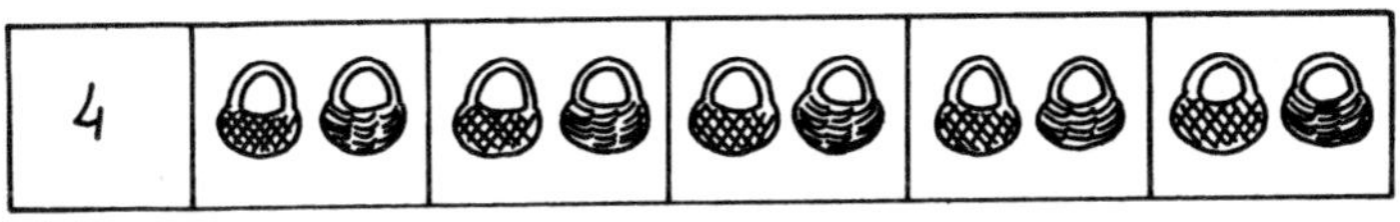

Comment jouer ? Les haricots sont placés au centre de la table. Chaque joueur prend une plaque. Bien expliquer aux enfants que chaque case doit avoir 4 haricots, que ces haricots doivent être dans les paniers et que chaque case doit être différente des autres. Donner le signal de départ.

Variante : Varier le nombre de haricots et le nombre de cases par plaque.

Le loto de la comptine (4 joueurs)

But du jeu 1 : Placer les cartes ensemble sur le tableau en éliminant les cartes pièges.
But du jeu 2 : Être le premier à s'être débarrassé de ses cartes.
Matériel :

- 1 grande plaque collective divisée en 4 colonnes : 1 colonne de 3 cases, 1 colonne de 4 cases, 1 colonne de 5 cases, 1 colonne de 6 cases, chaque colonne comprenant une case nombre de chats et des cases.

2 chats	3 chats	4 chats	5 chats

- 18 cartes aux dimensions des cases représentant pour chaque colonne les différentes possibilités de mettre les chats dans 2 paniers.

- 6 cartes pièges : cartes impossibles à placer.

Comment jouer ? Chaque joueur à tour de rôle ou en même temps que les autres, prend une carte, l'observe, compte les chats et place la carte dans la bonne colonne ou l'élimine.

Comment jouer ? Toutes les cartes sont placées, faces retournées, sur les cases du jeu. À tour de rôle, chaque joueur retourne une carte. Si c'est une carte appartenant à la colonne, il la laisse sur la case, dans le cas contraire : il la garde, si elle peut être placée dans une autre colonne, ou l'élimine si c'est une carte piège. Lorsqu'un joueur est en possession d'une carte qu'il peut placer, parce qu'une case de la colonne correspondante est vide, il la place et ne retourne pas d'autre carte. Le joueur qui n'a pas de carte en sa possession alors que toutes les cartes ont été retournées a gagné.

Des chatons prisonniers

Faire observer et décrire la page 47 du fichier. Lire la consigne. Selon les enfants :

- Donner 2 boîtes (1 verte, 1 jaune) et 4 perles de même couleur. Leur demander de rechercher toutes les façons de les mettre dans les deux boîtes. Au fur et à mesure, ces façons sont codées sur le cahier.
- Les laisser faire l'exercice au crayon de papier, pour leur permettre de corriger les erreurs qu'ils auront eux-mêmes reconnues.

Compter de 2 en 2 et connaître quelques doubles

Des enfants heureux (p. 48)

Bien que des situations additives n'aient pas fait l'objet d'étude particulière dans les activités précédentes, elles étaient cependant omniprésentes dans la mesure où les enfants ont eu à les résoudre pour :

– compter le gain de points gagnés en plusieurs étapes ;
– compter les points obtenus par le jet de 2 dés ;
– vérifier le nombre total de différents éléments partagés, etc.

Dans cette activité, il faut développer des situations permettant aux enfants de jouer avec les nombres et les mots : par la mémorisation des comptages de 2 en 2 et de certains doubles, et par des jeux leur permettant de comprendre et de vérifier les sommes mémorisées.

Compétences et objectifs

Compétences disciplinaires

- Connaître la suite des nombres.
- Résoudre des problèmes liés à l'augmentation ou à la diminution de certaines quantités.
- Connaître quelques doubles et moitiés.

Compétences transversales

- Manifester l'envie d'apprendre.
- Contrôler ses réponses par rapport au projet et aux données initiales.
- Retenir textes, histoires, chansons, poèmes, enchaînements.
- Rechercher des informations pertinentes à l'oral et aussi dans certains écrits.
- Restituer et réorganiser les informations réunies.

Objectifs

- Compter de 2 en 2.
- Opérer des regroupements par 2, par 3, par 4, etc.
- Comprendre qu'une collection peut être obtenue par la réunion de 2 ou plusieurs autres. Opérer ainsi des sommes de 2 nombres.
- Mémoriser certaines de ces sommes et connaître quelques doubles.

Langage

Objectifs par situation

SITUATIONS	OBJECTIFS
La comptine	• Raconter un texte lu, en réemployant certaines des expressions entendues. • Être capable de mémoriser plusieurs vers sans se tromper, sans les modifier, sans en oublier. Bien mémoriser les associations de nombres, ne pas les intervertir. • Maîtriser parfaitement la comptine et pouvoir répondre aux consignes des différents jeux de langage. Ainsi comprendre le découpage du texte et le respecter (*vers-nombres/vers-actions*). • Observer un texte écrit. Rechercher des indices dans la forme du texte, la reconnaissance des nombres, de mots et/ou de graphies connus. • Rechercher le sens des vers et des mots inconnus en s'aidant de la récitation. Faire ainsi la correspondance entre l'oral et l'écrit, c'est-à-dire le mot dit et le mot lu à un endroit précis du texte. Comprendre donc la notion de mot. • Coder, décoder des mots pour en faciliter le repérage et la lecture. • Repérer des mots, des nombres identiques écrits à plusieurs endroits. Repérer par ces indices le plan de la comptine.
Récitation numérique	• Jouer avec les mots désignant des nombres. • Faire preuve ainsi d'une parfaite connaissance des nombres récités et de leur ordre. • Associer récitation mentale et récitation à voix haute, alterner les deux.

La comptine : Lire la comptine

1 et 1 font 2
2 enfants heureux
2 et 2 font 4
Ils vont à 4 pattes
3 et 3 font 6
Maintenant ils glissent
4 et 4 font 8
Ils prennent la fuite
5 et 5 font 10
Tournent comme des hélices
6 et 6 font 12
Tombent sur la pelouse.

Faire raconter ce qui est dit dans la comptine et expliquer ce que veut dire : *prendre la fuite*, et *tourner comme des hélices*.

Faire mémoriser le texte sur plusieurs séances et organiser des récitations par groupe :

Exemple : *Un groupe dit tous les vers à nombres et l'autre répond en récitant les vers à actions.*

Groupe A	**Groupe B**
1 et 1 font 2	*2 enfants heureux*
2 et 2 font 4	*Ils vont à 4 pattes*
3 et 3 font 6	*Maintenant ils glissent*
4 et 4 font 8	*Ils prennent la fuite*
5 et 5 font 10	*Tournent comme des hélices*
6 et 6 font 12	*Tombent sur la pelouse.*

Intervertir le rôle des 2 groupes. On peut également jouer au jeu des questions.

Exemple : *Que se passe-t-il à 1 et 1 font 2 ? Que se passe-t-il à 5 et 5 font 10 ?*

Faire également une lecture de la comptine préalablement écrite sur une grande feuille. Pour cela, présenter le texte écrit sans dire de quoi il s'agit. Laisser les enfants le découvrir, formuler leurs remarques, leurs hypothèses. La reconnaissance des nombres, leur répétition et leur association guideront les enfants.

Lorsque la comptine à compter a été ainsi reconnue, on peut leur faire rechercher le sens des vers-actions, par la récitation.

Exemple : *On reconnaît 1 et 1 font 2, donc ce qui est écrit après c'est : 2 enfants heureux.*

En s'aidant toujours de la récitation, localiser et coder les mots qui peuvent l'être.

Exemple : *2 enfants heureux :* 

Faire entourer les nombres et les mots écrits plusieurs fois de la même couleur, mais ceci après que les enfants aient eux-mêmes remarqué ces répétitions : *et*, *font*, *2*, *4*, *6*, *la*, *des*, *ils*. Faire alors remarquer le plan de la comptine et entourer d'une couleur les vers-nombres et d'une autre couleur les vers-actions.

Récitation numérique

Avant l'étude des doubles, sous forme de rituel ou ponctuellement, entraîner les enfants à jouer avec la récitation de la comptine numérique. Compter jusqu'à dix en ne prononçant qu'un nombre sur 2. Puis petit à petit ne plus dire le 1 mais le frapper. Compter ensuite de plus en plus vite sans prononcer ni frapper les nombres impairs. Le même travail pourra être entrepris à l'envers. Compter jusqu'à 9 ou 11 en ne prononçant qu'un nombre sur 2. On procède comme en 1.

Mise en situation corporelle

Objectifs par situation

SITUATIONS	OBJECTIFS
Compter de 2 en 2	• Reconstituer l'ordre des nombres. • Intercaler un nombre entre deux. • Accepter d'être éliminé du jeu. • Opérer par l'élimination une situation soustractive. • Comparer des nombres. • Comprendre que « le moins » peut faire gagner. • Retrouver l'ordre d'un parcours à traverser en ordonnant les nombres. Pour cela connaître l'écriture chiffrée des nombres, la récitation des nombres pairs et impairs.

(suite du tableau page 294)

SITUATIONS	OBJECTIFS
Connaître quelques doubles	• Répondre au désir de mouvement. Développer ses capacités motrices, coordonner plusieurs actions. Se diriger, s'orienter dans l'espace. Accepter de perdre ses repères visuels (déplacement en arrière). • Par le jeu, mémoriser les doubles. À chaque opération, faire correspondre une action, un déplacement. **Jeu de regroupement :** • Partager la classe, donc une même quantité de différentes façons. • Réinvestir les notions développées dans les fiches 41, 42, 43 et 44. • Accepter la frustration de l'élimination ou du gage. **Jeu du quitte ou double :** • Opérer des groupements. • Assembler des groupements identiques deux à deux. Compter le nombre total d'éléments, issus de 2 groupements. Vérifier ainsi les règles additives mémorisées. • Comprendre que le double c'est le résultat de l'union de 2 groupements identiques. • Se familiarisier avec les termes : *double*, *moitié*. **Jeu de la comptine :** • Associer une forme additive à une action. Entretenir ainsi la mémorisation des doubles dans leur forme additive. • Partager une collection en 2 parts égales. • Sensibiliser les enfants aux codes écrits traduisant une somme ⓧ et un résultat ⊜ . • Additionner des quantités, additionner des nombres. • Grâce à la mémorisation des doubles, reconnaître globalement une somme, un résultat. D'un résultat, en déduire la somme. **Jeu des doubles perdus :** • Comparer des sous-collections, vérifier qu'elles ont autant d'éléments (3+3=6 ; 3 a autant d'éléments que 3). • Corriger par déplacement des éléments, les erreurs décelées. Vérifier la bonne correction, par la récitation des règles (2 et 2 font 4, etc.). Varier les expressions. Se familiariser ainsi avec les termes *double*, *moitié*.

Compter de 2 en 2

Matériel :

- Pour une classe de 30 : 3×10 médaillons numérotés de 1 à 10 ;
- Pour une classe de moins de 26 : 1×10 médaillons numérotés de 1 à 10 ; 1×(10+n) médaillons numérotés de 1 à 10+n
- Pour une classe de plus de 26 : 2×10 médaillons numérotés de 1 à 10 ; n médaillons numérotés de 1 à n ;
- Pour une classe de plus de 30 : 2×10 médaillons numérotés de 1 à 10 ; 1×(10+n) médaillons numérotés de 1 à 10+n.

Répartir les élèves en équipe. Donner à chacun de leur membre un médaillon. Puis leur demander de se déplacer librement au son du tambourin ou d'une musique et de se placer dans l'ordre des nombres lorsque le silence se fait. La dernière équipe à se placer dans l'ordre numérique perd un joueur (celui au nombre le plus grand). Recommencer plusieurs fois. À la fin, l'équipe qui a perdu le moins de joueurs a gagné. On peut à chaque reprise de jeu, faire échanger les médaillons pour favoriser la comparaison des nombres et ne pas en faire un simple exercice de mémoire des positions de chacun dans le groupe.

Demander ensuite à chacun de se regrouper par deux en associant au sein d'une même équipe les nombres qui se suivent : 1-2, 3-4, 5-6, 7-8, 9-10 (11-12). Faire se déplacer les groupes en ordre, les nombres pairs à droite des nombre impairs. Au signal (coup sur le tambourin par exemple), chacun se sépare et les nombres pairs vont se placer les uns derrière les autres en ordre croissant ou décroissant et les nombres impairs font de même de leur côté.

Organiser des parcours avec des obstacles à traverser : haie, banc, caissettes, coussins, etc. Placer ces obstacles sur deux lignes parallèles et les numéroter de 1 à 11 en plaçant en ordre les numéros impairs à gauche et les numéros pairs à droite.

Faire traverser le parcours dans l'ordre numérique simple, dans l'ordre des nombres pairs, dans l'ordre des nombres impairs.

Recommencer en disposant les obstacles n'importe où dans la salle et en les numérotant sans suite logique et procéder comme précédemment.

Connaître quelques doubles

Réciter la comptine et faire rechercher de quelles manières mimer des enfants heureux, de quelles façons – *aller à quatre pattes* – en avant, en arrière, sur le côté, en posant et sans poser les genoux par terre ; *glisser* – sur les pieds, sur les fesses, sur le ventre, sur le dos, sur le côté, sur les genoux, en avant, en arrière, sur le côté ; *prendre la fuite* – en courant, en marchant très vite, en avant, en arrière ; *tourner* – sur place, debout, assis, sur les fesses, en courant, en marchant, en sautant ; *tomber* – sur les fesses, en avant, en arrière, etc.

Réciter les vers à compter et frapper les vers-actions ; les enfants doivent effectuer les déplacements correspondants. Puis reproduire cette situation en partageant la classe en 2 groupes : un groupe récitant, un groupe se déplaçant, et intervertir les rôles.

Jeu de regroupement : Les enfants se déplacent librement en suivant le rythme d'une musique. Lorsque celle-ci s'arrête, l'enseignant frappe n coups sur son tambourin, donnant ainsi aux enfants la règle du regroupement par n. n varie de 1 à 6.

Pour chaque regroupement et donc partage de la classe en groupes de n enfants, faire constater les partages équitables des autres, et trouver avec les enfants une règle pour savoir ce que deviennent les enfants n'ayant pu se placer : élimination, gage, etc.

Jeu du quitte ou double : Reprendre le jeu de regroupement. Mais au lieu de frapper la règle sur le tambourin, la dire en récitant les vers de la comptine. Opérer ainsi des regroupements :

- 1° – par 2, par 4, par 8 ;
- 2° – par 3, par 6, par 12 ;
- 3° – par 5, par 10.

Les enfants ou les groupes qui n'ont pu se placer sont éliminés. Pour chaque regroupement, faire vérifier et verbaliser les résultats. Varier les expressions.

Jeu de la comptine : Former des groupes hétérogènes de 2, 4, 6, 8 et 10 enfants. Chaque groupe est partagé en 2 sous-groupes correspondant à leur moitié. Un enfant ou l'enseignant mime un verbe-action. Le groupe au nombre correspondant vient à lui et l'imite en se partageant en 2 moitiés.
Exemple : *Mimer un déplacement glissé ; le groupe 3 et 3 font 6 s'approche et glisse 3 par 3.*

Variante : Le groupe appelé mime son mouvement. Varier les appels en utilisant des consignes écrites :

– des constellations :

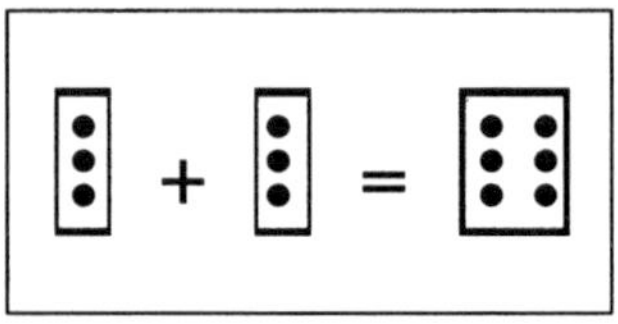

– des sommes :

3 + 3 = 6

– des nombres :

6

Pour ces 3 exemples, les enfants du groupe s'avancent en se tenant par 3.

Jeu des doubles-perdus : Les enfants forment des groupes hétérogènes : 4, 6, 8, 12 par exemple. Chaque groupe est partagé en 2 moitiés. Les enfants constituant les 2 moitiés sont face à face. Un enfant sort. Durant ce temps, un élément d'une moitié change de groupe et s'ajoute à un autre sous-groupe.

Exemple :

Avant changement.

Après changement.

L'enfant doit repérer les erreurs et les corriger en justifiant ses réponses.

Schématisation de la situation Compter de 2 en 2

Objectifs par situation

SITUATIONS	OBJECTIFS
Compter des collections	• Utiliser la récitation numérique de 2 en 2 pour compter des éléments regroupés par deux.
Loto des nombres	• Lire les nombres de 1 à 13. • Les ordonner en respectant le comptage de 2 en 2.

Compter des collections

Entraîner les enfants à dénombrer des collections en comptant les éléments par deux.

Exemple : *Disposer 12 haricots sur la table. Les faire regrouper par deux et les faire compter par groupe de 2.*

Faire de même avec un nombre impair de haricots ou de bonbons. Pour prévoir le nombre de gâteaux à distribuer pour la collation, on peut avoir recours à ce type de comptage.

Exemple : *Combien de gâteaux faut-il si l'on veut en donner 2 à chaque enfant ?*

Pour résoudre ce problème, faire compter le nombre d'enfants présents. Prévoir autant d'assiettes et compter de 2 en 2 en pointant chaque assiette. Pour des classes à fort effectif, l'exercice pourra s'avérer difficile et fatigant. Dans ce cas, regrouper les assiettes par lot de 10 ou de 5 et procéder en plusieurs étapes.

Exemple pour une classe de 30 élèves :

○ ○ ○ ○ ○ ○ ○ ○ ○ ○
2 4 6 8 10 12 14 16 18 20
On prépare 20 gâteaux

○ ○ ○ ○ ○ ○ ○ ○ ○ ○
2 4 6 8 10 12 14 16 18 20
On prépare encore 20 gâteaux

○ ○ ○ ○ ○ ○ ○ ○ ○ ○
2 4 6 8 10 12 14 16 18 20
Et pour finir encore 20 gâteaux.

Loto des nombres

But du jeu : Être le premier à avoir ordonné tous ses nombres pairs.

Matériel : 4 fois 6 cartes de couleurs différentes. Chaque famille de 6 cartes est constituée des nombres 2, 4, 6, 8, 10, 12.

Comment jouer ? Les joueurs choisissent chacun une famille d'après sa couleur. Les cartes-nombres sont retournées sur la table. Rien ne les distingue. À tour de rôle, chaque joueur prend une carte. Si elle appartient à sa famille, il la garde. Dans le cas contraire, il la remet dans la pioche.

Variante : Le même jeu peut être proposé avec des nombres impairs.

Schématisation de la situation les doubles

Objectifs par situation

SITUATIONS	OBJECTIFS
Dominos des doubles	**Dominos des constellations :** Reconnaître des doubles dans les configurations spatiales. Vérifier ses hypothèses par le comptage et par la reconnaissance des marques autocorrectives des dominos. **Constellations et nombres :** Coder des résultats de sommes. **Dominos des sommes :** Lire des nombres et des sommes. Y associer des nombres-résultats, mémorisés dans la comptine, et dans les jeux d'entraînement.
Jeu de cartes des doubles	• Compter des collections. • Savoir ce qu'est un double. • Dire si une carte est le double de l'autre : en comptant et comparant les collections et en se référant à la comptine ; en remarquant que le double d'une collection représente deux fois cette collection (forme, espace, couleur). **Variante :** • Lire les nombres de 1 à 12. • Pouvoir dire si un nombre est le double de l'autre sans passer par le dénombrement de 2 collections. Avoir compris et mémorisé les résultats précédents.
Jeu de dés	• Pouvoir jouer. Donc avoir compris ce qu'est un double. • Associer à ce terme des constellations et des nombres (en fonction d'autres constellations et d'autres nombres).
Exercices	• Procéder par récitation et comptage : 2 gommettes, 2 et 2 font 4, on dessine 4 ronds 1•2•3•4• ; ou par correspondance terme à terme : à chaque gommette, faire correspondre 2 ronds. • Représenter des collections : autant d'éléments qu'une autre servant de modèle ; deux fois plus d'éléments qu'une autre.

Domino des doubles

Dominos constellations
Matériel : Des dominos sommes et résultats. Prévoir des constellations de 2 couleurs et varier leur disposition.
Exemple :

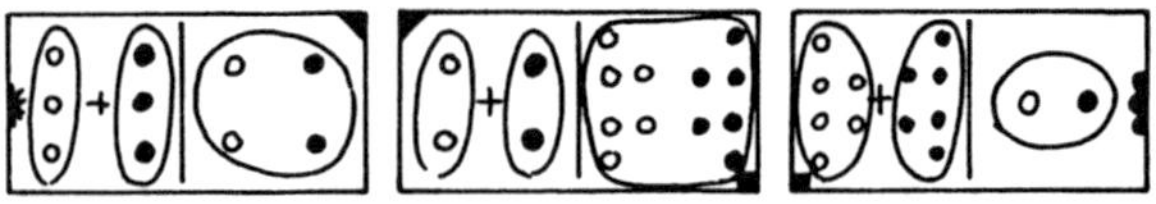

(Prévoir des marques autocorrectives sur les dominos. Voir nos exemples.)
Se joue comme un jeu de dominos.

Dominos constellations et nombres :

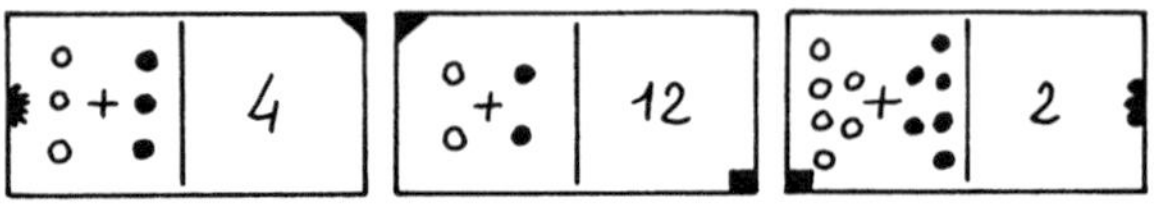

Dominos des sommes :

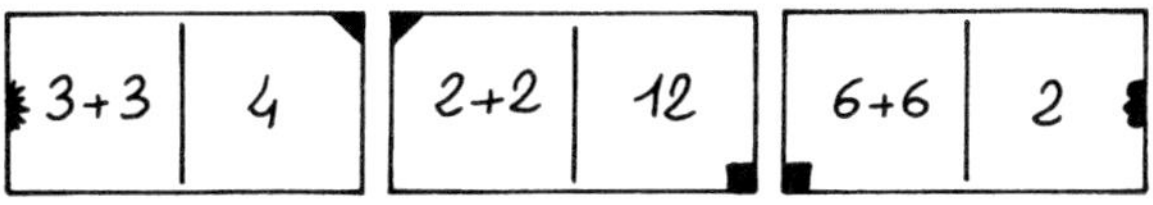

Jeu de cartes des doubles

Matériel :

- 12 cartes représentant des collections de même nature : fleurs par exemple.
- 6 cartes à bords rouges représentant des collections de 1 à 6 fleurs :

- 6 fleurs à bords bleus représentant des collections doubles des précédentes :

Jeu 1 : Faire associer les cartes à bords bleus et rouges de manière à montrer que l'une est le double de l'autre.

Jeu 2 : Étaler les cartes à bords rouges d'un côté faces non visibles et les cartes à bords bleus de l'autre. À tour de rôle, chaque joueur retourne une carte dans chacun des 2 paquets. Si l'une est le double de l'autre, il les prend toutes les deux. Dans le cas contraire, il les laisse faces visibles au centre du jeu. Un joueur qui associe deux cartes, parce que l'une est le double de l'autre, les gagne, même si elles n'ont pas été retournées par lui. Celui qui a réuni plus de cartes que les autres a gagné.

Variante : Le même jeu peut être proposé (et fabriqué par les enfants) avec des cartes-nombres (6 cartes à bords rouges numérotées de 1 à 6, 6 cartes à bords bleus numérotées de 2 à 12.

Jeu de dés

But du jeu : Trouver plus vite que les autres le double du nombre indiqué par le dé et gagner 1 point. Avoir plus de points que les autres à la fin de la partie.

Matériel :

- Des points gagnants (pions ou haricots) ;
- 1 dé ;
- Cartes 2, 4, 6, 8, 10, 12 points  , etc

Comment jouer ?

Jeu 1 : Les cartes points sont étalées faces visibles sur la table. À tour de rôle chaque joueur carte représentant le double de points par rapport à la constellation obtenue par le jet de dé gagne un point (haricot ou pion).

Jeu 2 : Même jeu sans les cartes. Le joueur qui trouve le nombre qui est le double de celui présenté par le dé l'annonce et gagne 1 point.

Exemple :  le premier qui annonce 10 ou 5 et 5 = 10 gagne un point.

Exercice

Exercice 1 : Faire coller *n* gommettes (*n* = 2 ou 3 ou 4 ou 5 ou 6) et demander aux enfants de dessiner des ronds pour qu'il y en ait le double.

Exercice 2 : Construction de cartes-jeux voir le jeu 2 au pochoir, au tampon, pour une autre classe, pour les correspondants, les CP, etc.

Des enfants heureux

Faire décrire page 47 du fichier. À partir de l'exemple réalisé en déduire les consignes. Les lire. Procéder à l'exercice.

Connaître quelques moitiés

Deux lapins (p. 49)

L'objectif est de permettre aux enfants de mieux maîtriser les notions, abordées dans les activités, sur les partages et les doubles. Elle permet une autre approche des notions, tout en alliant la manipulation, la connaissance des nombres et la mémorisation de certaines formes additives.

Compétences et objectifs

Compétences disciplinaires

- Mobiliser les connaissances déjà acquises.
- Partager des collections.
- Connaître quelques doubles, quelques moitiés.

Compétences transversales

- Observer, s'interroger, s'exprimer par la parole.
- Émettre des suppositions.
- Restituer et réorganiser les informations réunies.
- Discerner des analogies, des différences.

Objectifs

- Partager une collection en deux parts égales.
- Comprendre que chacune des 2 parts représente une moitié.
- Par la manipulation et la mémorisation, trouver et représenter la moitié d'une collection, ainsi que le nombre représentant la moitié d'un autre.

Langage

Objectifs par situation

- Donner des renseignements sur un texte lu. Ainsi tirer les informations :
  - celles qui racontent, qui présentent les personnages ;
  - celles qui présentent le problème ;
  - celles qui donnent la solution.
- Comprendre une situation, un vocabulaire, en faisant appel à sa mémoire, en se référant aux expériences du passé.

Situation 1 : Lire la comptine

Deux lapins
Se disputent dans un jardin.
Chacun veut pour lui,
les légumes et les fruits.

Maître Hibou, en colère,
Prend son air sévère :
« Il faut tout partager,
À chacun sa moitié. »

Situation 2

Faire raconter le texte en insistant sur le problème des lapins (faire préciser leur nombre) et sur la solution proposée par le hibou. Demander alors aux enfants d'expliquer ce qu'est une moitié. Généralement les enfants comprennent, par moitié, un bout, un morceau et non une des deux parties égales d'un tout (ceci lorsqu'il s'agit de couper, de partager un gâteau). Par contre ils savent partager une collection en deux et comprennent bien que la moitié de la collection représente une des deux sous-collections obtenue par le partage. Cette connaissance est née des expériences vécues quotidiennement, en classe ou à la maison, où, pour régler des conflits, on a recours à des partages équitables.

Mise en situation corporelle

Objectifs par situation

SITUATIONS	OBJECTIFS
Répartition des élèves	• Comprendre la consigne. • Réinvestir les notions acquises dans les activités concernant les partages. • Partager une collection en deux parts égales. • Accepter de changer de groupes pour répondre à la consigne du partage équitable. • Comparer deux collections par le comptage et la correspondance terme à terme. • Verbaliser les résultats. Comprendre et se familiariser avec toutes les formes orales et écrites traduisant une situation. Restituer ainsi les informations réunies.
Partage du matériel	• Mettre les élèves dans la situation de la comptine pour leur faire sentir la nécessité d'un partage équitable. Réinvestir les notions précédemment présentées sur *les doubles*. • Comparer et vérifier les sous-collections par le comptage, la récitation des sommes et la correspondance terme à terme. • Comprendre et utiliser les termes *moitiés* et *doubles*, dans la manipulation, dans la récitation et l'écriture additive des sommes. • Construire un parcours. Coopérer avec tous les membres de son groupe. Accepter la frustration d'une idée non retenue par les élèves de son équipe. • Répondre au besoin de mouvement. Enchaîner dans le parcours plusieurs actions, plusieurs déplacements. Mémoriser les enchaînements pour pouvoir les reproduire et les présenter aux autres. • Comparer les parcours : la disposition des éléments dans l'espace, les uns par rapport aux autres, leur ordre, leur orientation, les enchaînements des mouvements, leur nature. • Reproduire les enchaînements de l'autre groupe. Réinvestir le vocabulaire d'ordre spatial acquis. Repérer des rythmes dans les enchaînements.

Répartition des élèves

Demander aux enfants de se compter : chacun dit son nombre ; le premier à parler dit un, le second 2, le troisième 3... le dernier donne le nombre d'enfants de la classe. Faire écrire sur une pancarte ce nombre cardinal, après en avoir recherché l'écriture (si besoin est) sur une bande numérique. Proposer ensuite aux élèves de se répartir en deux moitiés. Laisser-les faire, puis faire constater les résultats :

– Les enfants sont répartis par affinité. Le partage en deux groupes n'est pas équitable. Faire constater par le dénombrement et par la correspondance terme à terme : le n° 1 d'un groupe se trouve face au n° 1 de l'autre groupe. Le n° 2 d'un groupe se trouve face au n° 2 de l'autre groupe, etc. Faire corriger le partage par déplacement des élèves, jusqu'à obtenir deux groupes identiques. Si l'effectif est un nombre impair, l'enseignant joue le rôle de l'élément manquant. Faire compter et écrire sur la pancarte les résultats en veillant à rappeler le nombre d'élèves au total et à en modifier l'écriture si l'enseignant a joué un rôle. Faire ensuite verbaliser les résultats de plusieurs façons :

– *Nous sommes 30, nous avons fait deux groupes de 15 enfants ;*
– *15 et 15 font 30 (on pourra écrire 15+15=30) ;*
– *15 est la moitié de 30 ;*
– *Il y a deux moitiés de 15 enfants chacune.*

– Les enfants sont bien partagés mais le partage, en raison de l'effectif de la classe, ne peut être équitable. Jouer le rôle de l'élément manquant et procéder comme ci-dessus.

Partage du matériel

Matériel :

- 12 cerceaux, 10 caissettes (ou coussins, boîtes), 8 haies (ou bouteilles réunies par un bâton : 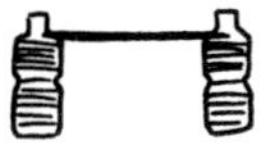 ×8)
- 6 chaises, 4 bancs, 2 tables.

Présenter le matériel aux 2 groupes précédemment constitués et leur demander de créer un parcours chacun.

Laisser les enfants agir. Observer leur comportement. (Des conflits apparaîtront vraisemblablement, les uns prenant plus de matériel que les autres.) Leur rappeler alors l'histoire des deux lapins et leur demander alors quelle était la solution de Maître Hibou. Une fois cette solution formulée, leur suggérer de procéder ainsi. Faire rassembler tout le matériel, le compter et écrire les résultats sur de grandes feuilles.

Exemple : 12 cerceaux ○ ○ ○ ○ ○ ○ ○ ○ ○ ○ ○ ○

10 caissettes □ □ □ □ □ □ □ □ □ □

8 haies 

6 chaises 

4 bancs ⊢ ⊢ ⊢ ⊢

2 tables 

Faire ensuite partager équitablement chacune des collections dénombrées et représentées. Faire vérifier que le nombre d'éléments est bien le même pour chaque équipe et écrire sur la même feuille que précédemment, les résultats, en séparant d'un trait les collections.

Exemple : 12 cerceaux ○ ○ ○ ○ ○ ○ (6) | ○ ○ ○ ○ ○ ○ (6) — 6+6 = 12

10 caissettes □ □ □ □ □ (5) | □ □ □ □ □ (5) — 5+5 = 10

8 haies ⊓ ⊓ ⊓ ⊓ (4) | ⊓ ⊓ ⊓ ⊓ (4) — 4+4 = 8

6 chaises h h h (3) | h h h (3) — 3+3 = 6

4 bancs ⊢ ⊢ (2) | ⊢ ⊢ (2) — 2+2 = 4

2 tables (1) | (1) — 1+1 = 2

Faire observer la feuille des résultats et les verbaliser de plusieurs façons :
– *6 est la moitié de 12 car 6 et 6 font 12. 12 est le double de 6 ;*
– *5 est la moitié de 10 car 5 et 5 font 10. 10 est le double de 5.*

Puis laisser chaque groupe construire son parcours, le traverser, le présenter à l'autre équipe qui le parcourra à son tour.

Schématisation de la situation

Objectifs par situation

SITUATIONS	OBJECTIFS
Jeu des doubles	• Compter des collections. Les comparer. • Comprendre et employer les termes *double*, *moitié*.
Jeu de cartes des familles	• Compter des collections, les comparer. • Lire les nombres de 1 à 24, se servir au besoin d'une bande numérique. • Faire correspondre par le jeu des collections et des nombres représentant le double ou la moitié d'autres représentés. • S'aider des nombres du bas de chaque carte pour prévoir une demande : savoir à tout moment ce que l'on a, ce qui manque. • Accepter de se dessaisir de cartes que l'on souhaitait garder pour constituer une famille. • Comparer des groupements de 3 cartes pour déterminer le gagnant.
Jeu du cherche-moitié	• Par le jeu, connaître et mémoriser quelques moitiés.
Exercices	• Partager une collection en deux parts égales. Comprendre que chaque sous-collection représente une moitié de la collection initiale. • Réinvestir les notions acquises dans les activités sur la symétrie. Comprendre que deux moitiés sont symétriquement identiques.

Jeu des doubles

Le jeu de cartes des doubles présenté dans la fiche précédente peut être proposé. Varier les formulations.

Exemple :

« est la moitié de l'autre »

« est le double de l'autre »

3

« est la moitié de 6 »

6

« est le double de 3 »

Jeu de cartes des familles

But du jeu : Avoir gagné plus de familles que ses camarades.

Matériel :

- bandes numériques (pour lire les nombres) ;
- 3 cartes-laitues : 1 laitue, 2 laitues, 4 laitues ;

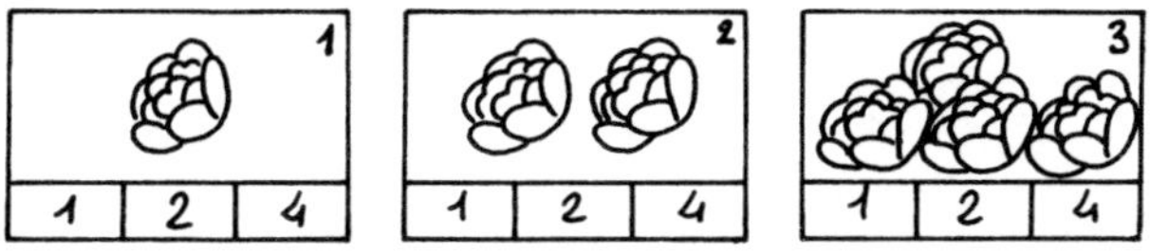

- 3 cartes-poireaux : 2 poireaux, 4 poireaux, 8 poireaux ;
- 3 cartes-carottes : 3 carottes, 6 carottes, 12 carottes ;
- 3 cartes-oranges : 4 oranges, 8 oranges, 16 oranges ;
- 3 cartes-bananes : 5 bananes, 10 bananes, 20 bananes ;
- 3 cartes-petits pois : 6 petits pois, 12 petits pois, 24 petits pois.

Comment jouer ? Faire observer et assembler les cartes de la même famille. Remarquer pour chacune d'elles, en associant nombres et constellations, que la première est la moitié de la deuxième qui elle-même est la moitié de la 3ᵉ. Ou que la 3ᵉ est le double de la deuxième qui est le double de la première.

Mélanger les cartes. Distribuer 3 cartes à chaque joueur. Le reste des cartes constitue la pioche. À tour de rôle, chaque joueur demande à un camarade de son choix une carte d'une famille qu'il veut reconstituer. Le joueur donne la carte demandée, s'il la possède. Dans le cas contraire, le demandeur pioche une carte. Pour demander une carte, un joueur doit employer les formules *double* ou *moitié*. S'il ne le fait pas, le joueur à qui est faite la demande peut ne pas répondre, même s'il est en possession de la carte souhaitée.

Exemple : *Je voudrais dans la famille des oranges la carte 8 oranges, qui est le double de 4 oranges, ou qui est la moitié de 16 oranges.*

Jeu du cherche-moitié

But du jeu : Gagner plus de haricots que les autres en prononçant le nombre représentant la moitié de la carte tirée.

Matériel : 6 cartes nombres : 2, 4, 6, 8, 10, 12 haricots.

Comment jouer ? Les cartes sont étalées et mélangées faces non visibles. À tour de rôle, chaque joueur retourne une carte. Celui qui annonce le premier le nombre représentant la moitié du nombre lu, gagne un haricot. La carte est alors remise en jeu. Un autre enfant tire une carte, après les avoir à nouveau mélangées.

Exercices

Exercice 1 : Donner à chacun 12 (ou 8 ou 10 ou 6) gommettes et 2 petites feuilles. Leur demander de les partager en 2 moitiés en les collant sur chaque feuille.

Exercice 2 : Partager des collections par découpage. Séparer une collection représentée, en 2 parts égales, en traçant un trait ou en coupant la feuille aux ciseaux.

Exercice 3 : Couper des formes pleines en deux moitiés égales (voir chapitres sur la symétrie).

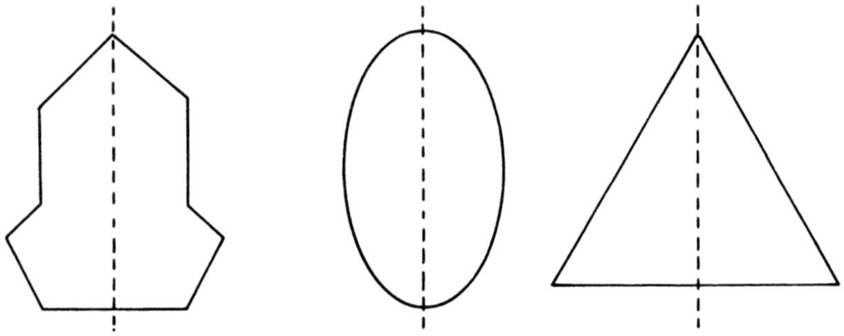

Deux lapins

Faire observer et décrire la page 49 du fichier. Après l'analyse de l'exemple donné par le partage des laitues, demander aux enfants d'en déduire les consignes. Les lire et procéder à l'exercice.

Les heures, la journée

À la bonne heure ! (p. 50)

Compétences et objectifs

Compétences disciplinaires

- Situer, repérer, déplacer des objets dans l'espace et le temps.
- Utiliser le calendrier et la montre digitale ou à aiguilles pour repérer des moments.

Compétences transversales

- Se situer dans le temps proche et commencer à repérer des déroulements chronologiques différents.
- Situer des événements de la vie quotidienne les uns par rapport aux autres.
- Exprimer le temps et l'espace.

Objectifs

- Situer les événements les uns par rapport aux autres.
- Comprendre et utiliser des repères pour coder leur position dans le temps.
- Se familiariser ainsi avec l'emploi de montres et de pendules.
- Employer les termes : *jour*, *journée*, *matin*, *après-midi*, *soir*, *nuit*, *heure* (*minutes* éventuellement).
- Ordonner des images en ordonnant leur position codée dans le temps.

Langage

Objectifs par situation

SITUATIONS	OBJECTIFS
2	• Comprendre un texte, ne pas raconter une histoire, en faisant des analogies entre les mots entendus dans la comptine et les mêmes mots prononcés et entendus dans d'autres situations.
3	• Connaître et reconnaître différents instruments donnant l'heure. Faire des comparaisons. Repérer leurs ressemblances, leurs différences. • Comprendre que les nombres peuvent permettre de coder des instants (des heures).
4	• Prendre conscience des règles de la vie sociale et des manifestations de la vie animale. • Comprendre que le rythme de ces manifestations correspond au rythme jour/nuit.

Situation 1 : Lire la comptine

Avant l'heure,
Ce n'est pas l'heure.
Après l'heure,
Ce n'est plus l'heure.
Fais chaque chose en son temps
Et tout le monde sera content.

Situation 2

Demander aux enfants de raconter ce qui est dit dans le texte. Noter ainsi leur perception du mot *heure*, qui fait partie du vocabulaire qu'ils entendent tous les jours. (**Exemple :** *Vite c'est l'heure, nous allons être en retard, c'est l'heure des mamans, de la cantine.*)

Situation 3

Les interroger sur les différentes façons de savoir s'il est l'heure de faire une chose plutôt qu'une autre. La réponse qui vient immédiatement est la montre. Rechercher dans les catalogues de vente par correspondance tous les instruments qui permettent de donner l'heure. (**Exemple :** *réveil à aiguilles, digital, radio-réveil.*)

Cette recherche peut être complétée par l'observation de photos ou gravures montrant des clochers avec horloge ou autre mobilier urbain avec montre digitale géante, par l'écoute de l'horloge parlante, etc. Apporter en classe deux réveils : un digital et un à aiguilles. Faire observer et comparer ces différents objets :

– leur taille ;

– leur moyen d'indiquer l'heure : nombres qui s'affichent (montre digitale), aiguilles qui tournent (montre à aiguilles).

Situation 4

Demander aux enfants s'il n'y a pas d'autres moyens de savoir s'il est l'heure de dormir, de manger, sans regarder l'heure sur un appareil. S'ils ne peuvent répondre, leur poser les questions :

– *Comment savez-vous qu'il faut manger ou que vous devez manger (ou dormir) ?*

Les réponses varient :

– *C'est maman qui le dit. Je mange après le bain. Je dors après le repas.*

Orienter alors les questions vers le monde de la nature :

– *Comment font les animaux qui ne vivent pas comme nous, pour savoir s'il faut dormir ou manger ? Quand dorment-ils et mangent-ils ?*

D'autres réponses apparaissent alors :

– *Ils dorment la nuit, mais il y en a qui ne dorment pas, comme le hibou. Ils mangent le jour. Ils mangent quand ils ont faim. Ils dorment quand ils ont sommeil.*

Leur demander alors s'ils n'ont jamais faim ou sommeil, s'ils ont toujours besoin de maman pour savoir s'il est l'heure de manger ou de dormir.

Mise en situation

Objectifs par situation

SITUATIONS	OBJECTIFS
1	• Ordonner les activités d'une journée de classe. • Les classer en deux groupes : celles du matin, celles de l'après-midi et ce par rapport à un élément de référence qui est le repas de midi. • Coder des instants, en utilisant des instruments de mesure que sont les réveils. • Reconnaître les codes des heures, les différencier des minutes. • Repérer des analogies, des différences. • Remarquer et comprendre que l'ordre des activités correspond à l'ordre des nombres représentant les heures. • Observer un cycle journalier dans la succession des heures. • Appréhender la notion de durée (correspondant à une heure écoulée) par la prise de conscience du nombre d'événements produits durant un laps de temps donné. • Ordonner des activités dans le temps et dans l'espace (sur une frise de gauche à droite).
2	• Réinvestir les notions présentées ci-dessus à l'observation d'une frise chronologique non construite donc non vécue par les élèves. • Pouvoir la décoder, la comparer à d'autres. • S'aider des nombres d'heures pour situer les événements des frises les uns par rapport aux autres. • Établir ainsi une relation d'antériorité, de postériorité ou de simultanéité entre les événements vécus à deux endroits différents.
3	• S'intéresser à la vie des autres. • Coder, décoder des instants, les ordonner, les comparer. • Par l'observation et la description, employer les termes *matin*, *soir*, *nuit* et les prépositions *avant*, *après*, *pendant*, etc.

Situation 1

Reprendre le livre *Emploi du temps* dont l'élaboration avait été suggérée p. 238. Refaire situer les activités du matin, celles de l'après-midi et proposer aux enfants de repérer les heures durant lesquelles se déroule chaque événement ou rituel journalier, et ce, sur les deux réveils : à aiguilles et digital.

Relever les indications données sur une grande frise. Utiliser des photos ou des dessins pour représenter chaque moment (ce qui n'apparaît pas dans nos exemples).

Exemple :

De ce relevé, faire constater sur le **réveil à aiguilles** :
- le sens de rotation des 2 aiguilles ;
- la vitesse de rotation de la grande aiguille par rapport à la plus petite.

Sur le réveil digital :
- les deux nombres séparés par un point ;
- le changement plus rapide du nombre de droite par rapport à celui de gauche.

Faire observer la frise. En déduire que la petite aiguille du réveil indique le matin, le même nombre que celui se trouvant à gauche du point sur le réveil digital. Ce nombre donne les heures. L'après-midi, le réveil à aiguilles indique un nombre plus petit que ceux du matin. Elle fait un deuxième tour de cadran. Sur le réveil digital, ce nombre est plus grand que celui de l'autre réveil et que les nombres relevés le matin. Faire remarquer aussi que les nombres donnés à droite du point ne correspondent pas à ceux indiqués par les 2 aiguilles de l'autre réveil. Dire aux enfants que la grande aiguille du réveil et le nombre se trouvant à droite du point sur le réveil digital donnent les minutes et qu'ils apprendront à les lire plus tard.

Faire entourer sur la frise les nombres indiquant les heures. Par le relevé des activités, faire constater que plusieurs activités peuvent se dérouler durant la même heure sans pour autant avoir lieu au même moment. Reconstruire avec l'aide des enfants, et en atelier dirigé, une frise chronologique, indiquant les heures et l'ordre des activités se déroulant au cours de cette heure.

Remarquer que l'ordre des activités correspond à l'ordre des heures. Une activité qui se fait bien avant une autre à un nombre d'heures plus petit (sur la montre digitale). Faire remarquer que ces déroulements se reproduisent tous les jours.

Situation 2

Une fois terminée, la frise horaire peut être communiquée aux correspondants ou à une autre classe. Dès la réception d'une ou d'autres frises horaires venant d'autres classes, faire comparer les différents horaires et emplois du temps. Relever ainsi :
- *les heures d'ouverture, de fermeture des écoles ;*
- *les heures de récréations ;*
- *l'heure du repas.*

Faire remarquer les similitudes, les différences en ce qui concerne : les activités et l'ordre de leur déroulement, les horaires.

Situation 3

Proposer également aux enfants de mener une enquête auprès de leur famille pour connaître l'heure des repas (*petit déjeuner*, *dîner*), l'heure du lever, du coucher. Faire un bilan des autres activités (garderie, éveil musical, sport, télévision). Pour cela, donner à chaque élève une feuille sur laquelle on aura représenté avec l'aide des enfants :

- soit une activité, qu'il faut compléter avec un horaire ;
- soit une heure qu'il faut compléter par des dessins ou des photos en fonction de la ou des activités correspondantes.

Exemple :

Avant l'école	Après l'école
Je me lève à ☐ 	À 17 h
Je m'habille à ☐ 	À 18 h
Je déjeune à ☐ 	À 19 h
8 h	Je mange à ☐ 
	Je me couche à ☐ 

Faire ensuite comparer les résultats :

- les heures de lever, de coucher. Faire expliquer pourquoi certains se lèvent plus tôt. Ce qu'ils font de plus que les autres (ils vont en nourrice, à la garderie...) ;
- les heures où chacun se retrouve à la maison ;
- la variété des activités. Voir la simultanéité de certaines activités. Faire verbaliser les constatations et employer les termes adéquats.

Exemple :

- *Pendant qu'il est à la garderie, je regarde la télé chez moi.*
- *Il joue dehors, pendant ce temps je goûte chez ma tatie*, etc.

Jeux et exercices d'entraînement

Objectifs par situation

SITUATIONS	OBJECTIFS
Lecture d'albums	• Lire des images. • Lire des heures donc des nombres. • Utiliser un vocabulaire précis pour repérer des moments et pour ordonner des événements. • Se servir d'un livre, le feuilleter. Dire si un événement se situe avant ou après un autre observé. En déduire le sens de rotation des pages pour retrouver l'événement et vérifier ses hypothèses.
Jeu de l'emploi du temps	• Coder, décoder des instants par des nombres. • Par le jeu, mémoriser des tranches horaires et des types d'activités. **Ex. :** *9 h - école, 12 h - repas*, etc.
La course à l'emploi du temps	• Ordonner des images dans le temps et l'espace. • Situer les événements les uns par rapport aux autres.
Exercice	• Lire les nombres de 1 à 20. Savoir les ordonner en ordre croissant. • Lire des heures de 2 façons, les relier en ordre croissant par des flèches.

Lecture d'albums

Il existe dans le commerce, des albums munis d'une pendule à aiguilles mobiles, racontant les aventures journalières (du lever au coucher) d'un ou plusieurs personnages. Présenter un ou plusieurs ouvrages de ce genre et proposer à un groupe d'élèves d'en préparer la lecture par lecture des heures représentées et par décodage des dessins illustrant les événements. Après présentation par ces élèves de leur version de l'histoire, en lire le texte et faire comparer les deux interprétations. Lorsque les enfants connaîtront bien ces livres, proposer des jeux de recherche. *Chercher la page montrant ce qui se passe à 10 heures.*

Jeu de l'emploi du temps

But du jeu : Gagner plus de haricots (jetons) que les autres en retrouvant le premier les images correspondant aux horaires indiqués par la flèche de la roue.

Matériel :

- 1 frise chronologique présentant l'emploi du temps de la classe. (Ne mettre qu'une activité par heure.)

Exemple :

- 8 cartes-activités sans les heures représentant les mêmes dessins ;
- une roue partagée en 8 parts numérotées de 9 à 16 ;

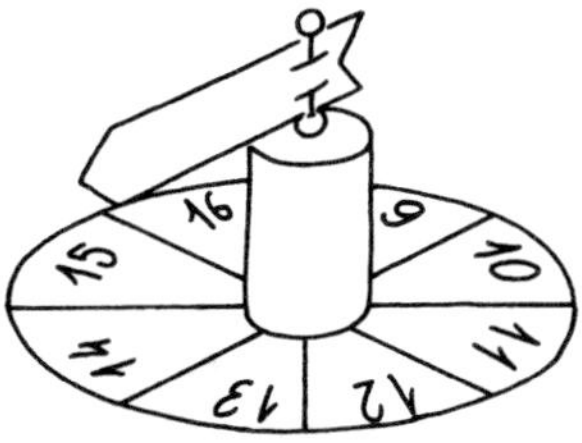

- haricots ou jetons gagnants.

Comment jouer ? À tour de rôle, chaque joueur fait tourner la flèche de la roue. Lorsque la flèche s'arrête sur un nombre, les joueurs recherchent parmi les cartes-activités, étalées et mélangées devant eux, celle qui correspond à l'horaire désigné par la flèche. Le premier qui la trouve la prend et vérifie sur la frise son choix. Il gagne un point si sa réponse est exacte. Dans le cas contraire, il rend un point ou passe son tour, s'il n'en possède pas. La carte est replacée dans le jeu. Un autre fait tourner la flèche. À la fin de la partie, celui qui a le plus de points a gagné.

La course à l'emploi du temps (variante)

But du jeu : Être le premier à avoir reconstitué sa frise.
Matériel pour 4 joueurs :
- 4 frises ;
- 4×8 cartes (voir jeu précédent) ;
- une roue.

Comment jouer ? À tour de rôle, chaque joueur fait tourner la roue. Il prend la carte correspondant à l'heure indiquée et la place sur sa frise. Si une carte a déjà été placée, le joueur passe son tour. Le premier à avoir complété sa frise a gagné.

Exercice

Ordonner des heures : Représenter sur deux feuilles différentes des réveils à aiguilles et digitaux. Les faire relier en ordre numérique croissant.
Exemples :

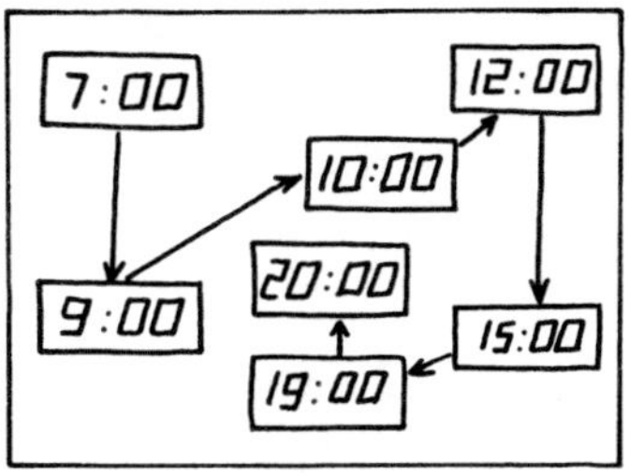

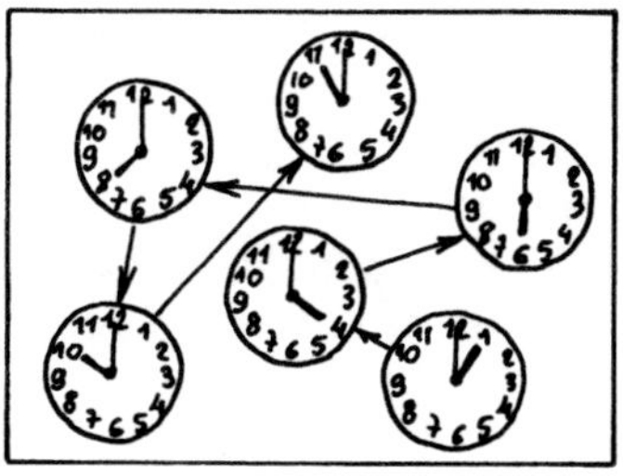

À la bonne heure !

Faire observer la page 50 du fichier. Lorsque les enfants auront remarqué que les dessins sont mélangés et ne suivent aucun ordre, leur lire la consigne. Puis procéder à l'exercice.

Les jours, la semaine

Les 7 amis (p. 51)

Compétences et objectifs

Compétences disciplinaires (mathématiques)

- Situer, repérer, déplacer des objets dans l'espace et le temps.
- Utiliser le calendrier pour repérer des moments et pour calculer des durées.

Compétences transversales

- Se situer dans le temps proche.
- Exprimer le temps et l'espace.
- Retenir textes, chansons, histoires, poèmes.

Compétences dans le domaine de la langue

(lecture)

- Identifier des mots familiers.
- Repérer des indices et les usages typographiques courants.

Objectifs

- Connaître les jours de la semaine.
- Comprendre et utiliser les termes *hier*, *aujourd'hui*, *demain*. Connaissant un jour, pouvoir nommer celui de la veille et du lendemain.
- Reconnaître un cycle dans la répétition des 7 jours.
- Lire les jours de la semaine.
- Pouvoir en ordonner les écritures en script et en cursive.

Langage

Objectifs par situation

SITUATIONS	OBJECTIFS
Le calendrier	• Par la répétition de l'activité journalière : – connaître et mémoriser les jours de la semaine ; – remarquer un cycle dans la répétition des 7 jours ; – structurer le temps sur 7 jours et sur 3 jours par le repérage des jours correspondant à *hier*, *aujourd'hui*, *demain*. Comprendre que le *jour* et la *nuit* déterminent le cycle des jours dits. • Par le codage du temps au jour le jour, appréhender le temps qui passe, s'intéresser au temps qu'il fait, prendre conscience des effets du temps sur soi, sur la nature. • Par la lecture quotidienne des jours : – comparer différents systèmes d'écriture ; – repérer des analogies. • Ordonner les événements à venir, prendre ainsi conscience du futur par l'attente d'un événement. • Structurer le temps par la répétition d'activités revenant régulièrement.
3	• Donner des renseignements sur un texte lu.
4	• Connaître parfaitement les jours de la semaine, leurs noms, leur ordre.

Situation 1 : le calendrier

Avant de commencer cette étude, et dans la mesure du possible, dès les premiers jours de classe, et tous les jours ensuite, relever sur différents panneaux les jours correspondants à *aujourd'hui*, *hier*, *demain*.

Panneaux à afficher en permanence :

– Panneau des jours de la semaine : 2 couleurs, une pour les jours de classe, une pour les autres.

Lundi	◀
Mardi	◁
Mercredi	◁
Jeudi	◁
Vendredi	◁
Samedi	◁
Dimanche	◁

← trombones pour fixer la flèche.

– Panneau des 3 jours et cartes des jours écrites en script et en cursive et reprenant les mêmes couleurs que celles du premier panneau.

pochettes

Dimanche	Lundi	Mardi
hier	aujourd'hui	demain
Dimanche	Lundi	Mardi
hier	aujourd'hui	demain

– Le panneau du mois qui est un tableau à double entrée, dans lequel le temps est codé et dans lequel tous les événements importants sont inscrits : anniversaires, sorties, spectacles, etc.

La date est écrite tous les jours en script. Elle incite les enfants ainsi à comparer les différentes écritures d'un mot.

Les événements marquants de la semaine et du mois peuvent être inscrits sur des feuilles, à part.

Exemple :

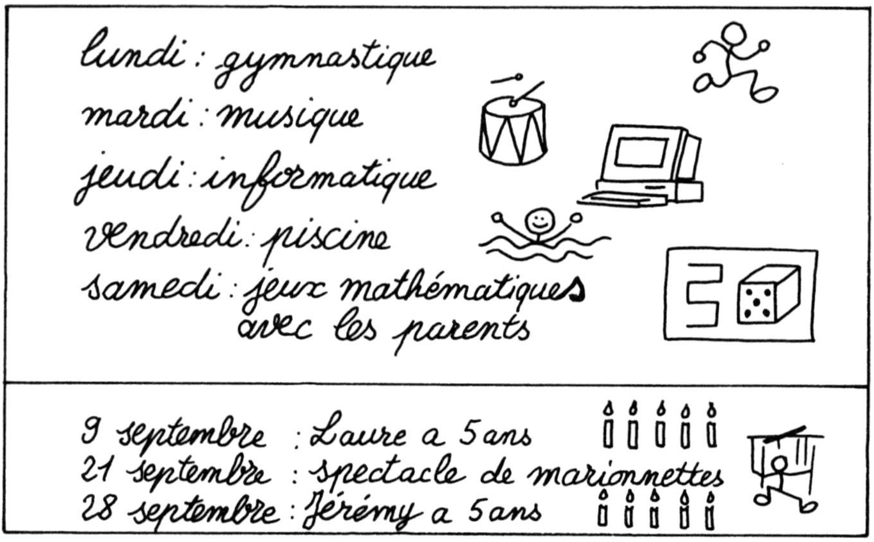

Situation 2 : Lire la comptine

L'étourdi lundi **L**
Court devant mardi **M**
L'ami mercredi **M**
N'aime pas le jeudi **J**
Enfin vendredi **V**
Embrasse samedi **S**
Et voilà dimanche ! **D**
Allez, on recommence.

Situation 3

Demander aux enfants de raconter ce qui est dit dans le texte. Une fois les jours de la semaine reconnus, vérifier par des récitations individuelles, le niveau de connaissances de chacun, qui peut être très différent d'un enfant à l'autre :

– parfaite connaissance des jours, ordre respecté ;
– récitation présentant un oubli, ou une inversion ;
– plusieurs jours sont oubliés ;
– des jours sont prononcés sans ordre.

Réciter à nouveau la comptine et la faire expliquer.

Exemple : *Lundi court devant mardi parce qu'il vient avant, c'est le premier jour de la semaine.*

Situation 4

Faire mémoriser la comptine sur plusieurs séances.

Mise en situation corporelle

Objectifs par situation

SITUATIONS	OBJECTIFS
La course aux jours de la semaine	• Répondre au besoin de mouvement. • Se reconnaître dans une équipe. Coopérer. • Courir vite, aller d'un point à un autre. Respecter le temps d'arrêt entre 2 courses par le comptage de 1 à 10, connaître les jours de la semaine. • Mémoriser le jour dit avant la course pour en déduire le suivant. Le mémoriser aussi. Savoir ainsi à tout moment où l'on en est. Reconnaître un cycle de 7 jours dans le jeu.
À chacun son jour	• Lire les noms des jours, par repérage de mots identiques sur un autre support, et par récitation ordonnée de ces jours. Mémoriser le jour gagné. • Situer la position des jours dans la semaine.
À chacun sa semaine	• Reconnaître un jour de la semaine à une de ses graphies : la majuscule. • Situer des objets dans l'espace et le temps, par la remise en ordre des cartes. • Courir vite. Orienter sa course, structurer ainsi l'espace : équipe, zone des gains de cartes, frontières de l'espace. • S'entraider. Coopérer. Accepter la frustration de la défaite.

La course aux jours de la semaine

Répartir les élèves en 4 ou 5 équipes selon l'effectif de la classe. Face à chaque équipe, espacer 7 cerceaux représentant chacun des 7 jours, un au départ, les autres sur le parcours. Au signal, le premier de chaque équipe court du premier cerceau vers le deuxième, après avoir crié le nom du premier jour de la semaine, à savoir lundi.

Arrivé au 2e cerceau, il se couche, compte jusqu'à 10, se relève et repart vers le 3e cerceau après avoir crié le nom du deuxième jour : mardi. Un joueur ne peut partir s'il n'a pas prononcé le nom du jour. Il peut être aidé des joueurs de son équipe.

Arrivé au dernier cerceau, le joueur, après s'être relevé, crie lundi, donnant ainsi le signal de départ au second joueur. L'équipe qui termine la première gagne la course aux jours.

Exemple :

	lundi	mardi	mercredi	jeudi	vendredi	samedi	dimanche
xxxxxx	O	O	O	O	O	O	O
xxxxxx	O	O	O	O	O	O	O
xxxxxx	O	O	O	O	O	O	O
xxxxxx	O	O	O	O	O	O	O
xxxxxx	O	O	O	O	O	O	O

À chacun son jour

Même disposition que précédemment. Pour chaque équipe, prévoir 7 étiquettes jours et une feuille référence sur laquelle les jours seront écrits de haut en bas ou de gauche à droite.

Chaque membre de chaque équipe tire une carte et en recherche la lecture en s'aidant du tableau des jours et de la récitation des jours de la semaine, seuls, ou de la comptine.

Exemple : *Un enfant a la carte « mercredi ». Il situe ce jour sur le panneau. Puis récite la comptine des jours jusqu'à l'étiquette correspondante pour en déterminer la lecture.*

Ensuite chaque élève se place sur le cerceau correspondant à son jour. Certains cerceaux peuvent rester sans occupant, ceci dépend du nombre d'enfants par équipe.

Lorsque chacun a réussi à trouver sa place, les membres de chaque équipe se présentent en nommant dans l'ordre leur jour.

Exemple :

Un joueur qui n'a pas trouvé sa place a un gage.

À chacun sa semaine

Prévoir un panneau des jours de la semaine écrit en script, et 7 cartes par équipe. Chaque carte représente un jour, par son initiale.

Lundi	L
Mardi	M
Mercredi	M
Jeudi	J
Vendredi	V
Samedi	S
Dimanche	D

Faire observer le panneau et les cartes et procéder à des jeux de repérage.

Répartir les élèves en équipes-relais. Au signal, le premier de chaque équipe se précipite vers une zone où se trouvent toutes les cartes de toutes les équipes. Il en prend une, revient vers son groupe. Un autre part à son tour. Lorsque les équipes ont toutes leurs cartes, elles les ordonnent dans l'ordre des jours de la semaine. La première qui y parvient, gagne.

Une équipe se retrouvant avec des cartes ne lui appartenant pas (*1 J en trop par exemple*) a un gage. Si cette équipe s'en aperçoit avant la fin du jeu, elle peut aller la reposer mais sera obligée de faire deux courses :

– 1 course pour aller reposer la mauvaise carte ;
– 1 course pour aller chercher une autre carte manquante.

Schématisation de la situation

Objectifs par situation

SITUATIONS	OBJECTIFS
Loto des jours de la semaine	• Reconnaître un mot écrit de deux façons différentes. • Reconnaître un mot à sa majuscule. • Par le jeu, mémoriser la lecture et l'ordre des noms des jours de la semaine.
Jeu de l'oie des jours	• Connaître les jours de la semaine. • En reconnaître les écritures. • Situer la première et la dernière case de chaque semaine. • Reconnaître un rythme de 7 jours dans la succession des semaines. • Utiliser cela dans la récitation et donc dans la reconnaissance des jours.
Hier, aujourd'hui, demain	• Situer un jour (aujourd'hui) par rapport à 2 autres représentant la veille (hier) et le lendemain (demain). • Ordonner ainsi une partie des jours de la semaine. Donc pouvoir les dissocier les uns des autres, et les étudier en dehors de la semaine complète.

Loto des jours de la semaine

But du jeu : Être le premier à avoir complété sa plaque.
Matériel :

- 1 plaque par joueur divisée en 3 colonnes de 7 cases chacune.

	Lundi	
	Mardi	
	Mercredi	
	Jeudi	
	Vendredi	
	Samedi	
	Dimanche	

Par joueur :

- 7 cartes jours écrits en cursive ;
- 7 cartes initiales.

Comment jouer ? Les cartes sont mélangées et placées faces non visibles sur la table. À tour de rôle, chaque joueur tire une carte et la place sur sa plaque au bon endroit. Si la carte a déjà été placée, il la remet en jeu et passe son tour. On obtient ainsi en fin de jeu :

Lundi	Lundi [L]
Mardi	Mardi [M]
Mercredi	Mercredi [M]
Jeudi	Jeudi [J] Etc.

Jeu de l'oie des jours

But du jeu : Être le premier à arriver à la dernière case.
Matériel :
- Une plaque sur laquelle est représenté un chemin divisé en 4 zones de couleurs différentes, chacune partagée en 7 cases. Chaque zone représente une semaine.

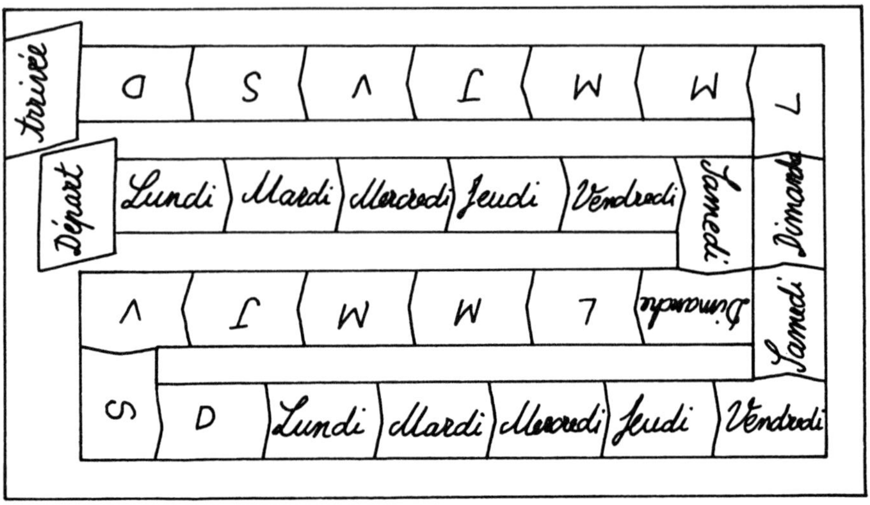

- 4 jetons (1 par joueur) ;
- 1 dé.

Comment jouer ? Faire observer le jeu : situer chaque semaine, le premier et le dernier jour de chacune d'elles. Montrer une case, demander quel jour elle représente. Pour jouer, chaque joueur place son jeton sur la case départ. À tour de rôle, chacun lance son dé et avance d'autant de cases qu'il y a de points sur le dé. Arrivé sur la case correspondante, le joueur doit en dire le jour. S'il n'y arrive pas il recule de 3 cases.

Hier, aujourd'hui, demain

But du jeu : Gagner plus de points que les autres.
Matériel :
- 1 panneau jours de la semaine ;
- 7 cartes-jours ;
- haricots ou points gagnants.

Comment jouer ? Les cartes jours sont mélangées et présentées faces non visibles. À tour de rôle, chaque joueur retourne une carte et doit dire quel jour vient avant et après celui de la carte. Si la réponse est exacte il gagne 2 points. Si la réponse est incomplète, il gagne 1 point et rien si la réponse est fausse.

Les 7 amis

Faire observer et décrire la page 51 du fichier. Lire les consignes et vérifier que chacun sait bien faire correspondre chaque jour par une majuscule. Expliquer ce que veut dire *trois jours de suite* et procéder à l'exercice.

Classer les surfaces

Pas à pas (p. 52)

Compétences et objectifs

Compétences disciplinaires

- Comparer des objets et des grandeurs.
- Utiliser une mesure de référence.

Compétences transversales

- Adapter son comportement aux activités proposées.
- Se situer dans un espace familier.
- Élaborer un projet et le mener à son terme, prévoir les tâches, les outils, les techniques, les matériaux.
- Réaliser des représentations simples de l'espace et s'y situer.

Objectifs

- Comparer et classer des surfaces planes :
  - par déplacement des objets ;
  - en utilisant des mesures de référence fixes ou mobiles.
- Représenter des surfaces identiques par prise d'empreintes d'une mesure de référence. Utiliser une technique.

Langage

Objectifs

- Donner des renseignements sur un texte lu.
- Faire appel à ses souvenirs, ses expériences pour expliquer une situation.

Situation 1 : Lire la comptine

Les lapins
Ont dessiné avec leurs bottes
Un tableau de pas.
Petits pas et grands pas
Sont sans couleur.
Par taille, il faut les colorier
Ce sera plus gai.

Situation 2

Faire raconter ce qui a été dit. Demander aux enfants :
– *Comment les petits lapins ont-ils pu faire un dessin avec leurs bottes ?*
– *Pourquoi y a-t-il des petits pas et des grands pas ?*
– *De quelle couleur est la terre ?*
– *Que veulent faire les lapins ?*

Les enfants ont déjà marché dans l'eau, dans la boue, sur le sable. Ils ont pu remarquer les traces produites. Ils n'auront pas de mal à imaginer les différentes façons de faire un dessin avec leurs pieds : en marchant, en glissant, en traçant... S'ils ont eu l'occasion de marcher sur le sable accompagnés d'adultes ou d'enfants plus âgés, ils auront remarqué les différences entre les pas. Différences dues à la taille mais aussi aux formes des semelles, des pieds. Cependant, cette première approche verbale étant faite, il est souhaitable de les mettre en situation de produire des pas et des tracés, afin de compléter et/ou de corriger les remarques qui auront été faites.

Mise en situation corporelle

Objectifs par situation

SITUATIONS	OBJECTIFS
Tableau de sable	• Vérifier les hypothèses émises en langage. Prendre conscience de chaque effet produit selon le geste et la forme de déplacement. Coopérer avec les autres. Accepter de voir ses traces modifiées par d'autres. Reproduire des effets, des empreintes, des formes créées par d'autres. • Respecter une consigne plus restrictive. Par la verbalisation, prendre conscience des effets obtenus par l'assemblage, la forme, les dimensions des empreintes. • S'interroger. Émettre des suggestions. Réinvestir dans cette recherche des notions acquises, des procédés déjà utilisés.
Tableau de pas	• Faire ce que l'on veut pour mieux accepter les contraintes futures. Dépasser son dégoût ou une excitation excessive. Agir pour agir et prendre ses repères. Prendre conscience des traces laissées. • Par la verbalisation, prendre conscience des formes laissées et des compositions obtenues fortuitement ou pas. • Échanger des remarques, des hypothèses. Chercher des moyens de les vérifier. Pour l'enseignant c'est : relever les stratégies, les repères d'ordre personnel, les idées fausses, etc. • Mettre en œuvre des stratégies de tâtonnements : comparer, trier, classer, mesurer. Apprendre à utiliser des objets servant de référents. Mobiliser donc des connaissances déjà acquises. Les réinvestir dans cette situation. Échanger les résultats, les justifier. • À partir de la manipulation, trouver et comprendre qu'il y a autant de couleurs que d'ensembles constitués. Accepter de se salir à nouveau, de ne pas changer de couleur. Donc, travailler en groupe, coopérer.

Tableau de sable (Au bac à sable de la cour de récréation)

Niveler la surface du bac à l'aide d'un bâton ou en traînant un pneu. (*Les pneus récupérés sont fort appréciés des enfants durant les jeux de cour, ils les traînent, les roulent, font des parcours...*).

Par petits groupes, demander aux enfants de faire un dessin avec leurs pieds. Puis faire observer les résultats. À partir des empreintes, constater les pas, les traînées, etc. Recommencer avec un autre groupe et procéder de même.

Proposer ensuite aux enfants de produire un autre dessin fait uniquement de pas. Faire observer et comparer les traces obtenues : forme des semelles, longueur des pas, largeur, profondeur des empreintes. Demander à chacun de montrer ses propres empreintes.

Rappeler aux enfants que leurs dessins de pas vont être effacés durant la récréation et que, comme dans la comptine, ils sont d'une seule couleur, celle du sable. Leur demander alors un moyen de garder et de colorer les dessins de pas. Plusieurs solutions sont généralement proposées :

– dessin des réalisations produites sur le sable ;

– production d'autres empreintes sur feuille en trempant les pieds dans la peinture ou en traçant le contour du pied à chaque pas.

Les empreintes peuvent éventuellement être moulées dans le plâtre.

Tableau de pas à la peinture

(Dans la salle de jeux ou dans la classe.)

Prévoir des rouleaux de papier absorbant, des bassines d'eau. Tapisser le sol de grandes feuilles blanches. Faire déchausser les enfants et leur proposer de faire des dessins en prenant les empreintes de leurs pas, avec la gouache.

Laisser, dans un premier temps, les enfants agir librement. Certains ne respectent pas la consigne restrictive du dessin de pas car ils sont trop excités par la nouveauté de la situation, par les sensations ressenties au contact de la peinture, du papier. D'autres au contraire éprouvent du dégoût.

Cette étape dépassée, faire observer les résultats et faire constater le respect ou le non-respect de la consigne. Faire alors, dans le deuxième cas, recommencer le dessin. À l'issue de cette étape, faire une nouvelle observation des traces (superposition, juxtaposition, assemblage de pas, forme des pas, dimension, couleurs). Demander également aux enfants s'ils reconnaissent leurs propres traces ; si oui, à quoi, si non, pourquoi.

Rappeler le texte de la comptine. Faire remarquer que les lapins ont laissé des traces de même couleur et qu'ils veulent les colorer en fonction de leur taille. Leur demander alors si eux, ont respecté la règle (*petits pas/une couleur, grand pas/une autre couleur*). Généralement, les enfants ont pris plaisir à changer de couleur et quand bien même ils ont voulu respecter la règle de la comptine, il leur fallait déterminer au départ qui avait de grands pas (pieds) et qui avait de petits pas. De l'observation et de la discussion, faire ressortir cela, à savoir, peut-on déterminer quels sont les grands, les petits ? Relever toutes les remarques (constatations, remarques personnelles).

Poser alors la queston : *Comment faire pour savoir quels sont ceux qui ont des grands pieds ou des petits pieds ?* Réponses possibles :

– *On les mesure.*

– *On échange les chaussures.*

– *On met tous les pieds l'un à côté de l'autre, on voit ceux qui dépassent.*

– *On découpe les empreintes et on les compare.*

Faire vérifier par la manipulation l'ensemble des procédés proposés. De ce travail, les enfants en déduisent :

– qu'il n'y a pas 2 tailles de pieds mais plusieurs ;
– que certains ont le même pied petit, grand, ou moyen.

Ils opèrent ainsi un classement de leurs réponses :
– classement des longueurs dans les situations de mesure ;
– classement des surfaces par différentes comparaisons.

Ce travail étant très long, il est facilité si la classe est partagée en 2 ou 3 grands groupes.

Une fois les pieds classés, faire compter le nombre d'ensembles constitués par groupe, en faire déduire le nombre de couleurs et recommencer des tableaux de pas sur grands papiers. La comparaison des tableaux fait apparaître :
– des différences de compositions ;
– des différences de couleurs et de nombres de couleurs utilisées.

Schématisation de la situation

Objectifs par situation

SITUATIONS	OBJECTIFS
Classement de surfaces	• Par le travail en groupe, favoriser la confrontation et la verbalisation des procédures adoptées et/ou proposées par chaque membre du groupe. • Ainsi être amené à comparer des surfaces, à les classer, à compter le nombre d'ensemble formés pour en déduire le nombre de couleurs à utiliser. • Réinvestir la démarche utilisée dans la mise en situation. • Comparer, confronter les différentes productions, pouvoir donc les décrire, écouter les autres, donner et accepter des critiques. • S'approprier les idées des autres, prendre conscience des aménagements possibles à partir de formes identiques (les groupes 2 à 2 ayant le même matériel). • Échanger les procédures. Les tester pour en vérifier les règles ou pour au contraire les modifier. • Échanger les résultats. Tirer une règle d'utilisation des mesures de référence en fonction de leur nature (gabarit opaque, calque transparent).
Jeux de classement de surfaces	• Par le jeu, réinvestir les notions précédentes. • Automatiser un savoir-faire. • Comparer, trier, classer des surfaces. Utiliser une mesure de référence. Anticiper un résultat en prévoyant, en choisissant une forme dans la pioche.
Exercices graphiques	• Représenter des surfaces identiques.

Classement de surfaces (en classe)

Répartir la classe en groupes et donner à chacun des empreintes différentes de pas, de différents animaux, découpées dans du papier blanc.
2 groupes des éléphants : Donner, en les mélangeant, des empreintes de 3 tailles différentes. Prévoir 2 à 4 empreintes par taille et par groupe.

2 groupes des canards : 4 tailles de 2 à 4 empreintes par groupe.
2 groupes des biches : 5 tailles différentes par groupes.
2 groupes des chasseurs : 3 tailles différentes par groupe.

Faire observer les empreintes et leur demander de réaliser un tableau avec ces empreintes en les collant sur une feuille blanche sans qu'elles se touchent. Empreintes blanches sur feuille blanche, elles ne se voient pas. Leur suggérer de les peindre par taille comme dans la comptine, de venir commander les couleurs nécessaires en nombre suffisant et en une seule fois.

Laisser les enfants agir : il peut y avoir plusieurs réactions :

– On compte les formes, on demande autant de couleurs différentes. Ici la consigne n'a pas été respectée. Dire que vous n'avez pas assez de couleurs pour répondre à la demande, et rappeler la consigne du classement par taille.

– Un ensemble a été représenté (*les petits pas par exemple*), une couleur est demandée. Rappeler qu'une seule commande peut être faite.

Ou dans la même situation, deux couleurs sont demandées (*une pour les petits pas, une pour les autres*). Il n'y a pas eu classement mais tri. Rappeler la consigne. Si les enfants insistent pour avoir leurs 2 couleurs, satisfaire leur demande. La correction se fera en groupe au moment des échanges.

Le classement est réalisé :

– les enfants réclament autant de couleurs que d'ensembles, c'est ce que l'on attendait ;

– les enfants réclament autant de couleurs que d'éléments par ensemble. Ce nombre peut être différent d'un ensemble à l'autre. Ils choisissent le plus grand nombre ou le plus petit des éléments des ensembles. Rappeler la consigne. S'ils persistent, répondre à leur demande. La correction se fera au moment des échanges.

Lorsque les empreintes ont été peintes et collées, faire observer et comparer les différentes productions :

– les formes ;
– leurs couleurs, leur nombre ;
– les compositions :

Exemple pour les éléphants :
Les empreintes sont collées par ensemble et donc par couleur (si la consigne a été bien respectée).

Les empreintes sont collées avec 1 règle.
1 exemple possible :

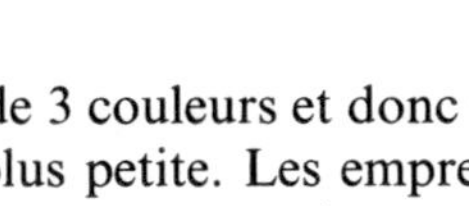

On peut faire ressortir la règle, rythme de 3 couleurs et donc rythme de 3 tailles, ordonnées de la plus grande à la plus petite. Les empreintes sont associées pour rechercher un effet artistique, une harmonie.

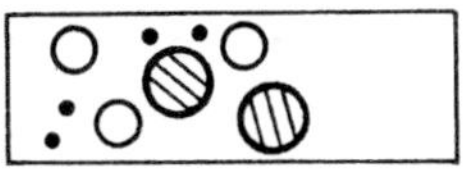

Composition avec classement et ordre des surfaces.

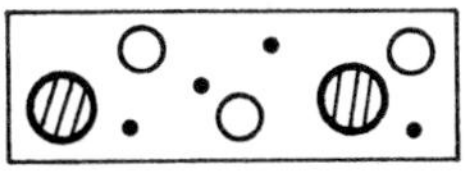

Composition avec essai de représentation « oiseau en vol ».

Collage sans recherche de composition.

Les exemples font apparaître des compositions d'éléments classés et colorés dans le respect de la consigne. Restent les compositions qui peuvent être tout aussi agréables et riches du point de vue artistique et de l'organisation spatiale mais qui ne respectent pas la consigne 1 couleur/1 taille.

Demander alors aux enfants, après avoir rappelé la consigne du coloriage :

– d'expliquer comment ils ont déterminé leur nombre de couleurs ;

– de rechercher une façon de vérifier si les formes ont été bien classées donc bien coloriées.

La première question fait apparaître les différentes procédures : superposition, juxtaposition, reconnaissance visuelle des tailles, des formes.

La vérification dépend des procédures employées. Les éléments étant à présent collés, il est impossible de les superposer et de les juxtaposer. Reste la reconnaissance visuelle qui peut être possible dans certains cas mais pas pour tous. S'ils ne trouvent pas de solution, proposer aux enfants d'autres gabarits : un par forme et par taille ou la prise d'une empreinte sur calque et observation.

Les répartir à nouveau en groupes et donner à chacun une production réalisée par un autre groupe. En donnant aux groupes leur propre réalisation, on n'obtient pas forcément une reconnaissance des erreurs. Durant cette vérification, passer de groupe en groupe pour observer les procédures mais aussi pour aider les enfants à formuler leurs résultats.

Faire échanger ensuite les résultats de l'ensemble des groupes.

Jeux de classement des surfaces

Jeu de loto : 4 joueurs, jeu pouvant être fabriqué par les enfants.
But du jeu : Être le premier à avoir récupérer ses 5 cartes.
Matériel : 4 calques (1 par taille) ; 20 cartes-formes (1 forme par jeu de loto : carré, triangle, etc.) de couleurs.
Ex. :

Comment jouer ? Les cartes sont étalées faces visibles devant les joueurs. Chacun d'eux a un calque aux mesures des éléments à retrouver. À tour de rôle, chaque joueur choisit une carte, la pose sous le calque ; si elle est de même surface, le joueur la garde ; dans le cas contraire, il la repose et passe un tour.
Variante : Proposer le même jeu avec des formes représentées sur des cartes. Ces formes peuvent être de couleurs, de positions et d'orientations différentes.

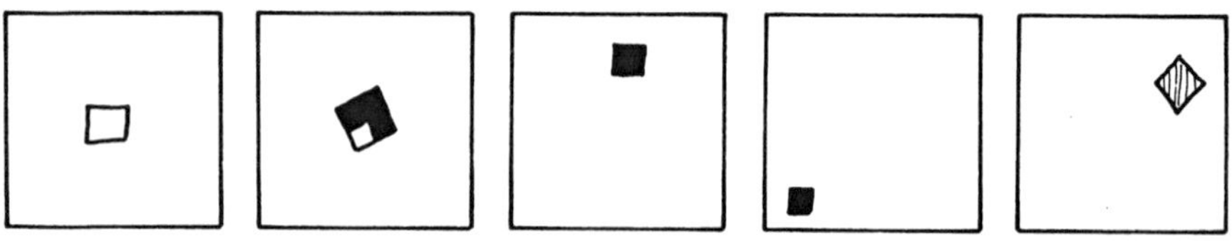

Jeu de l'intrus : Même matériel. Proposer 5 cartes, une est différente des autres par la taille. Laquelle ?

Exercices graphiques

Exercice 1 : Faire l'empreinte d'une forme sur chaque feuille d'enfants et proposer plusieurs gabarits. L'enfant doit retrouver le gabarit qui a été utilisé pour produire l'empreinte et doit à l'aide de l'objet en produire d'autres identiques. Prévoir des formes identiques mais de tailles différentes. Les empreintes peuvent être prises en se servant du gabarit comme d'un tampon que l'on trempera dans la peinture. On peut également utiliser la technique du pochoir et/ou celle du tracé du contour du gabarit.

Exercice 2 : Proposer le même exercice mais donner des feuilles aménagées de plusieurs empreintes de même forme mais de surfaces différentes. Dans ce cas, imposer une couleur par taille.

Pas à pas

Faire observer et décrire la page 52 du fichier. Lire la consigne et procéder par étapes : si certains enfants réclament un gabarit pour vérifier leurs hypothèses, leur fournir un calque.

Ordonner des surfaces

Les voiliers (p. 53)

Compétences et objectifs

Compétences disciplinaires

- Comparer des objets.
- Ordonner des objets.
- Comparer des grandeurs continues.
- Utiliser une mesure de référence.

Compétences transversales

- Émettre des suppositions. Faire des choix, les expliquer.
- Élaborer un projet et le mener à son terme.
- Identifier, analyser et corriger ses erreurs avec l'aide de l'adulte.

Objectifs

- Comparer et ordonner des formes de surfaces différentes.
- Tracer des formes plus grandes ou plus petites qu'une ou plusieurs autres en respectant l'ordre croissant ou décroissant du rangement.

Langage

Objectifs par situation

SITUATIONS	OBJECTIFS
2	• Donner des renseignements sur un texte lu. • Confronter ses remarques avec celles des autres.
3	• Émettre des hypothèses sur les matériaux et procédés à employer pour construire des bateaux, à partir de l'observation des documents, et du vécu antérieur. Et donc de la connaissance que l'on a des matières déjà employées. Réinvestir ainsi ce que l'on sait des objets, des techniques.
4	• Trier, classer des objets en fonction des besoins. • Prendre conscience des propriétés des objets : flotte, coule...

Situation 1 : Lire la comptine

Quatre bateaux
Du plus petit au plus grand,
Attendent le vent
Pour glisser sur l'eau.

Mais sans voile, les bateaux
Ne voguent pas sur l'eau.
Dessine à chacun,
Une voile qui lui convient.

Situation 2

Faire raconter ce qui est dit dans le texte. Faire ressortir de la discussion :
- qu'il y a 4 bateaux ;
- ils ont 4 tailles différentes et vont toujours du plus petit au plus grand ;
- ils n'ont pas de voiles. Il leur faut une voile à leur taille.

Situation 3

Construire alors un projet de réalisation de bateaux avec les enfants. À partir de l'observation de voiliers, en déduire les différentes parties du bateau (la ou les coques, la ou les voiles). Faire rechercher le matériel qui peut être utilisé pour construire 4 bateaux de tailles différentes (boîtes, pâte à modeler, papier, tissus).

Situation 4

Apporter alors des objets différents et une bassine d'eau.
Objets : barquettes de polystyrène, boîtes en carton, en métal, en plastique, bouchons, papier, pâte à modeler.

Tester dans l'eau les différents objets pour choisir ceux qui permettent de produire des bateaux pouvant aller sur l'eau et ceux qui peuvent construire des bateaux uniquement décoratifs.

Mise en situation

Objectifs par situation

SITUATIONS	OBJECTIFS
1	• Adhérer au projet en en acceptant les contraintes dues au travail de groupe et au matériel fourni. • Mettre en œuvre des procédures de tâtonnement. Réinvestir à cette situation des notions et des comportements acquis d'autres moments.
2	• Verbaliser les résultats, donc pouvoir décrire des objets, de l'observation déduire les procédés, justifier ses choix. Les confronter à ceux des autres. • Par l'analyse, prendre conscience des problèmes, des difficultés et pouvoir les expliquer.
3	• De la manipulation précédente, élaborer de nouvelles procédures qui permettent d'adapter et de classer des objets (grande coque/grande voile ; petite coque/petite voile) et de les ordonner par taille.

Situation 1 : Construction des bateaux

Répartir la classe en groupes de réalisations de bateaux. Donner comme objectifs pour chacun, la construction de 4 bateaux de tailles différentes. Les bateaux devant avoir une coque et une voile (au moins). Prévoir :

– 2 groupes de bateaux nécessitant le matériel suivant : de la pâte à modeler, des pailles, du papier, des ciseaux ;

– 2 groupes de bateaux nécessitant le matériel suivant : 6 boîtes de polystyrène dont 4 de tailles différentes, un peu de pâte à modeler, des feuilles de bristol, des ciseaux ;

– 2 groupes de bateaux ayant pour matériel le même que ci-dessus mais en remplaçant les boîtes de polystyrène par des boîtes en plastique ;

– 2 groupes ayant 6 demi-bouchons (coupés dans la longueur), des feuilles de bristol, un peu de pâte à modeler, des ciseaux.

Laisser les enfants observer leur matériel et commencer le travail. Observer les comportements :

– chacun fait son propre bateau ;

– l'un prend en charge le groupe ;

– les membres du groupe discutent, s'affrontent, mais échangent leurs idées et leurs techniques.

Quoi qu'il en soit, laisser faire. Car les constructions ne seront pas définitives. Aucun groupe n'a de colle : les enfants doivent se débrouiller pour fixer les éléments avec la pâte à modeler.

Situation 2

Faire comparer ensuite les différentes réalisations. Puis demander à chaque groupe de ranger les bateaux, du plus grand au plus petit (bien souvent cela n'a pas été fait). Faire à nouveau comparer les résultats :

– le rangement est difficile parce que les coques et/ou les voiles sont presque de mêmes dimensions ;

– les bateaux aux petites coques ont des grandes voiles et inversement ;

– la consigne a été bien respectée.

Exemple de remarques qui peuvent être faites à partir de l'observation des bateaux-bouchons :

– Un bouchon seulement est utilisé par bateau, seules les voiles sont différentes. Les bateaux sont ordonnés par taille de voile.

– Un bouchon est utilisé par bateau et il est difficile de comparer les voiles. Elles sont presque pareilles.

– Des bouchons ont été assemblés pour former des bateaux de tailles différentes (□ □□ □□□ □□□□) :

– les voiles sont adaptées ;

– les voiles ne correspondent pas aux dimensions des coques (grand bateau, petite voile par exemple) ;

– les voiles sont presque de même dimension, il est difficile de les comparer.

Situation 3

De ces observations et des problèmes rencontrés, amener les enfants à rechercher des solutions pour :

– agrandir ou rétrécir une coque, une voile. Se poser des questions pour savoir ce qu'il est possible de faire selon le matériel dont on dispose. En déduire que l'on peut rendre plus petite une voile en la coupant mais qu'on ne peut l'agrandir. On peut agrandir un bateau en ajoutant des bouchons. On peut agrandir et rétrécir des bateaux dont les coques sont en pâte à modeler, etc. ;

– organiser le travail : faut-il faire d'abord les 4 coques ou les 4 voiles ou construire chaque bateau entièrement. Cette dernière solution, déjà testée, n'a rien donné. Tester alors les deux autres et faire échanger les résultats.

Schématisation de la situation

Objectifs par situation

SITUATIONS	OBJECTIFS
Exercice 1	• Classer et ordonner des objets par collage. • Réinvestir les procédés de la fiche précédente : juxtaposition, superposition.
Exercice 2	• Classer et ordonner des objets par découpage et collage. Utiliser une mesure de référence, par exemple, faire correspondre la longueur de la coque et la longueur de la base de la voile.
Exercice 3	• Représenter des surfaces de tailles croissantes ou décroissantes.
Exercice 5	• Coder, décoder l'ordre de grandeur des représentations. Utiliser ainsi la notion (intuitivement) d'échelle. Associer au plus petit code le plus petit bateau ; au plus grand code le plus grand bateau, etc.
La course aux bateaux	• Trier, classer et ordonner dans chaque classe les formes différenciées. • Trouver toutes les combinaisons d'assemblages coques/voiles possibles. • Associer les éléments 2 à 2 par taille et ordonner les paires le plus rapidement possible. Donc prévoir, sélectionner, vérifier ses hypothèses par la manipulation : superposition, juxtaposition, déplacement, etc.

Exercice 1

Donner à chaque enfant 4 coques de bateaux de 4 tailles différentes, découpées dans du papier de couleur et 4 voiles de tailles différentes également découpées dans du papier. Demander aux enfants de reconstituer les bateaux en donnant à chacun d'eux une voile à sa taille, puis de les coller sur une feuille en les ordonnant du plus petit au plus grand.

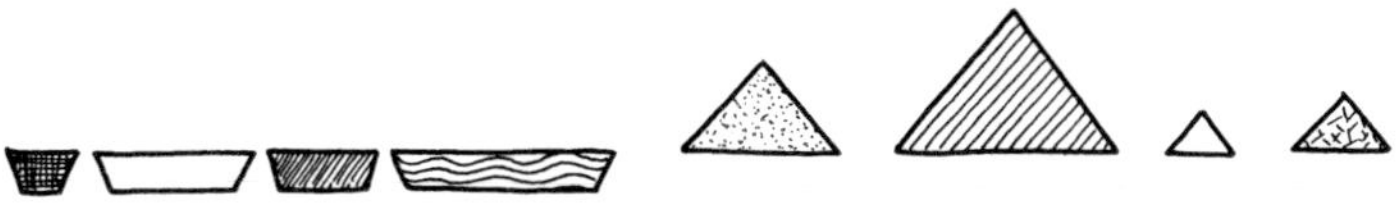

Exercice 2

Comme dans le précédent exercice, donner 4 coques de bateaux de tailles différentes, mais 4 voiles de mêmes dimensions que les enfants devront tailler pour les adapter aux coques.

Exercice 3

Ordonner des coques découpées dans du papier par collage et faire dessiner les voiles.

Exercice 4

Dessiner et décorer des bateaux de plus en plus petits sur une feuille « en entonnoir ».

Exemple :

Exercice 5

Donner 4 bateaux à colorier en fonction d'un code déterminé au départ et représentant les mêmes bateaux à une échelle différente.

Bateaux de formes et de tailles différentes :

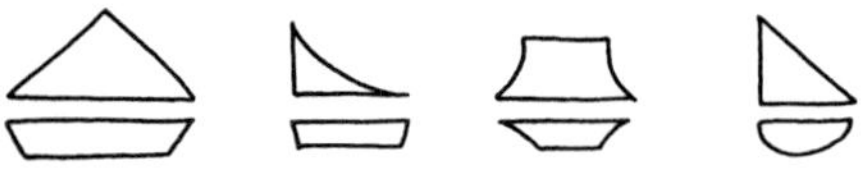

Exercice : Colorie comme sur le modèle.

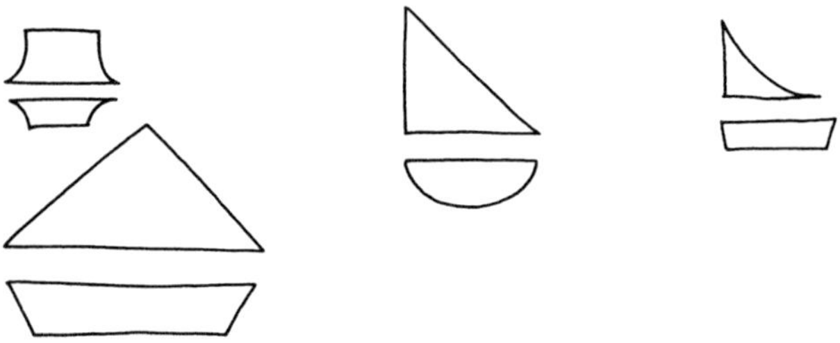

Bateaux de mêmes formes et de tailles différentes. Colorie comme sur le modèle.

Jeu de la course aux bateaux

But du jeu : Être le premier à avoir reconstitué et ordonné tous ses bateaux.
Matériel pour 4 joueurs :

- 5 coques de tailles différentes par joueurs, 1 forme par joueur.

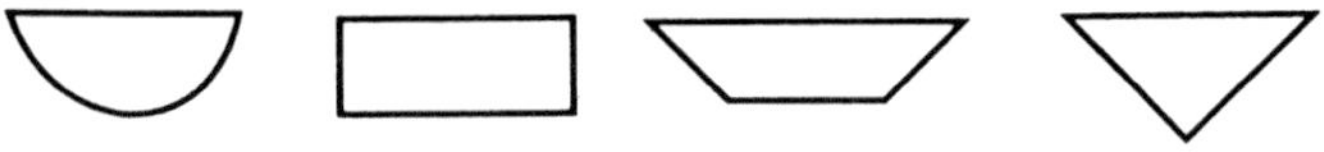

- 5 voiles de tailles différentes par joueurs, 1 forme par joueur.

Comment jouer ? Dans un premier temps, présenter toutes les formes. Les faire décrire, classer et ordonner. Puis rechercher toutes les façons d'assembler les voiles et les coques.

Chaque joueur choisit une forme de coque et une de voile de dimensions correspondantes. C'est son modèle. Toutes les autres formes sont mélangées et étalées devant les joueurs. Au signal de départ, chaque joueur doit reconstituer et ordonner ses 5 bateaux en piochant les formes et en les assemblant. Le premier qui a terminé, stoppe le jeu et gagne 1 point. Le jeu peut reprendre avec d'autres combinaisons de bateaux.

Les voiliers

Faire décrire et observer la page 53 du fichier. En faire déduire les consignes. Les lire pour vérifier les hypothèses. Procéder par ordre : coloriage des coques, tracés des voiles, décoration des voiles.

Comparer des surfaces par recouvrement

La maison de Marion (p. 54)

Compétences et objectifs

Compétences disciplinaires

- Mettre en œuvre des stratégies de tâtonnement pour trouver des solutions aux problèmes posés.
- Exposer clairement ses résultats.
- Comparer des objets.
- Situer, repérer, déplacer des objets par rapport à soi ou par rapport à des repères fixes.
- Comparer des grandeurs continues.
- Utiliser une mesure de référence.

Compétences transversales

- Adapter son comportement aux activités proposées.
- Émettre des suppositions.
- Faire des choix et les expliquer.
- Se situer dans un espace familier.
- Discerner des analogies, des différences.

Objectifs

- Paver une surface avec d'autres plus petites de même forme et de formes différentes par collage, par prise d'empreintes et par tracé.
- Comparer les pavages : la forme, la dimension, le nombre d'éléments utilisés.
- Approcher la notion d'unité de mesure.
- Compter, comparer des collections.

Langage

Objectifs par situation

SITUATIONS	OBJECTIFS
2	• Donner des renseignements sur un texte lu. Utiliser les acquis antérieurs pour expliquer une expression.
3	• Manifester son besoin de créer. Prévoir, imaginer et donc se projeter dans l'avenir. Faire appel à ses souvenirs, à ses connaissances et les réinvestir à cette situation pour faire des suppositions, communiquer des idées, pour faire des choix, les expliquer et les confronter aux autres.
4	• Confronter les besoins, les désirs et les impératifs du projet pour sélectionner le matériel nécessaire à sa réalisation.

Situation 1 : Lire la comptine

Avec une boîte en carton,
Marion fait une belle maison,
Pour la décorer,
Elle colle des bouts de papier
Sans les espacer, ni les superposer.

Situation 2

Faire raconter ce qui est dit dans la comptine. Les termes : *espacer* et *superposer* pourront être expliqués. Mais les deux derniers seront véritablement compris lors de la manipulation. Demander aux enfants d'expliquer l'expression : *Le plus possible elle veut en coller.*

Proposer aux enfants de construire comme Marion une maison de carton. Acheter pour l'occasion une poupée d'une dizaine de centimètres. Cet achat rend encore plus motivant la réalisation de la maison. Faire élaborer alors par les enfants, le projet de réalisation. Prévoir :
- le nombre de pièces de la maison ;
- la décoration et le mobilier à fabriquer ;
- l'assemblage des pièces ;
- le matériel pour chaque élément ;
- la répartition des tâches.

Situation 4

Apporter plusieurs boîtes de carton. Les faire décrire, trier, éliminer, classer en fonction de leur taille, de leur forme, et des besoins que l'on en a.

Mise en situation corporelle

Objectifs

• Comparer, classer des formes. Pouvoir les nommer. Réinvestir les notions de *Un étrange tableau* (p. 51).

• Comparer, classer des surfaces. Réinvestir les notions de *Pas à pas* (p. 321).
• Coopérer avec les autres. Manipuler des formes dans l'espace : les déplacer, les orienter, les retourner.
• Communiquer aux autres groupes le résultat de ses manipulations. Le confronter à celui des autres équipes. Prendre conscience des différences et tenter de les expliquer en s'appuyant sur les caractéristiques des formes employées et sur leurs dimensions.
• Vérifier par une autre manipulation les concepts tirés de la première situation. En déduire qu'il y a plusieurs façons de paver une surface avec d'autres surfaces.

Pavage dans la salle de jeux

Répartir les élèves en 4 groupes. Diviser la salle en 4 parties égales en traçant ou scotchant des frontières. Attribuer à chaque groupe une parcelle ainsi délimitée. Proposer aux enfants de recouvrir le sol de leur parcelle en fixant avec du blue-tack le plus possible de bouts de papier de même forme et de même dimension, sans les espacer, ni les superposer. Leur présenter le matériel mis à leur disposition :

- formes rondes ;
- formes carrées ;
- formes triangulaires (triangles équilatéraux) ;
- formes rectangulaires.

Pour chaque forme, prévoir un lot de petites et un lot de grandes formes identiques. Le nombre de formes par lot dépendant de la surface des parcelles attribuées aux groupes.

Faire observer l'ensemble du matériel. De la description, tirer la nécessité de classer les formes (*petits ronds, grands ronds*, etc.).

Proposer à chaque groupe de choisir un lot et de paver leur parcelle.

Faire ensuite observer et comparer les résultats obtenus en fonction de la consigne.

Comparer les pavages :

– Les formes sont-elles côte à côte, juxtaposées sans écart ? Ou sont-elles espacées ou en partie superposées ?

– Le nombre de formes placées est-il plus grand ou plus petit que celui des autres groupes.

– Toute la surface a-t-elle été bien recouverte ou y a t-il des espaces qui ne peuvent être recouverts ?

Pour chaque constatation faire rechercher une raison, une explication.

Faire recommencer l'exercice en proposant des carrés, des rectangles et des triangles ayant un rapport de longueur entre eux.

Exemple :

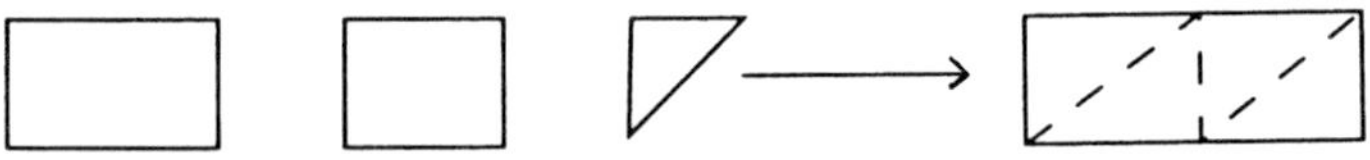

Procéder comme précédemment. Faire observer, voire rechercher tous les pavages possibles à partir d'une même forme.

Exemples :

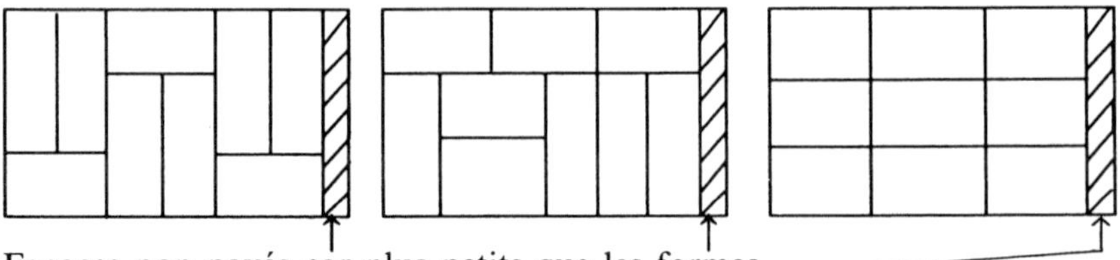

Espaces non pavés car plus petits que les formes.

Schématisation de la situation

Objectifs par situation

SITUATIONS	OBJECTIFS
La maison de poupée	• Réinvestir les situations de pavage de la mise en situation à cette nouvelle situation. • Trier, classer des formes, des surfaces, des couleurs. • Prévoir des types de pavage possibles en fonction de ce que l'on a vécu et de ce que l'on voit. • S'investir dans un projet, émettre des suggestions, les confronter avec celles des autres. • Reproduire, dans une situation individualisée, les procédures et techniques déjà employées. • Respecter la règle de pavage fixée par le groupe pour cela : – sélectionner le matériel en fonction des critères de la consigne : forme, couleur, tailles ; – réaliser un pavage : placer, déplacer, retourner, tourner, orienter les formes ; créer, reproduire un rythme ; construire d'autres formes identiques par prises d'empreintes et découpage. • Écouter, justifier, critiquer, approuver les différentes réalisations. • Comparer les pavages et donc les différents aménagements de même surfaces à partir d'éléments différents. Ainsi vérifier, consolider, corriger, modifier les règles précédemment émises. • Prendre conscience lors de la construction de la maison : de l'aménagement des pièces (donc des cartons, de son appartenance à un groupe, par la reconnaissance de sa trace). Apprendre ainsi à faire ensemble en se répartissant les tâches.
Tableaux de collage et tableaux graphiques	**Exercice de collage** • Paver correctement une surface donc juxtaposer et non superposer ou espacer les formes. • Manipuler, déplacer les formes pour trouver un rythme de collage à reproduire. • Créer donc des rythmes. Pouvoir reproduire d'autres rythmes. • Expliquer, justifier ses choix, ses difficultés. Comparer ainsi des formes et des surfaces différentes. • Par la manipulation individuelle, s'approprier les notions dégagées collectivement. Automatiser des savoir-faire. **Exercices de peinture** • Réinvestir des notions d'une technique à la réalisation d'une peinture. Mettre la procédure au service de la créativité personnelle. **Exercices de reproduction de formes** • Reproduire des formes identiques en se servant d'un gabarit. • Réinvestir dans le tracé les notions tirées de la manipulation.
Jeu de pavage	• Paver une forme à l'aide d'autres de même forme mais plus petites. Faire ainsi une approche de la notion de l'étalon ou de l'unité de mesure et de la notion de multiples de cette mesure. • Être confronté au problème de la disposition des pavages. Par la multiplication des expériences et des jeux, affiner sa stratégie et laisser moins de place au hasard. **Variante** : À un même nombre, donc une même mesure, faire correspondre 2 formes différentes.

La maison de poupée

Rappeler aux enfants qu'ils doivent habiller l'intérieur des boîtes choisies pour la construction de la maison de poupée. Leur proposer de créer un papier peint aux dimensions des parois de chaque boîte pour permettre une manipulation et un collage plus aisés des bouts de papier.

Proposer aux enfants d'organiser l'activité. Les amener à partir de formes prédécoupées proposées à déterminer une règle de décoration par pièce (donc par boîte).

Exemple : *Toutes les parois du carton sont décorées avec les mêmes formes et tous les cartons sont différents.*

En fonction des éléments du projet, répartir les enfants dans les différents groupes (1 groupe par boîte). Laisser chacun choisir son matériel en fonction de sa règle de pavage. Prévoir cependant :
- des carrés, rectangles de papier aux dimensions des côtés des boîtes pour servir de support au pavage ;
- des formes prédécoupées de 2 tailles différentes et de plusieurs couleurs ;
- des feuilles reprenant les mêmes couleurs ;
- des ciseaux, de la colle, crayon.

Lors de la réalisation, passer de groupe en groupe. Faire formuler les problèmes, rappeler les règles de pavage. Certains seront peut être stoppés dans leur travail par le manque ou l'insuffisance de formes prédécoupées. Leur faire formuler leurs difficultés, leurs problèmes et leur proposer des feuilles de couleurs, une forme identique à celles déjà utilisées pour le pavage en cours, un crayon et des ciseaux, et leur suggérer de fabriquer eux-mêmes leurs formes.

Faire comparer ensuite les réalisations des pavages à l'intérieur d'un même groupe puis à l'ensemble de la classe. Faire rappeler et vérifier le respect des consignes, compter les formes utilisées, échanger les procédures. Comparer les effets, les différences, les similitudes des différents pavages. Puis procéder au collage des feuilles pavées sur les parois des boîtes. Assembler les boîtes de la maison. Par la suite, faire aménager les pièces de la maison en construisant, modelant des meubles...

Tableaux de collage et tableaux graphiques

Proposer des exercices variés permettant à chacun de jouer avec les formes, les couleurs tout en réinvestissant les notions précédemment soulignées.

Exercices de collage : Proposer des pavages de mêmes formes en variant les consignes de couleurs :

Exemple avec 2 couleurs, 1 forme :

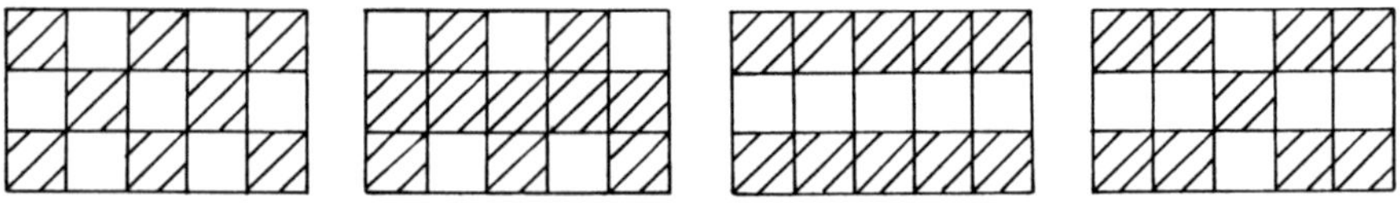

Rechercher puis reproduire les différentes possibilités.

Proposer des pavages de formes non encore manipulées.

– Proposer des pavages de 2 formes de 2 couleurs

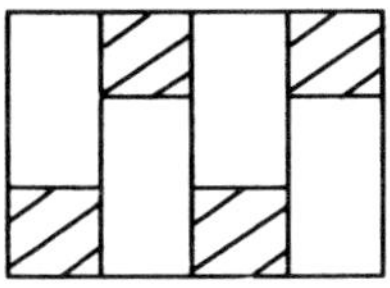

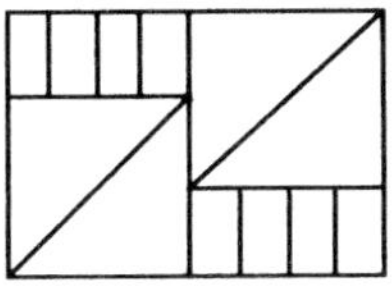

Pour chacune des possibilités, faire comparer les résultats :
- nombre de formes utilisées ;
- nombre d'éléments collés ;
- voir si la surface est entièrement recouverte ou pas et pourquoi. Est-ce dû à la forme des éléments à coller ou à leurs dimensions, etc.

Exercices de peinture : Avec des pommes de terre, on peut faire de la patatogravure et créer des mosaïques. Pour cela, découper la pomme de terre pour lui donner une forme (carré, rectangle ou triangle). Prévoir une pomme de terre par couleur de gouache et demander aux enfants de faire un dessin de petits carrés. Les pommes de terre servant de tampons. Ne pas donner de support trop grand. L'exercice lasserait les enfants.

Exercice de reproduction de formes : Donner une forme cartonnée par enfant et leur demander de prendre le plus d'empreintes possible sur une feuille support. Faire ensuite comparer le nombre d'empreintes reproduites et les pavages obtenus.

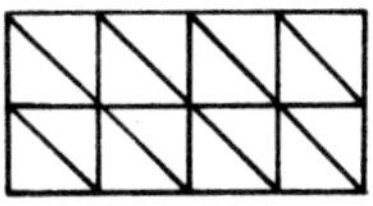

16 triangles reproduits, pavage parfait.

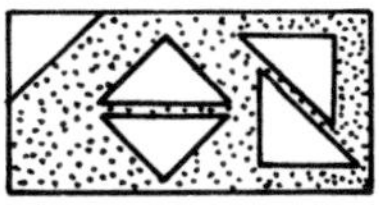

5 triangles reproduits, tout l'espace n'est pas pavé.

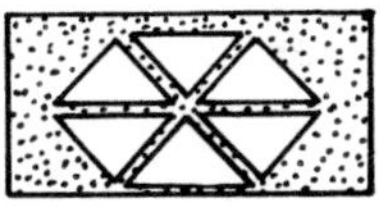

6 triangles reproduits, tout l'espace n'est pas recouvert.

Faire expliquer et reproduire les procédures les plus satisfaisantes.

Jeu de pavage

But du jeu : Être le premier à avoir son carré.
Matériel :
- 4 carrés de 12 cm de côté par joueur de 4 couleurs différentes ;
- pour chaque carré et de la même couleur, prévoir :
  - 1 bande de 6 carrés de 2 cm de côté :
    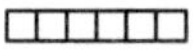 12 cm × 2 cm
  - 2 bandes de 5 carrés de 2 cm de côté :
     10 cm × 2 cm
  - 2 bandes de 4 carrés de 2 cm de côté :
     8 cm × 2 cm
  - 2 bandes de 3 carrés de 2 cm de côté :
     6 cm × 2 cm
  - 2 bandes de 2 carrés de 2 cm de côté :
     4 cm × 2 cm
  - 2 carrés de 2 cm de côté :
     2 cm × 2 cm
- 1 dé.

Comment jouer ? Chaque joueur prend un carré et étale devant lui les bandes de même couleur. À tour de rôle, chacun lance le dé et prend la bande dont le nombre de carrés correspond au nombre de points du dé. Il place sa bande sur son carré. Si un joueur a épuisé le stock de bandes correspondant aux points du dé, il passe son tour. Un joueur peut déplacer les bandes déjà placées sur son carré à condition de laisser passer son tour.

Exemple :

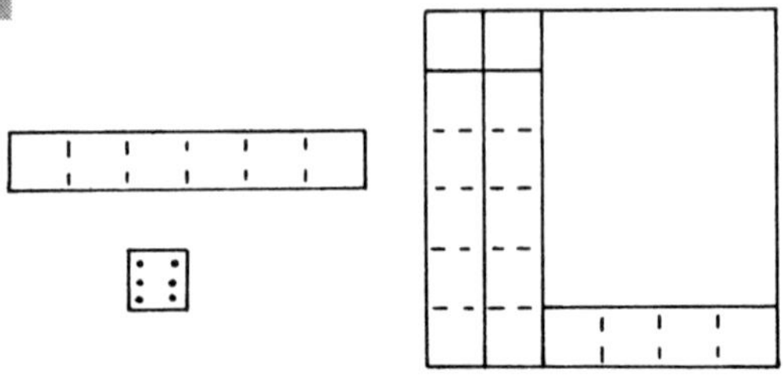

Ce joueur a déjà placé 2 carrés, 2 bandes de 5 carrés et 1 de 4. Il vient d'obtenir 6 avec son dé et doit placer sa bande de 6 carrés. 2 possibilités s'offrent à lui :
– soit il place sa bande en travers et retarde le moment de modifier son pavage ;
– soit il modifie son pavage de suite et ne jouera pas au tour suivant.

Variante : Proposer le même jeu en variant la forme des bandes.

Exemple pour 1 joueur :

1 bande de 6 carrés

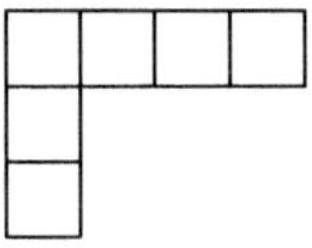

2 bandes de 5 carrés

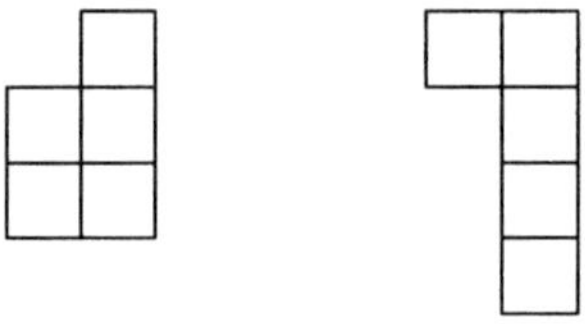

2 bandes de 4 carrés

2 bandes de 3 carrés

2 bandes de 2 carrés

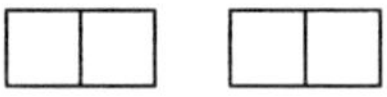

2 carrés

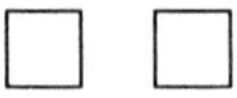

La maison de Marion

Faire observer et décrire la page 54 du fichier. Lire les consignes. Procéder à l'exercice par étape. Pour le coloriage, faire rechercher avant une règle algorithmique.

Comparer des surfaces par recouvrement

La maison des hérissons (p. 55)

Compétences et objectifs

Compétences disciplinaires

• Mobiliser les connaissances déjà acquises.
• Mettre en œuvre des stratégies de tâtonnement pour trouver des solutions aux problèmes posés.
• Exposer clairement ses résultats.
• Comparer des objets.
• Situer, repérer, déplacer des objets par rapport à soi ou par rapport à des repères fixes.
• Coder une quantité.
• Comparer des grandeurs continues.
• Utiliser une mesure de référence.

Compétences transversales

• Adapter son comportement aux activités proposées.
• Émettre des suppositions.
• Faire des choix et les expliquer.
• Se situer dans un espace familier.
• Discerner des analogies, des différences.

Objectifs

• Paver une surface avec d'autres plus petites et toutes identiques.
• Comparer plusieurs surfaces pavées avec des éléments identiques.
• Comprendre que ces éléments, utilisés dans les pavages, représentent des unités de mesure pouvant être comptées.
• Comprendre que des surfaces de formes différentes peuvent avoir la même mesure.

Langage

Objectifs par situation

SITUATIONS	OBJECTIFS
2	• Donner des renseignements sur un texte lu. Utiliser les acquis de l'activité précédente concernant la construction d'une maison de poupée, pour poser et répondre à des questions.
3	• Par l'observation, les constats, les remarques, les interrogations, amener les enfants à se faire une idée plus précise du problème et à créer des images qui peuvent être à l'origine de leur future démarche.

Situation 1 : Lire la comptine

La famille hérisson
A une nouvelle maison.
Elle a quatre pièces,
Qu'il faut meubler en vitesse.
Les deux plus grandes,
Seront les chambres.
La plus petite, la cuisine,
Et celle qui reste, sera le salon.

Situation 2

Faire raconter ce qui est dit dans le texte et expliquer à cette occasion ce que sont les pièces d'une maison, des dortoirs et ce que veut dire meubler des pièces.

Situation 3

Proposer aux enfants de visiter le ou les dortoirs de l'école. À cette occasion, faire comparer les différentes pièces : dortoir, classe, salle d'eau. Mais aussi le mobilier : nombre de lits, de matelas, pour chaque dortoir, etc.

Mise en situation corporelle

Objectifs par situation

SITUATIONS	OBJECTIFS
Première manipulation 1	• Donner un avis. Émettre des suggestions, les justifier, les argumenter.
2	• Paver une zone à l'aide de matériel. Coopérer avec les autres. Déplacer, orienter, porter le matériel. Être ainsi confronté au problème de mesures égales, inégales, de parallélisme, d'orthogonalité, de rigidité, de masses, des éléments déplacés. • Donner la mesure d'une surface en utilisant une mesure arbitraire de référence (le lit ou le matelas).
3	• Comparer des surfaces en comparant leurs mesures. • Être confronté au problème de l'utilisation d'un étalon trop grand, ne permettant pas une mesure plus précise de la surface.

SITUATIONS	OBJECTIFS
2e manipulation **1**	• Émettre un avis, l'argumenter. • Réinvestir des procédés déjà employés à cette nouvelle situation.
2	• Coopérer avec les autres. Manipuler des formes identiques, les déplacer, les orienter, les retourner. • Effectuer un pavage. Compter de grandes collections, mémoriser le cardinal obtenu, en retrouver l'écriture sur la bande numérique. Comparer des nombres donc des mesures. Donc comparer des surfaces par recouvrement en se servant d'une mesure de référence. Comprendre que deux surfaces de formes différentes peuvent avoir la même mesure.

1ere manipulation

Matériel : Lits ou matelas des dortoirs de l'école.

Situation 1 : Partager la salle en quatre zones de surfaces inégales, en les délimitant avec des bancs ou des caissettes alignées. Présenter les 4 zones aux enfants et leur demander dans laquelle peut-on coucher le plus d'enfants possible ? Laisser les enfants donner leurs avis en leur demandant d'argumenter.

Situation 2 : Si les enfants n'ont pas eu l'idée d'installer les lits dans les différentes zones (ce qui est peu probable s'ils les ont vus), leur demander de les placer dans la zone désignée comme étant la plus grande par l'ensemble de la classe. Faire observer les dispositions données aux lits et inciter les enfants à faire des remarques sur : le nombre de lits, la facilité, la difficulté ou l'impossibilité d'aller vers un lit sans passer sur ou sous les autres, etc.

Noter les remarques et demander aux enfants comment ils peuvent faire pour être sûrs qu'une autre zone n'est pas plus grande que celle-ci. La réponse est invariablement le déplacement des lits dans une autre zone.

Situation 3 : Comme précédemment, faire procéder à l'aménagement, à l'analyse du résultat et à la comparaison avec le précédent. Procéder de même avec les autres zones. Faire ainsi apparaître :

- que la zone la plus grande est celle qui a le plus de lits ;
- que des zones peuvent avoir le même nombre de lits mais que l'une est plus grande que l'autre car les lits sont espacés et non serrés ou que les lits sont serrés mais il reste une place vide pas assez grande pour mettre un lit ;
- que parfois il est difficile de dire laquelle des 2 zones est la plus grande ou la plus petite.

2e manipulation

Matériel : Tracer à la craie 4 zones :

- une de 120 cm sur 120 cm ;

(a)

- une de même surface mais pas de même forme.

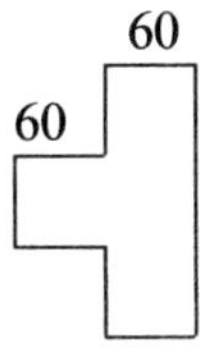

(b)

- une de 180 cm sur 60 cm ;

(c)

- une de 200 cm sur 40 cm ;

(d)

- 200 carrés de papiers de 20 cm de côté (papier de récupération) ;
- bandes numériques, crayons, feuilles blanches.

Situation 1 : Présenter les zones tracées comme étant les pièces de la maison du hérisson. Il veut faire 2 dortoirs, quelles pièces va-t-il choisir ? Laisser les enfants échanger leur avis. Puis leur présenter les carrés de papier. À quoi pourraient-ils servir ? Les enfants généralement les associent aux lits de la première manipulation ou aux pavages de la fiche précédente et c'est donc sans difficulté qu'ils suggèrent d'en paver les espaces et de les compter ensuite.
Situation 2 : Répartir alors la classe en 4 groupes et attribuer une zone de pavage à chacun d'eux. Le travail étant terminé, faire comparer et échanger les résultats :

– les pavages sont-ils bien réalisés ? Juxtaposition et non superposition ou écartement des formes ;
– les mesures : échanger et comparer les mesures 36 pour (a) et (b) ; 27 pour (c), 20 pour (d) et la forme des surfaces, les mesures, seront écrites avec l'aide (ou non) d'une bande numérique.

Les nombres et les collections seront comparés respectivement sur la bande numérique et par correspondance terme à terme en alignant les carrés pavés de chaque groupe. De cette comparaison, faire formuler la réponse au problème, à savoir : quelles sont les deux pièces qui pourront servir de dortoirs à la famille hérisson.

Schématisation de la situation

Objectifs par situation

SITUATIONS	OBJECTIFS
Exercice de pavage	• Réinvestir les manipulations et les procédures employées au paragraphe 2 (p. 243). • Paver une surface en disposant, en orientant correctement des formes étalons. • Dénombrer des collections d'étalons, mémoriser leur nombre. • Comparer des nombres et les ordonner. • En déduire un ordre de grandeur des surfaces. • Comprendre que plusieurs surfaces peuvent être pavées avec des étalons différents et que cela modifie la mesure de chaque forme ; que plus l'étalon est grand, plus la mesure est petite ; que cela ne change pas l'ordre des grandeurs mesurées. • Paver des surfaces en traçant des formes à l'aide d'une mesure de référence. Coordonner ainsi l'action des deux mains. • Réinvestir les procédures de pavage par collage (pas de superposition, d'écart...). Opérer ainsi des translations, des rotations de la forme à reproduire. • Dénombrer des collections, les ordonner. Ordonner et/ou classer des surfaces.
Jeu de cartes	• Comparer des surfaces en comparant leur mesure. • Utiliser une mesure de référence. • Comprendre que des formes différentes peuvent avoir la même mesure.

Exercices de pavage

Proposer des exercices de systématisation de la procédure employée lors de la mise en situation. Pour cela, toujours proposer de faire des comparaisons de surfaces, de formes représentées ou collées et donc, ne pouvant pas être déplacées, pour les superposer, ou les juxtaposer. Il faut rendre le pavage indispensable pour déterminer une équivalence ou un ordre de grandeur des surfaces.

Demander aux enfants de comparer et d'ordonner 3 surfaces après les avoir pavées d'étalons. Choisir des surfaces de formes différentes.

Exemple : si l'étalon est 

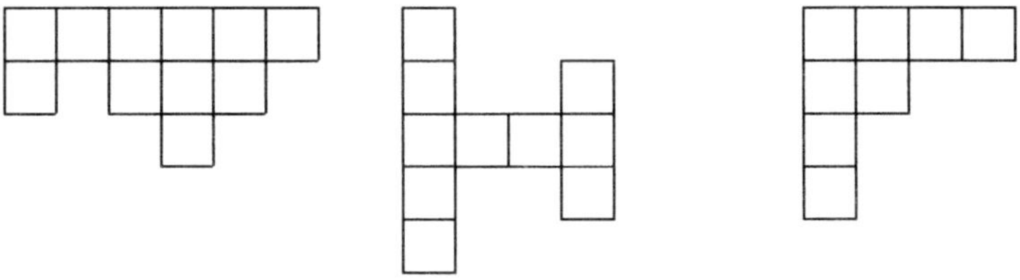

(a) (b) (c)

(a) a 11 formes pavées ; (b) a 10 formes pavées ; (c) a 8 formes pavées. Donc (a) est plus grand que (b) qui est plus grand que (c).

Répartir les élèves de l'atelier en 3 groupes et donner à chacun 3 formes différentes, mais les mêmes pour chaque groupe. Leur demander de les comparer en utilisant 3 étalons différents : 1 par groupe.

Exemple : les 3 étalons – 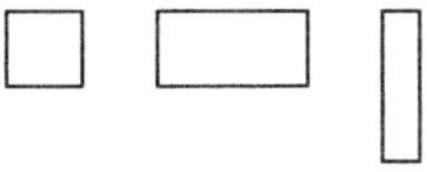

Les formes :

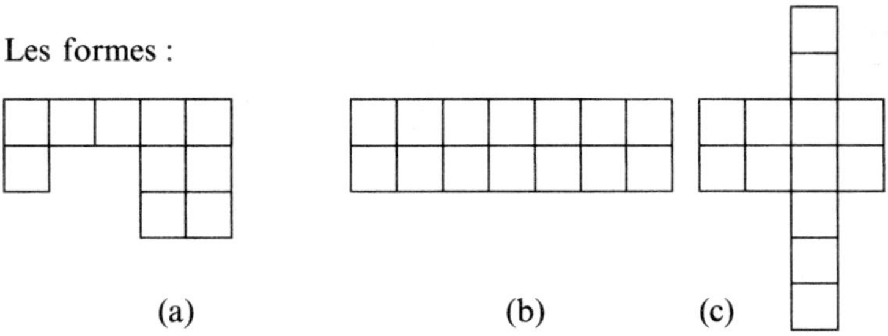

(a) (b) (c)

La comparaison des résultats fera apparaître que quel que soit l'étalon choisi, (b) est plus grand que (c) qui est plus grand que (a).

Pavage par prises d'empreintes ; Les mêmes exercices peuvent être proposés. Introduire cependant un déséquilibre permettant aux enfants de s'approprier plus profondément les notions, en ne proposant qu'une mesure de référence.

Ainsi on peut proposer de comparer 3 ou 4 surfaces en ne s'aidant que d'une forme que les enfants ont à reproduire par prise d'empreintes :

– selon la technique du pochoir ;

– par tracé en frottant le crayon sur les contours de l'étalon et en reproduisant l'opération jusqu'au complet pavage des formes.

Jeu de cartes

But du jeu : Avoir gagné toutes les cartes ou avoir plus de cartes que les autres à la fin du jeu.

Matériel pour 4 joueurs :

- 32 cartes représentant des formes pavées avec les mêmes étalons :
  - 4 cartes de 1 carreau ;

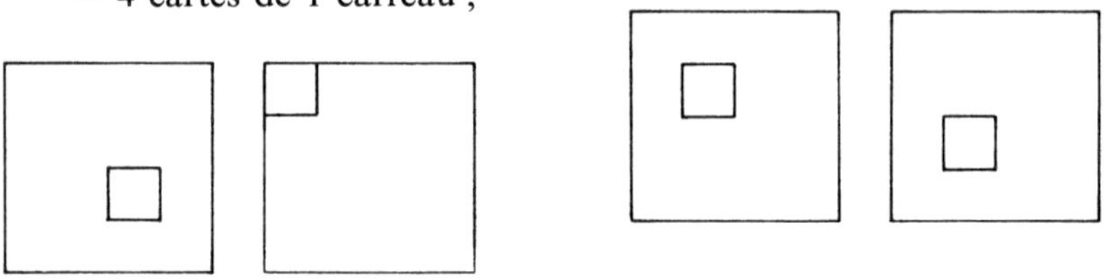

  - 4 cartes de 2 carreaux ;
  - 4 cartes de 3 carreaux ;
  - 4 cartes de 4 carreaux ;
  - 4 cartes de 5 carreaux ;
  - 4 cartes de 6 carreaux ;
  - 4 cartes de 7 carreaux ;
  - 4 cartes de 8 carreaux.

Comment jouer ? Se joue comme le vrai jeu de bataille : toutes les cartes sont distribuées. Les joueurs mettent une carte au centre du jeu. Celui qui présente la carte à la surface la plus grande remporte toutes les cartes posées. Si les cartes les plus fortes sont de même valeur, il y a bataille : les joueurs concernés placent une deuxième sur la première. Celui qui a la carte la plus forte remporte toutes les cartes.

La maison des hérissons

Faire décrire et observer la page 55 du fichier. En déduire les consignes. Les lire et procéder par étapes.

Situations additives et problèmes

Le bouquet de Philippe (p. 56)

Au cours des activités précédentes, les enfants ont rencontré des situations additives. Ils ont ainsi calculé par comptage des éléments, le résultat de plusieurs gains gagnés successivement ou simultanément. L'objectif, ici, est de soumettre plusieurs problèmes permettant aux enfants de développer d'autres savoir-faire.

Compétences

Compétences disciplinaires

- Analyser des problèmes de recherche simple.
- Choisir les données nécessaires à leur résolution.
- Mobiliser les connaissances déjà acquises.
- Exposer clairement les résultats.
- Résoudre des problèmes liés à l'augmentation ou à la diminution de certaines quantités.

Compétences transversales

- Émettre des suppositions.
- Faire des choix et les expliquer.
- Rechercher des informations pertinentes à l'oral et aussi dans certains écrits.
- Restituer et réorganiser les informations réunies.

Objectifs

Répondre aux questions portant sur un énoncé

Pour pouvoir répondre aux questions portant sur un énoncé, il faut avoir été capable de :

– l'écouter ;
– comprendre le vocabulaire, les termes employés ;
– mémoriser les grandes lignes du texte dit ou raconté.

Il s'agit d'évaluer cette première compétence, en proposant des problèmes distrayants, drôles, faisant appel à l'imaginaire, et écrits dans un langage accessible à tous. Il s'agit aussi de proposer des situations problèmes à l'ensemble de la classe, en présentant des textes plus complexes qui sont interprétés, traduits par l'ensemble du groupe, chacun y apportant sa traduction, ou contribution. Cependant les enfants n'ont pas la même écoute et ne mémorisent pas de la même façon. Certains ont une bonne mémoire auditive, d'autres sollicitent plus leur mémoire visuelle. Il faudra donc varier les présentations des énoncés pour ne désavantager personne et pour favoriser un réinvestissement des notions, véritable contrôle des acquis.

Répondre aux questions portant sur un énoncé, c'est aussi :

– comprendre les questions, les interpréter en prenant appui sur la compréhension et la mémorisation de tout ou partie du texte ;

– formuler des réponses, donc employer un vocabulaire approprié, une syntaxe correcte en rapport avec ce qui est attendu de celui qui a posé la ou les questions. Répondre aux questions c'est donc tenir compte de deux paramètres qui sont le texte lu ou raconté et la question de la personne qui l'a formulée et qui est en attente d'une réponse. Il faut donc travailler la langue orale et écrite en différentes occasions (*jeux ateliers, bibliothèque*, etc.). Il ne s'agit pas forcément de systématiser l'usage de tournures syntaxiques ou d'un vocabulaire particulier mais plutôt de systématiser les échanges verbaux pour décrire, transmettre, expliquer, interroger, échanger des idées, des expériences, des hypothèses, des constats, des savoirs, etc.

Reformuler le problème

Reformuler le problème c'est :

– savoir traduire avec ses propres mots la ou les questions posées ;

– trier ce que l'on sait et ce que l'on ne sait pas. C'est se poser des questions, si le problème n'en pose pas mais les suggère. Ou c'est se poser des questions pour envisager des étapes de résolution si le problème posé n'est pas assez clair. (C'est le cas des problèmes à résoudre en plusieurs étapes.)

– traduire, décoder des informations, l'absence d'informations sous forme de tableaux ou de dessins.

Choisir les données nécessaires à sa résolution

C'est faire le tri entre les éléments de l'histoire qui présentent la situation, les éléments qui donnent des informations, c'est savoir ce que l'on cherche, et en fonction de cela déterminer parmi les éléments d'informations ceux qui vont permettre de trouver une solution au problème posé. Donc pour choisir les données, il faut déterminer ce que l'on sait, ce que l'on cherche et reconnaître parmi les données celles qui sont utiles de celles qui ne le sont pas. C'est aussi réorganiser ses données, les relier, les regrouper, les classer, etc., et les coder ou les représenter pour ne pas les oublier.

Déterminer une démarche

Pour déterminer une démarche, il faut formuler des questions, des hypothèses et ainsi prévoir un résultat possible. Il faut oser entreprendre, prendre le risque de se tromper, et accepter de recommencer en tirant les conséquences de ses premiers essais, en modifiant sa stratégie, en reformulant d'autres hypothèses, en prévoyant d'autres résultats. Cette démarche peut être un tâtonnement expérimental s'il s'agit d'une situation-problème ne faisant appel à aucun souvenir ou expérience du passé.

Cette démarche peut faire au contraire appel aux notions déjà acquises ou aux procédures déjà employées et vérifiées. L'enfant croit reconnaître dans un énoncé une situation vécue, une connaissance déjà acquise, une technique déjà employée, une règle déjà vérifiée. Il va les tester dans cette nouvelle situation et être amené à confirmer ou au contraire à modifier ses hypothèses, ses savoirs, ses connaissances, en fonction des résultats obtenus.

Répondre à la question formulée dans l'énoncé

C'est ne pas avoir oublié, tout au long de sa recherche, le but de cette recherche. C'est donc pouvoir après un certain laps de temps reformuler le problème et communiquer son résultat avec ses propres mots et dans un langage clair. C'est aussi être capable de justifier ses réponses en expliquant sa démarche et donc son raisonnement. C'est également parvenir à représenter, restituer les informations réunies par le codage, le dessin, etc.

S'approprier des situations problèmes pour en créer d'autres

C'est reproduire une forme de communication d'un énoncé en en modifiant une ou plusieurs données. C'est montrer ainsi sa parfaite compréhension et maîtrise de la situation proposée. C'est une appropriation de la situation.

Exemples d'énoncés

Problèmes liés aux activités quotidiennes

À partir de consignes dites : *Tu vas faire un dessin avec des feutres de 3 couleurs différentes. Combien vas-tu prendre de feutres ?*

Faire reformuler la consigne et la question. Demander ce que chacun va faire. Choisir 3 couleurs (prévoir quelles couleurs choisir et le nombre de feutres). Demander quelles sont les couleurs choisies, combien il y en a, combien il y a de feutres par couleur, combien il y a de feutres en tout. Faire rechercher une représentation, les faire comparer et éventuellement corriger.

Faire réaliser les dessins : cette étape peut être faite avant la formulation du résultat. On fera alors observer et comparer les dessins en vérifiant l'application de la consigne et en déduisant le nombre de feutres utilisés pour chaque dessin.

À partir de consignes codées : *Pour savoir à quel atelier tu dois aller et quel matériel tu dois prendre en une fois, lis le tableau.*

Noms	Ateliers	Matériel	Couleurs	Support
Laure Thomas Simon Anna	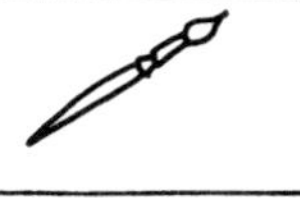		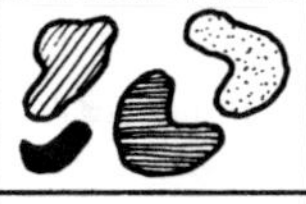	
Julien Maud Pierre Marie		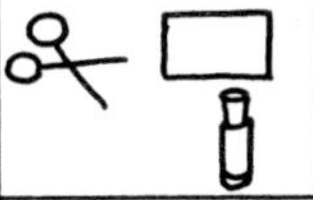		

Comprendre, donc savoir lire un tableau à double entrée, s'y repérer, comprendre les codes. Reposer la question (*Je dois aller faire de la peinture. Quels matériels me faut-il ?*). Prévoir (*Si je vais faire de la peinture, j'aurais besoin de pinceaux, d'une feuille et de plusieurs pots de couleur.*) Lecture des données des cases (*Il faut un rouleau, de la peinture, etc.*). En fonction de la liaison que l'on peut établir entre les données, prévoir le nombre de pots donc de rouleaux, 1 par pot (par correspondance terme à terme par exemple).

Faire le bilan de ce que l'on a rapporté. Échanger ses résultats avec ceux des enfants du même groupe.

Problèmes soulevés au cours de jeux libres

Des enfants utilisent un même matériel de construction. Il s'ensuit une dispute, l'un n'ayant plus de pièces pour terminer ce qu'il avait entrepris.
Problème : *Comment peux-tu savoir qu'il a plus de pièces que toi ?*
Réponses : *Il a construit 2 choses. Ça se voit. Il a plus de rouges. Il faut les compter.*

Ici les enfants doivent se mettre d'accord sur ce qu'il y a à comparer :
- le nombre de pièces en tout ;
- le nombre de pièces par couleur ;
- le nombre de pièces par éléments de construction.

Problème soulevé au cours des rangements de la classe

Dans cette boîte, il y avait des cartes de 4 couleurs différentes. Il y avait autant de cartes rouges que de cartes vertes, que de cartes bleues, que de cartes jaunes. Vérifiez qu'il n'y en a pas de perdues et dites-moi combien il y en a en tout pour que je l'écrive sur la boîte. Ainsi nous saurons combien il doit y en avoir la prochaine fois que nous aurons à les ranger.

Ce problème est complexe. Il suppose que les enfants sont capables de le comprendre donc de comprendre : qu'il y a 4 familles de cartes, qu'il y a le même nombre de cartes par famille.

Il faut les aider à éclaircir cela et à formuler ce qu'ils ne savent pas, à savoir le nombre de cartes par famille et le nombre total de cartes. Toute démarche proposée doit être testée et argumentée.

Exemple de possibilités :
- classement des cartes par couleur et dénombrement ;
- correspondance terme à terme de 4 cartes de couleurs différentes ;
- puis dénombrement.

Faire formuler la réponse et faire rechercher une façon de représenter les différentes étapes, de noter les résultats.

Problèmes imaginaires

Un très grand roi a 2 filles jumelles. Pour leur anniversaire, il souhaite leur offrir de beaux bijoux. Il a commandé au joaillier autant de bagues qu'elles ont de doigts, autant de bracelets qu'elles ont de bras et autant de couronnes qu'elles ont de têtes. Mais le pauvre homme ne sait combien fabriquer de bagues, de bracelets et de couronnes. Aidons-le.
Caractéristique: Texte court. Une donnée chiffrée. Savoir ce que veut dire *autant*. Compter jusqu'à 20. Pour aider les enfants à résoudre ce problème, on peut leur fournir en quantité du matériel figurant les bijoux (anneaux, joints de plombier, etc.).

Simon est un petit garçon courageux. Sa famille est très pauvre et il n'y a plus rien à manger à la maison. Simon décide de partir à l'aube, pêcher quelques poissons dans l'étang de la sorcière Ratatine. Simon sait qu'il doit pêcher moins de 12 poissons. S'il dépasse ce nombre, il sera transformé en crapaud. Simon pêche une heure. Simon pêche 2 heures. Simon pêche 3 heures. Simon est fatigué. Il a beaucoup pêché. Mais Simon ne sait pas compter jusqu'à 12. Il sait compter jusqu'à 5 et il ne sait pas s'il a pêché plus de 12 poissons. Il a dans son seau 5 brêmes, 2 carpes et 3 truites. Va-t-il être transformé en crapaud ?
Caractéristiques : Texte long. Plusieurs données chiffrées. Certaines utiles, d'autres inutiles (les heures). Savoir ce que veut dire moins de. Compter jusqu'à 12. (On testera toutes les démarches prévues par les enfants : dessins, fabrications de poissons, etc.)

Anna est une petite fille de 5 ans. Elle a une boîte à trésors dans laquelle elle a placé 3 pièces jaunes, 2 trèfles à 4 feuilles, 4 boutons rouges, 6 barrettes jaunes et 2 boutons bleus. La robe de sa poupée a perdu ses 8 boutons ? Anna va-t-elle pouvoir tous les remplacer ?
Caractéristiques : Texte court. Plusieurs données chiffrées. Certaines utiles, d'autres inutiles.

Le bouquet de Philippe

Lire le problème, le faire raconter. Refaire formuler la question et faire décrire la page 56 du fichier. Faire différencier la forme des tulipes de celle des autres après que les enfants l'aient suggéré par des questions ou des remarques.

Rechercher collectivement tous les moyens de montrer par le tracé quelles fleurs seront cueillies : tracer une croix, faire entourer les fleurs. Procéder à l'exercice : marquage, dénombrement, écriture du résultat.

Situations additives : problèmes

Tim et Tom en voyage (p. 57)

Compétences et objectifs

Compétences disciplinaires

- Mettre en œuvre des stratégies de tâtonnement pour trouver des solutions aux problèmes posés.
- Résoudre des problèmes liés à l'augmentation ou à la diminution de certaines quantités.
- Coder des quantités.
- Comparer des collections.

Compétences transversales

- Adapter son comportement aux activités proposées.
- Émettre des suppositions.
- Faire des choix, les expliquer.
- Parcourir un itinéraire simple.
- Rechercher des informations pertinentes à l'oral et aussi dans certains écrits.
- Restituer et réorganiser les informations réunies.

Objectifs

- Reformuler le problème et la question posée.
- Repérer les données importantes du problème.
- Compléter et dénombrer des collections. Opérer ainsi des calculs additifs par dénombrement des éléments de 2 collections selon des procédures différentes selon les enfants.
- Coder et communiquer les résultats obtenus.

Langage

Objectifs par situation

SITUATIONS	OBJECTIFS
2	• Donner des renseignements sur un texte lu. Reformuler la question posée. Distinguer les données importantes, celles qui permettront de résoudre le problème des autres. • Observer, s'interroger, s'exprimer par la parole et le dessin.
3	• Analyser une situation, se poser des questions.

Situation 1 :

Lire cette comptine qui est différente de celle du fichier élève, afin d'éviter que les enfants mémorisent les nombres avant d'avoir fait l'activité du fichier.

Tim et Tom partent en voyage
Et s'arrêtent dans des villages
Pour gagner un peu d'argent.
Tim est parti sans un sou.
Dans chaque village, il gagne 2 sous.
Tom est parti avec 4 sous.
Dans chaque village, il gagne 1 sou.
À la fin du voyage,
Lequel aura le plus de sous ?

Situation 2

Faire raconter ce qui est dit dans le texte et expliquer ce qu'est *un village*. Refaire formuler la question et faire rechercher les données importantes qui pourront être codées. Le codage pourra faire l'objet d'une recherche par groupe de 2 ou 3 et fera apparaître l'absence de certaines données, comme : comment savoir quand ils s'arrêteront ?

Exemple de codage possible après mise en commun des différentes propositions :

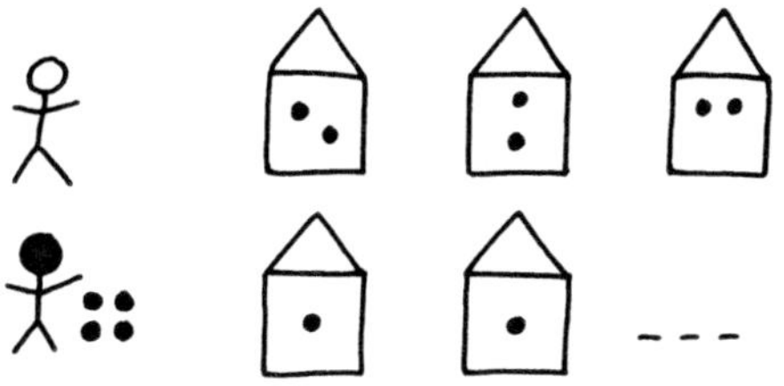

Situation 3

L'analyse des différentes propositions fera apparaître l'absence d'une donnée importante, qui est le nombre de villages traversés ou au contraire une différence dans le nombre de villages représentés.

Mise en situation corporelle

Objectifs par situation

SITUATIONS	OBJECTIFS
1	• Pouvoir reformuler le problème et les données. Savoir ce que l'on cherche. • Compter et représenter des collections de 2 à 10 éléments et par conséquent représenter des réunions de 2 collections donc des résultats de sommes.
2	• Comparer des nombres et des collections entre eux et par rapport aux situations de départ. • S'interroger sur les causes des changements, observer. Pour cela, classer et réorganiser les résultats. Analyser les analogies, les différences.
3	• Coder, décoder les résultats. Faire apparaître par le marquage les opérations réalisées. Donc faire apparaître dans la représentation le résultat global de la réunion des 2 collections et les 2 collections proprement dites. • Résoudre des problèmes liés à l'augmentation de quantités, formuler des résultats, expliquer une démarche.

Matériel :

- 30 cerceaux ;
- 60 disques de papier pour représenter les sous ;
- 30 feuilles, crayons.

Situation 1

Répartir les enfants en 6 équipes de 5 joueurs. Les équipes travailleront par 2. Face à chacune d'elles, aligner 5 cerceaux représentant chacun 1 village.

Demander à chaque équipe de choisir son rôle :

– **celui de Tim :** les joueurs placent 2 disques dans chaque cerceau ;

– **celui de Tom :** les joueurs placent 1 disque dans chaque cerceau et prennent 4 disques pour l'ensemble de l'équipe.

Donner à chaque joueur une feuille et un crayon. Leur faire rappeler la question et leur faire émettre une réponse possible (*Si les joueurs traversent 5 cerceaux [villages] lesquels auront plus de sous à la fin du parcours ?*).

Expliquer alors le déroulement du jeu :

– Le premier de chaque équipe va au 1er cerceau sans rien pour les équipes Tim et avec 4 sous pour les équipes Tom. Le joueur arrivé au cerceau doit dessiner sur sa feuille toutes ses pièces.

– Lorsqu'il a terminé, le deuxième de chaque équipe part à son tour, prend les pièces du 1er joueur (qui reste avec sa feuille dans son cerceau) et va dans le deuxième cerceau où il dessinera toutes les pièces en sa possession : celles qu'il a apportées et celle(s) qui se trouve(nt) dans le cerceau.

– Le troisième joueur part à son tour, prend les pièces du deuxième joueur et va jusqu'au 3e cerceau où il dessinera l'ensemble des pièces, et ainsi jusqu'au dernier joueur.

Situation 2

Demander alors aux derniers de chaque équipe Tim et Tom combien chacun possède de pièces. S'il n'y a pas eu d'erreurs de comptage, les Tim annoncent 10 sous, les Tom 9 sous. Faire remarquer par un rappel de la situation de départ que les Tim qui n'avaient rien au début du jeu se retrouvent avec plus de pièces à la fin.

Demander alors à partir de quel cerceau les Tim ont eu plus de sous que les Tom. Si les enfants ne le proposent pas d'eux-mêmes, leur suggérer de comparer les représentations des collections à chaque étape. Pour cela afficher les résultats dans l'ordre.

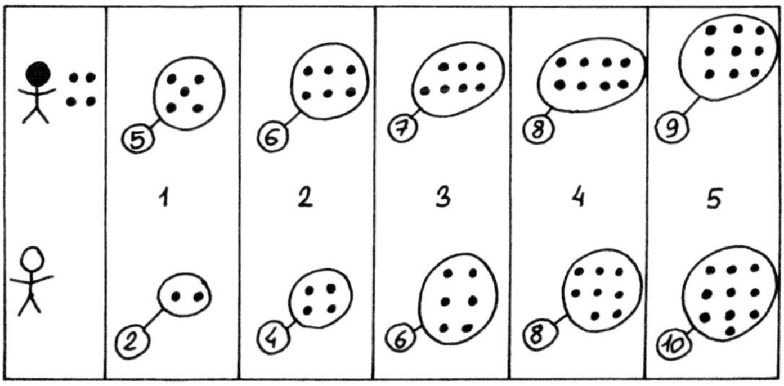

Faire lire le tableau ainsi construit et comparer les résultats étape par étape. Faire rechercher à partir de quel moment les Tim ont eu plus de sous ; les 2 équipes ont eu le même nombre de pièces. Faire anticiper un 6e résultat en leur demandant si, en continuant le jeu encore une fois, les Tim auraient plus ou moins de sous que les Tom. Faire vérifier les résultats par la manipulation.

Situation 3

Rappeler ensuite quelle était la règle des gains de pièces pour chaque équipe. La faire noter en faisant entourer pour chaque collection les pièces rajoutées.

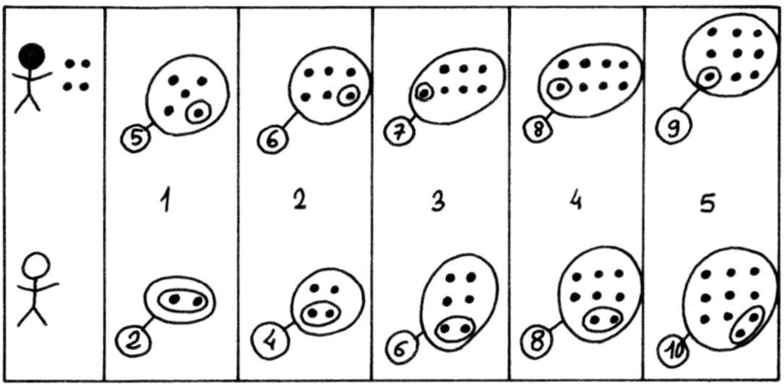

Schématisation de la situation

Objectifs par situation

SITUATIONS	OBJECTIFS
Même problème, autres données	• Réinvestir dans une situation plus abstraite les procédures développées lors de la mise en situation. • Représenter les résultats successifs de situations additives par manipulation et déplacement d'objets. • Comparer les résultats, donc des nombres et des collections, et formuler la réponse au problème. • Analyser, par comparaison des différentes représentations, l'évolution des gains de chaque joueur.
Jeu 1 : Qui traîne gagne	• Par la manipulation, être amené à augmenter une collection. • Comprendre que le résultat est la somme des éléments ajoutés à chaque étape du jeu. • Compter des collections. • Comparer des nombres et des collections.
Jeu 2 : La couronne change de tête	• Mêmes objectifs. • Analyser en plus l'évolution successive des gains de chacun.
Exercice et représentation graphique	• Représenter des algorithmes récursifs, donc opérer par représentation des additions successives. • Ainsi analyser une situation de départ et une règle de transformation et la respecter tout au long de l'exercice.

Même problème, autres données

Matériel pour 2 :

- 6 pots ;
- des haricots ;
- 6 feuilles ;
- 2 crayons de 2 couleurs différentes.
- 2 bonshommes Duplo ou Playmobil.

Problème : *Tim et Tom repartent pour un nouveau voyage. Tim part avec 2 sous, Tom avec 3 sous. À chaque village où ils travaillent, Tim gagne 3 sous et Tom gagne 2 sous. Le voyage s'arrête au 3e village. Lequel reviendra avec plus de sous ?*

Comment jouer ? Présenter le problème, le faire raconter. Faire rappeler les données et demander aux enfants de choisir un rôle pour leur bonhomme. En fonction du rôle choisi, chacun devra placer devant lui son matériel, à savoir :

- pour Tim : un bonhomme avec 2 haricots et trois pots contenant chacun 3 haricots ;
- pour Tom : un bonhomme avec 3 haricots et trois pots contenant chacun 2 haricots.

Donner à chaque enfant trois feuilles sur lesquelles ils doivent dessiner les sous qu'ils ont à chaque étape. Puis procéder à l'exercice. Chaque joueur met son bonhomme dans le premier pot, prend les haricots et les dessine sur la première feuille. Puis chaque joueur déplace son bonhomme pour le mettre dans le deuxième pot, etc. Faire ensuite compter les nombres et collections de haricots de la fin du jeu (Tim a 11 haricots, Tom à 9 haricots). En faire déduire que Tim revient encore avec plus de sous bien qu'il soit parti avec moins de sous que Tom. En analysant les représentations, on peut faire rechercher à partir de quel moment Tim a été plus riche que Tom.

Le problème peut à nouveau être repris et modifié par d'autres enfants cette fois. Ils devront alors prévoir :

- le nombre de sous attribués à chaque personnage ;
- le nombre de sous gagnés à chaque village ;
- le nombre de villages traversés.

Leur demander de résoudre le problème car ils devront en assurer la correction auprès de leurs camarades.

Jeu 1 : Qui traîne gagne

But du jeu : Avoir gagné plus de haricots que les autres à la fin du parcours.

Matériel :

• 4 pistes de 20 cases sur lesquelles sont représentées alternativement 1 et 2 points.

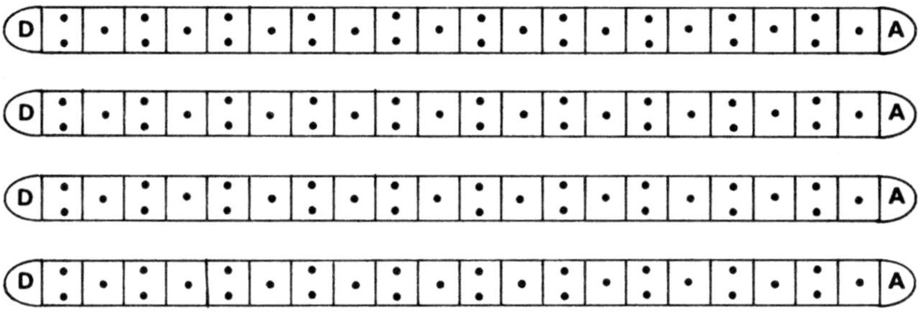

• 4 jetons ;
• 1 dé ;
• des haricots et 4 pots (1 par joueur) pour les garder.

Comment jouer ? Chaque joueur lance son dé à tour de rôle et déplace son jeton sur sa piste, d'autant de cases qu'il y a de points sur le dé, et prend autant de haricots qu'il y a de points dessinés sur la case où se trouve son jeton. Un joueur arrivé au bout de son parcours, avant les autres, ne peut revenir en arrière, et doit attendre que les autres joueurs aient également terminé. À la fin, chacun compte ses haricots. Celui qui en a le plus a gagné la partie.

Jeu 2 : La couronne change de tête

But du jeu : gagner et garder la couronne.

Matériel : Le même que ci-dessus plus une couronne (que l'on a gardée de la fête des rois, par exemple).

Comment jouer ? Avant de commencer chaque joueur lance le dé et prend autant de haricots qu'il y a de points sur le dé. Celui qui a fait le plus grand nombre, place la couronne sur sa tête. Puis comme précédemment, chaque joueur à tour de rôle lance le dé et avance d'autant de cases qu'il y a de points sur le dé, et prend autant de haricots que de points représentés dans la case sur laquelle il se trouve. À la fin du premier tour, les joueurs comptent leurs haricots. Celui qui en a le plus conserve ou prend la couronne et le jeu recommence ainsi jusqu'à ce que l'ensemble des joueurs aient terminé leur parcours.

Exercices de représentation graphique

La représentation des étapes successives de ce genre de situation, non accompagnée de manipulations est une étape très difficile car les enfants doivent effectuer une opération mentale et représenter un résultat (1) ou représenter la collection précédente et y rajouter le nombre d'éléments prévus dans la règle (2).

(1)
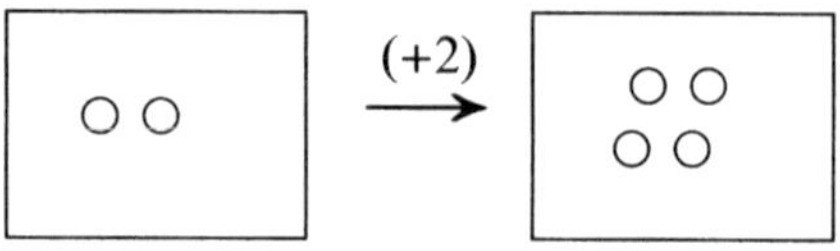

L'enfant pense 2 et 2 = 4 et dessine 4.

(2)
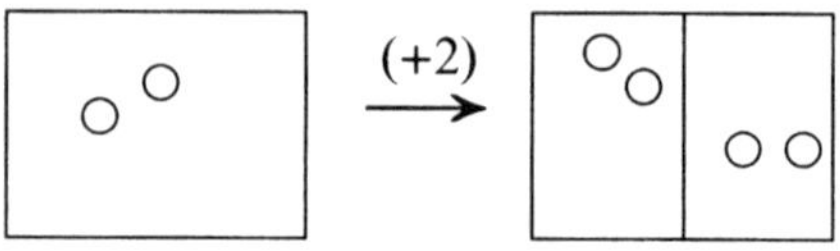

L'enfant dessine les 2 éléments précédents et en rajoute 2 autres. Le total n'est utile que pour la représentation d'une autre étape.

Pour faciliter ce genre de savoir-faire et d'opérations mentales, on pourra proposer aux enfants des exercices de rythmes à partir d'algorithmes récursifs.

Exemples :
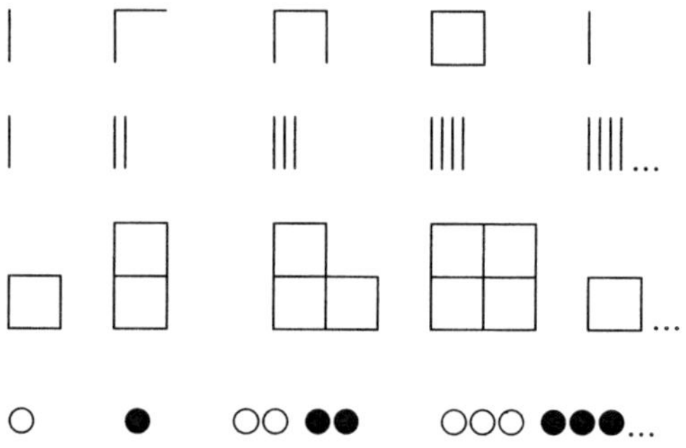

Adopter alors la même démarche que celle employée dans les activités sur les rythmes :
- recherche de la règle et poursuite du rythme ;
- correction de rythmes présentant des intrus ;
- création de rythmes.

Tim et Tom en voyage

Faire observer et décrire la page 57 du fichier. En faire déduire les consignes. Les lire pour faire vérifier les hypothèses.

Le calendrier

La fête d'Élisabeth (p. 58)

Compétences et objectifs

Compétences disciplinaires : Mathématiques

- Connaître la suite des nombres.
- Utiliser le calendrier pour repérer des moments.

Compétences transversales

- Exprimer le temps et l'espace.
- Connaître les différents calendriers qui rythment l'année.
- Discerner des analogies, des différences.
- Rechercher des informations pertinentes à l'oral et aussi dans certains écrits.

Compétences dans le domaine de la langue: Lecture

- Identifier et savoir pourquoi on utilise différents supports d'écrits.
- Reconnaître certains éléments dans un texte.
- Identifier des mots familiers.

Objectifs

- Utiliser le calendrier pour repérer des événements.
- Réciter les jours de la semaine.
- Reconnaître un cycle dans leur répétition.
- Compter et dénombrer des collections de 1 à 31.
- Savoir ce que sont les mois, les années.
- Connaître quelques noms de mois.
- Savoir ce qu'est une date. Pouvoir retrouver une date sur un calendrier et la réécrire sous une autre forme.

Langage

Objectifs

• Raconter ce qui a été lu. Pouvoir répondre aux questions portant sur l'énoncé. Savoir ce qui est demandé et reformuler le problème. Réinvestir des situations antérieures et des notions tirées des rituels pour satisfaire à cette demande.
• Redonner les données chiffrées du texte et comprendre la nécessité d'utiliser un calendrier pour établir une démarche.

Situation 1 : Lire la comptine

L'araignée, Ninon,
A reçu une invitation
De son amie Élisabeth
Qui organise une fête.
Ça se passera le 3e vendredi
Du 11e mois de l'année.

Situation 2

Faire raconter la comptine et expliquer les mots *invitation*, *organiser*, *mois*, *année*. Demander aux enfants ce qui est demandé dans le texte, ce que l'on sait et comment répondre au problème soulevé.

Lecture de calendriers

Objectifs par situation

SITUATIONS	OBJECTIFS
1	• Observer, comparer, repérer des analogies, des différences. Approcher par cette observation les notions d'année, de mois, de jours. • Constater qu'une année a 12 mois, qu'un mois a 28, 30 ou 31 jours, que les mois ne commencent pas tous par un lundi, qu'il y a plusieurs semaines dans un mois.
2	• Situer chaque jour sur le calendrier. • Écrire ou situer les éléments qui permettent d'écrire la date. • Trier les éléments observés : ceux qui donnent la date et les autres (noms fêtés, numéro de la semaine, heures de levée et de coucher du soleil, etc.).
3	• Utiliser un calendrier pour rechercher des renseignements, localiser un événement. Pour cela : – savoir ce que l'on cherche ; – reconnaître des écritures de nombres et de mots ; – connaître les jours de la semaine. En connaître et en déduire une lecture de leurs différentes écritures ; – localiser et réordonner les éléments trouvés pour écrire une date. Établir ainsi un lien entre eux. *(suite du tableau page 361)*

SITUATIONS	OBJECTIFS
4	• Déterminer et expliquer une démarche en fonction de ce que l'on sait. • Répondre au problème. • Confronter ses résultats avec ceux des autres. Accepter de voir sa procédure modifiée. • S'imprégner et commencer à mémoriser quelques noms de mois de l'année. • Retrouver l'ordre d'un mois par comptage, après l'avoir situé, sur la frise et dans le calendrier (par comparaison d'écritures). • Savoir ce qu'est une semaine. • Retrouver plusieurs écritures d'un mot. Les compter. • Savoir ce qui est dit et ce que l'on cherche. Corriger sa démarche en fonction des savoirs nouveaux.

Situation 1

Faire observer et comparer des calendriers de la même année apportés par les enfants et le maître. De cette observation tirer :

– les différences (dimensions, illustration, présentation) ;
– les analogies (le numéro de l'année, le nom des mois, le nombre de mois, le nom des jours, le nombre de jours pour un même mois)...

Ce travail sera proposé en ateliers ou en groupe. Une mise en commun permettra des échanges verbaux et donc un contrôle de la recherche et de la mémorisation des conclusions des groupes.

Situation 2

Ces calendriers ayant été observés, comparés, manipulés, il faut apprendre à les utiliser. Dans un premier temps, on peut les lire quotidiennement, en début de journée pour rechercher, pointer, barrer le numéro du jour ou de la veille. Faire alors correspondre les écritures des tableaux de la classe et des calendriers et apprendre à écrire une date à partir de cette étude.

Exemple :

Mai		
1	M	F. DU TRAVAIL
2	J	St Boris
3	V	Sts Phil.-Jacq
4	S	St Sylvain
5	D	Ste Judith
6	L	Ste Prudence
7	M	Ste Gisèle
8	M	ANNIVERS. 1945
9	J	St Pacôme
10	V	Ste Solange
11	S	Ste Estelle
12	D	St Achille
13	L	Ste Rolande
14	M	St Matthias
15	M	Ste Denise
16	J	ASCENSION
17	V	St Pascal
18	S	St Eric
19	D	St Yves
20	L	St Bernardin
21	M	St Constantin
22	M	St Emile
23	J	St Didier
24	V	St Donatien
25	S	Ste Sophie
26	D	PENTECOTE
27	L	St Augustin de C.
28	M	St Germain
29	M	St Aymar
30	J	St Ferdinand
31	V	V. de la Ste Vierge

mai : nom du mois

11 : c'est le numéro du jour
J : c'est jeudi
Estelle : nom de la personne fêtée

donc la date est jeudi 11 mai.

Les enfants en cette période de l'année sauront réordonner les mots d'une date si celle-ci a été écrite quotidiennement (voir p. 319).

Situation 3

Ces calendriers peuvent être utilisés pour situer des événements importants (fête, anniversaire, spectacle, jour de congé exceptionnel). Selon le renseignement recherché, on procèdera de plusieurs façons :

Exemple 1 : *Un spectacle de marionnettes sera présenté à l'école le 16 mai. Quel en sera le jour ?*

Les enfants peuvent localiser ce jour en :
- lisant le nom du mois écrit sur le calendrier avec l'aide d'un modèle ;
- situant le numéro du jour sur ce mois ;
- reconnaissant la lettre du jour (M sur notre exemple) ;
- y associant un nom de jour : premier M de la semaine (donc reconnaissance du début de la semaine), il s'agit donc du mardi.

Exemple 2 : Quand aura lieu la Fête des Mères ?

– Recherche de l'écriture Fête des Mères, sur le calendrier. Procéder par groupe. Chaque groupe ayant pour mission de rechercher cette fête dans un mois particulier.

– Échange des résultats : le ou les groupes ayant situé l'écriture doivent communiquer leurs résultats aux autres : en écrivant le nom du mois et/ou en donnant son numéro de rang dans l'année (5e mois pour notre exemple).

– Une fois les mots localisés, en faire déduire le numéro et la lettre nom du jour, écrire la date et faire verbaliser le résultat. *Les mamans seront fêtées le dimanche 28 mai.*

Situation 4

Ceci étant mis en place, on peut revenir au problème ou le présenter seulement après cette étude. Faire rappeler les données et demander aux enfants de rechercher la date correspondante. Donner à chaque groupe de 2 ou 3 enfants, un calendrier différent de celui des autres. Après la recherche, chaque groupe explique aux autres sa démarche et donne son résultat. Ainsi, faire apparaître les procédures de chacun.

Exemples de résultats proposés à partir de calendriers de l'année 1995 :

1 - lundi 11 septembre
2 - lundi 4 septembre
3 - lundi 6 mars
4 - lundi 13 mars.

Dans ces exemples les enfants ont bien compris que le jour de la fête est un lundi. Dans les cas 1 et 2, les enfants ont compté sur des calendriers à 2 faces, donc aux faces semestrielles et ils ont compté 1 à partir de juillet, donc du 7e mois de l'année pour nous.

Dans le cas n° 2, le premier lundi est compris comme étant le deuxième, le mois commençant un vendredi. Celui-ci est compris comme le 1er jour de la semaine et le 1er lundi comme étant le 1er jour de la 2e semaine.

Dans le cas n° 1 les lundis ont été bien comptés.
Dans les cas 3 et 4, les enfants ont compté les mois à partir de janvier.
Dans le cas n° 3, nous avons la même procédure que dans le cas n° 2.

1er mois	2e mois	3e mois
Janvier	**Février**	**Mars**
1 D JOUR DE L'AN	1 M Ste Ella	1 M St Aubin
2 L St Basile	2 J Prés. du Seigneur	2 J St Charles le Bon
3 M Ste Geneviève	3 V St Blaise	3 V St Guénolé
4 M St Odilon	4 S Ste Véronique	4 S St Casimir
5 J St Edouard	5 D Ste Agathe	5 D Ste Olivia
6 V St Melaine	6 L St Gaston	6 L Ste Colette
7 S St Raymond	7 M Ste Eugénie	7 M Ste Félicité
8 D EPIPHANIE	8 M Ste Jacqueline	8 M St Jean-de-Dieu
9 L Ste Alix	9 J Ste Apolline	9 J Ste Françoise R.
10 M St Guillaume	10 V St Arnaud	10 V St Vivien
11 M St Paulin	11 S N.-D. de Lourdes	11 S Ste Rosine
12 J Ste Tatiana	12 D St Félix	12 D Ste Justine
13 V Ste Yvette	13 L Ste Béatrice	13 L St Rodrigue
14 S Ste Nina	14 M St Valentin	14 M Ste Mathilde
15 D St Rémi	15 M St Claude	15 M Ste Louise M.
16 L St Marcel	16 J Ste Julienne	16 J Ste Bénédicte
17 M Ste Roseline	17 V St Alexis	17 V St Patrice
18 M Ste Prisca	18 S Ste Bernadette	18 S St Cyrille
19 J St Marius	19 D St Gabin	19 D St Joseph
20 V St Sébastien	20 L Ste Aimée	20 L PRINTEMPS
21 S Ste Agnès	21 M St P. Damien	21 M Ste Clémence
22 D St Vincent	22 M Ste Isabelle	22 M Ste Léa
23 L St Barnard	23 J St Lazare	23 J St Victorien
24 M St Franç. de S.	24 V St Modeste	24 V Ste Catherine
25 M Conv. de St Paul	25 S St Roméo	25 S **Annonciation**
26 J Ste Paule	26 D St Nestor	26 D Ste Larissa
27 V Ste Angèle	27 L Ste Honorine	27 L St Habib
28 S St Thomas d'A.	28 M St Romain	28 M St Gontran
29 D St Gildas		29 M Ste Gwladys
30 L Ste Martine		30 J St Amédée
31 M Ste Marcelle		31 V St Benjamin

Cas n° 3

→ 1er jour de la 1ere semaine

→ 1er jour de la 2e semaine

Le travail de l'enseignant est de confronter les différentes procédures et d'apporter les connaissances qui manquent aux enfants (comme l'ordre des mois de l'année). Une frise annuelle peut à cette fin être constituée. On peut y écrire les dates anniversaires des enfants.

Exemple :

Nous aurons 6 ans :

① janvier	② février	③ mars	④ avril	⑤ mai	⑥ juin	⑦ juillet	Etc.
Pauline : mardi 3 Agnès : dimanche 29	Paul : lundi 6	Théo : samedi 4	Etc.				

Pour vérifier la bonne compréhension des enfants, faire situer sur la frise et sur les calendriers, l'écriture de certains mois en fonction de leur ordre.

On peut également faire colorier les semaines en changeant de couleurs et faire remarquer que les semaines commencent parfois le mois précédent.

On peut faire compter tous les lundis ou tous les jeudis, etc. d'un même mois. Enfin rappeler la consigne afin de bien faire comprendre l'importance des mots employés : *Le jour de la fête aura lieu le 2e lundi du 3e mois de l'année.* Bien faire la distinction entre le nombre de semaines du mois et le nombre d'un jour répété. Puis faire refaire une recherche du problème pour savoir laquelle des 4 propositions est la bonne.

Exercices et jeux d'entraînements

Objectifs par exercice

EXERCICES	OBJECTIFS
1	• Reconnaître des écritures de mots. Les ordonner en s'aidant d'un modèle de référence. Aller à la ligne à gauche si tout ne peut être collé sur le même axe.
2	• Interpréter les indications données dans une date et les réorganiser en fonction du classement du calendrier.
3	• Réinvestir les notions développées précédemment à des problèmes nouveaux. Bien interpréter les consignes. Savoir ce que l'on cherche.

Exercice 1

Faire reconstituer un calendrier par découpage et collage des mois entiers en s'aidant de la frise annuelle de la classe.

Exercice 2

Donner à chacun sa date anniversaire, la faire situer sur un calendrier personnel.

Exercice 3

Faire rechercher quelle fête sera fêtée le :
- samedi 16 décembre par exemple ;
- 10e jour du mois de novembre ;
- 4e mardi du 9e mois, etc.

Quel jour est-ce ?

Ce jeu est d'abord proposé collectivement avant d'être proposé en atelier de 2 enfants.
But du jeu : Deviner le jour.
Matériel : Un calendrier grand format lisible de tous et faisant apparaître tous les mois de l'année ; 1 calendrier par joueur pour les jeux en atelier.
Comment jouer ? Jeu collectif : Un groupe choisit un jour du calendrier et en note la date avec l'aide de l'enseignant sur une feuille. Les enfants de l'autre groupe doivent rechercher ce jour en posant des questions.

Jeu de groupe : Un des enfants choisit un événement sur son calendrier et fait une marque à côté du jour pour ne pas l'oublier. L'autre enfant lui pose des questions comme en 1. Lorsque le deuxième joueur peut montrer du doigt ce jour sur son propre calendrier et que les deux correspondent, le jeu s'arrête et les joueurs échangent le rôle. Ce jeu peut être rendu plus facile et moins fastidieux si des moitiés ou des quarts de calendriers sont donnés aux joueurs.

Le jour (4 joueurs)

But du jeu : Gagner plus de points que les autres en retrouvant les jours.
Matériel :
- 1 calendrier par joueur ;
- cartes-nombres de 2 couleurs numérotées de 1 à 12 pour les unes et de 1 à 30 pour les autres ;
- jetons gagnants.

Comment jouer ? Un joueur (à tour de rôle) tire 2 cartes, 1 carte mois et 1 carte n° de jour. Les joueurs interprètent les indications données. Le premier qui a retrouvé le jour désigné sur son calendrier gagne 1 point.

La fête d'Élisabeth

Faire observer et décrire la page 58 du fichier. Lire les consignes et procéder par étape.

Le calendrier

Question de temps (p. 59)

Compétences et objectifs

Compétences disciplinaires : Mathématiques

- Connaître la suite des nombres.
- Utiliser le calendrier pour repérer des moments et pour calculer des durées.

Compétences transversales

- Exprimer le temps et l'espace.
- Rechercher des informations pertinentes à l'oral et aussi dans certains écrits.

Compétences dans le domaine de la langue : Lecture

- Identifier et savoir pourquoi on utilise différents supports d'écrits.
- Reconnaître certains éléments d'un texte.
- Identifier des mots familiers.

Objectifs

- Utiliser un calendrier pour situer un événement et pour calculer la durée en jours qui sépare deux instants.
- Réinvestir les notions précédemment abordées.

Langage

Objectifs par situation

Situation 2 : Donner des renseignements sur un texte lu. Le raconter avec ses propres mots. Reformuler le problème. Trouver les données pouvant aider à sa résolution.

Situation 1 : Lire cette comptine qui est différente de celle du fichier.

Le 28 octobre, Ninon se prépare
Pour la fête du 17 novembre.
Aura-t-elle le temps
De tisser son costume d'argent ?
Il lui faut 15 jours
Pour le tisser avec amour.
Il faut, donc, qu'elle commence
demain.

Situation 2

Faire raconter ce qui été lu et expliquer les termes et expressions difficiles comme : *tisser son costume d'argent*. Demander aux enfants ce qui est demandé dans le texte. Dans cet énoncé, les questions sont posées au milieu du texte et les données chiffrées apparaissent au début et au milieu de l'histoire. Les réponses des enfants sont peut-être différentes et il est bon de les confronter en les faisant argumenter, ce qui a l'avantage de faire ressortir les données chiffrées. Celles-ci sont notées sur une feuille à part.

Mise en situation : lecture sur le calendrier

Objectifs par situation

SITUATIONS	OBJECTIFS
2	• Situer des événements sur un calendrier et les ordonner dans l'espace-temps. • Calculer en jours une durée qui sépare 2 instants en comptant 1 à partir du lendemain de la date du jour. • Approcher la notion de soustraction.
3	• Reformuler le problème et ses données. • Confronter son interprétation du problème et ses propositions de résolution avec celles du groupe. Tenir compte ainsi des acquis précédents. Faire des choix, les expliquer. • Reconnaître les noms de mois écrits sur le calendrier en s'aidant d'étiquettes de référence ou de la feuille récapitulant les données. • Échanger et confronter les procédures. • Calculer des durées en jours, donc dénombrer des cases représentant ces jours. • Interpréter les résultats. Établir des relations en eux pour répondre aux questions du problème.

Situation 1

Les activités précédentes (*La fête d'Élisabeth*) proposaient aux enfants de situer un événement sur un calendrier ou d'y rechercher un événement afin d'en déterminer une date de réalisation. S'agissant d'événements les intéressant particulièrement (*anniversaire, spectacle, arrivée des correspondants*...), ils ont appréhendé la durée qui les séparait de la date tant attendue, en comparant la position de la date du jour et celle de la date du jour-événement. L'écart séparant ces deux dates s'amenuisant au fil des jours, ils ont été sensibilisés à la notion du temps qui passe.

Situation 2

Continuer bien sûr à situer les événements importants sur le calendrier, mais exploiter l'attente et le désir de l'événement pour faire verbaliser la manifestation de cette attente.

Exemple : *C'est dans longtemps. C'est bientôt. Dans combien de temps ?* Etc.

Amener les enfants à rechercher eux-mêmes une réponse en situant sur le calendrier le nombre de jours à attendre un événement.

Exemple : *Sur ce calendrier les événements importants du mois de mai ont été écrits ; Les jours passés sont barrés.*

On peut faire rechercher le nombre de jours qui sépare les enfants des événements notés et noter les résultats au jour le jour.

Cette recherche peut se faire en groupe. Ainsi la mise en commun des résultats pourra faire apparaître des différences. Demander alors à chaque représentant de groupe d'expliquer sa démarche. Bien souvent les erreurs sont dues au comptage de la case du jour. Avoir alors recours à la technique du jeu de l'oie. Pour cela, prendre un jeton que l'on place sur la case du jour et faire déplacer ce jeton de case en case en les comptant.

Ce travail renouvelé chaque jour est un bon entraînement. Il permet également une approche de la soustraction : la comparaison des résultats et l'explication de leur différence fera apparaître que :

- plus on s'approche de l'événement, plus le nombre est petit ;
- que chaque jour, 1 jour est ôté.

Situation 3 : le problème de la comptine

Le problème propose une situation plus complexe.

On demande combien de jours séparent deux instants, si l'on a assez de temps pour faire quelque chose entre 2 instants donnés.

La durée s'écoule entre 2 instants situés sur 2 mois différents.

Pour le résoudre, proposer aux enfants de se répartir en groupes de recherche et donner à chacun d'eux : 1 calendrier annuel, 1 feuille avec les données codées collectivement, des crayons de couleurs.

Exemple de feuille faisant apparaître les données :

Durant la recherche, passer de groupe en groupe pour noter les différentes procédures et interroger les enfants afin qu'ils les argumentent.

Mettre en commun les résultats en fixant tous les calendriers annotés face au groupe. Puis demander à chaque représentant de groupe combien de jours séparent les 2 événements, si l'araignée de l'histoire a le temps de faire son costume avant la fête, et d'expliquer ce qui leur a permis de conclure cela. Puis faire comparer les résultats (*La date du jour et la date de la fête sont-elles bien placées ?*). Faire compter les jours les séparant pour vérifier les résultats.

Faire observer comment les enfants ont noté sur leur calendrier les jours nécessaires à la confection du costume (cochage des cases, coloriage). Vérifier à cette occasion que la durée nécessaire à la conception du costume n'est pas confondue avec une date : 15 octobre ou 15 novembre et que le comptage des cases correspondant à la durée du travail se fait à partir du lendemain du jour présenté comme « l'aujourd'hui ».

Par tâtonnement collectif né d'une recherche de groupe, on arrive à une solution satisfaisant tout le monde.

Exemple :

- *Les cases cochées sont les jours déjà passés.*
- *La case du jour et celle de la fête sont encadrées. Le comptage des cases permet de dire que la fête aura lieu dans 20 jours.*
- *L'araignée mettra 15 jours à faire son costume. Elle le commencera le 29 octobre. Elle le terminera le 12 novembre.*
- *Donc elle terminera son costume avant la fête, elle aura donc assez de temps pour le faire.*

Exercices et jeux d'entraînement

Objectif par situation

Appropriation et maîtrise des notions et des procédures.

Exercices

Exercice 1 : Faire calculer la durée séparant deux dates d'un même mois, puis sur 2 mois.
Exercice 2 : Faire prévoir la date d'un événement en connaissant le premier jour de référence et la durée de l'attente.

Jeu 1 : dans combien de temps ?

But du jeu : Gagner plus de points que les autres en retrouvant les durées séparant des événements.
Matériel : Un calendrier bimensuel grand format par joueur ; 8 jetons ; des points gagnants (haricots par exemple) ; carrés de papier ; crayon.
Comment jouer ? Les joueurs mènent le jeu à tour de rôle. Le meneur place son premier jeton sur un jour du calendrier, sans le montrer aux autres. Il procède de même avec son second jeton. Il n'a plus le droit de les toucher. Il cherche la durée séparant les deux événements et la note sur un carré de papier. Ensuite il donne aux autres joueurs les deux dates sur lesquelles sont placés ces jetons. Les autres joueurs placent les leurs en tenant compte des indications données, puis calculent par comptage la durée séparant les 2 dates. Le premier à avoir trouvé le bon résultat gagne un point. Le jeu continue avec un autre meneur.

Jeu 2 : le jour J

But du jeu : Gagner plus de pions que les autres en trouvant la date d'un événement à partir d'une autre date et d'une durée.

Matériel : Le même que ci-dessus.

Comment jouer ? Les joueurs mènent le jeu à tour de rôle. Le meneur place 2 jetons sur son calendrier et calcule la durée séparant les deux dates. Il inscrit le nombre trouvé sur un carré de papier. Puis il donne aux autres joueurs la 1ere date et la durée qui la sépare de la deuxième sans la dire. Le premier à avoir trouvé la 2e date gagne 1 point.

Question de temps

Faire observer et décrire la page 58 du fichier, qui sera proposé en atelier dirigé, l'enseignant devant donner les consignes au fur et à mesure. Procéder par étapes.

Situations soustractives

Les souliers du cordonnier (p. 60)

Compétences et objectifs

Compétences disciplinaires

- Connaître la suite des nombres.
- Comparer des collections.
- Coder des quantités.
- Résoudre des problèmes liés à l'augmentation ou à la diminution de certaines quantités.

Compétences transversales

- Émettre des suppositions.
- Faire des choix et les expliquer.
- Restituer et réorganiser les informations réunies.

Objectifs

- Compter et représenter des collections.
- Rechercher l'ensemble complémentaire d'une collection. Effectuer ainsi un partage.
- Comprendre une situation soustractive par une manipulation permettant de comparer deux collections et rechercher ce qui les différencie.

Langage

Objectifs par situation

- Répondre aux questions portant sur un énoncé.
- Reformuler les données nécessaires à sa résolution.
- Prévoir un résultat.

Situation 1

Lire cette comptine qui est différente de celle du fichier afin d'éviter les problèmes de mémorisation.

La cordonnier doit réparer
Tous les souliers
Des 5 princesses aux longues tresses.
Il a déjà réparé 4 souliers.
Combien en reste-t-il
Qui attendent en pile ?

Situation 2

Faire raconter ce qui est dit dans le texte. Poser des questions pour vérifier la bonne compréhension de l'histoire. Faire formuler la question posée et demander aux enfants s'ils ont une réponse. Il n'est pas rare que certains enfants associent à chaque princesse, un soulier. Ils penseront alors que le cordonnier n'a plus qu'un soulier à faire. Noter toutes les suggestions.

Mise en situation

Objectifs par situation

SITUATIONS	OBJECTIFS
1	• Prendre sa place dans le groupe. • Accepter de coopérer, de confronter ses arguments avec ceux des autres. • Interpréter des données. En déduire une démarche pour résoudre le problème. • Réaliser un partage d'une collection en 2 parts. Opérer ainsi une soustraction par manipulation et par recherche du cardinal du sous-ensemble complémentaire d'un autre sous-ensemble.
2	• Répondre à la question du problème. Formuler un résultat et l'argumenter. • Confronter sa démarche avec celle des autres groupes. • Accepter ses erreurs éventuelles. Les comprendre.

Situation 1

Répartir les élèves en groupe. Suggérer, s'ils ne le proposent pas, que 5 d'entre eux représentent les princesses et fassent réparer leurs souliers. Laisser les enfants agir à l'intérieur de chaque groupe. Aller de l'un à l'autre pour noter et faire expliquer la ou les démarches employées, sans les corriger.

Situation 2

Demander à chaque groupe quel est son résultat et comment il l'a obtenu.

Exemples de solutions possibles :

– 1 soulier : 5 enfants ont donné 1 soulier. Ça fait 5 souliers. Le cordonnier en répare 4. On les répare. On les enlève. Il en reste 1 à faire.

– 2 souliers : Les 6 enfants du groupe ont donné 1 soulier. Ça fait 6 souliers à réparer. Le cordonnier en répare 4. On en répare 1, 2, 3, 4. On les enlève. Il en reste 2.
– 6 souliers : 5 enfants ont donné leurs souliers. Ils en avaient 2 chacun. Ça fait 10 souliers à réparer. Le cordonnier en a réparé 4. On les met à côté, il en reste 6.
– 8 souliers : Les enfants du groupe ont enlevé leurs souliers. On est 6, ça fait 12 souliers. On en enlève 4 qui sont réparés, ça fait 8 souliers qu'il faut encore réparer.

D'autres solutions nées d'une erreur de comptage peuvent aussi être proposées. Confronter les différents cas de figures en faisant référence aux données de l'énoncé. Faire ainsi apparaître qu'il y a 5 princesses et non 5 souliers ; que chaque princesse a deux pieds, donc 2 souliers. Certains peuvent à ce propos supposer qu'elles ont plus d'une paire de chaussures ; leur dire qu'elles n'en ont qu'une paire.

Situation 3

Proposer alors aux enfants de faire une nouvelle recherche après leur avoir fait reformuler les données : 5 enfants du groupe (sur les 6) enlèvent leurs 2 souliers.

Schématisation de la situation

Objectifs par situation

SITUATIONS	OBJECTIFS
Représentation de la situation problème	• Restituer et réorganiser les informations réunies. • Coder ainsi une situation vécue par représentation des collections obtenues par manipulation. • Prendre conscience des différents codages possibles. Les comprendre.
Jeu d'entraînement	• Associer toutes les écritures additives de 10. • Opérer une soustraction en recherchant la collection complémentaire d'une autre.
Exercices de systématisation	• Mêmes objectifs dans des situations de recherche plus abstraites car passant par la représentation des collections et non par leur manipulation.

Représentation de la situation

Demander aux enfants de rechercher un moyen de dessiner les souliers réparés et ceux qui restent à faire. Plusieurs solutions peuvent être proposées. Faire procéder aux différentes démarches puis les faire comparer.
– Certaines représentations par prises d'empreintes sont très grandes. Il faut plusieurs feuilles pour représenter les souliers.
– On en déduit que les dessins de souliers sont plus faciles et moins longs à représenter si on utilise un codage.

Exemple de codages :

- Certains ont séparé les souliers réparés des autres.
- Certains ont colorié les souliers réparés.
- Certains ont entouré les souliers réparés.
- D'autres ont fait des marques pour les différencier.
- Des nombres ont été utilisés.

Jeu d'entraînement

Jeu de cartes : Le pouilleux de 10 (4 joueurs)
But du jeu : Reconstituer les cartes pour avoir 10 ronds en tout et ne pas rester avec la carte 10.
Matériel : Cartes représentant, par association, les différentes écritures de 10.

- 1 carte à 10 ronds 

- 1 carte à 1 rond et 1 carte à 9 ronds ;
- 1 carte à 2 ronds et 1 carte à 8 ronds;
- 1 carte à 3 ronds et 1 carte à 7 ronds ;
- 1 carte à 4 ronds et 1 carte à 6 ronds ;
- 1 carte à 5 ronds et 1 carte à 5 ronds.

Comment jouer ? Présenter les cartes et les faire associer pour constituer une collection de 10 ronds.

Exemple :

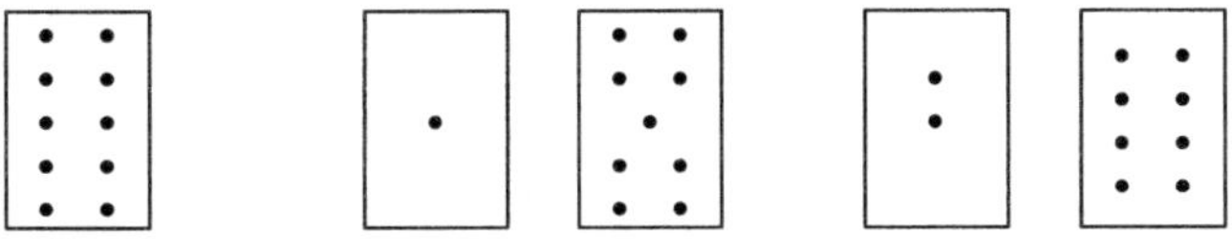

Le pouilleux

Jouer comme au pouilleux : Toutes les cartes sont distribuées. Les joueurs qui peuvent faire 10 avec 2 cartes les posent devant eux. Puis chaque joueur tire une carte dans le jeu de son voisin de droite. S'il peut faire une collection de 10 ronds avec 2 cartes, il les pose puis (ou sinon) il tend son jeu sans le montrer à son voisin de gauche qui lui prend une carte. Celui qui à la fin du jeu reste avec la carte de 10 ronds a perdu.

Exercices de systématisation

Exercice 1 : Chaque ensemble doit avoir 12 ronds, dessine en rouge ceux qui manquent.

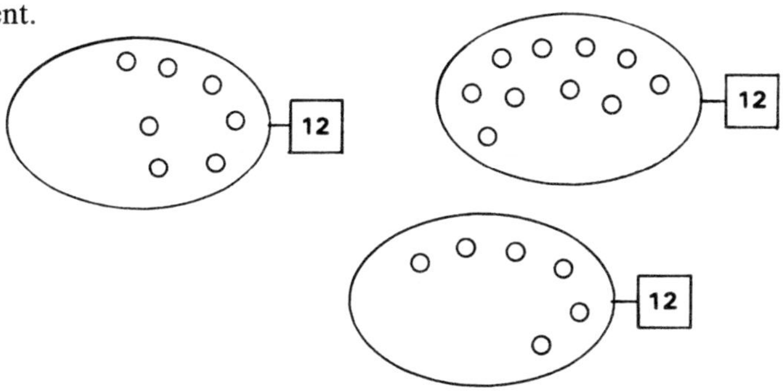

Exercice 2 : Laure a 16 poissons. Elle en a 12 rouges. Combien en a-t-elle de jaunes ? Dessine-les.

Exercice 3 : Il y avait 32 gâteaux dans la boîte. Combien en reste-t-il après la collation si chaque enfant de la classe en a mangé 1 ?

Les souliers du cordonnier

Faire décrire la page 59 du fichier. Demander aux enfants d'en déduire les consignes. Les lire. Procéder par étapes.

Situations soustractives

Les pommes du renard doré (p. 61)

Compétences et objectifs

Compétences disciplinaires

- Connaître la suite des nombres.
- Comparer des collections.
- Coder des quantités.
- Résoudre des problèmes liés à l'augmentation ou à la diminution de certaines quantités.

Compétences transversales

- Émettre des suppositions.
- Faire des choix et les expliquer.
- Restituer et réorganiser les informations réunies.

Objectifs

- Compter et représenter des collections.
- Chercher le nouveau cardinal de collections auxquelles on a retiré des éléments.
- Trouver un moyen de représenter les modifications constatées.
- Comprendre ainsi la situation soustractive, une manipulation permettant de retirer une sous-collection d'une collection plus grande.

Langage

Objectifs par situation

- Répondre aux questions portant sur un énoncé.
- Reformuler le problème.
- Rechercher les données nécessaires à sa résolution.
- Déterminer une démarche.

Situation 1

Lire cette comptine qui est différente de celle du fichier pour éviter les problèmes de mémorisation.

Qui est entré dans mon terrier ?
S'écrie le renard doré.
Tous les jours,
On me vole 2 pommes.
Voici les trognons,
Sur le gazon.
Dire que j'en avais 20 !

Situation 2

Faire raconter ce qui est dit dans le texte. Demander aux enfants quel est le problème du renard et faire apparaître les données que l'on pourra réécrire sur une feuille à part. Demander alors aux enfants ce qu'ils pourraient faire pour résoudre le problème. Noter les différentes propositions :

- Utiliser un matériel (balles) pour remplacer les pommes.
- Dessiner les pommes.
- Utiliser la bande numérique : situer 20 et reculer de 2 puis de 2 cases par exemple.

Mise en situation

Objectifs par situation

SITUATIONS	OBJECTIFS
Le problème	• S'investir dans le groupe. Accepter de coopérer et de confronter ses arguments avec ceux des autres. • Constituer une collection de 20 éléments. • Réaliser une soustraction par manipulation d'éléments. • Répondre à la question du problème : – Expliquer sa démarche. – Prendre conscience par la manipulation et le comptage des différentes relations additives et soustractives reliant les nombres connus et trouvés.
La comptine	• Situer un jour sur le calendrier. • Représenter une collection par jour. • Opérer des soustractions successives. Compter et représenter les collections obtenues. • Réinvestir les notions développées dans les fiches 57 et 58.

Le problème

Répartir les enfants en équipes. Leur présenter le matériel figurant les pommes : balles en mousse, disques de papier, etc.

Leur faire rappeler les données du problème et leur demander de rechercher des moyens de le résoudre. Laisser chaque équipe venir chercher le matériel nécessaire et observer les procédures utilisées.

Puis demander à chaque groupe combien il reste de pommes au renard ? Faire argumenter les résultats. Faire vérifier tous les résultats, ceux qui paraissent justes et ceux qui paraissent faux :

– par dénombrement de la collection de pommes qui reste,
– par dénombrement de la collection ou des collections de pommes enlevées,
– par dénombrement total de toutes les pommes.

Ainsi, expliquer les résultats différents par :

– une erreur de comptage de la collection au départ,
– une erreur de comptage des pommes otées,
– une erreur de comptage des pommes qui restent.

La réunion des sous-ollections pommes qui restent et pommes mangées, c'est-à-dire l'addition, apparaîtra ainsi comme un moyen de vérifier les résultats.

La comptine

Poser le problème suivant : *Dans combien de jours n'en aura-t-il plus si tous les jours on lui en mange 2.*

Donner à chaque groupe un grand calendrier. Faire situer la date sur ce calendrier. Leur rappeler qu'il leur reste 16 pommes. Les faire dessiner sur la case du jour puis leur demander dans combien de jours le renard n'en aura plus. Comme précédemment, laisser les enfants construire leur propre démarche. Afficher les calendriers et demander à chaque groupe de présenter ses résultats en les agrémentant.

Exemple : *Si nous sommes le 10 mai, le 18 mai le renard n'aura plus de pommes, soit dans 7 jours.*

Les démarches : Comme précédemment elles seront expliquées et vérifiées afin d'être éventuellement corrigées.

Schématisation de la situation

Objectifs par situation

SITUATIONS	OBJECTIFS
Les pommes sauvées	• Opérer des soustractions par manipulation d'objets. • Par le jeu, mémoriser quelques résultats comme : si j'enlève 1 à 10 ça fait 9; si j'enlève 2 à 10 ça fait 8. • Comprendre que plus la collection otée est petite, plus celle qui reste est grande. • Opérer une addition pour vérifier le résultat de la soustraction.
La course des pommes sauvées	• Opérer des soustractions successives de 1 à 3 éléments. • Comprendre qu'il faut avancer le plus rapidement possible sur la piste pour perdre le moins de haricots possible. • Comparer des nombres et des collections.
Exercice de représentation	• Opérer des soustractions successives par manipulation, les coder en représentant les collections à chacune des étapes. • Comparer des nombres et des collections.

Les pommes sauvées

But du jeu : Gagner plus de points haricots que les autres en perdant moins de pommes.

Matériel pour 4 joueurs :

- 1 pot par joueur (pot de yaourt) ;
- 40 jetons (pour les pommes) ;
- haricots (pour les points gagnants) ;
- 1 dé.

Comment jouer ? Chaque joueur met 10 jetons dans son pot. A tour de rôle, chacun lance le dé et enlève du pot autant de jetons qu'il y a de points sur le dé. Au bout d'un tour, chacun compte les haricots qui restent dans son pot. Celui qui en a le plus gagne 1 haricot. Les joueurs remettent ensuite les jetons perdus dans leur pot. Le jeu recommence après avoir fait constater que chacun a bien 10 jetons dans son pot.

Lorsque le jeu est bien maîtrisé, on pourra :

– faire prévoir lequel des joueurs aura plus de jetons dans son pot en faisant observer les collections de jetons perdus,

– faire vérifier que le nombre de jetons dans le pot et le nombre de jetons perdus font bien 10.

La course des pommes sauvées

But du jeu : Arriver au bout de la piste en ayant sauvé le plus de haricots-pommes possible.

Matériel :

- 40 pots : 1 par joueur ;
- 20 haricots par pot ;
- 1 piste dont les cases comprennent successivement 1, 2 et 3 points ;
- 1 dé ;
- 4 jetons, 1 par joueur.

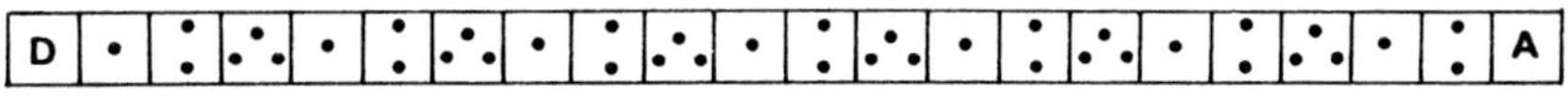

Comment jouer ? Les joueurs mettent 20 haricots dans leur pot. A tour de rôle, ils lancent le dé et avancent d'autant de cases qu'il y a de points sur le dé. Le nombre de points représenté sur la case où ils atterrissent représente le nombre de haricots-pommes volées, donc à retirer du pot. Lorsque tous les joueurs sont arrivés en bout de piste, ils comptent leurs haricots. Celui qui en a le plus a gagné.

Exercice de représentation

Par groupe de 2, proposer aux enfants de représenter au jour le jour sur des carrés de papier collés et représentant chacun 1 jour, le nombre de pommes restant au renard au bout de 4 jours, s'il en avait :

– 15 au départ et qu'on lui en vole 3 par jour,

– 10 au départ et qu'on lui en vole 1 par jour.

Donner à chacun des jetons ou des haricots, leur permettant de réaliser par manipulation les étapes successives et de les représenter également successivement.

Faire comparer les résultats obtenus en faisant expliquer comment ils ont été obtenus.

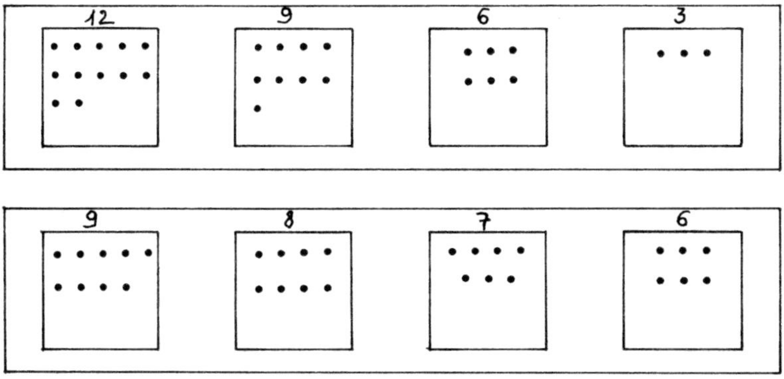

Les pommes du renard doré

Faire observer et décrire la page 61. Lire les consignes et donner chacun un pot avec 10 haricots pour effectuer les manipulations successives et pour en faciliter les représentations.

Autres énoncés pouvant être exploités en classe

Il y a 30 élèves dans la classe. 3 sont absents. Combien sommes-nous aujourd'hui ?

Il y a 30 élèves habituellement dans la classe. Mais aujourd'hui nous ne sommes que 27. Combien d'élèves sont absents ?

Si l'on tend un élastique sur lequel on place 30 perles et que l'on fixe le tout au mur, on pourra alors tous les jours opérer des manipulations additives et soustractives à partir de situations vécues en classe.

Il y a 30 élèves dans la classe. 5 rentreront manger à la maison. Combien resteront à la cantine ?

Il y a 12 feutres dans la pochette de Thomas, mais le feutre jaune, le vert et le rouge sont usés. Avec combien de feutres peut-il encore dessiner ?

La maîtresse a photocopié 30 exercices. Elle en a déjà donné 6 à faire en atelier. Aura-t-elle assez de feuilles pour les 20 élèves qui restent ?

Étude d'une forme géométrique

Le triangle (p. 62)

Compétences et objectifs

Compétences disciplinaires

- Trier, classer des objets.
- Reconnaître, décrire et reproduire quelques figures simples.
- Situer, repérer et déplacer des objets par rapport à soi ou par rapport à des repères fixes.
- Utiliser quelques instruments et quelques techniques.

Compétences transversales

- Développer son sens de l'esthétique et manifester son besoin de créer.
- Observer, interroger, s'exprimer par la parole, le dessin.
- Exprimer ses préférences.
- Discerner des analogies, des différences.

Objectifs

- Différencier les triangles des autres formes géométriques.
- Différencier des triangles.
- Réaliser et reproduire des pavages et des puzzles de triangles à partir de triangles.
- Tracer des triangles à l'aide d'un gabarit, avec une règle, à main levée.

Présentation de la situation

Objectifs par situation

SITUATIONS	OBJECTIFS
1	• Observer et comparer des formes géométriques. Les classer. Les nommer.
2	• Savoir décrire un triangle. Prendre conscience par la description des différences qui peuvent exister entre deux formes triangulaires (longueur des côtés, ouverture des angles).

Situation 1

Présenter aux enfants des formes géométriques découpées dans du papier de couleur. Prévoir : 3 disques de diamètres différents, 2 rectangles et 1 carré de dimensions différentes et enfin 5 triangles de formes et de dimensions différentes. Les faire décrire et classer par formes. Puis lire la comptine :

Les triangles
Ont 3 pointes aiguisées,
Reliées par 3 côtés
Bien droits, ça va de soi.
Ils peuvent être différents
Comme les enfants.
Ce serait amusant
De les dessiner maintenant.

Situation 2

Demander aux enfants quelles sont les formes décrites dans la devinette et leur demander d'argumenter leurs réponses en faisant référence aux données : 3 pointes, 3 côtés droits, ils sont différents.

Faire comparer les triangles : leurs dimensions (leurs surfaces, leurs côtés), leurs formes, leurs pointes (leurs angles).

Manipulation de triangle

Objectifs par situation

SITUATIONS	OBJECTIFS
Jeux d'assemblage	• Manipuler des triangles, les déplacer, les retourner, les tourner. Opérer ainsi des rotations, des translations, être confronté intuitivement aux problèmes de parallèlisme, d'orthogonalité, d'équivalence des longueurs etc. • Créer et reproduire des assemblages, des pavages, des rythmes. • Recomposer une surface. Remplacer des surfaces.
Tangram	• Mêmes objectifs. • Reconstituer des triangles par assemblages de formes différentes. • Déformer et reconstituer une forme par décomposition et collage. • Percevoir ainsi l'invariance de la surface totale des morceaux.

Jeux d'assemblage

Triangles différents : Donner à chaque enfant d'un même atelier 6 triangles de formes différentes. Leur demander de les assembler pour faire un dessin. Faire observer et comparer les compositions obtenues. Puis donner à nouveaux 6 formes identiques aux premières et demander aux enfants de reproduire le collage d'un petit camarade.

Triangles identiques : Proposer le même travail avec 6 triangles de formes et de dimensions identiques. Donner 1 forme par atelier :

- atelier avec 6 triangles rectangles ;
- atelier avec 6 triangles isocèles ;
- atelier avec 6 triangles équilatéraux ;
- atelier avec 6 triangles quelconques mais identiques.

Les compositions jugées intéressantes pourront être reproduites 2 fois sur des feuilles cartonnées. Les unes seront découpées pour constituer des puzzles, les autres serviront de modèles.

Faire construire des pavages et des rythmes par collage d'éléments différents et identiques.

Exemple : △▼△▼△

Tangram

Donner à chaque enfant un triangle. Leur demander d'y tracer une ligne. Puis le faire couper en deux en suivant la ligne, et faire reconstituer le triangle par collage.

Proposer le même exercice en faisant tracer : 2 lignes, 3 lignes, 4 lignes. Avant le découpage, faire colorier chaque zone d'une couleur différente et faire remarquer les formes obtenues.

Exemples de découpage pour un même triangle :

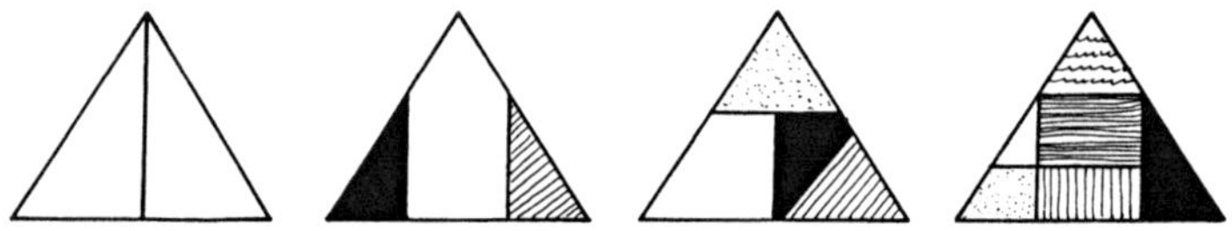

Donner à chacun le triangle-tangram suivant :

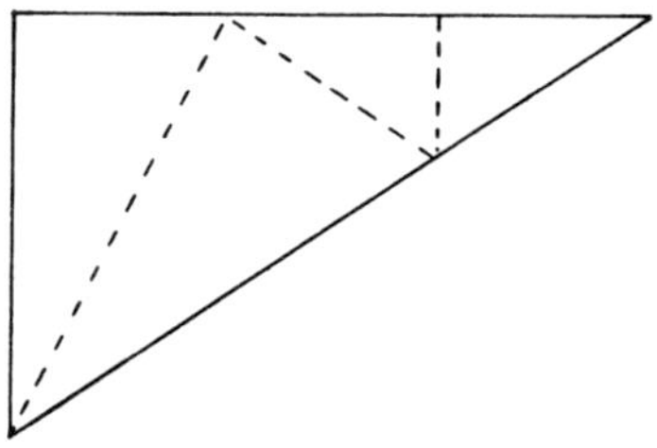

Faire colorier les différentes parties du tangram selon le code déterminé par l'enseignant (le même pour tous). Faire découper les morceaux. Les faire décrire et comparer, puis laisser chacun les assembler comme il l'entend.

Faire comparer et décrire les différentes réalisations.

Redonner un autre triangle à découper et à colorier avec les mêmes couleurs et faire reproduire des assemblages créés par d'autres.

Recommencer en suivant la même démarche mais sans faire colorier les parties découpées. Le collage doit alors se faire sur une feuille de couleur.

Les tangrams intéressants peuvent être plastifiés et s'intégrer aux puzzles de la classe.

Les triangles peuvent être reconstitués.

Représentation

Objectifs par situation

SITUATIONS	OBJECTIFS
À la peinture	• Tracer des lignes droites en respectant la trajectoire de chaque bord de la feuille.
Au feutre	• Par les différents tracés : – s'imprégner de la forme du triangle ; – maîtriser la fermeté du tracé ; – précéder le mouvement pour mieux le diriger ; – affiner le tracé.
Avec un crayon et une règle	• Tracer des triangles à la règle. • Paver une surface en traçant des triangles à l'aide d'une règle.

Voici des exemples d'exercices graphiques permettant aux enfants d'affiner leur maîtrise gestuelle dans le tracé de triangles.

À la peinture

Fournir de grands triangles de papier blanc et faire suivre avec une couleur les 3 bords de la feuille. On obtient 1 triangle. Faire changer de couleur pour faire tracer ainsi un deuxième triangle en suivant les côtés du premier et ainsi jusqu'au centre de la feuille. Faire éventuellement décorer au feutre noir les triangles obtenus.

Au feutre

Dessiner des triangles pour en paver une surface en s'aidant d'un gabarit de carton.

Coller une gommette en forme de triangle au centre d'une feuille et demander aux enfants de tracer des triangles de plus en plus grands en suivant les bords de la gommette.

Faire créer et reproduire des frises à base de formes triangulaires.

Avec un crayon et une règle

Faire tracer des triangles « comme on veut » mais en s'aidant d'une règle.

Faire tracer 1 triangle dont l'un des côtés mesure 8 centimètres.

Tracer 1 triangle dont un côté mesure 8 cm et un autre 10 cm.

Remplir une feuille de triangles tracés à la règle.

Reconnaissance du triangle

Objectifs par situation

SITUATIONS	OBJECTIFS
1	• Réinvestir les notions acquises lors des manipulations et tracés et reconnaître un triangle quelles que soient ses dimensions, l'ouverture de ses angles et quelle que soit son orientation.
2	• Transformer une forme par découpage.

Situation 1

Plie une feuille 4 fois en tous sens. Déplie-la. Marque les plis au crayon. Colorie les triangles que tu vois.

Situation 2

Donner un rectangle de papier à chaque enfant et lui demander de découper la forme afin de n'obtenir que des triangles. Les faires coller sur une autre feuille. Compter le nombre de morceaux obtenus. Comparer ce nombre avec celui des autres.

Le triangle

Faire décrire la page 62 du fichier. Lire les consignes.

Translation et rotation

Les ballons (p. 63)

Compétences et objectifs

Compétences disciplinaires

- Reproduire et décrire quelques figures simples.
- Utiliser quelques techniques.

Compétences transversales

- Discerner des analogies, des différences.
- Faire des choix, les expliquer.
- Restituer et réorganiser les informations réunies.

Objectifs

- Manipuler et représenter des formes simples.
- Les déplacer par rotation et translation.
- Reproduire les décorations d'une forme sur une autre identique mais d'orientation différente.

Langage

Objectifs par situation

Donner des renseignements sur un texte lu. Formuler correctement les réponses aux questions posées. Les confronter à celles des autres.

Situation 1 : Lire la comptine

Qui a effacé les décorations
De mes beaux ballons ?
Par forme, je les avais décorés
Et il n'y a plus qu'à tout recommencer.
Maintenant ça va être difficile
Ils dansent tous au bout
De leur fil.

Situation 2

Faire raconter ce qui est dit dans le texte et faire expliquer ce que veut dire « par forme je les avais décorés ».

Mise en situation

Objectifs par situation

SITUATIONS	OBJECTIFS
1	• Comparer et classer des éléments en fonction de leurs formes. • Lister des graphismes connus. • Choisir autant de graphismes qu'il y a d'ensembles de ballons. • Pour cela, s'organiser, coopérer, pour déterminer une démarche commune.
2	• Reproduire et donc respecter la forme graphique attribuée au groupe.
3-4	• Comparer et décrire la position des ballons dans l'espace. Tenir compte : – de leurs formes – de leurs décorations – de leurs orientations
5	• Représenter une situation observée. Respecter la forme, la position et l'orientation des éléments donnés en modèle sur les photos.
6	• Respecter le code de décoration d'un même dessin, quelle que soit sa position et son orientation. Être ainsi amené à opérer des translations et des rotations.

Situation 1

Présenter des ballons de baudruche aux enfants. À l'aide d'un gonfleur les gonfler. Les faire décrire et classer en fonction de leur forme. Faire rechercher les décorations qu'il serait possible de reproduire sur les ballons. Attribuer à chaque forme une décoration.

Situation 2

Répartir les enfants en groupes : chaque groupe se voyant attribuer la décoration d'un ensemble de ballons. On utilisera des feutres tout support afin que les décorations ne s'effacent pas.

Situation 3

Attacher chaque ballon à une ficelle et aller les accrocher par lot et 1 par ensemble en différents endroits de la classe : au-dessus du radiateur, au plafond, à la poignée et à l'extérieur de la fenêtre... Faire alors observer et décrire les ballons et leurs décorations. Remarquer que certains ballons dansent.

Situation 4

Le même travail peut être proposé avec des ballons sur lesquels on aura dessiné des têtes. Les remarques seront plus riches.

Situation 5

Prendre des photos des ballons pour garder en mémoire les positions intéressantes qui ont été observées et décrites. Donner à chaque enfant d'un atelier, 9 ballons de papier, 3 de chaque forme. (Ceci à partir des situations représentées en 4. Ce n'est qu'un exemple.) Demander aux enfants de les décorer puis de les coller comme sur les photos.

Redonner le même exercice. Mais demander aux enfants de les décorer après le collage.

Situation 6

Présenter aux enfants une grande feuille sur laquelle sont collées des ballons de papier. La faire décrire.

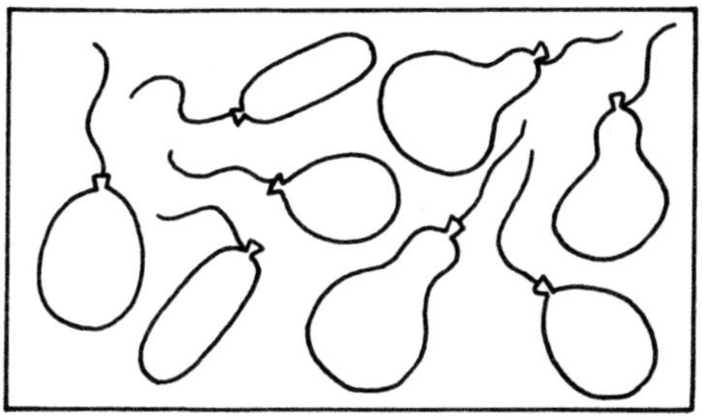

Faire remarquer que certains sont de même forme, qu'ils ont des positions différentes.

Puis leur demander comment ils pourraient les décorer en respectant les modèles représentés sur une autre feuille.

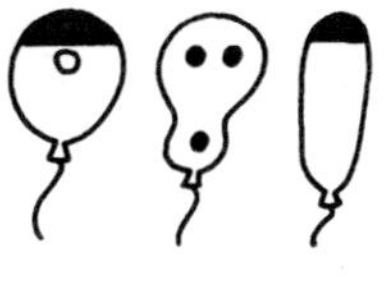

Répartir les enfants en groupes. Donner à chacun une ou deux feuilles comme celles présentées collectivement.

Après le travail, faire comparer les résultats et verbaliser les procédures de chaque groupe. Pour départager les équipes, découper les formes modèles et les faire placer par chaque groupe à côté des formes correspondantes. On obtient ainsi une autocorrection de chacune des équipes.

Exemple :

Forme obtenue

Modèle

Jeux et exercices d'entraînement

Objectifs par situation

SITUATIONS	OBJECTIFS
Le loto des ballons	• Orienter ses cartes. • Associer deux cartes de même position et de même décoration.
Les ballons jumeaux	• Mémoriser l'emplacement d'une carte ou plusieurs cartes pour pouvoir associer leur jumeau reconnu lors d'une autre manipulation. • Construire, élaborer une tactique de jeu en prenant des repères dans la surface de jeu (lignes, colonnes, etc.).
Exercice	• Reproduire une même forme à l'aide d'un gabarit. Coordonner ainsi l'action des 2 mains. • Opérer des rotations et des translations pour changer les positions et les orientations de la forme à reproduire. • Opérer des rotations et des variations du gabarit pour reproduire dans le ballon dessiné les décorations du gabarit observé dans la même position. Respecter ainsi la forme, la composition, l'orientation et le nombre de graphismes composant les décorations.

Loto des ballons

But du jeu : Être le premier à avoir complété sa planche.
Matériel pour 4 joueurs :

- 1 planche par joueur de 4 cases chacune ;
- 16 cartes ballons aux dimensions des cases des cartes et de même dessin.

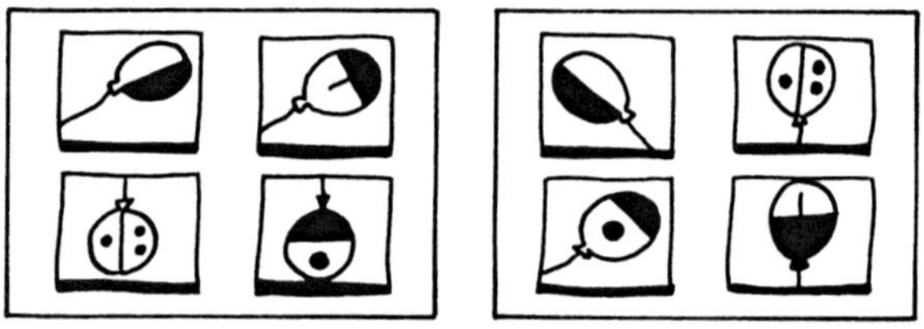

Comment jouer ? Chaque joueur choisit une planche. Les cartes sont étalées faces non visibles devant eux. À tour de rôle, chacun prend une carte. Si celle-ci est représentée sur sa planche, il la pose. Dans le cas contraire, il la remet en jeu.

Les ballons jumeaux

But du jeu : Reconstituer le plus de jumeaux possible.
Matériel pour 4 joueurs : 16 cartes représentant des ballons jumeaux mais d'orientation différentes. Indiquer le bas de la carte par un trait plus épais.

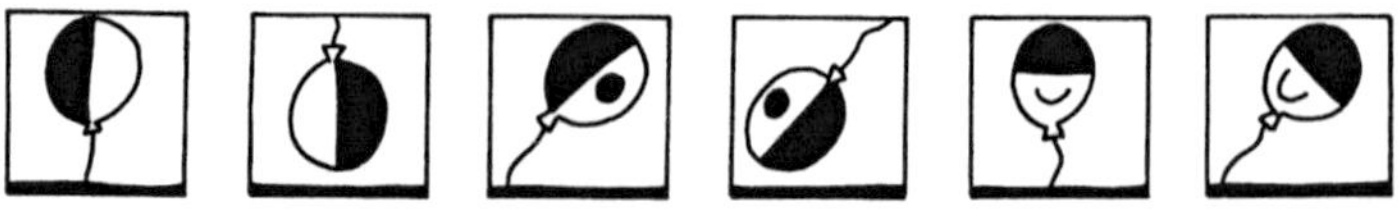

Comment jouer ? Faire observer et assembler les cartes en regroupant les jumeaux. Procéder au jeu : les cartes sont alignées sur 4 rangées faces non visibles. À tour de rôle, chaque joueur retourne 2 cartes. Si elles montrent deux ballons jumeaux, il les garde. Dans le cas contraire, il les repose aux mêmes emplacements dans le jeu.

Exercice

Donner un ballon-gabarit par élève du groupe de travail. Les leur faire décorer avec 3 ronds et 2 croix chacun. Puis leur demander de dessiner sur une feuille plusieurs ballons de positions différentes, à l'aide du gabarit. Puis leur faire décorer les ballons dessinés en respectant la forme et la position des décorations du modèle.

Les ballons

Faire observer et décrire la page 63 du fichier. En faire déduire les consignes. Les lire et procéder à l'exercice. Pour les enfants qui auraient des difficultés, donner 3 cartes reprenant les 3 formes et leurs décorations afin qu'ils puissent les manipuler, et ainsi opérer des translations et rotations.

Table des matières

Espace

Classement

Géométrie

NUMÉRATION

Sériation

Mesure